Mathe.Logo 6

Realschule Bayern

Herausgegeben von Michael Kleine,
Matthias Ludwig und Patricia Weixler

Bearbeitet von Anita Blasig,
Eva Fischer,
Attilio Forte,
Andreas Gilg,
Michael Kleine,
Matthias Ludwig,
Evelyn Mühlbauer,
Andreas Strobel,
Patricia Weixler,
Simon Weixler

C.C.BUCHNER

Mathe.Logo 6
Realschule Bayern

Dieses Werk folgt der reformierten Rechtschreibung und Zeichensetzung. Ausnahmen bilden Texte, bei denen künstlerische und lizenzrechtliche Gründe einer Änderung entgegenstehen.

1. Auflage 4321 2015 2014 2013 2012
Die letzte Zahl bedeutet das Jahr dieses Druckes.
Alle Drucke dieser Auflage sind, weil untereinander unverändert, nebeneinander benutzbar.

Die Mediencodes enthalten ausschließlich optionale Unterrichtsmaterialien; sie unterliegen nicht dem staatlichen Zulassungsverfahren.

Herausgeber: Michael Kleine, Matthias Ludwig, Patricia Weixler
Autoren: Anita Blasig, Eva Fischer, Attilio Forte, Andreas Gilg, Michael Kleine, Matthias Ludwig, Evelyn Mühlbauer, Andreas Strobel, Patricia Weixler, Simon Weixler
Redaktion: Georg Vollmer
Grafische Gestaltung: Wildner & Designer GmbH, Fürth, www.wildner-designer.de
Druck- und Bindearbeiten: Stürtz GmbH, Würzburg

www.ccbuchner.de

ISBN 978-3-7661-**8436**-8

Inhalt

3 Dezimalbrüche

4 Gleichungen und Ungleichungen

5 Proportionalität und Prozentrechnung

6
Achsenspiegelung

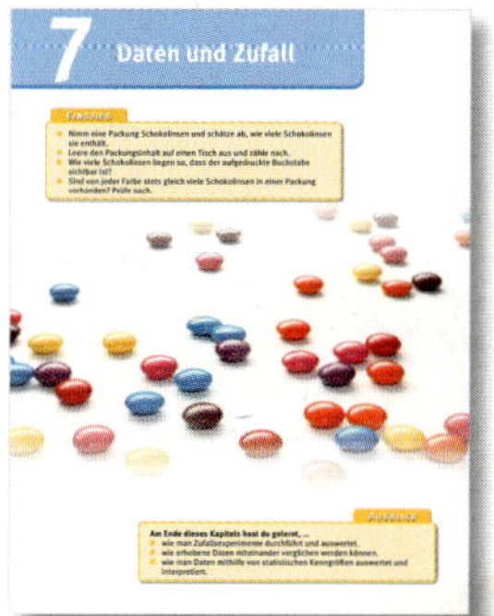
7
Daten und Zufall

8
Ganze Zahlen

Mathematische Zeichen und Abkürzungen

$\mathbb{N}_0$	Menge der natürlichen Zahlen mit Null
$\mathbb{Z}$	Menge der ganzen Zahlen
$\mathbb{Q}_0^+$	Menge der positiven rationalen Zahlen mit Null
$\mathbb{G}$	Grundmenge
$\mathbb{L}$	Lösungsmenge
$\emptyset$	leere Menge
$\mathbb{V}_5$	Menge aller Vielfachen von 5: {5; 10; 15; ...}
kgV (m; n)	kleinstes gemeinsames Vielfaches von m und n
$\mathbb{T}_{12}$	Teilermenge von 12: {1; 2; 3; 4; 6; 12}
ggT (m; n)	größter gemeinsamer Teiler von m und n
{a; b; c}	aufzählende Form der Mengendarstellung: „Menge mit den Elementen a, b und c“
[x; y]	abgeschlossenes Intervall
[x; y[,]x; y]	halboffenes Intervall
]x; y[	offenes Intervall
$\lvert n \rvert$	Betrag der Zahl n
$(a \mid b)$	geordnetes Zahlenpaar
$\longmapsto$	ist zugeordnet, hat als Bild, wird abgebildet auf
$\approx$	ungefähr gleich
$=$	gleich
$\neq$	nicht gleich
$\triangleq$	entspricht
$>$ ($\geqq$)	größer als (größer oder gleich)
$<$ ($\leqq$)	kleiner als (kleiner oder gleich)
$\in$	Element von
$\notin$	nicht Element von
$\subset$	echte Teilmenge
$\subseteq$	Teilmenge von
$\cap$	geschnitten mit
$\cup$	vereinigt mit
%	Prozent, von Hundert
$\frac{a}{b}$	Bruch mit Zähler a und Nenner b
$5 \mid 10$	5 teilt 10, 5 ist Teiler von 10
$3 \nmid 10$	3 teilt nicht 10, 3 ist nicht Teiler von 10
a^k	Potenzschreibweise; „a hoch k“
$P (x \mid y)$	Punkt P mit den kartesischen Koordinaten x und y
g, h, ...	Geraden
d (P; g)	Abstand des Punktes P von der Geraden g
PQ	Gerade durch P und Q
[PQ	Halbgerade durch Q mit dem Anfangspunkt P
[PQ]	Strecke mit den Endpunkten P und Q
$\overline{PQ}$	Länge der Strecke [PQ]
k (M; r)	Kreislinie mit Mittelpunkt M und Radius r
$\mathbb{H}$	Halbebene, die von Randgerade begrenzt ist
$\widehat{AB}$	positiv orientierter Kreisbogen vom Punkt A zum Punkt B
$\sphericalangle$ASB	Winkel mit Scheitel S und Schenkeln [SA und [SB, auch Maß dieses Winkels
$\alpha, \beta, \gamma, \ldots$	Winkelbezeichnungen, Winkelmaße
$m_{[AB]}$	Mittelsenkrechte der Strecke [AB]
w_α	Winkelhalbierende des Winkels α
A	Flächeninhalt
V	Rauminhalt, Volumen
u	Umfangslänge; auch Umfang
r	Radius eines Kreises
d	Durchmesser eines Kreises
LE, FE, VE	Längen-, Flächen-, Volumeneinheit
$\perp$	senkrecht auf, orthogonal zu
$\parallel$	parallel zu
H (Z)	absolute Häufigkeit
h (Z)	relative Häufigkeit
$\overline{x}$	arithmetisches Mittel
m	Modalwert
z	Zentralwert
R	Spannweite

1 Zeichne eine Zahlenhalbgerade und markiere.

a) 8; 4; 7; 11; 2; 6; 9 b) 55; 15; 30; 45; 10; 60

2 Welches ist die größte (kleinste) natürliche Zahl, die man aus den Ziffern 8, 1, 5, 3 und 0 bilden kann?

Natürliche Zahlen

Die Zahlen 1, 2, 3, ..., mit denen man etwas abzählen oder eine Anzahl beschreiben kann, nennt man **natürliche Zahlen**.

$\mathbb{N} = \{1; 2; 3; 4; ...\}$ $\mathbb{N}_0 = \{0; 1; 2; 3; 4; ...\}$

3 Ordne die Begriffe *Summand*, *Summe* und *Wert der Summe* der Beispielrechnung zu.

4 Berechne.

a) 325 + 47 + 163
84 + 263 + 256
452 + 845 + 91

b) 4165 + 1816 + 289
5647 + 738 + 3298
45 342 + 340 + 70 342

5 Vervollständige die Rechnungen im Heft.

a)
```
   □56
   4□5
+   1□
 □209
```

b)
```
   □3□5
    □38
+  1447
   473□
```

c)
```
   9□21
   □387
+  893□
  □57□7
```

Natürliche Zahlen addieren

Addiere die Ziffern **stellengerecht** untereinander.

Beispiel:

	T	H	Z	E
	3	3	7	4
+		7	8	0
	1	1		
	4	1	5	4

6 Ordne die Begriffe *Differenz, Minuend, Subtrahend* und *Wert der Differenz* der Beispielrechnung zu.

7 Berechne.

a) 1659 – 1252
8742 – 4685
12 724 – 8439

b) 4536 – 3421 – 35
8736 – 2413 – 835
14 632 – 8973 – 3412

8 Übertrage in dein Heft. Der Wert eines Steins ist die Summe der darunterliegenden Steine.

a)

b)

Natürliche Zahlen subtrahieren

Subtrahiere die Ziffern **stellengerecht** untereinander.

Beispiel:

	ZT	T	H	Z	E
	0	9	17	4	16
	~~1~~	~~0~~	~~7~~	~~5~~	~~6~~
–		9	8	3	7
			9	1	9

9 Ordne die Begriffe *Faktor*, *Produkt* und *Wert des Produkts* der Beispielrechnung zu.

10 Schreibe als Produkt und berechne.

a) 12 + 12 + 12 + 12 b) 17 + 17 + 17 + 17 + 17

11 Berechne.

a) 35 · 56
783 · 34
364 · 99

b) 345 · 197
972 · 620
308 · 735

c) 735 · 851
1432 · 125
7045 · 308

12 Der Hausmeister verkauft 48 Milch-Päckchen zu je 70 ct, 45 Orangensaft-Päckchen zu je 55 ct und 39 Apfelsaft-Päckchen zu je 45 ct. Wie viel Euro hat er eingenommen?

Natürliche Zahlen multiplizieren

Multipliziere die Ziffern des 2. Faktors stellenweise mit dem 1. Faktor und ordne die Werte der Teilprodukte stellengerecht unter dem 2. Faktor an. Nichtbesetzte Stellen kannst du mit Nullen auffüllen. Addiere anschließend.

Beispiel:

4	2	6	·	2	5	7
		8	5	2	0	0
		2	1	3	0	0
			2	9	8	2
	1		1			
	1	0	9	4	8	2

13 6372 : 27 = 236

− 54		
97	27 geht in 63 zweimal, 2 · 27 = 54, 63 − 54	notiere 2 Rest 9
−81		
162	27 geht in 97 dreimal 3 · 27 = 81, 97 − 81 = 16	notiere 3 Rest 16
−162	27 geht in 162 sechsmal, 6 · 27 = 162, 162 − 162 = 0	notiere 6 Rest 0
000		

a) Ordne dem Beispiel die Begriffe *Dividend*, *Divisor*, *Quotient* und *Wert des Quotienten* zu.

b) Erkläre das Vorgehen der schriftlichen Division an dem Beispiel.

14 Berechne.

a) 2144 : 8 b) 3976 : 7 c) 7812 : 12
d) 4466 : 22 e) 156 690 : 45 f) 66 727 : 53

Natürliche Zahlen dividieren

1. Fasse vom Dividenden von links so viele Ziffern zusammen, dass der Divisor in ihr enthalten ist.
2. Notiere im Ergebnis, wie oft der Divisor vollständig in den Teildividenden passt. Schreibe dann das Produkt dieser Zahl mit dem Divisor stellengerecht unter die Teilrechnung. Notiere die Differenz beider Zahlen als Rest.
3. Hänge den nächsten Stellenwert des Dividenden an den Rest an.
4. Wiederhole 2. und 3.
5. Wenn bei der letzten Teildivision ein Rest übrig bleibt, wird er einfach angehängt.

15 Schreibe als Potenz und berechne.

a) 4 · 4 · 4 · 4 · 4 b) 12 · 12 · 12
c) 5 · 5 · 5 · 5 d) 2 · 2 · 2 · 2 · 2 · 2

16 Berechne.

a) 3^2; 2^4; 6^3; 10^5; 7^4 b) 11^3; 14^2; 13^4; 20^5

Potenzen

Ein Produkt aus lauter gleichen Faktoren kann man als **Potenz** schreiben.

$2 \cdot 2 \cdot 2 \cdot 2 \cdot 2 = 2^5$ (Exponent: 5, Basis: 2)

17 Erkläre den Unterschied zwischen Ausklammern und Ausmultiplizieren an einem Beispiel.

18 Rechne möglichst geschickt. Nenne die Rechengesetze, die du anwendest.

a) 87 + 44 + 13 b) 56 + (17 + 44) + 33
c) (25 · 17) · 8 d) 4 · 36 · 14 · 250
e) 45 + 55 · 7 − 5 f) 16 · (5 · 12 − 12) : 6
g) $(25 - 17)^2 : 8$ h) 6 · (250 − 17) + 9

19 Wende das Distributivgesetz an.

a) 15 · 7 + 15 · 8 b) (70 − 4) · 5
c) (169 − 117) : 13 d) 14 · 32 + 38 · 32 − 2 · 32
e) 98 · 347 f) 101 · 562

20 Stelle zunächst den Term auf und berechne dann.

a) Addiere zum Produkt von 23 und 12 den Summanden 156.

b) Dividiere die Summe aus 249 und 207 durch die Differenz aus 87 und 63.

Rechengesetze

Vertauschungsgesetz (**Kommutativgesetz**)
Addition: 224 + 112 = 224 + 112
Multiplikation: 6 · 475 = 475 · 6

Verbindungsgesetz (**Assoziativgesetz**)
Addition: (179 + 14) + 36 = 179 + (14 + 36)
Multiplikation: (12 · 25) · 4 = 12 · (25 · 4)

Verteilungsgesetz (**Distributivgesetz**)

7 · (30 + 6) = 7 · 30 + 7 · 6

7 · 30 + 7 · 6 = 7 · (30 + 6)

Regeln

1. **Klammern** zuerst
2. **Potenzen** vor Grundrechenarten
3. **Punkt**rechnung (Multiplikation, Division) **vor Strich**rechnung (Addition, Subtraktion)

21 Bestimme die Lösung in der Grundmenge $\mathbb{N}_0$.

a) 6 · a − 19 = 29 b) 27 + 18 = 5 · b
c) 47 − c = 19 d) 156 : d = 13

Terme und Gleichungen

In Termen können Platzhalter für **unbekannte Zahlen** stehen. Man nennt sie **Variable** (z. B. a, b). Verbindet man zwei Terme durch ein Gleichheitszeichen, entsteht eine **Gleichung**.

22 Zeichne Strecken folgender Länge in dein Heft.

a) 4,5 cm **b)** 17 mm **c)** 0,7 dm

23 Wandle die Größen in die nächstkleinere (nächstgrößere) Einheit um.

a) 7 m; 12,5 dm; 45,25 cm; 256 m; 0,045 dm

b) 22 kg; 3452 g; 354,45 g; 0,02 g; 10,06 kg

24 Ordne der Größe nach, beginne mit der kleinsten Angabe.

a) 4 kg; 0,25 t; 34 450 g; 0,001 t; 750 kg

b) 125 min; 2 h; 4500 s; 55 min; 150 s

c) 45 dm; 0,045 km; 450 m; 4500 cm; 4,5 mm

Größen

Längen, Massen, Zeitspannen, Geldbeträge usw. sind Größen, die aus einer Maßzahl und einer Maßeinheit bestehen.

Längeneinheiten

1 km = 1000 m
1 m = 10 dm
1 dm = 10 cm
1 cm = 10 mm

Masseeinheiten

1 t = 1000 kg
1 kg = 1000 g
1 g = 1000 mg

25 a) Ein Fußballer läuft während einer Trainingseinheit 2,4 km. Wie weit läuft er in einem Monat mit 12 Trainingseinheiten?

b) Bei einem Klassenausflug kostet die Fahrkarte pro Person 4,80 € und der Eintritt in eine Ausstellung nochmals 2,45 € für jedes Mitglied der Gruppe. Wie viel Geld muss eine Klasse mit 27 Schülern einsammeln?

c) Ein Lkw darf maximal 4,5 t laden. Wie viel darf er noch zuladen, wenn bereits 2400 kg Steine und drei Säcke Sand zu je 75 kg aufgeladen wurden?

Rechnen mit Größen

Größen gleicher Art werden **addiert** (**subtrahiert**), indem man zunächst alle Größen in dieselbe Maßeinheit umwandelt und dann stellengerecht addiert (subtrahiert).

Größen werden mit einer natürlichen Zahl **multipliziert** (durch eine natürliche Zahl **dividiert**), indem man zunächst die Größe in eine Einheit umwandelt, in der die Maßzahl kein Komma hat. Anschließend werden die Zahlen berechnet und erhalten die Einheit der Größe.

26 Vergrößere die Figuren im Maßstab 3 : 1 in dein Heft.

27 Übertrage in dein Heft und bestimme die fehlenden Angaben. Achte auf gleiche Einheiten.

	a)	b)	c)
Länge in Wirklichkeit	4,5 km	84 m	☐
Länge auf der Karte	4,5 cm	☐	6 dm
Maßstab	☐	1 : 400	3 : 1

28 Wie lang sind folgende Strecken bei einem Maßstab 1 : 150 000 in Wirklichkeit? Gib in einer geeigneten Einheit an.

a) 2 cm **b)** 18 mm **c)** 1,2 dm

d) 7,5 cm **e)** 76 mm **f)** 0,25 m

Maßstab

Ein Maßstab gibt an, wievielmal größer (oder kleiner) eine Strecke in Wirklichkeit ist.

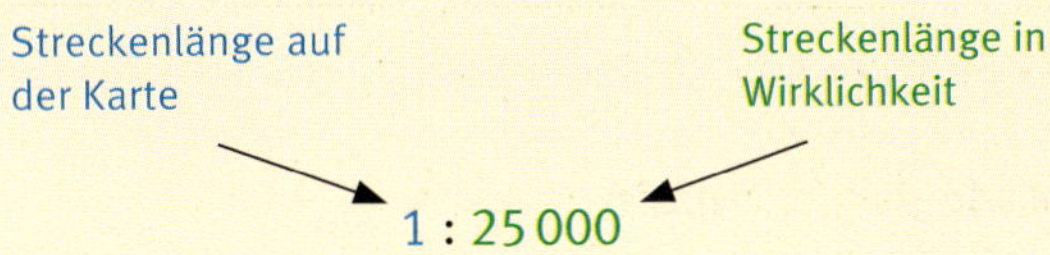

29 Übertrage in dein Heft und ersetze das Zeichen □ durch | („teilt“) oder ∤ („teilt nicht“).

a) 7 □ 21　b) 6 □ 40　c) 8 □ 44
d) 13 □ 169　e) 169 □ 13　f) 25 □ 275

30 Bestimme die Teilermengen.

a) $\mathbb{T}_6$; $\mathbb{T}_{28}$; $\mathbb{T}_{36}$; $\mathbb{T}_{45}$　b) $\mathbb{T}_{125}$; $\mathbb{T}_{144}$; $\mathbb{T}_{256}$; $\mathbb{T}_{1000}$

31 Bestimme die Vielfachenmengen.

a) $\mathbb{V}_4$; $\mathbb{V}_8$; $\mathbb{V}_{12}$; $\mathbb{V}_{15}$　b) $\mathbb{V}_{18}$; $\mathbb{V}_{21}$; $\mathbb{V}_{75}$; $\mathbb{V}_{111}$

32 Bestimme die gemeinsamen Teiler und die gemeinsamen Vielfachen der folgenden Zahlen. Gib auch den ggT und das kgV an.

a) 12 und 4　b) 45 und 18　c) 75 und 125
d) 56 und 84　e) 8; 12 und 32　f) 13; 9 und 3

Teiler und Vielfache
Eine Zahl ist **Teiler** einer anderen Zahl, wenn bei der Division kein Rest bleibt.
Alle Teiler einer Zahl ergeben die **Teilermenge** $\mathbb{T}$.
Der **größte gemeinsame Teiler** (**ggT**) zweier natürlicher Zahlen m und n ist die größte natürliche Zahl, die sowohl m als auch n teilt.

Alle **Vielfachen** einer Zahl werden in ihrer **Vielfachenmenge** $\mathbb{V}$ zusammengefasst.
Das **kleinste gemeinsame Vielfache** (**kgV**) zweier natürlicher Zahlen m und n ist die kleinste natürliche Zahl, die sowohl Vielfaches von m als auch von n ist.

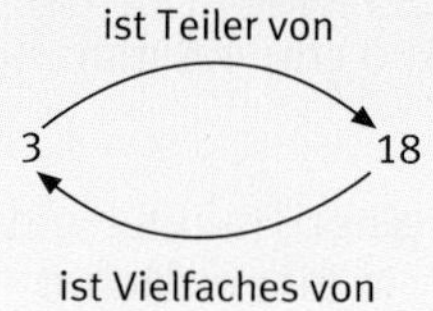

$\mathbb{T}_{18} = \{1; 2; 3; 6; 9; 18\}$
$\mathbb{V}_3 = \{3; 6; 9; 12; ...\}$

33 Bestimme die Quersumme der Zahlen.
342; 8345; 47 573; 592 458; 934 462

34 Übertrage ins Heft und überprüfe auf Teilbarkeit. Welche Zusammenhänge erkennst du?

	345	728	3780	3972	8568
2	–	×	□	□	□
4	□	□	□	□	□
5	□	□	□	□	□
10	□	□	□	□	□
3	□	□	□	□	□
9	□	□	□	□	□

35 Setze Ziffern so ein, dass die Zahl durch 3 (4) teilbar wird. Findest du mehrere Möglichkeiten?

a) 352□　b) 4□6　c) 847□
d) 24□1　e) 5□3□　f) □6□6

Teilbarkeitsregeln
Eine natürliche Zahl ist teilbar durch ...

- **2,** wenn die Endziffer gerade ist.
- **4,** wenn ihre letzten beiden Ziffern eine durch 4 teilbare Zahl bilden oder Nullen sind.
- **5,** wenn die Endziffer 0 oder 5 ist.
- **10,** wenn die Endziffer 0 ist.

Eine natürliche Zahl ist teilbar durch **3** bzw. **9**, wenn ihre **Quersumme** durch 3 bzw. 9 teilbar ist.
Die Quersumme erhält man, indem man alle Ziffern der Zahl addiert.

36 Suche nach Primzahlen.

a) 5; 19; 45; 57; 67　b) 1; 2; 17; 23; 27
c) 33; 47; 64; 79　d) 107; 117; 127; 147

Primzahlen
Als Primzahl bezeichnet man all die natürlichen Zahlen, die genau zwei verschiedene Teiler haben: die 1 und die Zahl selbst.

37 Beim Würfeln mit einem normalen Würfel ergaben sich folgende Augenzahlen:
3; 4; 2; 2; 5; 6; 1; 1; 4; 6; 3; 5; 2; 1; 6; 6; 2; 4; 5; 3; 2; 5; 6; 4; 1; 2; 4; 1; 5; 2; 6; 4; 2; 1; 2; 6

a) Erstelle eine Strichliste.
b) Bestimme die absoluten Häufigkeiten der einzelnen Augenzahlen.
c) Erstelle ein geeignetes Säulendiagramm.

Daten erheben und darstellen
Strichlisten sind Tabellen, in denen man mit Strichen notiert, wie oft etwas vorkommt.

Die Anzahl, wie oft ein Ergebnis vorkommt, bezeichnet man als **absolute Häufigkeit**, ihre Anordnung in einer Tabelle als **Häufigkeitstabelle**.

Zur Darstellung von Daten verwendet man **Diagramme** (z. B. Säulen-, Balken- oder Bilddiagramme).

38 Für ein Sandwich gibt es mehrere Auswahlmöglichkeiten:
Brot: Roggen, Weizen
Käse: Mozarella, Gouda, Emmentaler
Wie viele unterschiedliche Sandwiches können damit zusammengestellt werden? Zeichne ein Baumdiagramm.

39 Ein Kofferschloss hat drei Räder mit Ziffern von 0 bis 6. Wie viele Zahlenkombinationen sind möglich?

Baumdiagramm
In einem Baumdiagramm lassen sich Kombinationsmöglichkeiten übersichtlich darstellen.

Baumdiagramm 1 | Baumdiagramm 2

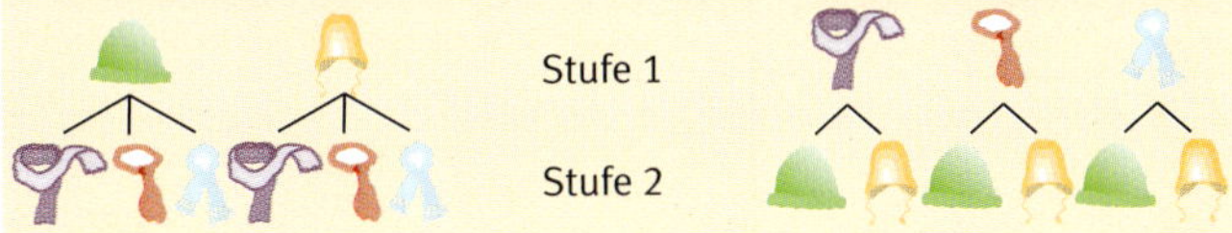

40 Liegt ein Zufallsversuch vor? Begründe.
a) Werfen eines Spielwürfels
b) Fahren mit dem Fahrrad
c) Ziehen eines Loses an einer Losbude

41 Bestimme die möglichen Ausgänge bei den folgenden Ereignissen.
a) Ziehen einer roten Karte aus einem Skatspiel
b) Werfen einer geraden Zahl beim Spielwürfel

Zufallsversuche
Ein Zufallsversuch ist ein Versuch mit **nicht vorhersehbarem** Ausgang.

Ein **Ereignis** ist eine Teilmenge aller möglichen Ergebnisse eines Zufallsversuchs. Es kann **nicht möglich**, **möglich** oder **sicher** sein.

42 Bestimme die Länge der Strecken.

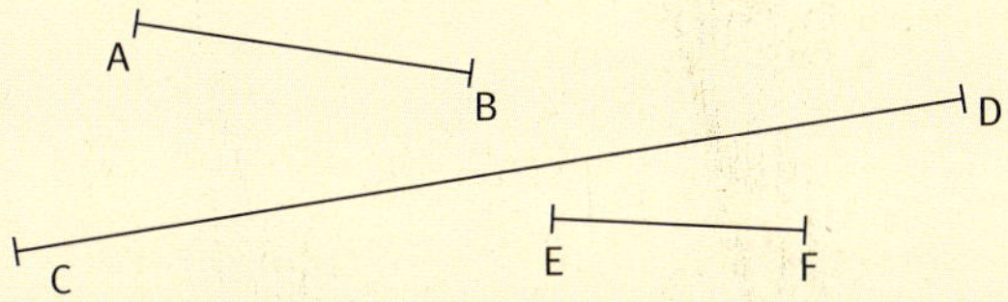

43 Überprüfe, welche Geraden parallel bzw. senkrecht zueinander sind.

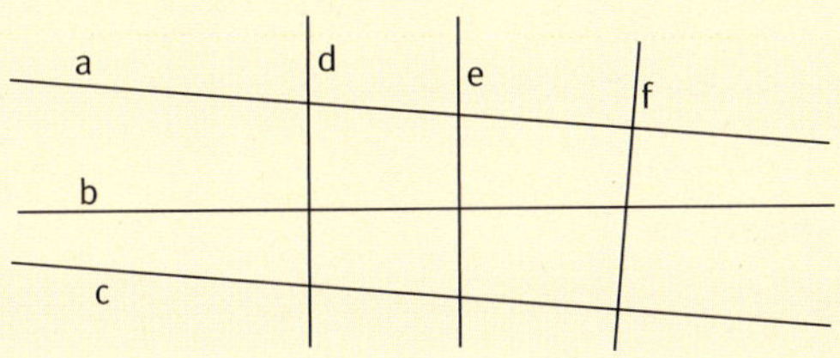

Grundbegriffe der Geometrie
- Eine **Strecke** ist die gerade Verbindung zwischen zwei Punkten.
  Schreibweise: [AB]
  Länge der Strecke: $\overline{AB}$
- Eine **Gerade** besitzt keinen Anfangs- und keinen Endpunkt.
  Schreibweise: AB
- Eine **Halbgerade** besitzt einen Anfangs- und keinen Endpunkt (oder umgekehrt).
  Schreibweise: [AB oder AB]
- **Parallele** Geraden schneiden sich nicht.
  Schreibweise: g ll h
- **Senkrechte** Geraden schneiden sich unter einem rechten Winkel.
  Schreibweise: $g \perp h$

44 Trage die Punkte in ein Gitternetz ein und verbinde sie der Reihe nach. Welche Figur entsteht?
A (3|2); B (0|2); C (1|0); D (4|0); E (5|2); A; G (3|5); H (1|3); I (3|3)

45 Trage die Punkte A (4|4), B (4|5), C (2|5), D (2|2) und E (6|2) in ein Gitternetz ein und verbinde sie der Reihe nach.
Entdeckst du eine Regel? Setze die Reihe fort und gib die Koordinaten der nächsten fünf Punkte an.

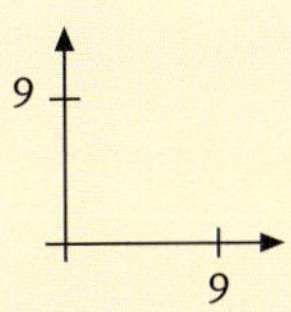

Gitternetz

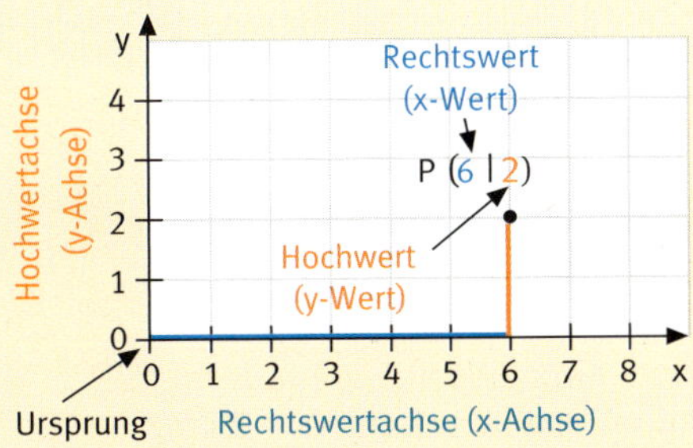

46 Ergänze zu einer achsensymmetrischen Figur.

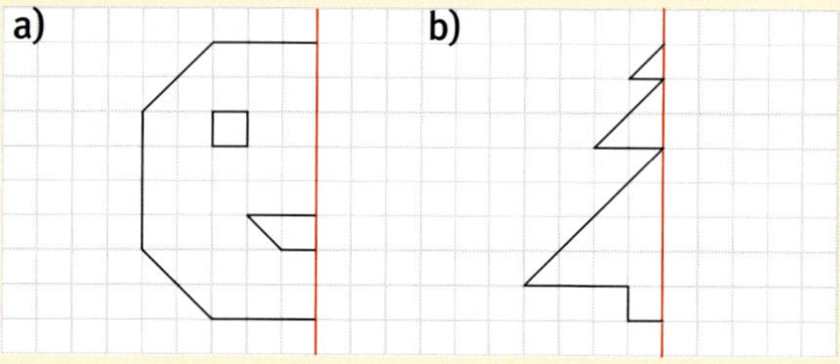

Achsensymmetrie

Eine Figur heißt **achsensymmetrisch**, wenn man sie so falten kann, dass beide Hälften genau aufeinander fallen. Die Faltgerade heißt Symmetrieachse.

47 Übertrage in dein Heft und ergänze zu einem Parallelogramm. Handelt es sich um ein besonderes Parallelogramm?

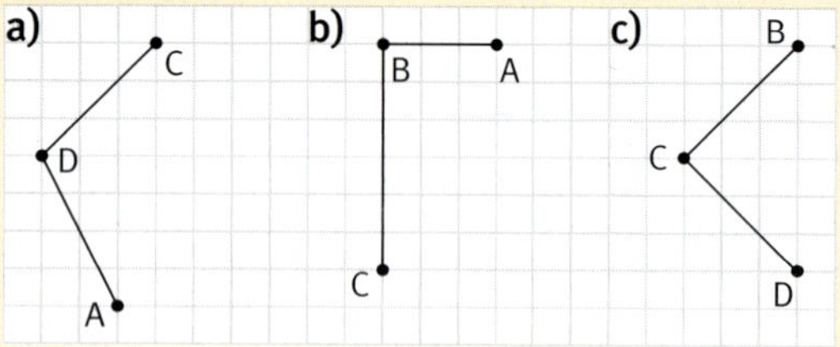

Vierecke

- Ein **Parallelogramm** ist ein Viereck, bei dem gegenüberliegende Seiten jeweils gleich lang und parallel sind.
- Ein Parallelogramm mit vier gleich langen Seiten nennt man **Raute**.
- Ein Parallelogramm mit vier rechten Winkeln nennt man **Rechteck**.
- Ein Rechteck mit vier gleich langen Seiten heißt **Quadrat**.

48 Zeichne mit einem Zirkel einen Kreis mit dem angegebenem Radius bzw. Durchmesser. Bestimme auch jeweils die fehlende Größe.

a) $r = 3{,}5$ cm **b)** $d = 0{,}4$ dm **c)** $d = 1{,}2$ dm

Kreis

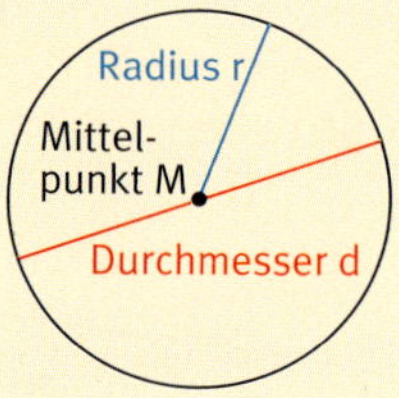

49 Berechne Umfang und Flächeninhalt des Rechtecks.

a) $a = 5$ cm; $b = 12$ cm **b)** $a = b = 5{,}5$ m
c) $a = 2{,}3$ dm; $b = 5$ cm **d)** $a = b = 0{,}45$ m

50 Gib in zwei weiteren Einheiten an.

a) $15\ \text{m}^2$ **b)** $27{,}3\ \text{dm}^2$ **c)** 0,5 ha
d) $846\ \text{cm}^2$ **e)** 3617 a **f)** $0{,}003\ \text{m}^2$

51 Wie ändert sich der Flächeninhalt (Umfang) eines Rechtecks, wenn man …

a) nur die Breite verdoppelt, verdreifacht, …?
b) Länge und Breite jeweils halbiert, viertelt, …?

Rechteck

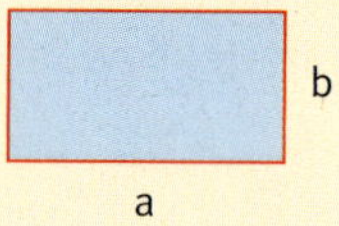

Quadrat

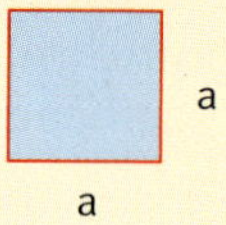

Umfang: $u = 2 \cdot a + 2 \cdot b$ $u = 4 \cdot a$
Flächeninhalt: $A = a \cdot b$ $A = a \cdot a = a^2$

Flächeneinheiten

$$\ldots \underset{:100}{\overset{\cdot 100}{\rightleftarrows}} 1\ \text{dm}^2 \underset{:100}{\overset{\cdot 100}{\rightleftarrows}} 1\ \text{m}^2 \underset{:100}{\overset{\cdot 100}{\rightleftarrows}} 1\ \text{a} \underset{:100}{\overset{\cdot 100}{\rightleftarrows}} \ldots$$

52 Bestimme das Volumen des Quaders und gib es in verschiedenen Einheiten an.

a) $a = 4{,}5$ cm; $b = 3{,}7$ cm; $c = 0{,}4$ dm
b) $a = b = c = 12{,}8$ dm
c) $a = 12{,}3$ dm; $b = 2{,}3$ m; $c = 4{,}7$ dm

53 Zeichne ein Netz eines Würfels (Quaders) mit Kantenlänge $a = 2$ cm ($a = 1$ cm, $b = 2$ cm, $c = 3$ cm) und bestimme seinen Oberflächeninhalt.

	Quader	Würfel
Oberflächeninhalt:	$O = 2 \cdot (a \cdot b + a \cdot c + b \cdot c)$	$O = 6 \cdot a^2$
Volumen:	$V = a \cdot b \cdot c$	$V = a \cdot a \cdot a = a^3$

Volumeneinheiten

$$1\ \text{mm}^3 \underset{:1000}{\overset{\cdot 1000}{\rightleftarrows}} 1\ \text{cm}^3 \underset{:1000}{\overset{\cdot 1000}{\rightleftarrows}} 1\ \text{dm}^3 \underset{:1000}{\overset{\cdot 1000}{\rightleftarrows}} 1\ \text{m}^3$$

1 Brüche

Einstieg

- Beschreibe, wie du die Angaben im Rezept abmessen kannst.
- Übersetze in ein Rezept ohne Bruchangaben.
- Finde weitere Beispiele aus deiner Umwelt, in denen Brüche verwendet werden.

Nuss-Nougat-Kuchen

350 g Mehl	$\frac{3}{8}$ kg Nuss-Nougat-Creme
4 Eier	$\frac{1}{5}$ l Milch
$\frac{1}{4}$ kg Zucker	$\frac{1}{2}$ Päckchen Backpulver
$1\frac{1}{4}$ Päckchen Butter	

Butter, Zucker und Eier schaumig rühren. Mehl, Backpulver, Nuss-Nougat-Creme und Milch unterrühren. In eine gefettete Kuchenform füllen. Im vorgeheizten Backofen bei 180 °C etwa 50 min backen.

Ausblick

Am Ende dieses Kapitels hast du gelernt, ...

- wie man Brüche und Bruchteile von Größen bestimmt.
- welche Bedeutungen ein Bruch haben kann.
- wie man Brüche erweitert, kürzt und ordnet.
- wie man mit positiven rationalen Zahlen rechnet.

- Unterteile die beiden Schokoladentafeln auf verschiedene Arten in gleich große Teile. Wie viele gleich große Teile erhältst du jeweils? Beschreibe dein Vorgehen.

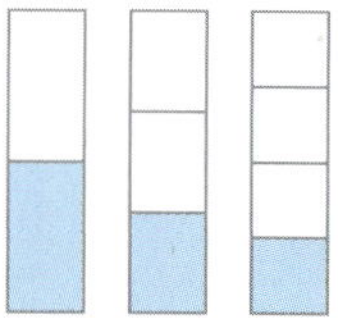

Merkwissen

Wird ein Ganzes in 2, 3, 4, ... **gleich große Teile** zerlegt, so erhält man Halbe, Drittel, Viertel, ... Für ein Halbes, Drittel, Viertel, ... schreibt man $\frac{1}{2}, \frac{1}{3}, \frac{1}{4}, \ldots$ (**Bruchschreibweise**). Diese Brüche bezeichnet man auch als **Stammbrüche**. Ein Ganzes kann in zwei Halbe, drei Drittel, vier Viertel, ... zerlegt werden.

Beispiele

I In wie viele gleich große Teile ist die Figur zerlegt? Welcher Bruchteil ist gefärbt?

a) 

b) 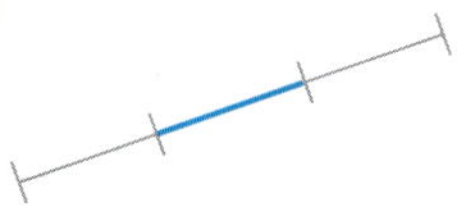

c) 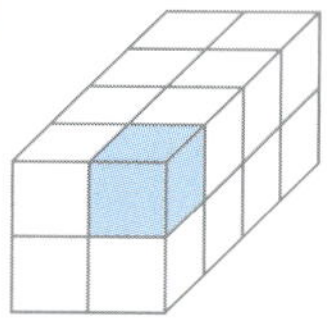

Lösung:

a) Die Waffel ist in fünf gleich große Herzen geteilt. Ein Fünftel ist markiert.
b) Die Strecke ist in drei gleich lange Abschnitte geteilt. Ein Drittel ist markiert.
c) Der Quader besteht aus 16 gleich großen Würfeln. Ein Sechzehntel des Würfels ist markiert.

II Da hat wohl jemand einen Muffin genascht. Gib mit einem Stammbruch an, welcher Teil fehlt.

Lösung:
Das ganze Blech enthielt zwölf Muffins. Ein Muffin wurde gegessen. Somit fehlt $\frac{1}{12}$ aller Muffins.

III Das folgende Dreieck ist ein Sechstel von einem Ganzen. Ergänze das Dreieck auf unterschiedliche Weise zum Ganzen.

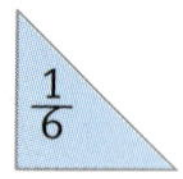

Lösungsbeispiele:

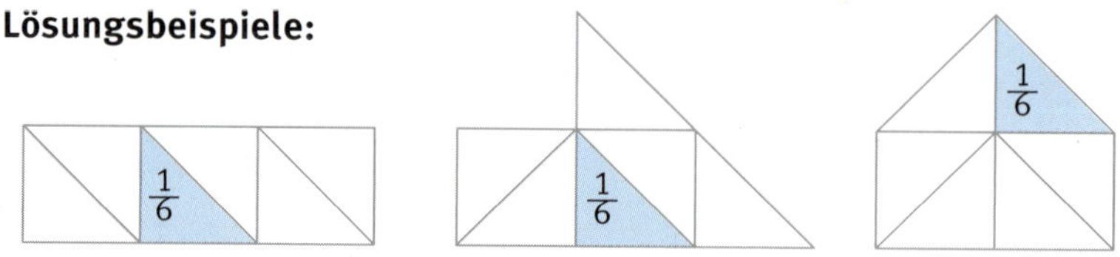

Verständnis

- Drittel, Viertel, Fünftel, ... leiten sich jeweils vom Wort „Teil" ab. Erkläre.
- Wie viele Stammbrüche gibt es? Begründe.

Aufgaben

1 In wie viele gleich große Teile ist die Figur zerlegt? Wie heißt ein solcher Bruchteil?

a) 
b) 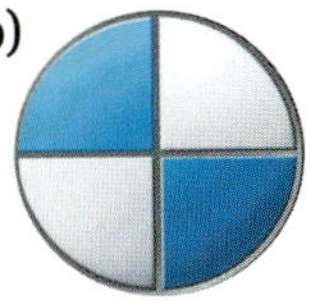
c) 
d) 
e) 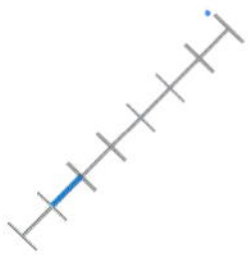
f) 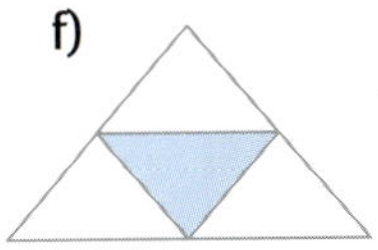
g) 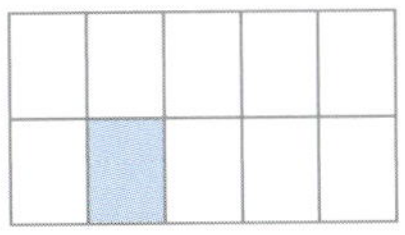
h) 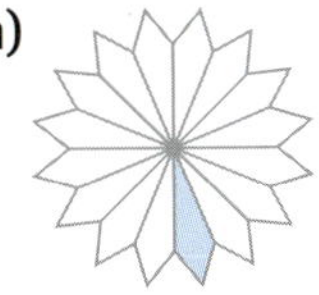

2 Übertrage jede Figur im Maßstab 2 : 1 vier Mal in dein Heft. Kennzeichne dann die Hälfte (ein Viertel, ein Sechstel, ein Zwölftel) der Figur farbig.

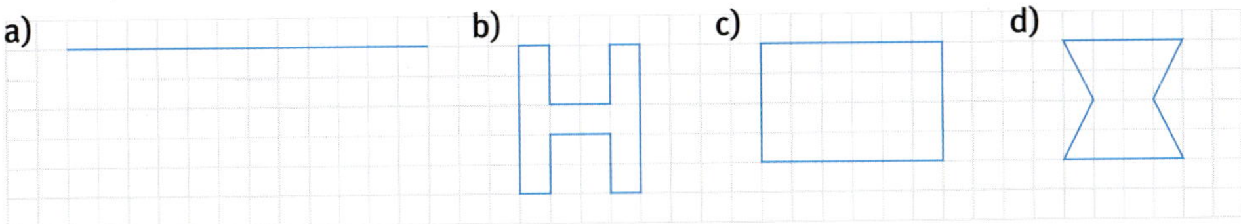

3 Falte ein Blatt Papier in 2 (4, 8, ...) gleich große Teile. Wie heißt ein solcher Teil? Begründe, welche Stammbrüche sich so besonders gut herstellen lassen.

4 Ergänze die Figur auf zwei verschiedene Arten zum Ganzen. Kannst du dabei auch achsensymmetrische Figuren bilden? Zeichne die Symmetrieachsen ein.

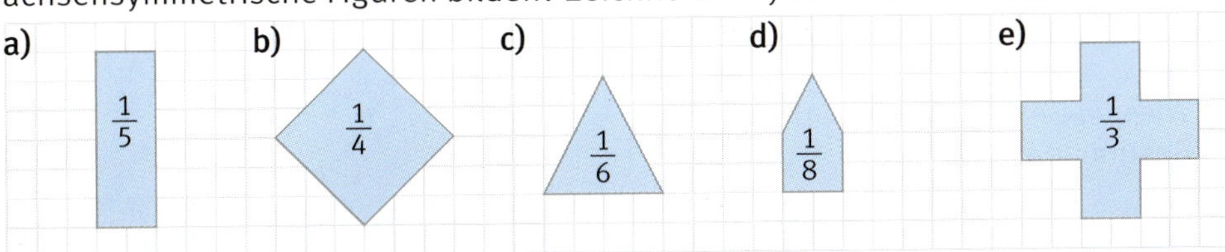

5 Wurde der farbige Teil richtig bezeichnet? Überprüfe und korrigiere, falls nötig.

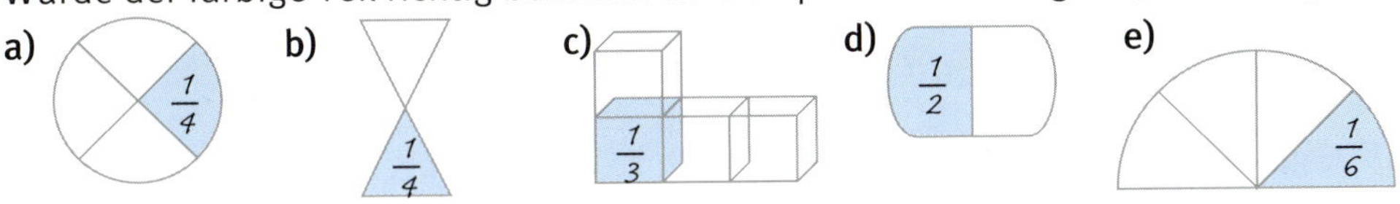

6 **a)** Welche der roten Figuren stellen Stammbrüche der blauen dar? Erkläre das Beispiel und notiere weitere im Heft.

Beispiel: Figur B ist ein Viertel $\left(\frac{1}{4}\right)$ von Figur 7.

Die roten Figuren können auch gedreht oder gespiegelt werden.

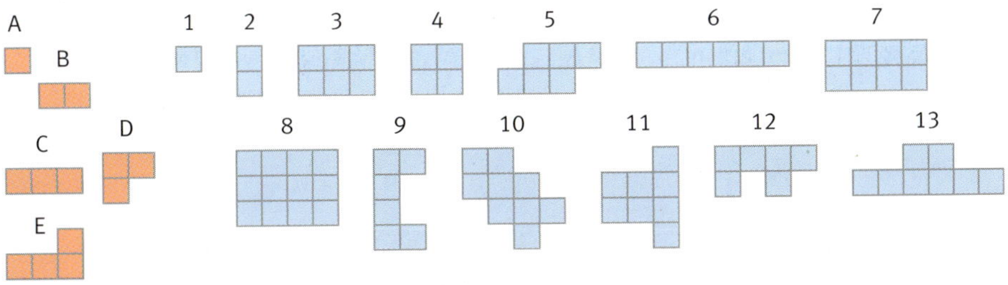

b) Entwirf zu den roten noch weitere blaue Figuren und notiere ebenso.

- Welcher Teil der ganzen Tafel Schokolade ist in 1 bis 4 jeweils dargestellt?
- Finde weitere Unterteilungen und beschreibe, wie du sie erhältst.

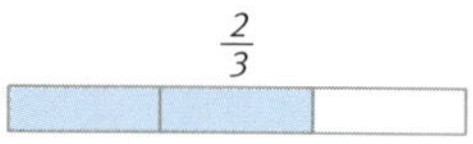

Anstatt Anteil sagt man auch oft Bruchteil.

Merkwissen

Wird das Ganze in drei gleich große Teile unterteilt, so erhält man Drittel. Werden davon zwei Teile betrachtet, so verwendet man für einen solchen **Anteil** den Bruch $\frac{2}{3}$ (sprich „zwei Drittel“).

Jeder Bruch besteht somit aus folgenden Bestandteilen:

$\frac{2}{3}$ ← Zähler / Bruchstrich / Nenner → $\frac{a}{b}$ mit $a \in \mathbb{N}_0$, $b \in \mathbb{N}$

Der **Nenner** gibt an, in wie viele gleich große Teile das Ganze zerlegt wird.
Der **Zähler** gibt die Anzahl der Teile an, die betrachtet werden.
Der **Bruchstrich** zeigt an, dass es sich um einen Teilungsvorgang handelt.

Beispiele

I Wie viel Benzin ist noch im Tank? Bestimme den Anteil.

Lösung:
Die Tankanzeige ist in vier gleich große Abschnitte unterteilt. Der Zeiger steht beim dritten Teilstrich,
d. h. der Tank ist noch zu $\frac{3}{4}$ voll.

II Ergänze die Figur auf verschiedene Arten zu einem Ganzen.

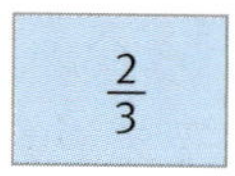

Lösungsbeispiele:

Verständnis

- Beurteile: „Vier Drittel aller Schüler haben Schwierigkeiten bei Brüchen.“
- Nenne Beispiele aus deinem Alltag, in denen der Bruch $\frac{3}{4}$ die im Merkwissen angegebene Bedeutung hat.
- Sind die Brüche $\frac{0}{3}$ und $\frac{3}{0}$ möglich? Erkläre.

AUFGABEN

1 Welcher Bruchteil der Figur ist jeweils eingefärbt, welcher ist weiß? Benenne dabei Zähler und Nenner.

a) b) c) d) e) f)

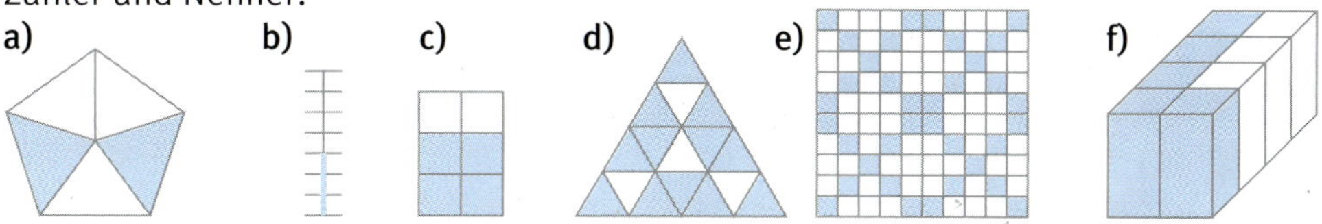

2 Betrachte den Brötchenkranz nebenan. Welcher Anteil des Brötchenkranzes entfällt auf Mohnbrötchen, welcher auf Sesambrötchen? Wie groß ist der Rest?

3 a) Falte ein Blatt Papier so, dass du anschließend den angegebenen Anteil vom Blatt abschneiden kannst. Welcher Anteil vom Blatt bleibt übrig?

Beispiel: $\frac{3}{4}$ Lösungsmöglichkeiten:

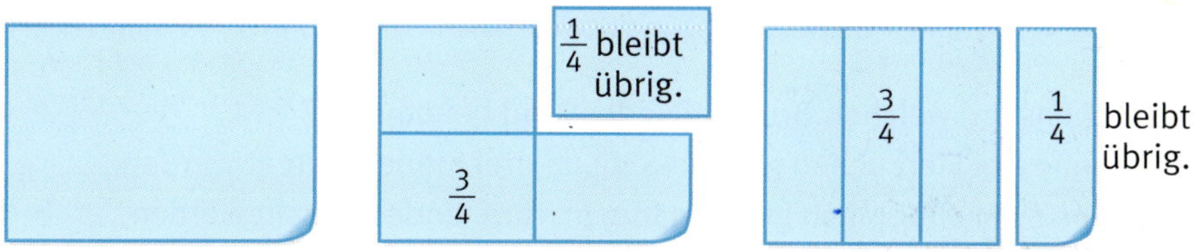

Verfahre ebenso mit $\frac{1}{2}$, $\frac{3}{8}$, $\frac{7}{8}$, $\frac{3}{16}$ und $\frac{5}{16}$.

b) Falte folgende Brüche und beschreibe dein Vorgehen: $\frac{2}{3}$, $\frac{3}{5}$, $\frac{5}{6}$.

4

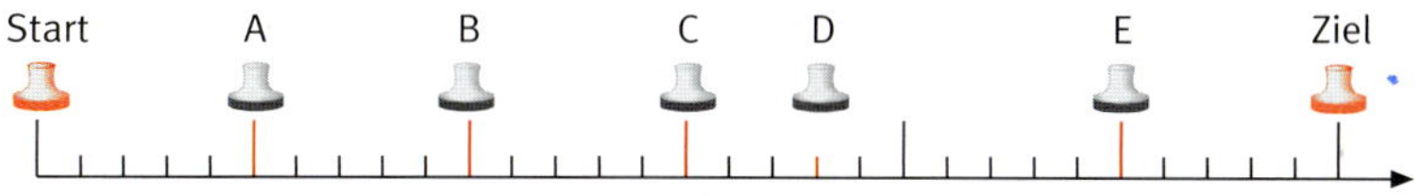

a) Welcher Anteil an der Gesamtstrecke ist bis A (B, C, D, E) zurückgelegt?

b) Gib die Anteile aus a) als Stammbrüche an, falls möglich.

5

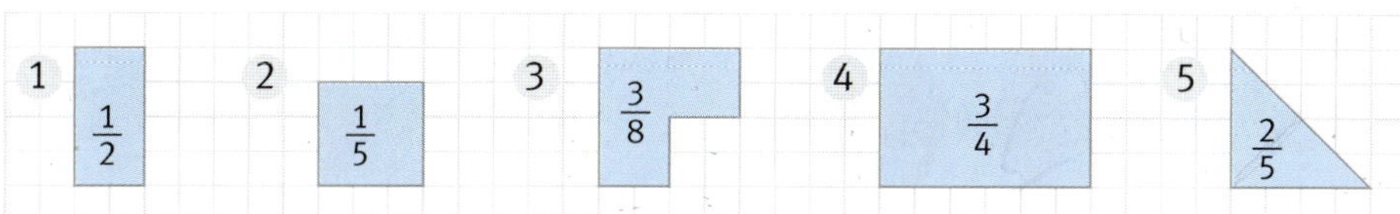

a) Gib jeweils an, welcher Anteil bei den Figuren zum Ganzen fehlt.

b) Zeichne die Figuren in dein Heft und ergänze sie zum Ganzen. Kannst du dabei auch symmetrische Figuren bilden? Zeichne die Symmetrieachsen ein.

6 Überprüfe, ob die beiden Aussagen stimmen. Was fällt dir auf?

Veranschauliche den Sachverhalt.

Sabine, Manuel, Sophie und Alexander gehen in eine Pizzeria essen. Zusammen bestellen sie sich drei Pizzas.

- Stelle mindestens drei verschiedene Möglichkeiten in deinem Heft dar, wie sie die drei Pizzas gerecht untereinander verteilen können.
- Wie viel Pizza bekommt jeder?

$\frac{3}{4}$ kann auch 3 : 4 bedeuten.

Merkwissen

Ein Bruch ist eine andere Schreibweise, um eine **Division** zu notieren.
Dabei steht der Bruchstrich für das Divisionszeichen.

$3 : 4 = \frac{3}{4}$ $\quad 5 : 6 = \frac{5}{6}$ $\quad 7 : 3 = \frac{7}{3}$

Beispiele

I Gib jeweils an, welchen Bruchteil jedes Kind bekommt, …

a) wenn zwei Eierkuchen gleichmäßig an drei Kinder verteilt werden.

b) wenn zwei Liter Milch gleichmäßig an fünf Kinder verteilt werden.

Lösung:

a) $2 : 3 = \frac{2}{3}$ Jedes Kind bekommt $\frac{2}{3}$ eines Eierkuchens.

b) $2 : 5 = \frac{2}{5}$ Jedes Kind bekommt $\frac{2}{5}$ l Milch.

II Stelle die folgende Verteilung zeichnerisch dar. Wie viel bekommt jedes Kind?

a) Drei Kinder teilen sich gerecht zwei gleich große Reiswaffeln.

b) Zwei Kinder teilen sich gerecht drei gleich große Reiswaffeln.

Beim Unterteilen kann man sich an der Aufteilung der Uhr orientieren.

Lösungsbeispiele:

a)

$2 : 3 = \frac{2}{3}$ Jedes Kind bekommt $\frac{2}{3}$ einer Reiswaffel.

b)

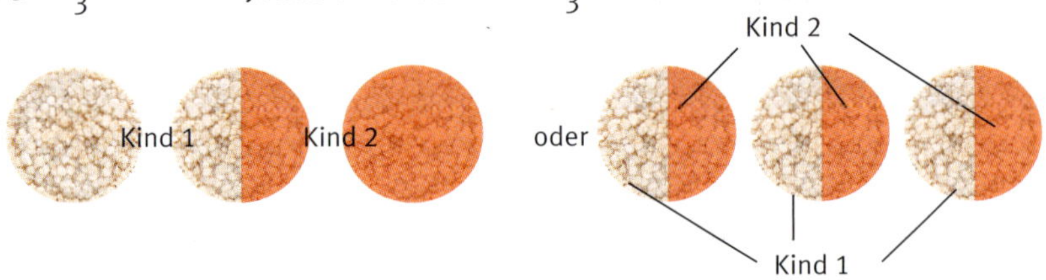

$3 : 2 = \frac{3}{2}$ Jedes Kind bekommt $\frac{3}{2}$ Reiswaffel.

Verständnis

- Erkläre: Was ist eine Division mit Rest? Welche Bedeutung hat der Rest?
- Untersuche Divisionen mit der Zahl 1: Welche Brüche ergeben sich, wenn man 1 als Dividend (als Divisor) einsetzt?

Divisor
8 : 4 = 2
Dividend

Aufgaben

1 Schreibe als Bruch, falls möglich. **Beispiel:** $7 : 8 = \frac{7}{8}$

a) 1 : 2 1 : 3 3 : 4 2 : 5 5 : 6 7 : 4 8 : 1 4 : 0

b) 3 : 5 2 : 7 1 : 6 12 : 4 18 : 13 22 : 7 0 : 5

Lösungen zu 1: $\frac{7}{4}$; $\frac{1}{3}$; $\frac{12}{4}$; $\frac{7}{8}$; $\frac{8}{1}$; $\frac{3}{5}$; *nicht möglich*; $\frac{2}{7}$; $\frac{3}{4}$; $\frac{2}{5}$; $\frac{1}{2}$; $\frac{22}{7}$; $\frac{5}{6}$; $\frac{18}{13}$; $\frac{1}{6}$; $\frac{0}{5}$

2 Gib jeweils an, welchen Bruchteil ein Kind bekommt, ...

a) wenn vier Kinder zwei Brötchen gerecht teilen.

b) wenn fünf Kinder drei Tafeln Schokolade gerecht verteilen.

c) wenn zwölf Kinder fünf Birnen gerecht verteilen.

d) wenn drei Kinder vier Pfannkuchen gleichmäßig verteilen.

3 Stelle die folgenden Verteilungen auf mindestens zwei unterschiedliche Arten zeichnerisch dar. Welchen Bruchteil bekommt jedes Kind?

Überlege zunächst, wie du den Sachverhalt günstig zeichnen kannst.

a) Drei Kinder teilen zwei Tafeln Schokolade gerecht miteinander.

b) Sechs Kinder teilen zwei Baguette-Brote ehrlich untereinander auf.

c) Vier Kinder verteilen sechs Pizzas gerecht untereinander.

d) Acht Kinder verteilen fünf Stück Kuchen gleichmäßig untereinander.

4 Schreibe als Division und erfinde eine passende Sachsituation.

a) $\frac{2}{5}$ **b)** $\frac{5}{8}$ **c)** $\frac{3}{11}$ **d)** $\frac{7}{25}$ **e)** $\frac{12}{30}$

5 Zerschneide auf zwei verschiedene Arten. Welchen Anteil bekommt jeder?
Beispiel: Zwei Blatt Papier werden gleichmäßig an vier Personen verteilt.

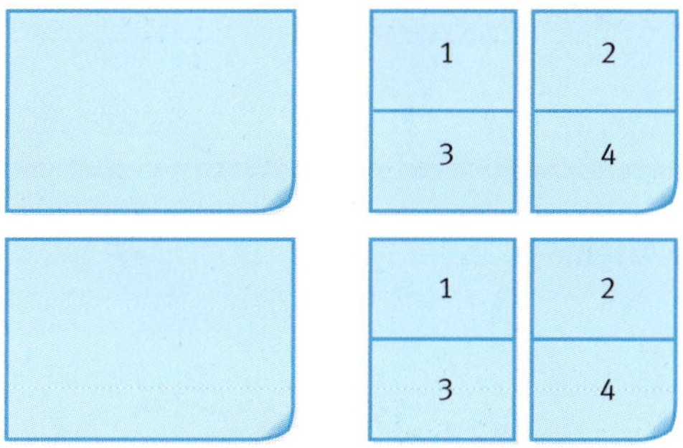

Jede Person bekommt $\frac{2}{4}$ eines Blattes:

a) Drei Blatt Papier sollen gerecht auf vier Personen verteilt werden.

b) Zwei Blatt Papier sollen gerecht auf acht Personen verteilt werden.

c) Zwei Blatt Papier werden gleichmäßig auf sechs Personen verteilt.

6 Schreibe das Ergebnis der Division als Bruch. Gib das Ergebnis auch in einer kleineren Einheit an.

a) 3 kg : 4 **b)** 4 m : 8 **c)** 5 € : 20 **d)** 6 l : 24 **e)** 6 km : 40

7 Erfinde mindestens zwei Aufgaben zu jeder Division. **Beispiel:**

2 l : 5 1. In einer Flasche sind 2 l Badezusatz. Auf der Flasche steht: „Reicht für 5 Schaumbäder“. Wie viel Liter soll man für ein Bad nehmen?
Antwort: Für ein Bad soll man $\frac{2}{5}$ l Badezusatz nehmen.
2. Auf dem Tisch stehen 2 l Apfelsaft, ...

a) 3 l : 4 **b)** 2 kg : 3 **c)** 5 km : 6 **d)** 6 m : 8 **e)** 5 h : 12

- Überlege, wie du auf verschiedene Weise $\frac{2}{5}$ einer Strecke bestimmen kannst.
- Nimm einen Bindfaden und eine Schere und erkläre dein Vorgehen, wenn du $\frac{2}{5}$ von 10 cm bestimmen möchtest.

Merkwissen

Ein **Bruchteil** $\frac{3}{4}$ lässt sich auf zwei Arten vom Ganzen **bestimmen**.

1. Das Ganze wird zunächst in vier Teile zerlegt, anschließend werden drei Teile ausgewählt.

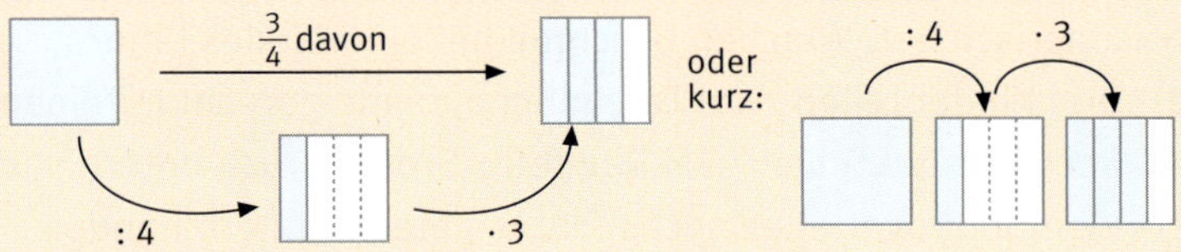

2. Das Ganze wird zunächst verdreifacht, anschließend wird ein Viertel davon ausgewählt.

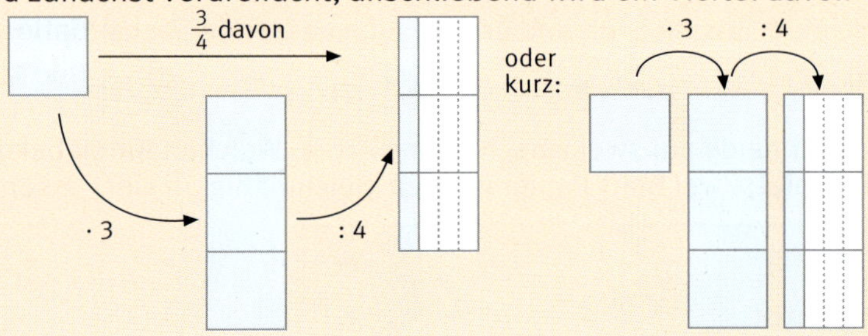

Beispiele

I Berechne $\frac{2}{3}$ von 75 ml auf verschiedene Arten.

Lösung:

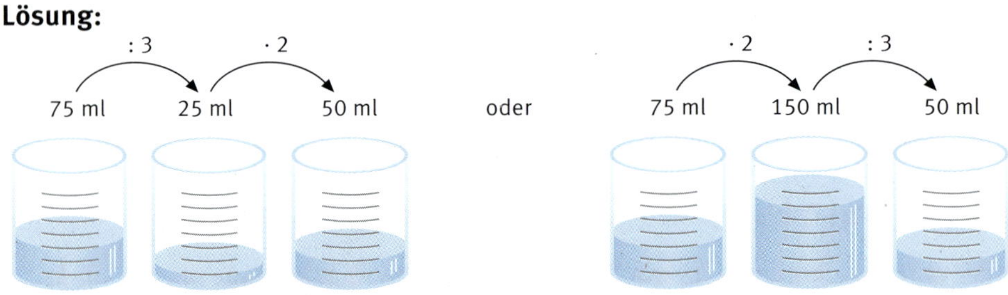

Antwort: $\frac{2}{3}$ von 75 ml sind 50 ml.

II $\frac{2}{5}$ vom Ganzen sind 20 cm. Wie lang ist das Ganze?

Lösung:
Das Ganze wurde in fünf Teile unterteilt. Zwei Teile sind 20 cm. Dann ist ein Teil 20 cm : 2 = 10 cm. Fünf Teile sind somit 5 · 10 cm = 50 cm.

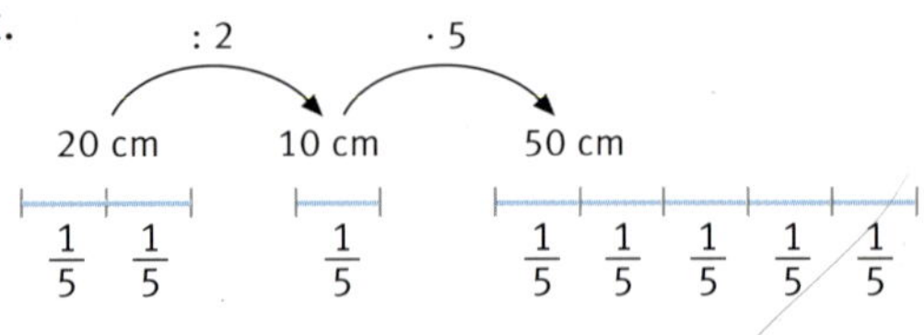

Antwort: Das Ganze ist 50 cm lang.

Verständnis

- Wo tauchen im Alltag überall Brüche auf? Nenne Beispiele.
- Wie oft muss man ein DIN-A4-Blatt mindestens falten, um 16 gleich große Teile zu erhalten?

Aufgaben

1 Veranschauliche, so wie im Merkkasten dargestellt, folgende Anteile vom Ganzen auf zwei verschiedene Arten: $\frac{2}{3}$, $\frac{3}{5}$, $\frac{5}{8}$. Nimm als Ganzes jeweils ein Rechteck.

2 Berechne den Bruchteil auf verschiedene Arten wie in Beispiel I.

a) $\frac{2}{3}$ von 90 cm b) $\frac{3}{4}$ von 120 € c) $\frac{2}{5}$ von 25 kg d) $\frac{3}{10}$ von 20 min
e) $\frac{5}{6}$ von 24 h f) $\frac{3}{8}$ von 1000 ml g) $\frac{1}{6}$ von 72 m h) $\frac{5}{12}$ von 60 min
i) $\frac{3}{125}$ von 1875 t j) $\frac{8}{100}$ von 2400 € k) $\frac{12}{25}$ von 300 mm l) $\frac{9}{32}$ von 480 kg

3 Wie groß ist jeweils das Ganze? Bearbeite wie in Beispiel II.

a) $\frac{1}{4}$ vom Ganzen sind 6 h. b) $\frac{3}{4}$ vom Ganzen sind 75 €.
c) $\frac{2}{3}$ vom Ganzen sind 12 cm. d) $\frac{5}{8}$ vom Ganzen sind 250 ml.
e) $\frac{7}{12}$ vom Ganzen sind 35 min. f) $\frac{6}{7}$ vom Ganzen sind 108 mm.

*Lösungen zu 3:
18; 24; 60; 100; 126; 400
Die Einheiten sind nicht angegeben.*

4 Berechne den Bruchteil. Wandle die Größe zunächst in eine kleinere Einheit um.

a) $\frac{7}{25}$ von 10 m b) $\frac{3}{5}$ von 4 kg c) $\frac{5}{8}$ von 12 t
d) $\frac{5}{24}$ von 8 min e) $\frac{7}{12}$ von 6 m^2 f) $\frac{22}{125}$ von 7 m

5 Melanie sagt: „Ich teile meine Bonbons gerecht mit Peter, Sabine, Ulf und Maria. Jeder von uns bekommt ein Viertel." Stimmt das? Begründe deine Antwort.

6 Stelle in deinem Heft $\frac{2}{3}$ von 12 Kugeln auf unterschiedliche Arten dar.

7 In welcher Zeit überstreicht der große Zeiger der Uhr die gekennzeichnete Fläche? Bezeichne auch die Anteile an der ganzen Stunde.

a) b) c) d) e)

8 Stefanie und Marko streiten sich, wer den Rucksack beim Ausflug über die längere Wegstrecke getragen hat. Stefanie trug den Rucksack sechs Zehntel des Weges, Marko zwei Fünftel. Kannst du helfen? Veranschauliche durch eine Zeichnung.

9 Beim Schrankenbaum einer Bahnschranke wechseln sich weiße und rote Markierungen ab. Jeder Bereich ist 25 cm lang. Am Anfang und am Ende ist die Schranke rot. Welcher Anteil einer 4,25 m langen Schranke ist weiß (rot)? Eine Skizze kann helfen.

10 Steffi kann sich acht neue Englischvokabeln gut merken. Doch das sind nur zwei Fünftel der Vokabeln, die sie lernen soll. Gib die Anzahl aller Vokabeln an.

Auf einer Wanderung haben Franziska, Ralf, Petra und Norbert noch fünf Scheiben Brot übrig, die sie gerecht untereinander verteilen wollen.

- Gib verschiedene Möglichkeiten an, wie eine solche Verteilung aussehen kann.
- Welchen Anteil bekommt jeder?

Merkwissen

Echte Brüche ergeben weniger als das Ganze.

Brüche, deren Zähler kleiner als der Nenner ist, nennt man **echte Brüche**.

Beispiele: $\frac{1}{2}$; $\frac{3}{4}$; $\frac{2}{7}$; ...

Brüche, deren Zähler gleich oder größer als der Nenner ist, nennt man **unechte Brüche**.

Beispiele: $\frac{3}{2}$; $\frac{4}{3}$; $\frac{5}{5}$; ...

Eine gemischte Zahl gibt an, wie viele Ganze in dem zugehörigen unechten Bruch enthalten sind und wie groß der restliche Anteil ist.

Unechte Brüche lassen sich entweder als **gemischte Zahlen** bzw. in **gemischter Schreibweise** oder als **natürliche Zahlen** schreiben.

Beispiele: $\frac{4}{3} = 1\frac{1}{3}$; $\frac{9}{4} = 2\frac{1}{4}$; $\frac{4}{2} = 2$; ...

Beispiele

I Zeige anhand einer Zeichnung, dass $\frac{9}{4} = 2\frac{1}{4}$ ist.

Lösung:

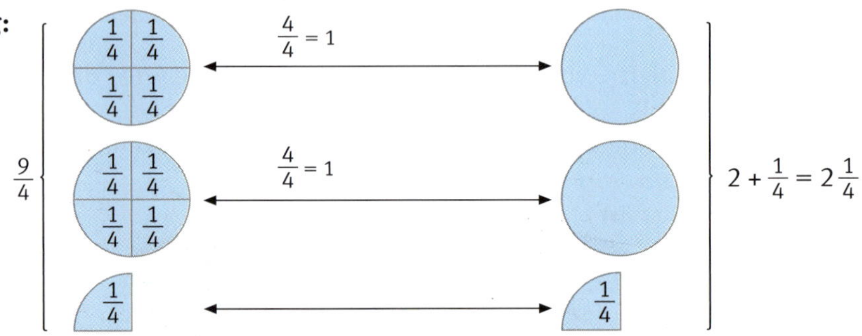

II Welche der Brüche $\frac{4}{5}, \frac{7}{7}, \frac{8}{9}, \frac{11}{12}, \frac{15}{3}, \frac{5}{2}, \frac{20}{100}$ sind echte, welche unechte Brüche?

Lösung:

$\frac{4}{5}, \frac{8}{9}, \frac{11}{12}, \frac{20}{100}$ sind echte Brüche: Der Zähler ist jeweils kleiner als der Nenner.

$\frac{7}{7}, \frac{15}{3}, \frac{5}{2}$ sind unechte Brüche: Der Zähler ist mindestens so groß wie der Nenner.

Verständnis

- Kann man alle unechten Brüche als gemischte Zahlen schreiben?
- Welches ist der kleinste unechte Bruch? Welches der größte?

1 Um welche Art von Bruch handelt es sich jeweils?

$\frac{3}{8}$; $\frac{5}{4}$; $\frac{12}{6}$; $\frac{9}{12}$; $\frac{16}{5}$; $\frac{9}{10}$; $\frac{7}{7}$; $\frac{1}{25}$; $\frac{123}{25}$; $\frac{35}{7}$; $\frac{12}{11}$; $\frac{10}{1}$; $\frac{0}{4}$; $\frac{100}{10}$; $\frac{0}{5}$

2 Zerschneide drei DIN-A4-Blätter Papier in jeweils acht gleich große Teile. Lege mit den Teilen dann die folgenden Brüche. Um welche Art von Bruch handelt es sich?

a) $\frac{3}{8}$; $\frac{16}{8}$; $\frac{17}{8}$; $\frac{24}{8}$

b) $\frac{5}{8}$; $\frac{11}{8}$; $\frac{8}{8}$; $\frac{22}{8}$

3 Gib jeweils einen Bruch an, der durch die Zeichnung dargestellt sein kann. Wandle den Bruch – wenn möglich – in eine natürliche oder gemischte Zahl um.

a)
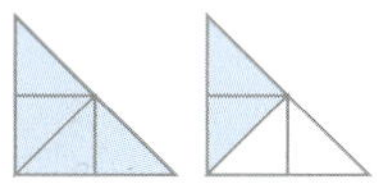

b)
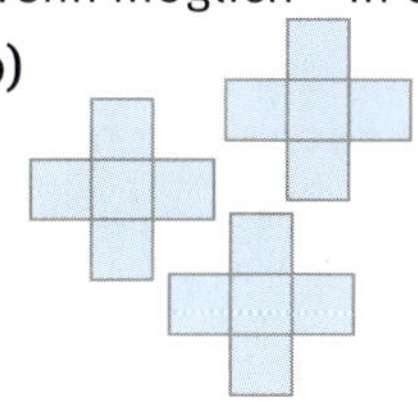

c)

d)

4 Zeige wie in Beispiel I anhand einer Zeichnung folgende Gleichheit.

a) $\frac{7}{2} = 3\frac{1}{2}$ b) $\frac{15}{8} = 1\frac{7}{8}$ c) $1\frac{1}{3} = \frac{4}{3}$ d) $2\frac{3}{5} = \frac{13}{5}$ e) $1\frac{5}{12} = \frac{17}{12}$

5 a) Schreibe als gemischte Zahl: $\frac{3}{2}, \frac{8}{3}, \frac{13}{3}, \frac{5}{4}, \frac{15}{4}, \frac{9}{5}, \frac{11}{5}, \frac{17}{10}$. **Beispiel:** $\frac{5}{3} = 1\frac{2}{3}$

b) Schreibe als unechten Bruch: $2\frac{1}{2}, 1\frac{2}{3}, 3\frac{3}{4}, 4\frac{3}{5}, 3\frac{5}{6}, 2\frac{7}{8}$. **Beispiel:** $4\frac{1}{3} = \frac{13}{3}$

6 Brüche und natürliche Zahlen. Setze die Reihe jeweils um fünf Zahlen fort.

a) $\frac{0}{4} = 0$; $\frac{4}{4} = 1$; $\frac{8}{4} = 2$; ...

b) $\frac{0}{12} = 0$; $\frac{12}{12} = 1$; $\frac{24}{12} = 2$; ...

c) $\frac{0}{7} = 0$; $\frac{7}{7} = 1$; $\frac{14}{7} = 2$; ...

d) $\frac{0}{39} = 0$; $\frac{39}{39} = 1$; $\frac{78}{39} = 2$; ...

7 Was meinst du dazu?

8 Maxi und Antonia gehen im Supermarkt einkaufen. Dabei haben sie die Wahl zwischen Groß- und Kleinpackungen.

a) Bestimme die günstigste Variante und berechne hierfür den Gesamtpreis.

b) Berechne die Ersparnis gegenüber der teuersten Variante.

Einkaufszettel

3 Dosen Hundefutter

$4\frac{1}{2}$ kg Nudeln

5 kg Kartoffeln

$\frac{3}{4}$ kg Erdnüsse

Angebote

1 Dose Hundefutter 0,49 €
6 Dosen Hundefutter 2,59 €

500 g Nudeln 0,98 €
Familienpackung 2,5 kg Nudeln 3,99 €

1 kg lose Kartoffeln 0,99 €
2,5 kg Kartoffeln im Netz 2,49 €

1 kg lose Erdnüsse 3,48 €
500 g Erdnüsse verpackt 1,49 €

- Welchen Anteil der Pizza erhält man bei folgenden Unterteilungen? Erkläre, wie die Anteile gebildet wurden. Welche Zusammenhänge entdeckst du zwischen den Brüchen?

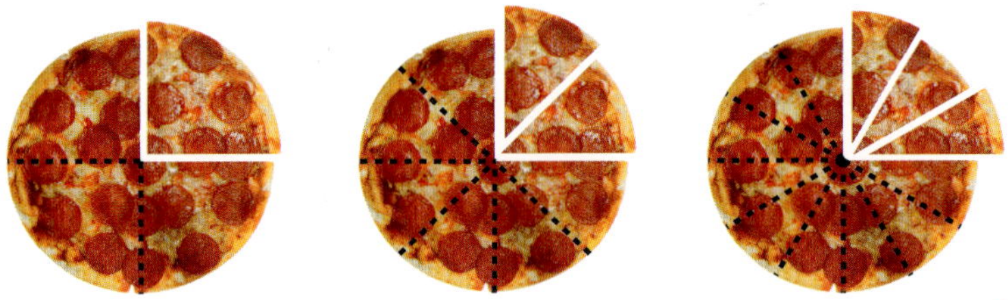

- Falte folgenden Anteil von einem Blatt Papier durch unterschiedliche Unterteilungen. Finde verschiedene Brüche, um diesen Anteil zu bezeichnen.

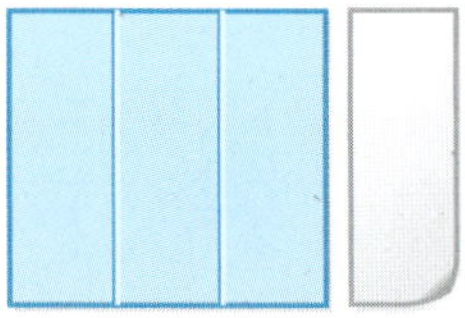

Erweitern
Zähler und Nenner mit derselben Zahl multiplizieren.
$\frac{2}{3} = \frac{2 \cdot 4}{3 \cdot 4} = \frac{8}{12}$

Kürzen
Zähler und Nenner durch dieselbe Zahl dividieren.
$\frac{12}{15} = \frac{12 : 3}{15 : 3} = \frac{4}{5}$

Merkwissen

Ein Anteil ändert sich nicht, wenn die Unterteilung verfeinert oder vergröbert wird.

Verfeinert man die Unterteilung, das heißt verdoppelt (verdreifacht, vervierfacht, ...) man den Nenner, dann verdoppelt (verdreifacht, vervierfacht, ...) sich auch der Zähler. Diesen Vorgang nennt man **Erweitern** von Brüchen.

Vergröbert man die Unterteilung, das heißt halbiert (drittelt, viertelt, ...) man den Nenner, dann halbiert (drittelt, viertelt, ...) sich auch der Zähler.
Diesen Vorgang nennt man **Kürzen** von Brüchen.
Verschiedene Brüche können denselben Anteil angeben: $\frac{2}{3} = \frac{4}{6} = \frac{16}{24} = \ldots$
Solche Brüche heißen **gleichwertig** bzw. **wertgleich**.

Beispiele

I Veranschauliche durch Erweitern und Kürzen, dass $\frac{2}{3} = \frac{8}{12}$ bzw. $\frac{8}{12} = \frac{2}{3}$ ist.

Lösung:

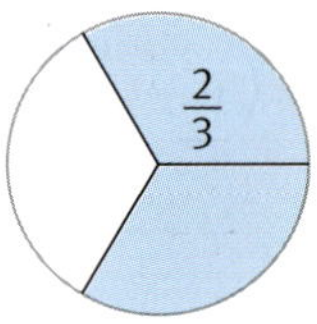

Erweitern: $\frac{2}{3} = \frac{2 \cdot 4}{3 \cdot 4} = \frac{8}{12}$

Kürzen: $\frac{8}{12} = \frac{8 : 4}{12 : 4} = \frac{2}{3}$

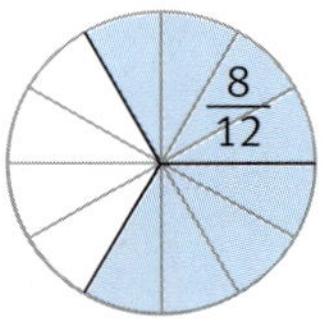

II a) Erweitere mit 3: $\frac{1}{4}, \frac{5}{6}$. b) Kürze mit 5: $\frac{5}{10}, \frac{25}{100}$.

Lösung:

a) $\frac{1}{4} = \frac{1 \cdot 3}{4 \cdot 3} = \frac{3}{12}$

$\frac{5}{6} = \frac{5 \cdot 3}{6 \cdot 3} = \frac{15}{18}$

b) $\frac{5}{10} = \frac{5 : 5}{10 : 5} = \frac{1}{2}$

$\frac{25}{100} = \frac{25 : 5}{100 : 5} = \frac{5}{20}$

Verständnis

- Lassen sich Stammbrüche kürzen?
- Wie viele gleichwertige Brüche gibt es zum Bruch $\frac{3}{4}$? Begründe.
- Lässt sich jeder Bruch erweitern (kürzen)? Begründe.

1 Schneide aus einem Blatt Papier einen Kreis aus. Zeige durch Falten: $\frac{3}{4} = \frac{9}{12}$.

2 Veranschauliche folgende Gleichheit.

a) $\frac{1}{2} = \frac{4}{8}$ **b)** $\frac{3}{4} = \frac{12}{16}$ **c)** $\frac{2}{5} = \frac{8}{20}$ **d)** $\frac{3}{6} = \frac{12}{24}$ **e)** $\frac{5}{12} = \frac{25}{60}$

3 Mit welcher Zahl wurde jeweils erweitert bzw. gekürzt?

a)

b)

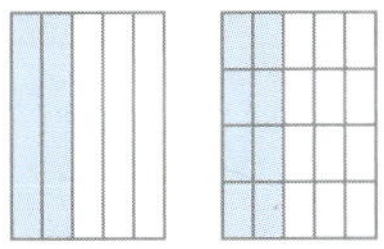

c)

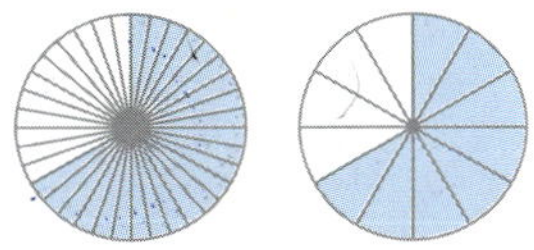

d)

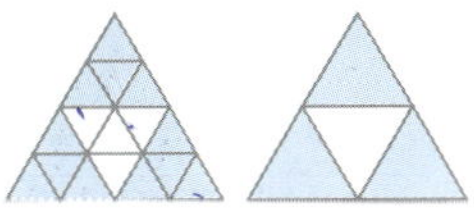

e)

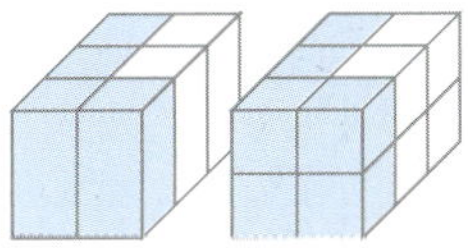

f)

g) $\frac{1}{2} = \frac{10}{20}$ **h)** $\frac{2}{3} = \frac{8}{12}$ **i)** $\frac{3}{5} = \frac{9}{15}$ **j)** $\frac{2}{7} = \frac{14}{49}$ **k)** $\frac{13}{20} = \frac{65}{100}$ **l)** $\frac{7}{8} = \frac{56}{64}$

m) $\frac{12}{18} = \frac{4}{6}$ **n)** $\frac{120}{200} = \frac{15}{25}$ **o)** $\frac{96}{144} = \frac{8}{12}$ **p)** $\frac{72}{80} = \frac{9}{10}$ **q)** $\frac{104}{136} = \frac{13}{17}$ **r)** $\frac{17}{17} = \frac{1}{1}$

4 Übertrage die beiden Figuren in dein Heft und veranschauliche jeweils …

a) das Erweitern mit 2 (4).

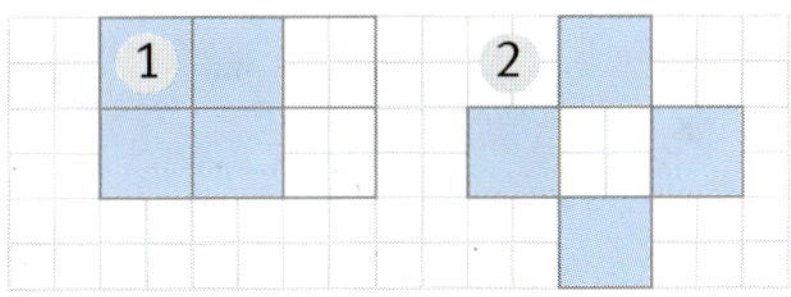

b) das Erweitern mit 3 (6).

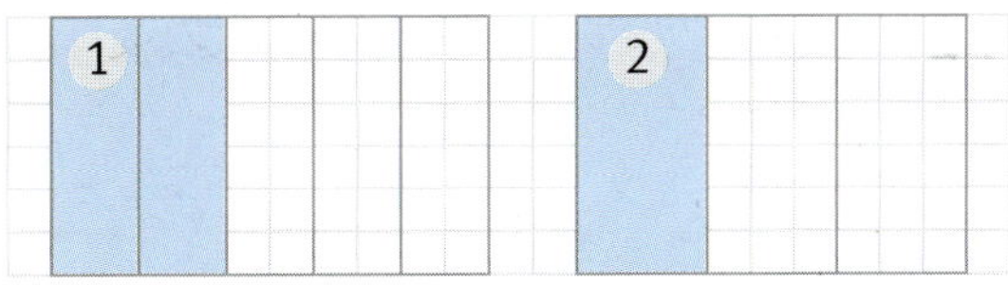

c) das Kürzen mit 2 (4).

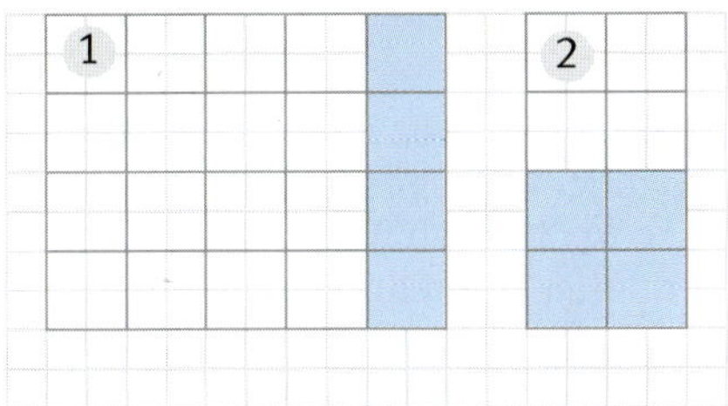

d) das Kürzen mit 5.

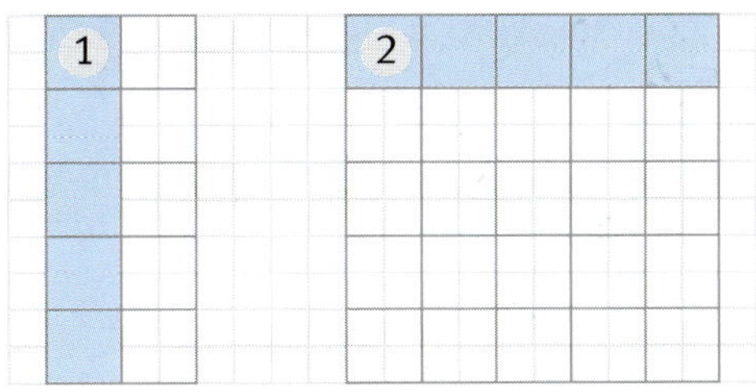

5 Kürze mit der angegebenen Zahl und wandle anschließend – falls möglich – in eine gemischte oder natürliche Zahl um.

a) mit 2: $\frac{2}{4}$; $\frac{10}{14}$; $\frac{6}{18}$; $\frac{24}{20}$; $\frac{18}{6}$ **b)** mit 4: $\frac{12}{16}$; $\frac{32}{40}$; $\frac{28}{44}$; $\frac{8}{24}$; $\frac{20}{4}$

c) mit 5: $\frac{5}{10}$; $\frac{25}{15}$; $\frac{45}{40}$; $\frac{75}{50}$; $\frac{65}{35}$ **d)** mit 8: $\frac{16}{40}$; $\frac{64}{72}$; $\frac{32}{88}$; $\frac{120}{56}$; $\frac{96}{48}$

e) mit 10: $\frac{20}{30}$; $\frac{10}{100}$; $\frac{70}{50}$; $\frac{110}{20}$; $\frac{50}{10}$ **f)** mit 11: $\frac{33}{44}$; $\frac{77}{110}$; $\frac{99}{121}$; $\frac{165}{55}$; $\frac{143}{11}$

6 Erweitere die Brüche mit der angegebenen Zahl.

a) mit 2: $\frac{2}{3}$; $\frac{8}{9}$; $\frac{36}{17}$; $1\frac{7}{11}$ **b)** mit 3: $\frac{5}{6}$; $\frac{7}{9}$; $\frac{36}{17}$; $2\frac{9}{13}$ **c)** mit 7: $\frac{1}{7}$; $\frac{4}{9}$; $\frac{15}{11}$; $3\frac{5}{8}$

d) mit 9: $\frac{2}{7}$; $\frac{6}{9}$; $\frac{13}{15}$; $2\frac{5}{8}$ **e)** mit 10: $\frac{2}{3}$; $\frac{5}{6}$; $\frac{17}{13}$; $8\frac{3}{4}$ **f)** mit 13: $\frac{1}{2}$; $\frac{8}{9}$; $\frac{0}{10}$; $1\frac{5}{7}$

7 Ergänze die fehlende Zahl. Erkläre, wie du sie gefunden hast. Notiere auch die Zahl, mit der erweitert bzw. gekürzt wurde wie in Beispiel II.

a) $\frac{2}{5} = \frac{\square}{10}$ b) $\frac{3}{8} = \frac{\square}{32}$ c) $\frac{5}{7} = \frac{15}{\square}$ d) $\frac{\square}{4} = \frac{12}{16}$ e) $\frac{4}{\square} = \frac{12}{9}$ f) $\frac{25}{10} = \frac{\square}{2}$

g) $\frac{5}{6} = \frac{30}{\square}$ h) $\frac{1}{6} = \frac{\square}{24}$ i) $\frac{12}{\square} = \frac{60}{100}$ j) $\frac{\square}{96} = \frac{9}{8}$ k) $\frac{14}{\square} = \frac{42}{27}$ l) $\frac{11}{5} = \frac{121}{\square}$

8 Erweitere die Brüche auf den angegebenen Nenner. Notiere, mit welcher Zahl du erweitert hast.

a) 100: $\frac{2}{50}$; $\frac{3}{10}$; $\frac{12}{25}$; $\frac{15}{20}$; $\frac{3}{2}$; $\frac{7}{4}$ b) 40: $\frac{1}{4}$; $\frac{5}{8}$; $\frac{3}{5}$; $\frac{13}{2}$; $\frac{7}{10}$; $1\frac{3}{20}$

Lösungen zu 9:
$\frac{1}{6}$, $\frac{1}{7}$; $\frac{2}{3}$; $\frac{1}{5}$; $\frac{9}{10}$; $\frac{5}{6}$; $\frac{1}{2}$; $\frac{4}{5}$; $\frac{3}{5}$; $\frac{5}{8}$; $\frac{9}{10}$; $\frac{16}{31}$; $\frac{3}{13}$; $\frac{1}{3}$; $\frac{4}{5}$

9 Kürze jeden Bruch so weit wie möglich.
Beispiel: $\frac{60}{105} = \frac{60:5}{105:5} = \frac{12}{21} = \frac{12:3}{21:3} = \frac{4}{7}$

a) $\frac{50}{100}$; $\frac{2}{14}$; $\frac{15}{75}$; $\frac{6}{36}$; $\frac{72}{80}$ b) $\frac{48}{60}$; $\frac{24}{40}$; $\frac{27}{81}$; $\frac{39}{169}$; $\frac{600}{900}$ c) $\frac{56}{70}$; $\frac{126}{140}$; $\frac{64}{124}$; $\frac{125}{150}$; $\frac{160}{256}$

10 ① $\frac{22}{8} = 2\frac{3}{4}$ ② $9\frac{2}{9} = \frac{27}{279}$ ③ $\frac{341}{151} = \frac{1364}{604}$ ④ $17\frac{34}{51} = \frac{2}{3}$

a) Überprüfe, ob richtig gekürzt bzw. erweitert wurde, und verbessere falls nötig.
b) Beschreibe stichpunktartig die gemachten Fehler.

11 Was meinst du dazu? Begründe deine Meinung.

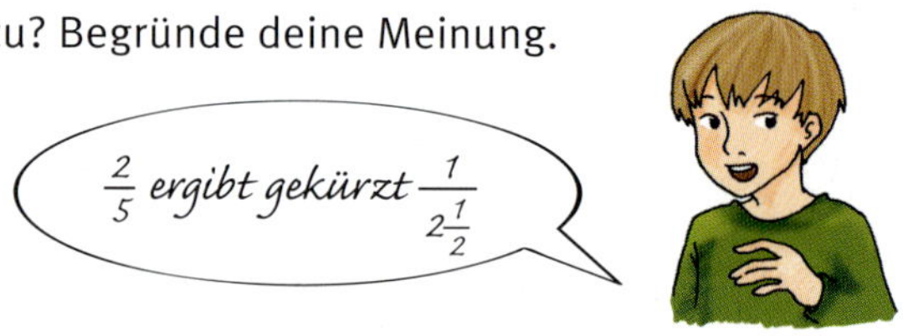

12 Ein Süßwarenhersteller verkauft helle und dunkle Schokoküsse in Packungen zu 16, 24 und 40 Stück. Der Anteil der hellen Schokoküsse soll in allen Packungen gleich sein. Welche Möglichkeiten gibt es?

13 Auf einem Schulfest veranstalten die Klassen 6a, 6b und 6c jeweils eine Lotterie. Die Klasse 6a hat 36 Gewinne gesammelt und möchte insgesamt 60 Lose verkaufen. Die Klasse 6b hat 80 Lose gedruckt, Klasse 6c 70 Lose. Wie viele Gewinne müssen die Klassen 6b und 6c aufstellen, wenn der Anteil der Gewinnlose in allen drei Lotterien gleich groß sein soll?

Ein Dominostein besteht aus zwei Feldern. Jedes Feld zeigt das Seitenbild eines Würfels oder ist leer.

14 Stell dir vor: Dominosteine stellen Brüche dar. Der abgebildete Stein steht beispielsweise für den Bruch $\frac{3}{4}$.

a) Wie viele unterschiedliche Brüche kannst du so durch Dominosteine bilden? Wie viele davon sind echte Brüche, unechte Brüche und Stammbrüche?
b) Welche „Dominostein-Brüche" lassen sich durch Erweitern und Kürzen bilden? Schreibe entsprechende wertgleiche Brüche auf.
c) Der Dominostein $\frac{3}{4}$ kann auch den Bruch $\frac{4}{3}$ darstellen, wenn man den Stein umdreht. Wie viele Steine brauchst du mindestens, um alle Brüche aus Teilaufgabe a) zu bilden?
d) Gibt es auch Dominosteine, die keine Brüche darstellen?

15 Silke möchte den Zuckeranteil von zwei Schokopuddings ermitteln. Der erste Pudding wiegt 140 g und enthält laut Becherangabe 35 g Zucker. Der zweite Pudding wiegt 100 g und enthält 20 g Zucker. Erkläre Silke, wie sie vorgehen muss.

16 In der 5. und 6. Jahrgangsstufe der Leopoldschule wurde eine Umfrage zu Lieblingstieren gemacht. Es gab folgendes Ergebnis:

	Hund	Katze	Pferd	Sonstiges
Anzahl in 5. Jgst.	24	15	18	3
Anzahl in 6. Jgst.	24	18	24	6

a) Erstelle ein Säulendiagramm zu der Umfrage.

b) Bestimme die Anteile der Lieblingstiere in den einzelnen Jahrgangsstufen und stelle die Ergebnisse jeweils in einem Schaubild dar.

c) In welcher Jahrgangsstufe gibt es mehr Katzenfreunde? Begründe.

17

a) Erkläre Pauls Vorgehen.

b) Hat Martina Recht? Begründe deine Antwort.

c) Versuche Maria zu helfen.

SPIEL

Bruchmemory (2 Spieler)

Herstellung des Spielmaterials

- Für einen Kartensatz Memory benötigt ihr vier Blatt dickes Papier (DIN-A4). Jedes Blatt zerschneidet ihr in acht gleich große Teile, sodass ihr insgesamt 32 Memorykarten erhaltet, die ihr zu 16 Kartenpaaren zusammenlegt.
- Auf eine Karte eines Kartenpaares schreibt ihr einen Bruch oder visualisiert ihn durch eine Figur. Auf die andere Karte notiert oder zeichnet ihr einen dazugehörigen erweiterten oder gekürzten Bruch. Diesen Vorgang wiederholt ihr für jedes Kartenpaar.

Beispiele für Kartenpaare

Spielregeln

Die bekannten Memoryregeln

Anastasias Mutter hat zwei verschiedene Packungen Müsliriegel gekauft. Ein Riegel Fruitix (20 g) enthält 5 g Fett, ein Riegel Kerny (25 g) enthält 6 g Fett.

- Gib den Fettanteil jedes Riegels als Bruch an.
- Wie viel Gramm Fett würde ein 100-g-Riegel Fruitix (Kerny) enthalten?
- Gib den Fettanteil eines 100-g-Riegels Fruitix (Kerny) als Bruch an.
- Vergleiche die Fettanteile der Müsliriegel miteinander.

Merkwissen

Brüche mit gleichem Nenner heißen **gleichnamig**.

Gleichnamige Brüche kann man der Größe nach **ordnen,** indem man ihre Zähler vergleicht: Derjenige Bruch ist größer, der den größeren Zähler hat.

Ungleichnamige Brüche lassen sich der Größe nach **ordnen,** indem man sie zuerst durch Erweitern oder Kürzen **gleichnamig macht** und anschließend vergleicht.

Beispiel: $\frac{3}{20}$ ☐ $\frac{4}{25}$ Da $\frac{3}{20} = \frac{15}{100}$ und $\frac{4}{25} = \frac{16}{100}$ gilt: $\frac{3}{20} < \frac{4}{25}$ da $\frac{15}{100} < \frac{16}{100}$

Verschiedene Brüche können jeweils denselben Anteil darstellen:

$\frac{2}{3} = \frac{4}{6} = \frac{8}{12} = \ldots$

Solche Brüche heißen **gleichwertig** und bezeichnen jeweils dieselbe **positive rationale Zahl.** Alle positiven rationalen Zahlen bilden die Menge der positiven rationalen Zahlen $\mathbb{Q}^+$; gehört die Null dazu, schreibt man $\mathbb{Q}_0^+$.

Brüche vergleichen
Brüche erst auf den gleichen Nenner bringen, dann die Zähler vergleichen

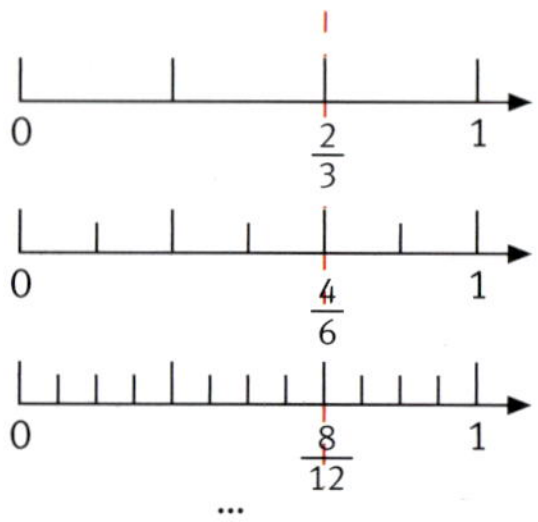

Beispiele

I Zeichne eine Zahlenhalbgerade und markiere folgende Brüche: $\frac{1}{2}, \frac{4}{5}, \frac{7}{10}$. Ordne sie anschließend der Größe nach.

Lösung:

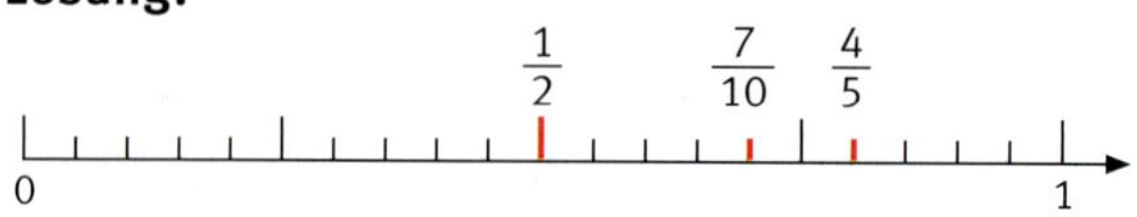

$\frac{1}{2} < \frac{7}{10} < \frac{4}{5}$

II <, > oder =?

a) $\frac{2}{3}$ ☐ $\frac{5}{9}$ **b)** $2\frac{2}{4}$ ☐ $\frac{3}{2}$

Lösung:

a) Da $\frac{2}{3} = \frac{6}{9}$ und $\frac{6}{9} > \frac{5}{9}$ gilt: $\frac{2}{3} > \frac{5}{9}$.

b) Da $2\frac{2}{4} = \frac{10}{4} = \frac{5}{2}$ und $\frac{5}{2} > \frac{3}{2}$ gilt: $2\frac{2}{4} > \frac{3}{2}$.

Eine positive rationale Zahl lässt sich durch verschiedene Brüche darstellen, die alle gleichwertig sind.

III Gib fünf verschiedene positive rationale Zahlen zwischen 0 und 1 an.

Lösungsmöglichkeit:
$\frac{2}{3}; \frac{1}{2}; \frac{3}{4}; \frac{2}{5}; \frac{3}{8}$

Die Menge der natürlichen Zahlen $\mathbb{N}$ ist in der Menge der positiven rationalen Zahlen $\mathbb{Q}^+$ enthalten.
$1 = \frac{1}{1}; 2 = \frac{2}{1}; 3 = \frac{3}{1}; \ldots$

Verständnis

- Wie lassen sich Brüche mit gleichem Zähler der Größe nach ordnen? Finde eine Regel.
- Durch wie viele Brüche lässt sich eine positive rationale Zahl darstellen? Begründe.

1 Übertrage in dein Heft und setze <, > oder =.

a) $\frac{2}{5} \square \frac{4}{5}$; $\frac{7}{8} \square \frac{6}{8}$; $1\frac{1}{2} \square \frac{3}{2}$; $\frac{2}{3} \square \frac{1}{3}$; $\frac{7}{9} \square \frac{8}{9}$; $\frac{4}{8} \square \frac{2}{4}$; $\frac{4}{5} \square \frac{9}{10}$; $2\frac{1}{6} \square 2\frac{1}{2}$; $\frac{12}{6} \square 2$

b) $\frac{1}{4} \square \frac{1}{2}$; $\frac{2}{3} \square \frac{2}{5}$; $\frac{5}{8} \square \frac{5}{6}$; $\frac{7}{10} \square \frac{7}{25}$; $\frac{3}{4} \square \frac{6}{20}$; $\frac{5}{8} \square \frac{10}{4}$; $\frac{4}{5} \square 1$; $\frac{4}{6} \square \frac{8}{12}$; $1\frac{4}{5} \square 1\frac{2}{7}$

2 Gib für die markierten positiven rationalen Zahlen mindestens zwei Brüche an, die die Zahl darstellen.

3 Zeichne eine Zahlenhalbgerade von 0 bis 2 und kennzeichne die positiven rationalen Zahlen. Ordne sie der Größe nach, beginne mit der kleinsten Zahl.

Überlege zunächst, wie lang die Zahlenhalbgerade sein soll und welche Unterteilung geeignet ist.

a) $\frac{1}{2}$; $\frac{6}{5}$; $1\frac{1}{2}$; $\frac{7}{10}$; $\frac{1}{5}$; $\frac{15}{10}$; $\frac{5}{5}$ **b)** $\frac{3}{8}$; $\frac{7}{4}$; $\frac{1}{2}$; $\frac{3}{4}$; $\frac{3}{2}$; $\frac{6}{8}$; $\frac{4}{2}$

4 Nenne alle gleichnamigen Brüche, die zwischen den angegebenen liegen.

a) $\frac{3}{4}$; $\frac{7}{4}$ **b)** $\frac{2}{5}$; $\frac{5}{5}$ **c)** $\frac{6}{10}$; $\frac{11}{10}$ **d)** $\frac{5}{16}$; $\frac{13}{16}$ **e)** $\frac{15}{12}$; $\frac{17}{12}$ **f)** $\frac{47}{7}$; $\frac{51}{7}$

5 **a)** Gib fünf positive rationale Zahlen zwischen 1 und 2 an.

b) Finde jeweils fünf weitere gleichwertige Brüche zur positiven rationalen Zahl $\frac{4}{5}$ ($\frac{2}{3}$, $\frac{3}{4}$, $1\frac{2}{3}$, 2).

Überlege zuerst, wie du die Anteile geeignet darstellen kannst.

6 Richtig oder falsch? Erkläre durch eine Zeichnung.

a) $\frac{1}{2} < \frac{3}{4} < \frac{7}{8}$ **b)** $\frac{2}{3} < \frac{1}{2} < \frac{5}{6}$ **c)** $\frac{4}{9} < \frac{5}{6} < \frac{13}{18}$ **d)** $\frac{6}{10} < \frac{3}{2} < \frac{7}{5}$

Spiel

Bruchskat (3–4 Spieler)

Spielmaterial

Stellt in Kleingruppen (3–4 Personen) Bruchkarten her:

- Für einen Kartensatz benötigt ihr sechs Blätter dickes Papier (DIN-A4). Zerschneidet jedes Blatt in acht gleich große Teile.
- Notiert auf jede Karte einen Bruch, eine gemischte Zahl oder eine natürliche Zahl.

Beispiele:

Spielregeln

- Mischt die Karten und verteilt sie gleichmäßig an alle Spieler.
- Der jüngste Spieler beginnt und legt eine Karte in die Mitte. Alle anderen Spieler legen der Reihe nach im Uhrzeigersinn eine Karte hinzu.
- Wer in einer Runde die Karte mit dem höchsten Bruch gelegt hat, erhält alle Karten aus der Mitte und legt sie auf seinen Ablagestapel. Bei gleichwertigen Brüchen bleiben die Karten so lange in der Mitte, bis eine Runde gewonnen wurde.
- Der Sieger einer Runde beginnt die nächste.
- Gewonnen hat am Ende der Spieler mit den meisten Karten.

Von einer Tafel Schokolade hat Sabine drei Rippen und Manuel zwei Rippen gegessen.

- Welcher Anteil der Schokolade wurde insgesamt gegessen?
- Welcher Anteil ist noch übrig?
- Beschreibe, wie du die Anteile berechnen kannst.

Merkwissen

Gleichnamige Brüche werden **addiert** (**subtrahiert**), indem man die Zähler addiert (subtrahiert). Der Nenner wird beibehalten.
Bei der Ausführung der Rechnung kann ein **Pfeilmodell** helfen.

Beispiele:

Addition:
$\frac{3}{10} + \frac{6}{10} = \frac{3+6}{10} = \frac{9}{10}$

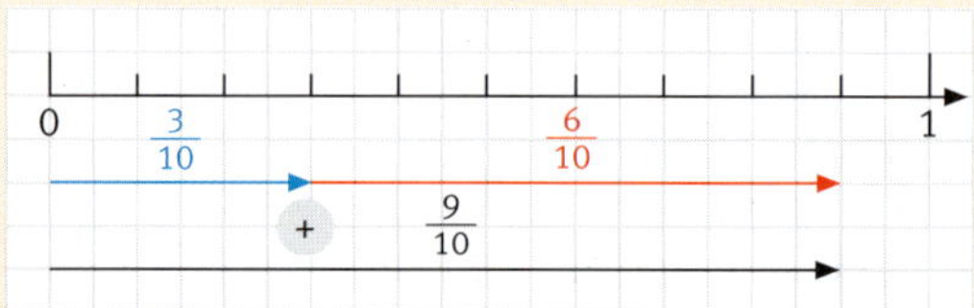

Subtraktion:
$\frac{4}{5} - \frac{3}{5} = \frac{4-3}{5} = \frac{1}{5}$

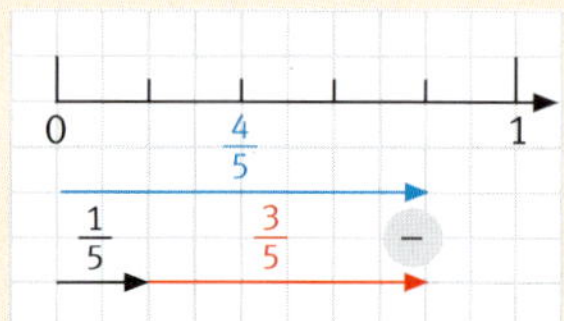

*Bei der **Addition** werden die Zahlenpfeile **Fuß an Spitze** gekoppelt.*

*Bei der **Subtraktion** werden die Zahlenpfeile **Spitze an Spitze** gekoppelt.*

Beispiele

I Veranschauliche die Terme mithilfe von Zahlenpfeilen und berechne ihren Wert.

a) $\frac{1}{5} + \frac{3}{5}$ b) $\frac{3}{4} - \frac{1}{4}$

Lösung:

a)

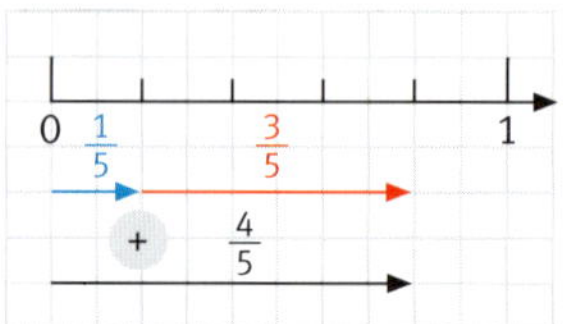

$\frac{1}{5} + \frac{3}{5} = \frac{4}{5}$

b)

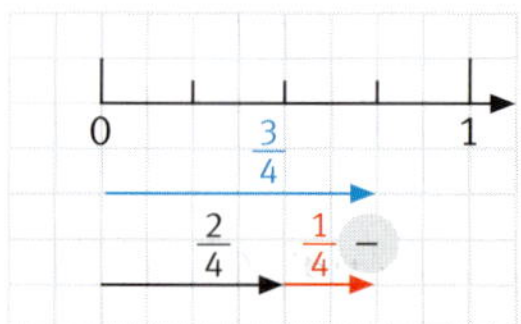

$\frac{3}{4} - \frac{1}{4} = \frac{2}{4} = \frac{1}{2}$

II Berechne und kürze das Ergebnis so weit wie möglich.

a) $\frac{15}{6} - \frac{3}{6}$ b) $1\frac{3}{10} + 2\frac{2}{10}$

Lösung:

a) $\frac{15}{6} - \frac{3}{6} = \frac{12}{6} = \frac{2}{1} = 2$

b) $1\frac{3}{10} + 2\frac{2}{10} = \frac{13}{10} + \frac{22}{10} = \frac{35}{10} = 3\frac{5}{10} = 3\frac{1}{2}$

III a) Welche Additionsaufgabe passt zu der Zeichnung?

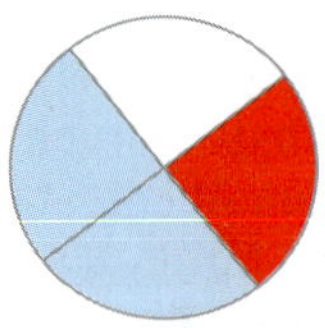

b) Welche Subtraktionsaufgabe passt zu der Zeichnung?

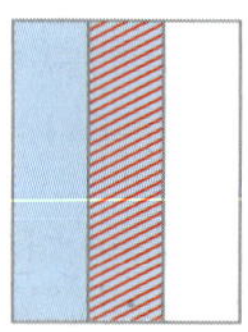

Lösung:

a) $\frac{2}{4} + \frac{1}{4} = \frac{3}{4}$

b) $\frac{2}{3} - \frac{1}{3} = \frac{1}{3}$

Verständnis

- Erkläre, warum der Nenner bei der Addition (Subtraktion) gleichnamiger Brüche beibehalten wird.
- Martina rechnet: $\frac{5}{7} + \frac{5}{9} = \frac{5}{16}$. Stimmt das? Begründe deine Antwort.

Aufgaben

1 Rechne im Kopf. Kürze das Ergebnis so weit wie möglich und gib es gegebenenfalls als gemischte bzw. natürliche Zahl an.

a) $\frac{1}{6} + \frac{3}{6}$; $\frac{2}{8} + \frac{3}{8}$; $\frac{3}{9} + \frac{4}{9}$; $\frac{3}{10} + \frac{7}{10}$

b) $\frac{5}{7} - \frac{3}{7}$; $\frac{3}{5} - \frac{2}{5}$; $\frac{7}{9} - \frac{4}{9}$; $\frac{8}{10} - \frac{2}{10}$

c) $\frac{3}{5} + \frac{4}{5} + \frac{1}{5}$; $\frac{4}{12} + \frac{5}{12} + \frac{2}{12}$; $\frac{3}{8} + \frac{6}{8} + \frac{7}{8}$; $\frac{10}{11} + \frac{4}{11} + \frac{6}{11}$

d) $1\frac{1}{3} + 2\frac{1}{3}$; $3\frac{5}{9} + 4\frac{3}{9}$; $2\frac{5}{8} + 3$; $1\frac{6}{7} + 3\frac{5}{7}$

e) $5\frac{5}{6} - \frac{2}{6}$; $2\frac{4}{7} - 1\frac{2}{7}$; $7\frac{4}{9} - 3\frac{4}{9}$; $7\frac{1}{4} - 3\frac{3}{4}$

Wandle vor der Addition bzw. Subtraktion gemischte und natürliche Zahlen gegebenenfalls in unechte Brüche um.

2 Veranschauliche die Terme durch Zahlenpfeile wie in Beispiel I und berechne.

a) $\frac{5}{8} + \frac{4}{8}$ b) $\frac{11}{8} - \frac{5}{8}$ c) $\frac{5}{8} + \frac{5}{8}$ d) $1\frac{1}{8} + \frac{3}{8}$ e) $2 - \frac{13}{8}$ f) $1\frac{3}{8} + \frac{5}{8}$

g) $\frac{3}{10} + \frac{4}{10}$ h) $\frac{2}{8} + \frac{5}{8}$ i) $\frac{5}{6} - \frac{3}{6}$ j) $\frac{7}{10} - \frac{2}{10}$ k) $\frac{1}{7} + \frac{2}{7}$ l) $\frac{7}{8} - \frac{2}{8}$

3 Berechne den Termwert und kürze das Ergebnis so weit wie möglich.

a) $\frac{13}{8} + \frac{1}{8}$; $2\frac{1}{6} + 1\frac{5}{6}$

b) $\frac{13}{15} - \frac{3}{15}$; $3\frac{9}{10} - 2\frac{7}{10}$

c) $\frac{2}{10} + 1\frac{4}{10}$; $3\frac{1}{100} + \frac{79}{100}$

d) $19\frac{8}{10} - 9\frac{3}{10}$; $2\frac{28}{100} - 1\frac{3}{100}$

e) $\frac{1}{6} + 1\frac{5}{6} + \frac{2}{6}$; $1\frac{76}{100} - 1\frac{51}{100}$

Lösungen zu 3:
$1\frac{3}{5}$; $1\frac{1}{5}$; 4; $2\frac{1}{3}$; $\frac{1}{4}$; $1\frac{3}{4}$; $10\frac{1}{2}$; $\frac{2}{3}$; $3\frac{4}{5}$; $1\frac{1}{4}$

4 Welche Addition ist dargestellt? Wie viel fehlt dem Ergebnis zum Ganzen?

a) 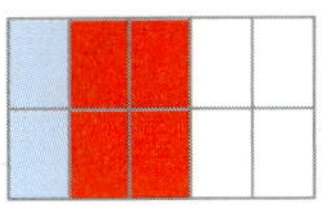

b) 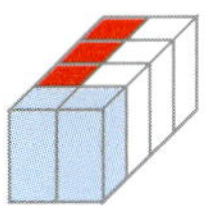

c) 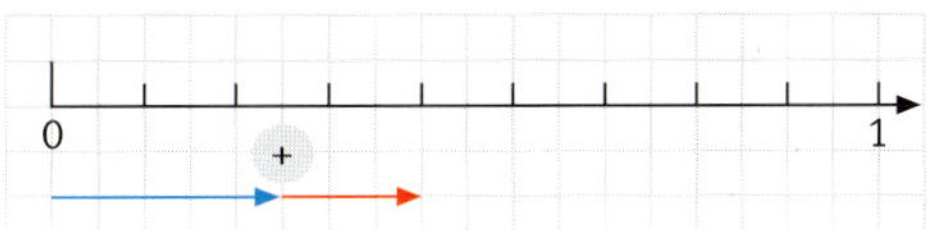

5 Welche Subtraktion ist dargestellt? Wie viel fehlt dem Ergebnis zum Ganzen?

a) 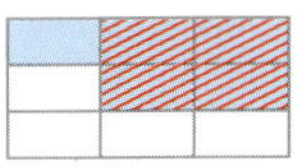

b) 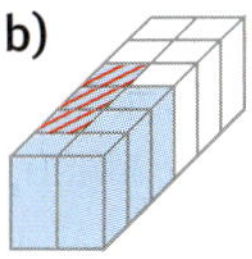

c) 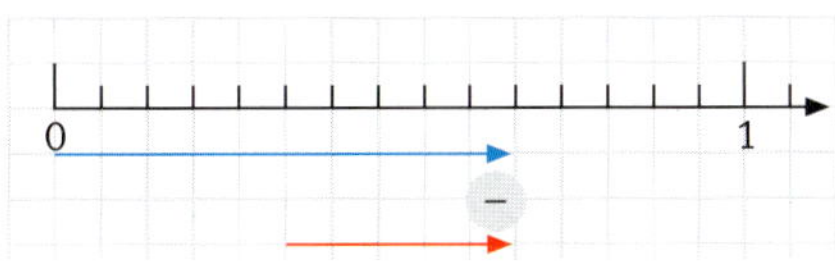

6 Berechne und gib an, wie viel zur nächsten natürlichen Zahl fehlt.

a) $\frac{2}{7} + \frac{6}{7}$; $1\frac{1}{3} + 1\frac{1}{3}$

b) $4\frac{6}{15} - 1\frac{2}{15}$; $2\frac{3}{8} - \frac{1}{8}$

c) $\frac{4}{5} + 1\frac{4}{5} + \frac{3}{5}$; $2\frac{1}{4} + 1\frac{3}{4} + \frac{1}{4}$

d) $5\frac{3}{11} - 2\frac{1}{11}$; $2\frac{5}{10} - 1\frac{2}{10}$

e) $1\frac{2}{10} + 2\frac{9}{10}$; $9\frac{5}{7} - 5$

7 Übertrage die Zahlenmauern zur Addition in dein Heft und vervollständige sie.

Der Wert eines Steins ergibt sich aus der Summe der beiden Steine, die darunter liegen.

a) 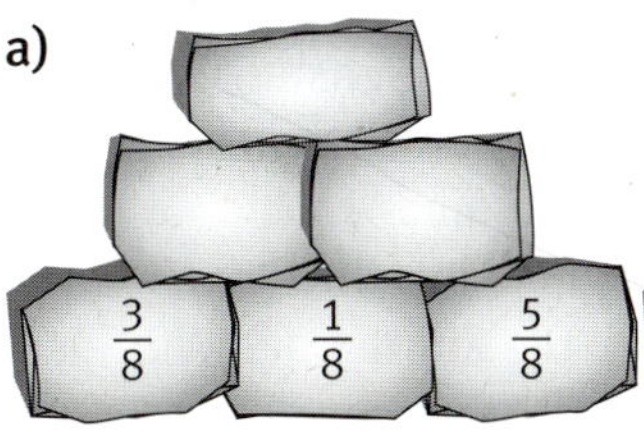

b) 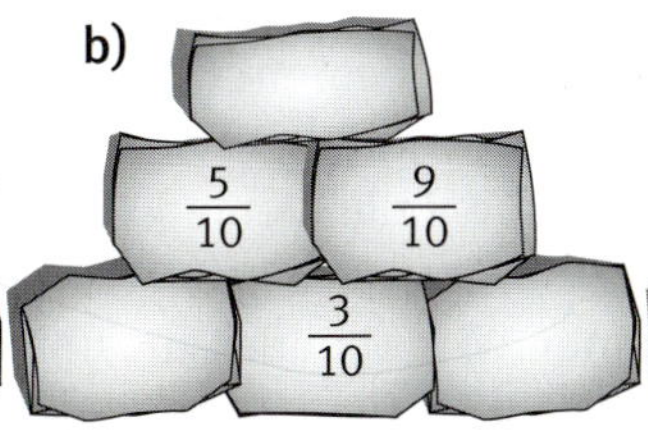

c) 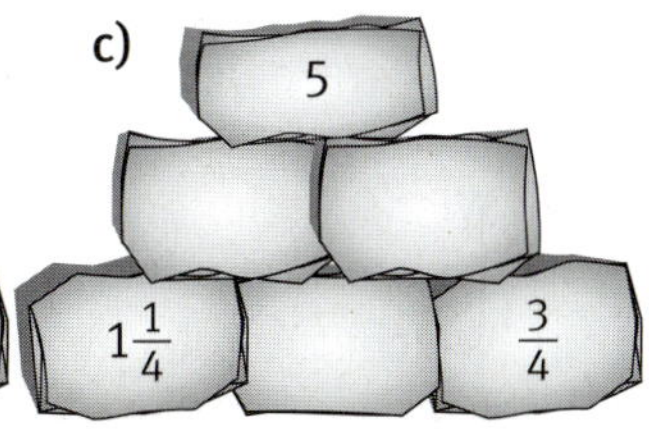

Lösungen zu 8:
a) $\frac{1}{4}$; $\frac{3}{8}$; $\frac{1}{2}$; $\frac{5}{8}$; $\frac{3}{4}$; $\frac{3}{4}$; $\frac{7}{8}$; 1; 1; $1\frac{1}{8}$; $1\frac{1}{4}$; $1\frac{1}{2}$; $1\frac{1}{2}$; $1\frac{3}{4}$; 2; $2\frac{1}{4}$
b) $\frac{2}{3}$; $\frac{5}{6}$; $\frac{5}{6}$; 1; 1; $1\frac{1}{6}$; $1\frac{1}{6}$; $1\frac{1}{3}$; $1\frac{1}{2}$; $1\frac{5}{6}$; 2; $2\frac{1}{3}$; 3; $3\frac{1}{6}$; $3\frac{1}{3}$; $4\frac{1}{6}$
c) $\frac{2}{5}$; $\frac{7}{10}$; $\frac{7}{10}$; 1; 1; 1; $1\frac{3}{10}$; $1\frac{3}{10}$; $1\frac{3}{5}$; $1\frac{3}{5}$; $1\frac{3}{5}$; $1\frac{9}{10}$; $1\frac{9}{10}$; $2\frac{1}{5}$; $2\frac{1}{5}$; $2\frac{4}{5}$

8 Übertrage die Quadrate ins Heft und vervollständige sie. Kürze wenn möglich.

a)

+	$\frac{1}{8}$	$\frac{3}{8}$	$\frac{5}{8}$	$\frac{7}{8}$
$\frac{1}{8}$				
$\frac{2}{8}$				
$\frac{5}{8}$				
$1\frac{3}{8}$				

b)

+	$\frac{1}{6}$	$\frac{2}{6}$	$\frac{4}{6}$	$2\frac{3}{6}$
$\frac{3}{6}$				
$\frac{4}{6}$				
$\frac{5}{6}$				
$1\frac{4}{6}$				

c)

+	$\frac{1}{10}$	$\frac{4}{10}$	$\frac{7}{10}$	$1\frac{3}{10}$
$\frac{3}{10}$				
$\frac{6}{10}$				
$\frac{9}{10}$				
$1\frac{5}{10}$				

9 Übertrage die Quadrate in dein Heft und vervollständige sie. Kürze wenn möglich.

a)

−	$\frac{1}{5}$	$\frac{2}{5}$	$\frac{4}{5}$	$1\frac{1}{5}$
$1\frac{1}{5}$	1			
$1\frac{3}{5}$				
$2\frac{4}{5}$				
$3\frac{2}{5}$				

b)

−	$\frac{1}{9}$	$\frac{3}{9}$	$\frac{5}{9}$	$\frac{7}{9}$
$\frac{8}{9}$				
$1\frac{3}{9}$		1		
$1\frac{6}{9}$				
$2\frac{4}{9}$				

c)

−	$\frac{1}{10}$	$\frac{3}{10}$	$\frac{7}{10}$	$1\frac{9}{10}$
$1\frac{9}{10}$				
$2\frac{7}{10}$			2	
$3\frac{3}{10}$				
$4\frac{2}{10}$				

10 Wie viele Kilogramm liegen auf der Waage?
Wie viele Kilogramm fehlen noch zum vollen Kilogramm?

a)

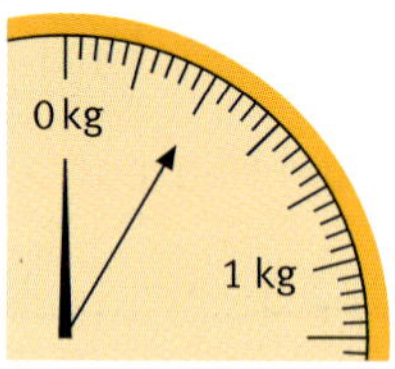

b)

c)

11 Für einen Pudding braucht man 500 ml Milch. Sabine möchte den Pudding besonders cremig haben und ersetzt deshalb einen Teil der Milch durch $\frac{1}{8}$ l Sahne.

a) Wie viel Milch muss Sabine abmessen?

b) Welcher Anteil der Gesamtmenge entfällt auf die Milch (auf die Sahne)?

12 Zwei Fünftel der Schüler einer Klasse kommen morgens mit dem Bus, ein Fünftel fährt mit dem Rad und die restlichen 12 Schüler kommen zu Fuß. Wie viele Schüler sind in der Klasse?

Eine Skizze kann helfen.

13 Ein Fischer zieht sein Netz aus dem See. Ein Drittel der Fische lässt er frei, weil sie zu klein sind. Ebenso viele Fische wirft er zurück, weil sie keine Speisefische sind. 21 Fische behält er. Wie viele Fische waren im Netz?

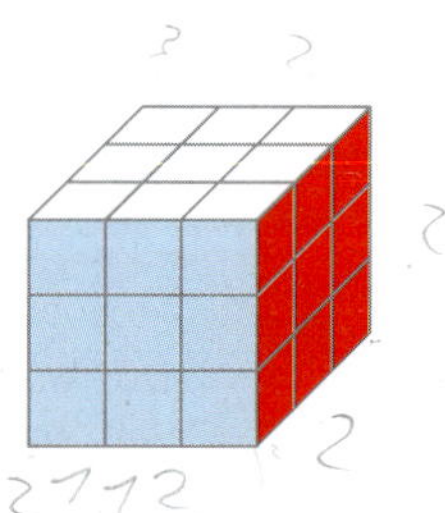

14 a) Aus wie vielen kleinen Würfeln besteht der große Würfel insgesamt? Welcher Anteil davon ist in der Zeichnung sichtbar?

b) Wie viele Seitenflächen haben alle kleinen Würfel zusammen? Welcher Anteil davon ist beim großen Würfel sichtbar?

c) Welcher Anteil der kleinen Würfel bildet zusammen die Kanten des Würfels?

15 Berechne. Veranschauliche durch eine Zeichnung.

a) $\frac{1}{2}$ m + $\frac{1}{2}$ m = □ b) $\frac{3}{10}$ m + $\frac{1}{10}$ m = □ c) $\frac{4}{5}$ m − □ = $\frac{1}{5}$ m

d) $\frac{8}{9}$ m + □ = 1 m e) 2 m + $\frac{2}{7}$ m = □ f) $\frac{7}{10}$ m + □ = $1\frac{1}{2}$ m

g) $1\frac{2}{3}$ m − □ = $\frac{5}{6}$ m h) $\frac{4}{4}$ m + □ = 1 m i) 80 mm − □ = $\frac{3}{5}$ dm

16 Ein Schulbus ist bereits zu einem Viertel mit Schülern besetzt. An einer Haltestelle verdoppelt sich die Zahl der Schüler, zusätzlich steigen noch vier Erwachsene hinzu. Anschließend sind noch 20 Plätze frei. Wie viele Plätze hat der Bus? Veranschauliche das Ergebnis grafisch.

17 Die acht Gewichte (Maßangaben in kg) sollen so auf die Schalen einer Waage verteilt werden, dass diese im Gleichgewicht ist und alle Gewichte verwendet werden. Gib verschiedene Möglichkeiten an und zeige die zugehörigen Rechenwege.

18 Gib mindestens fünf verschiedene Summen (Differenzen) mit dem Wert $3\frac{1}{6}$ an.

19 Im Jahr fallen in Deutschland etwa 340 000 t Abfall an.
Davon sind jeweils $\frac{3}{20}$ Haushaltsabfälle und Gewerbeabfälle, $\frac{11}{20}$ der Menge ist Bauschutt, der Rest ist sonstiger Abfall (z. B. aus dem Bergbau). Bestimme die Abfallmenge der einzelnen Bereiche.

20 Kombiniere die Karten durch + und – so miteinander, dass das Ergebnis möglichst nahe bei 0 (bei 1) liegt.

$1\frac{1}{10}$ $\frac{4}{10}$ $\frac{8}{10}$ $\frac{6}{10}$ $\frac{5}{10}$ $\frac{7}{10}$ $1\frac{3}{10}$

21 a) Es ist $\frac{\bigcirc}{10} + \frac{\triangle}{10} = 2$, wobei der erste Summand stets größer ist als der zweite.
Bestimme alle möglichen Summandenpaare.

b) Es ist $\frac{\bigcirc}{15} - \frac{\triangle}{15} = \frac{1}{15}$. Beschreibe, welche Zählerpaare du einsetzen kannst.

22 Versuche, die Aufgaben durch eine Addition zu lösen. Welche Regel entdeckst du?

a) $2 \cdot \frac{2}{3}$ b) $3 \cdot \frac{1}{6}$ c) $3 \cdot \frac{2}{5}$ d) $4 \cdot \frac{3}{7}$

23 Eine vorgegebene Zahl soll nur mithilfe von Rechenzeichen und den angegebenen Ziffern dargestellt werden.
Beispiel:
22 mithilfe von sechs Vierern: $22 = \frac{44}{4} + \frac{44}{4}$

a) 100 mithilfe von vier Neunern
b) 11 mithilfe von acht Zweiern
c) 15 mithilfe von sechs Dreiern

Knobelei

Magische Quadrate

- Übertrage die Quadrate in dein Heft und ergänze so, dass man in jeder Zeile, in jeder Spalte und in jeder Diagonalen die Summe 1 erhält.

a)

□	$\frac{1}{15}$	□
$\frac{3}{15}$	□	$\frac{7}{15}$
□	□	□

b)

$\frac{12}{90}$	□	$\frac{24}{90}$
□	$\frac{30}{90}$	□
□	□	□

c)

□	$\frac{6}{30}$	□
$\frac{2}{30}$	□	□
□	□	$\frac{4}{30}$

- Mehr Informationen gibt es im Internet. Finde heraus, wie man Quadrate mit Summe 1 konstruiert.

Rezept für Kinderpunsch

$\frac{3}{4}$ l Tee
$\frac{1}{2}$ l Apfelsaft
$\frac{1}{4}$ l Orangensaft
1 Stange Zimt
Süßstoff nach Geschmack

- Wie viel Liter Kinderpunsch erhält man mit dem Rezept? Erkläre deinen Rechenweg.
- Ein Glas wird mit $\frac{1}{4}$ l gefüllt. Wie viel Punsch ist noch übrig?
- Wie viele solcher Gläser lassen sich auf diese Weise füllen? Erkläre dein Vorgehen.

Addition und Subtraktion von Brüchen

1. *Brüche gleichnamig machen*
2. *Gleichnamige Brüche addieren bzw. subtrahieren*

Versuche stets, einen gemeinsamen Nenner zu finden, der so klein wie möglich ist. Der kleinste gemeinsame Nenner heißt Hauptnenner.

MERKWISSEN

Ungleichnamige Brüche werden addiert (subtrahiert), indem man die Nenner zunächst **gleichnamig** macht, d. h. die Brüche so erweitert oder kürzt, dass sie den gleichen Nenner haben. Anschließend rechnet man wie gewohnt.

Beispiele:

Addition:
$\frac{2}{5} + \frac{3}{10} = \frac{4}{10} + \frac{3}{10} = \frac{4+3}{10} = \frac{7}{10}$

gemeinsamer Nenner 10
$\frac{2}{5} = \frac{4}{10}$

Subtraktion:
$\frac{8}{7} - \frac{2}{3} = \frac{24}{21} - \frac{14}{21} = \frac{24-14}{21} = \frac{10}{21}$

gemeinsamer Nenner 21
$\frac{8}{7} = \frac{24}{21}$; $\frac{2}{3} = \frac{14}{21}$

BEISPIELE

I Veranschauliche die Terme mithilfe von Zahlenpfeilen und berechne ihren Wert.

a) $\frac{1}{4} + \frac{1}{2}$

b) $\frac{2}{3} - \frac{1}{2}$

Lösung:

a)

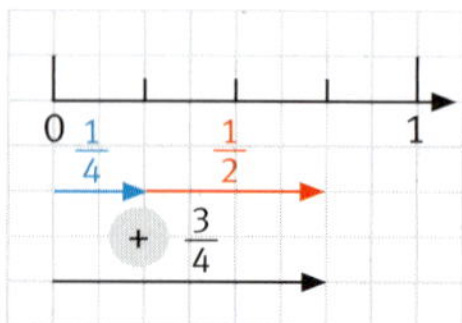

$\frac{1}{4} + \frac{1}{2} = \frac{1}{4} + \frac{2}{4} = \frac{3}{4}$

b)

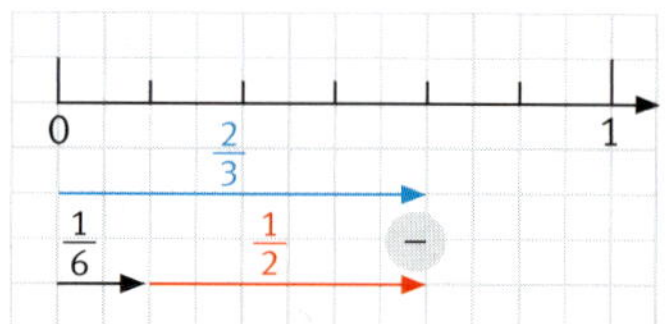

$\frac{2}{3} - \frac{1}{2} = \frac{4}{6} - \frac{3}{6} = \frac{1}{6}$

II Berechne und kürze das Ergebnis so weit wie möglich.

a) $\frac{5}{8} + \frac{1}{4}$

b) $1\frac{1}{3} - \frac{5}{6}$

Gemischte Zahlen erst in unechte Brüche umwandeln

Lösung:

a) $\frac{5}{8} + \frac{1}{4} = \frac{5}{8} + \frac{2}{8} = \frac{7}{8}$

b) $1\frac{1}{3} - \frac{5}{6} = \frac{4}{3} - \frac{5}{6} = \frac{8}{6} - \frac{5}{6} = \frac{3}{6} = \frac{1}{2}$

VERSTÄNDNIS

- Kann man zwei positive rationale Zahlen immer durch gleichnamige Brüche darstellen? Wenn ja, wie?
- Wie groß ist der gemeinsame Nenner bei der Addition zweier Brüche mindestens (höchstens)?

1 Löse folgende Aufgaben mithilfe von Zahlenpfeilen wie in Beispiel I.

a) $\frac{1}{2}+\frac{2}{8}$; $\frac{1}{2}+\frac{3}{8}$ b) $\frac{1}{2}-\frac{1}{8}$; $\frac{1}{2}-\frac{3}{8}$ c) $\frac{1}{4}+\frac{1}{8}$; $\frac{3}{4}+\frac{1}{8}$ d) $\frac{1}{4}-\frac{1}{8}$; $\frac{3}{4}-\frac{1}{8}$ e) $\frac{1}{4}+\frac{4}{5}$; $\frac{4}{5}-\frac{1}{4}$ f) $\frac{2}{3}+\frac{5}{6}$; $1\frac{1}{3}-\frac{1}{6}$

2 Sabine behauptet: „In der Pause habe ich drei Viertel meines Apfels gegessen. Nach der Schule habe ich dann die restlichen drei Achtel vertilgt.“ Kann das sein?

3 Berechne und kürze das Ergebnis so weit wie möglich.

a) $\frac{1}{15}+\frac{3}{10}$; $\frac{4}{5}+\frac{2}{25}$ b) $\frac{2}{3}-\frac{1}{8}$; $\frac{7}{9}-\frac{3}{18}$ c) $\frac{1}{10}+\frac{3}{33}$; $\frac{3}{12}+\frac{3}{5}$ d) $\frac{9}{16}-\frac{1}{2}$; $1\frac{5}{8}-\frac{9}{6}$ e) $\frac{1}{3}+\frac{2}{9}+\frac{11}{9}$; $1\frac{1}{2}+\frac{7}{8}+\frac{3}{4}$ f) $1-\frac{1}{10}-\frac{3}{5}$; $3\frac{2}{5}-\frac{7}{10}-\frac{1}{3}$

Lösungen zu 3:
$\frac{11}{18}$; $\frac{1}{16}$; $\frac{22}{25}$; $\frac{3}{10}$; $1\frac{7}{9}$; $3\frac{1}{8}$; $\frac{11}{30}$; $\frac{13}{24}$; $\frac{21}{110}$; $\frac{17}{20}$; $\frac{1}{8}$; $2\frac{11}{30}$

4 Übertrage die Zahlenmauern zur Addition in dein Heft und vervollständige sie.

a)
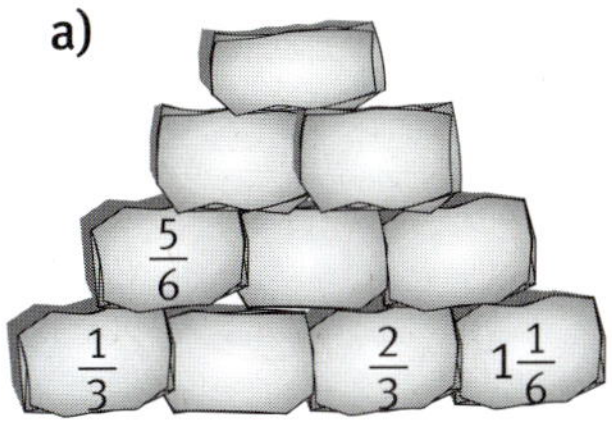

b)
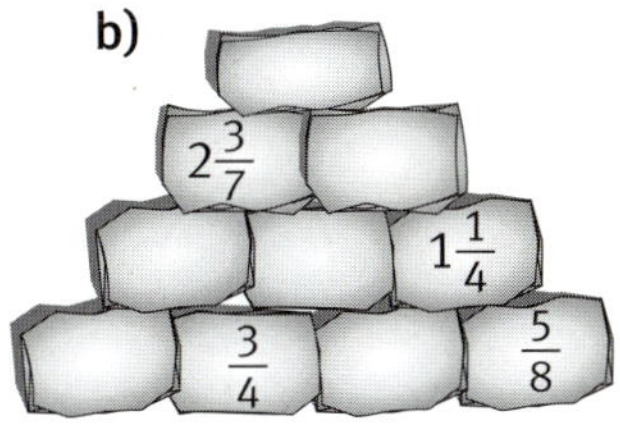

c)
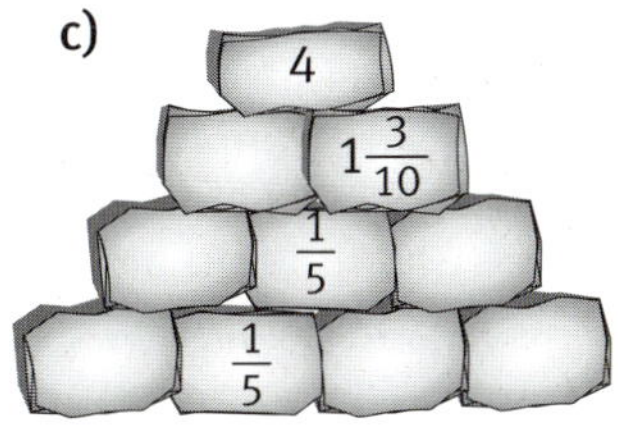

5 Schreibe als Term und berechne anschließend.

a) Addiere $3\frac{56}{100}$ zur Differenz der Zahlen $6\frac{7}{10}$ und $2\frac{3}{4}$.

b) Vermindere die Zahl 17 um die Summe der Zahlen $3\frac{14}{25}$ und $12\frac{2}{5}$.

c) Berechne den Wert des Produkts aus 5 und 3 und subtrahiere davon die Differenz aus $4\frac{49}{50}$ und $\frac{86}{100}$.

6 Welche zwei Steine muss man addieren, um als Ergebnis 1 zu erhalten?

a)
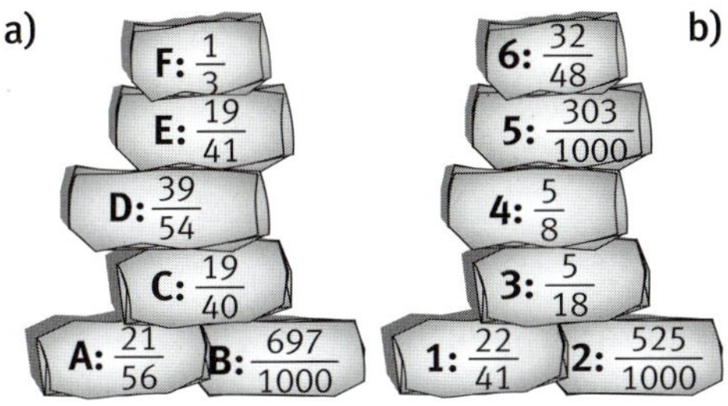

b)
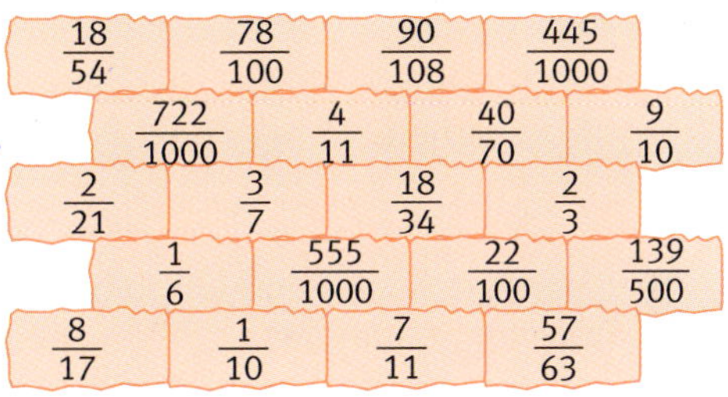

7 Gib zwei ungleichnamige Brüche an, deren Summe 2 (3) ergibt. Finde jeweils drei Beispiele.

8 Hier stimmt doch was nicht. Was machen Tobi und Dani falsch? Kannst du ihnen Tipps geben, wie sie ihre Fehler selbst bemerken können?

9 Bei Nürnberg wurde eine Seenlandschaft aufgestaut. Sie besteht aus dem großen Brombachsee mit $8\frac{3}{4}$ km², dem kleinen Brombachsee von $2\frac{1}{2}$ km² und dem Igelsbachsee mit $\frac{4}{5}$ km². Welchen Flächeninhalt nehmen die Seen zusammen ein?

10 Die Schnecke Murr ist schon alt. Früher hat sie die frischen Blätter am Ende des Baums schon nach zwei Tagen erreicht. Heute schafft sie am ersten Tag zwar noch die Hälfte des Wegs, dann schafft sie an den folgenden Tagen wegen Ermüdung aber nur noch die Hälfte des Vortags.

a) Wie weit ist die Schnecke Murr nach 3 (4, 5) Tagen gekommen? Verdeutliche den Sachverhalt durch eine Zeichnung.

b) Erreicht sie jemals ihr Ziel? Begründe deine Antwort. Verwende dazu ein Tabellenkalkulationsprogramm.

11 a) Familie Volkers möchte eine Rundwanderung im Bayerischen Wald unternehmen. Sie starten am Parkplatz und möchten auf jeden Fall am Gasthof und am See vorbeikommen.

1 Wie lange brauchen sie, wenn sie stets außen herum gehen?

2 Kannst du ihnen die schnellste Route heraussuchen?

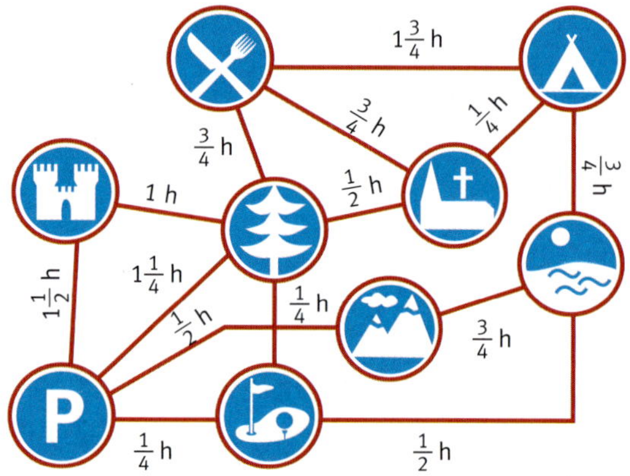

b) Für einen Touristenführer sollen Wanderrouten von etwa 2 h (von $3\frac{1}{2}$ h) Dauer erstellt werden. Welche Möglichkeiten gibt es?

c) Bei einer Wanderung geht man im Durchschnitt 4 km in einer Stunde. Ersetze die Zeitangaben in der Wanderkarte durch Entfernungsangaben.

12 a) Partnerübung: Würfelt abwechselnd mit einem Würfel und setzt die Zahlen in die Kästchen ein. Wer bekommt das größte (kleinste) Ergebnis?

1 $\square\frac{\square}{3} + \frac{\square}{9} + \frac{\square}{3}$ 2 $2\frac{\square}{2} - \frac{\square}{8} - \frac{\square}{4}$ 3 $3\frac{\square}{5} + \frac{\square}{3} - \frac{\square}{2} + \square\frac{\square}{4}$

b) Überlege dir zu den Aufgaben in a), welche Augenzahlen am Würfel fallen müssten, damit das Ergebnis möglichst groß (möglichst klein) wird.

c) Jede Augenzahl am Würfel darf höchstens ein Mal eingesetzt werden. Überlege dir nun zu den Aufgaben in a), welche Zahlen du würfeln müsstest, damit das Ergebnis möglichst groß (möglichst klein) wird.

13 Magische Quadrate: Übertrage die Quadrate in dein Heft und vervollständige sie. Die Summe der Einträge jeder Spalte, Zeile und Diagonale soll dabei gleich sein.

a)

□	□	$\frac{2}{5}$
□	$\frac{4}{10}$	□
$\frac{4}{10}$	□	$\frac{8}{20}$

b)

□	□	$\frac{3}{50}$
$\frac{3}{100}$	$\frac{1}{20}$	$\frac{7}{100}$
□	□	□

c)

□	$\frac{3}{5}$	□	$\frac{1}{10}$
$1\frac{3}{10}$	□	1	$\frac{4}{5}$
□	$1\frac{3}{5}$	□	□
$\frac{7}{10}$	□	$\frac{2}{5}$	□

14 Bruchdomino mal anders: Berechne den Wert des Terms auf dem Startstein. Suche dann den Stein mit der Lösung und berechne den Wert des Terms auf diesem Stein. Welches Lösungswort ergibt sich, wenn du den Zielstein erreicht hast?

- $5\frac{129}{130}$ T | $\frac{7}{6} - 1\frac{1}{6}$
- $11\frac{1}{8}$ E | $\frac{7}{4} + \frac{1}{3}$
- $\frac{17}{18}$ A | $2\frac{4}{7} - \frac{2}{3}$
- Start | $\frac{11}{9} - \frac{4}{9}$
- $1\frac{19}{21}$ U | $\frac{1}{18} + \frac{4}{5}$
- $2\frac{19}{30}$ N | $\frac{27}{31} + \frac{8}{62} - \frac{4}{19}$
- $\frac{77}{90}$ P | $4\frac{9}{13} + 1\frac{3}{10}$
- 0 N | $\frac{22}{2} + \frac{5}{16} - \frac{6}{32}$
- $\frac{15}{19}$ E | $\frac{3}{8} + \frac{1}{4}$
- $\frac{7}{9}$ H | $\frac{2}{3} + \frac{5}{18}$
- $2\frac{1}{12}$ N | $3\frac{8}{15} - \frac{9}{10}$
- $\frac{5}{8}$ R | Ziel

15 a) Übertrage das Mobile in dein Heft und fülle die Kästchen so aus, dass das Mobile im Gleichgewicht ist.

b) Verändere den Startwert. Wie hängen die anderen Werte mit dem Startwert zusammen?

Musik

Bruchrechnung in der Musik

Um Musik aufzuschreiben, bedient man sich der Noten. Dabei reicht es aber nicht aus, den Noten nur eine Tonhöhe zuzuordnen, es müssen auch die Längen der Noten und Pausen klar bezeichnet werden. Beschreibe, was die unterschiedlichen Notenwerte bedeuten. Informiere dich gegebenenfalls beim Musiklehrer, im Lexikon oder im Internet.

Addiert man die Notenwerte einer Einheit zusammen, so erhält man einen Hinweis auf den **Takt.**

$\frac{4}{4}$-Takt:  $\frac{4}{4} = \frac{1}{4} + \frac{1}{4} + \frac{1}{8} + \frac{1}{8} + \frac{1}{4}$

- Bestimme die Notenwerte. Um welchen Takt handelt es sich?

  a)  b)  c) 

- Notiere die Brüche als Noten und gib den zugehörigen Viertel-Takt an.

  a) $\frac{1}{2} + \frac{1}{4}$ b) $\frac{1}{8} + \frac{1}{8} + \frac{1}{8} + \frac{1}{8}$ c) $\frac{1}{4} + \frac{1}{8} + \frac{1}{8} + \frac{1}{16} + \frac{1}{16} + \frac{1}{16} + \frac{1}{16} + \frac{1}{4}$ d) $\frac{1}{8} + \frac{1}{2} + \frac{1}{8}$

Um einen Notenwert um die Hälfte zu verlängern, setzt man einen Punkt hinter die Note (sogenannte Punktierung).

Beispiel:

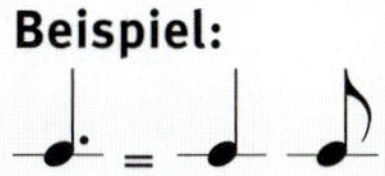

- Schreibe einen $\frac{3}{4}$-Takt mit einer (zwei) punktierten Noten.
- Zerlege die punktierten Noten in nicht punktierte:

  a)  b) 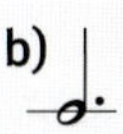 c) 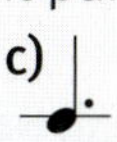

- Suche ein Musikstück und überprüfe deine Kenntnisse.

1.10 Brüche multiplizieren

Sabine und Martin haben eine Tafel Schokolade geschenkt bekommen, von der Martin bereits einen Teil genascht hat. Sabine möchte nun $\frac{3}{4}$ des Rests essen.

- Skizziere die Schokoladentafel im Heft und markiere darin Sabines Anteil.
- Erkläre, wie du Sabines Anteil von der ganzen Tafel bestimmen kannst.
- Wie viele Stücke bleiben noch übrig?

Merkwissen

Zwei Brüche werden miteinander **multipliziert**, indem man **Zähler mit Zähler** und **Nenner mit Nenner** multipliziert.

$\frac{2}{3} \cdot \frac{4}{5} = \frac{2 \cdot 4}{3 \cdot 5} = \frac{8}{15}$

$\frac{2}{3}$ von $\frac{4}{5}$ sind $\frac{8}{15}$ (vom Ganzen).

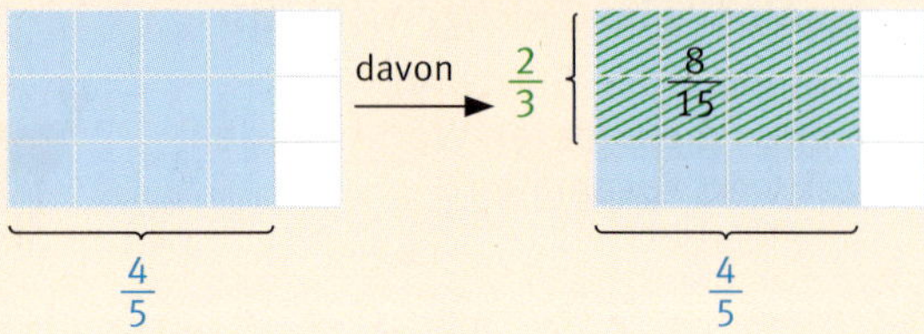

„$\frac{2}{3}$ von" bedeutet „$\frac{2}{3}$ ·" oder „das $\frac{2}{3}$-Fache".

Multiplikation von Brüchen:

$\frac{\text{Zähler} \cdot \text{Zähler}}{\text{Nenner} \cdot \text{Nenner}}$

Beispiele

I Veranschauliche den Term $\frac{1}{3} \cdot \frac{3}{4}$ mithilfe ...

a) eines Rechtecks. b) eines Kreises.

Lösungsmöglichkeit:

a)

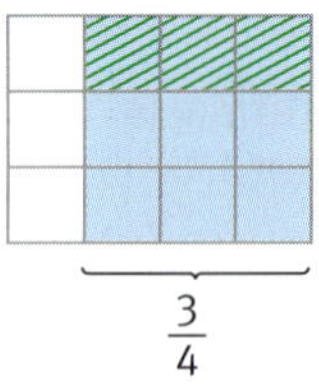

$\frac{1}{3}$ von $\frac{3}{4} = \frac{3}{12} = \frac{1}{4}$

b)

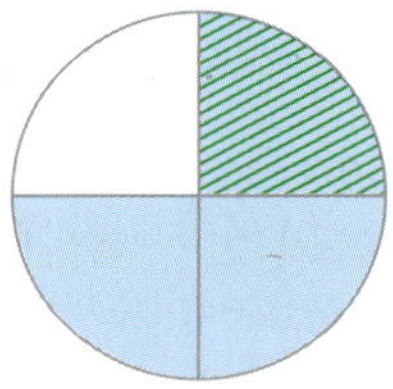

$\frac{1}{3}$ von $\frac{3}{4} = \frac{1}{4}$

II Schreibe eine passende Rechnung.

a)

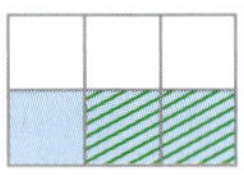

b)

Lösung:

a) $\frac{2}{3} \cdot \frac{1}{2} = \frac{2 \cdot 1}{3 \cdot 2} = \frac{2}{6} = \frac{1}{3}$

b) $\frac{2}{7} \cdot \frac{7}{8} = \frac{2 \cdot 7}{7 \cdot 8} = \frac{14}{56} = \frac{1}{4}$

III Berechne den Term und kürze so weit wie möglich.

a) $3\frac{3}{7} \cdot \frac{1}{12}$ b) $\frac{5}{12} \cdot \frac{4}{25}$

Lösung:

a) $\frac{24}{7} \cdot \frac{1}{12} = \frac{24}{84} = \frac{2}{7}$ oder $\frac{\overset{2}{\cancel{24}}}{7} \cdot \frac{1}{\underset{1}{\cancel{12}}} = \frac{2}{7}$

b) $\frac{5}{12} \cdot \frac{4}{25} = \frac{20}{300} = \frac{1}{15}$ oder $\frac{\overset{1}{\cancel{5}}}{\underset{3}{\cancel{12}}} \cdot \frac{\overset{1}{\cancel{4}}}{\underset{5}{\cancel{25}}} = \frac{1}{15}$

Bei der Multiplikation ist es oft sinnvoll, möglichst früh zu kürzen.

Verständnis

- Hannes rechnet: $5 \cdot \frac{7}{8} = \frac{5 \cdot 7}{5 \cdot 8}$. Kann das sein? Begründe deine Antwort.
- Wie ändert sich das Ergebnis von $\frac{3}{7} \cdot \frac{2}{5}$, wenn beide Nenner verdoppelt werden?

1 Veranschauliche die folgenden Terme und berechne ihren Wert.

a) $\frac{3}{4} \cdot \frac{1}{2}$ b) $\frac{3}{5} \cdot \frac{5}{12}$ c) $\frac{2}{3} \cdot \frac{3}{4}$ d) $\frac{2}{5} \cdot \frac{2}{3}$

e) $\frac{1}{3} \cdot \frac{5}{6}$ f) $\frac{2}{7} \cdot \frac{3}{8}$ g) $\frac{1}{5} \cdot \frac{7}{8}$ h) $\frac{4}{9} \cdot \frac{3}{7}$

2 Schreibe zu jeder Abbildung eine passende Rechnung wie in Beispiel II.

a) 
b) 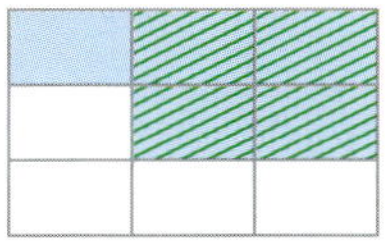
c) 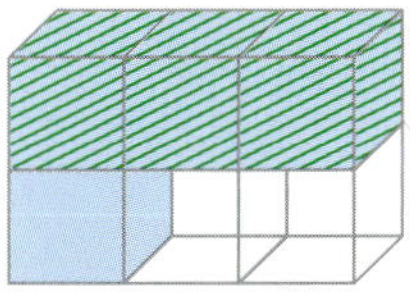
d) 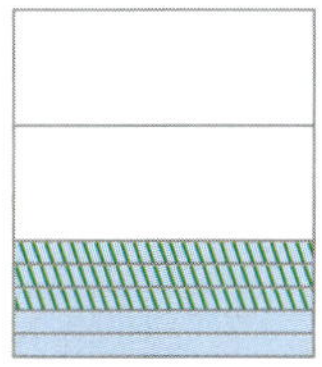

e) 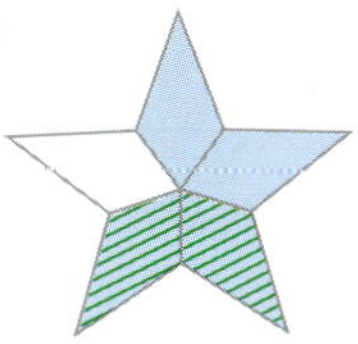
f) 
g) 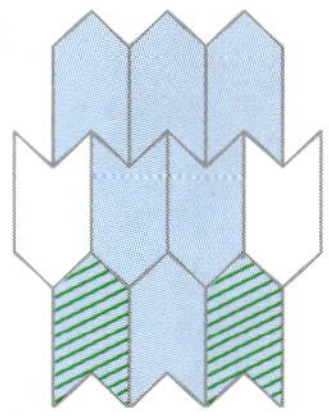
h) 

3 Hier stimmt doch was nicht. Beschreibe den Fehler und berichtige.

a) $4 \cdot \frac{3}{7} = \frac{4}{4} \cdot \frac{3}{7} = \frac{12}{28}$ b) $4 \cdot \frac{3}{7} = \frac{28}{7} \cdot \frac{3}{7} = \frac{84}{7}$ c) $4 \cdot \frac{3}{7} = \frac{7}{7}$

4 a) Erkläre die Richtigkeit folgender Rechnungen.

1 $\frac{4}{5} \cdot \frac{3}{8} = \frac{\cancel{4}^{1} \cdot 3}{5 \cdot \cancel{8}_{2}} = \frac{1 \cdot 3}{5 \cdot 2} = \frac{3}{10}$ 2 $\frac{27}{40} \cdot \frac{16}{21} = \frac{\cancel{27}^{9} \cdot \cancel{16}^{2}}{_{5}\cancel{40} \cdot \cancel{21}_{7}} = \frac{9 \cdot 2}{5 \cdot 7} = \frac{18}{35}$

Welchen Vorteil bringt dieses Vorgehen deiner Meinung nach?

b) Berechne und kürze so weit wie möglich.

1 $\frac{1}{3} \cdot \frac{1}{4}$; $\frac{1}{5} \cdot \frac{2}{7}$; $\frac{1}{10} \cdot \frac{3}{8}$
2 $\frac{3}{8} \cdot \frac{7}{15}$; $\frac{5}{9} \cdot \frac{3}{4}$; $\frac{2}{11} \cdot \frac{5}{12}$
3 $\frac{2}{9} \cdot \frac{3}{4}$; $\frac{5}{6} \cdot \frac{12}{25}$; $\frac{20}{21} \cdot \frac{7}{10}$
4 $3\frac{1}{3} \cdot \frac{4}{5}$; $\frac{5}{16} \cdot 5\frac{1}{3}$; $2\frac{5}{8} \cdot 3\frac{3}{7}$
5 $\left(\frac{4}{5}\right)^2$; $\left(\frac{2}{7}\right)^2$; $\left(\frac{9}{12}\right)^2$

Prüfe rechtzeitig, ob du kürzen kannst.

Lösungen zu 4b): $\frac{2}{3}$; $\frac{2}{35}$; $1\frac{2}{3}$; $\frac{16}{25}$; $\frac{5}{12}$; $\frac{7}{40}$; $\frac{9}{16}$; $\frac{5}{66}$; $\frac{1}{6}$; $\frac{2}{5}$; $\frac{4}{49}$; $\frac{3}{80}$; 9; $2\frac{2}{3}$; $\frac{1}{12}$

5 a) Veranschauliche folgende Gleichheiten.

1 $2 \cdot \frac{1}{4} = \frac{1}{4} + \frac{1}{4}$ 2 $3 \cdot \frac{5}{8} = \frac{5}{8} + \frac{5}{8} + \frac{5}{8}$ 3 $5 \cdot \frac{3}{10} = \frac{3}{10} + \frac{3}{10} + \frac{3}{10} + \frac{3}{10} + \frac{3}{10}$

b) Formuliere eine Regel, wie man natürliche Zahlen mit Brüchen multipliziert.

c) Wende deine Regel an und berechne.

1 $8 \cdot \frac{4}{15}$ 2 $18 \cdot \frac{5}{12}$ 3 $27 \cdot \frac{8}{9}$ 4 $8 \cdot \frac{3}{10}$ 5 $7 \cdot \frac{1}{7}$

d) Wie lassen sich folgende Terme berechnen? Erkläre dein Vorgehen.

1 $\frac{2}{3} \cdot 5$ 2 $\frac{9}{8} \cdot 3$ 3 $\frac{3}{8} \cdot 4$ 4 $\frac{5}{24} \cdot 32$ 5 $\frac{1}{6} \cdot 12$

6 Übertrage die Zahlenmauern in dein Heft und vervollständige sie.

a) 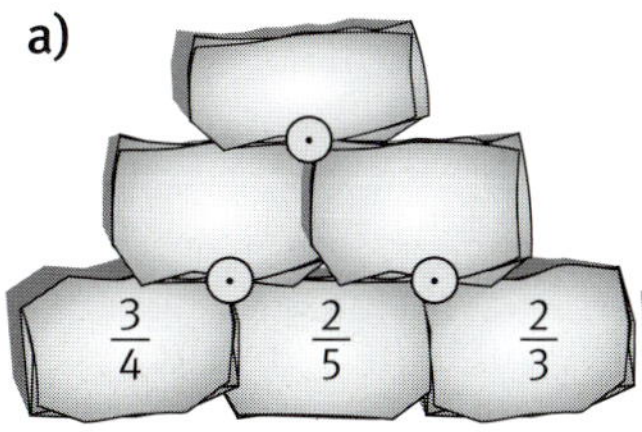

b) 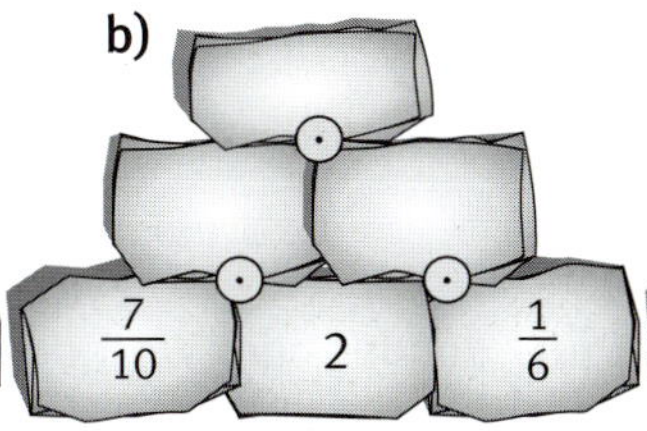

c) 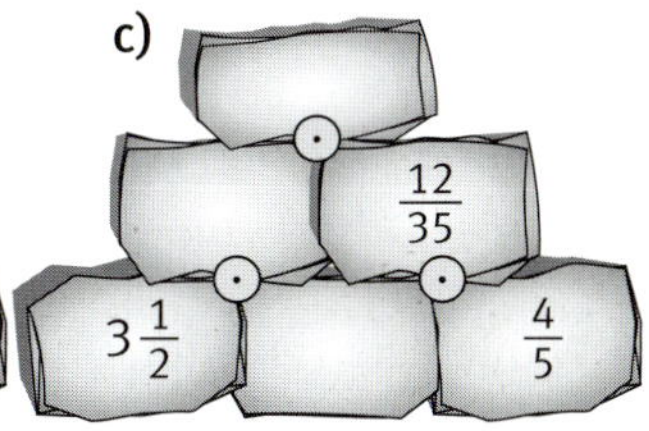

7 Die Arbeitszeit eines Bäckers beträgt $6\frac{2}{3}$ h pro Tag. Wie lange arbeitet der Bäcker insgesamt pro Woche, wenn er sechs Arbeitstage hat?

8 Die Schüler der Klasse 6b haben 28 Unterrichtsstunden pro Woche, von denen jede eine Dreiviertelstunde dauert. Wie viele volle Stunden sind das insgesamt?

9 Hier stimmt doch etwas nicht. Finde jeweils den Fehler und korrigiere ihn.

10 Die Erdoberfläche misst etwa 510 000 000 km². Die Kontinente nehmen ca. $\frac{1}{4}$ der Oberfläche ein. Davon entfällt $\frac{1}{10}$ auf Europa, $\frac{1}{3}$ auf Asien, $\frac{3}{10}$ auf Nord- und Südamerika, $\frac{1}{5}$ auf Afrika und der Rest auf Australien und die Antarktis.

a) Welchen Anteil der Erdoberfläche nehmen die Kontinente jeweils ein?

b) Wie viel Quadratkilometer betragen die Flächeninhalte der Kontinente?

Chai-Tee

(Angaben für 1 Liter)

$1\frac{1}{3}$ EL schwarzer Tee

$1\frac{1}{2}$ TL Kardamon

1 EL Fenchelsamen

8 getrocknete Nelken

Tee und Gewürze in ein Gefäß geben und mit $\frac{2}{5}$ l kochendem Wasser übergießen.
5 Minuten ziehen lassen.
Abschließend mit warmer Milch auffüllen.

11 Ein indischer Chai-Tee besteht aus schwarzem Tee, verschiedenen Gewürzen und Milch. Eine Teekanne fasst $\frac{3}{4}$ l. Rechne die Angaben des Rezepts um.

12 Die Fläche vor einem Haus soll neu gepflastert werden.

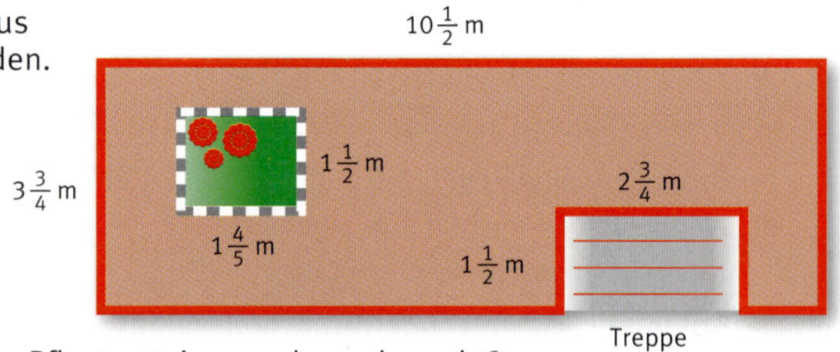

a) Wie viel Quadratmeter Pflastersteine werden gebraucht?

b) Wie teuer werden die Steine, wenn 1 m² davon 35,50 € kostet? Beurteile, wie realistisch die mathematische Lösung ist.

13 Berechne …

a) die Hälfte von zwei Dritteln.

b) das Vierfache von zwei Fünfteln.

c) vier Drittel von $\frac{1}{2}$ kg.

d) drei Fünftel von $1\frac{1}{2}$ h.

14 Wähle einen zweiten Bruch zu $\frac{3}{8}$ so, dass der Wert des Produkts beider Brüche größer als (kleiner als, gleich) ein Ganzes ist.

15 Zwei positive rationale Zahlen werden multipliziert. Wie ändert sich der Wert des Produkts, wenn ...

Probiere an Beispielen aus, wenn nötig.

a) der Zähler von nur einer Zahl verdoppelt wird?
b) die Zähler beider Zahlen verdoppelt werden?
c) jeweils ein Zähler und ein Nenner verdoppelt werden?
d) der Nenner von nur einer Zahl verdreifacht wird?

16 Partnerübung: Würfelt abwechselnd mit einem Würfel und setzt die Zahlen in die Platzhalter ein. Wer bekommt das größte (kleinste) Ergebnis heraus?

a) $\frac{\square}{\square} \cdot \frac{\square}{\square} =$ b) $\frac{\square}{\square} \cdot \frac{\square}{\square} \cdot \frac{\square}{\square} =$

17 a) Wähle zwei Karten so aus, dass der Wert des Produkts möglichst groß (klein) wird.
b) Wie viele Produkte kannst du mit zwei Karten bilden, deren Wert größer (kleiner) als 1 ist? Nenne sie.

18 Ersetze die Lücken. Gibt es mehrere Lösungen?

a) $\frac{3}{10} \cdot \frac{\square}{5} = \frac{21}{50}$ b) $\frac{3}{4} \cdot \frac{3}{\square} = \frac{9}{20}$ c) $\frac{4}{\triangle} \cdot \frac{3}{8} = \frac{1}{2}$ d) $\frac{5}{\triangle} \cdot \frac{\square}{7} = 1$ e) $\frac{\square}{25} \cdot \frac{12}{\triangle} = \frac{12}{25}$

19 Finde zwei Faktoren, die den folgenden (gekürzten) Wert des Produkts haben können. Es gibt mehrere Möglichkeiten.

a) $\frac{12}{25}$ b) $\frac{8}{15}$ c) $\frac{18}{35}$ d) $\frac{10}{21}$ e) $\frac{16}{49}$ f) $\frac{3}{4}$ g) 1

20 Ein Würfel hat eine Kantenlänge von $\frac{7}{8}$ m.
a) Berechne seinen Oberflächeninhalt.
b) Wie ändert sich sein Oberflächeninhalt, wenn die Kantenlänge verdoppelt (geviertelt) wird?

21 Ein DIN-A0-Blatt hat einen Flächeninhalt von 1 m^2. Die kleineren Formate erhält man durch fortgesetzte Halbierung.
a) Welchen Flächeninhalt hat ein DIN-A4- (DIN-A5-, DIN-A8-) Blatt?
b) Welchen Flächeninhalt haben ein DIN-A4- und ein DIN-A5-Blatt zusammen?
c) Welchen Anteil von einem DIN-A0-Blatt hat ein DIN-A10-Blatt? Stelle geschickt ein DIN-A-10-Blatt her.

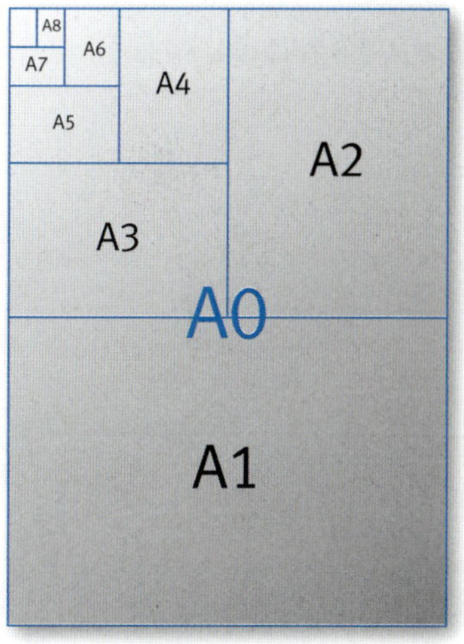

Spiel

Bruchroulette

Material

- 1 runde Untertasse mit erhöhtem Rand
- 1 Papierscheibe, die in die Untertasse passt
- 8 Streichhölzer, 1 Murmel

Klebe die Streichhölzer so auf die Papierscheibe, dass gleich große Felder entstehen. Beschrifte die Felder mit Brüchen. Lege die Scheibe in die Untertasse. Setze die Kugel an den Rand der Untertasse und stoße sie an. Sie rollt in ein Feld. Wiederhole den Vorgang und berechne den Wert des Produkts beider Zahlen. Derjenige Spieler mit dem größten Produktwert hat die Runde gewonnen.

Beispiel:

1.11 Brüche dividieren

Von einer Tafel Schokolade wurden bereits sechs Stücke gegessen. Als Sabine versucht, die restliche Tafel gleichmäßig mit Martin zu teilen, bricht eine Ecke aus der Schokolade heraus.

- Sabine überlegt: In wie viele solcher Teile kann ich den Rest zerlegen? Übertrage eine Skizze der Schokoladentafel in dein Heft und markiere eine mögliche Aufteilung.
- Notiere einen Rechenausdruck, der diese Aufteilung beschreibt.
- Welchen Anteil der Schokolade bekommt jeder?

Division durch einen Bruch

$: \frac{\text{Zahl } a}{\text{Zahl } b}$

↓

$\cdot \frac{\text{Zahl } b}{\text{Zahl } a}$

Multiplikation mit dem Kehrbruch

Merkwissen

Zum Bruch $\frac{1}{3}$ ($\frac{3}{4}$, ...) ist $\frac{3}{1}$ ($\frac{4}{3}$, ...) der **Kehrbruch**, da Zähler und Nenner vertauscht wurden.

Man **dividiert** eine Zahl durch einen Bruch, indem man sie mit seinem **Kehrbruch multipliziert**.

Multiplikation

$$\frac{3}{4} : \frac{2}{3} = \frac{3}{4} \cdot \frac{3}{2} = \frac{3 \cdot 3}{4 \cdot 2} = \frac{9}{8} = 1\frac{1}{8}$$

Kehrbruch

Beispiele

Die Division ist die Umkehrung der Multiplikation:

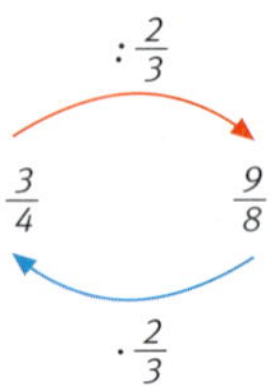

Erweiterung:

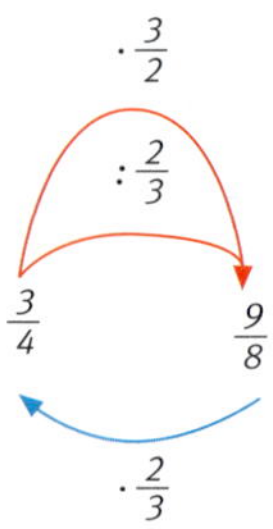

$: \frac{2}{3}$ und $\cdot \frac{3}{2}$ führt zum selben Ergebnis.

I Ergänze die fehlenden Angaben.

a)

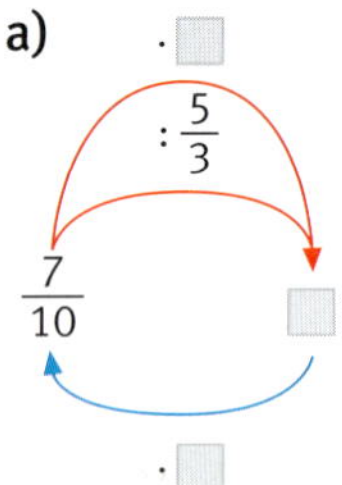

b)

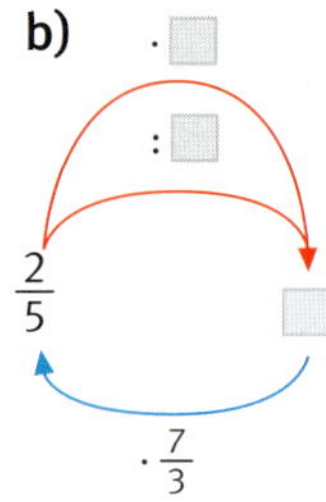

c)

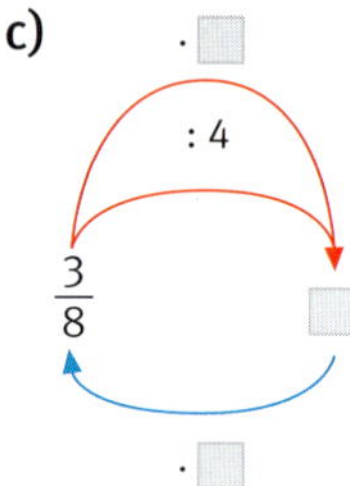

Lösung:

a)

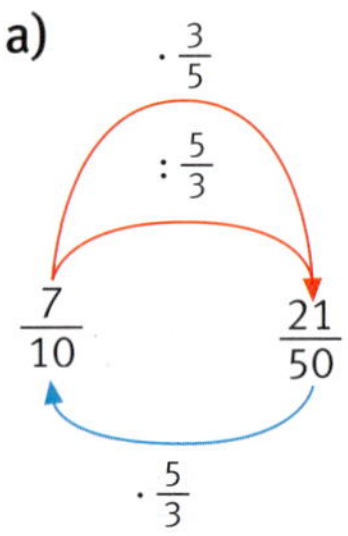

b)

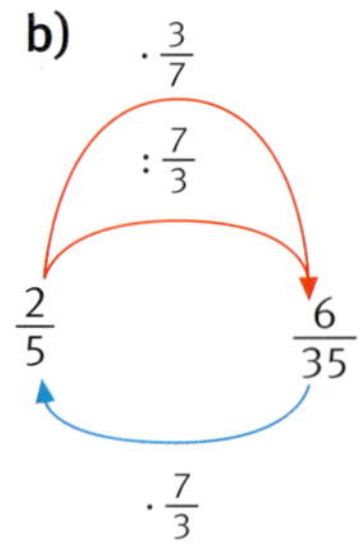

c)

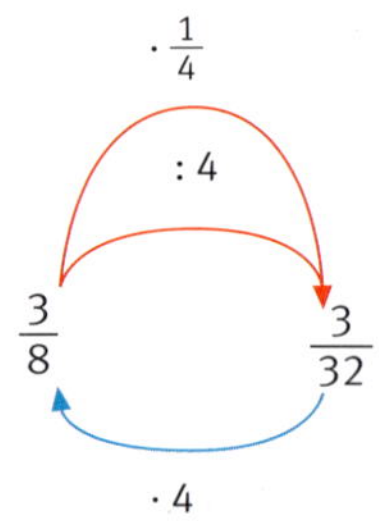

II Schreibe zu der Abbildung eine passende Rechnung mit einem Bruch als Divisor. Welche Bedeutung hat das Ergebnis?

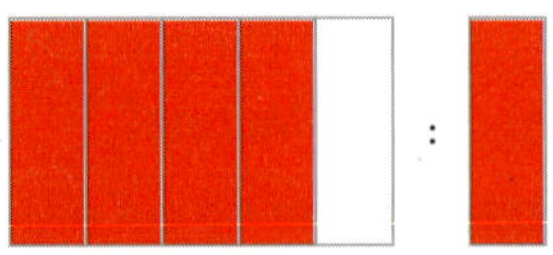

Lösung:

$\frac{4}{5} : \frac{1}{5} = 4$ bedeutet: Das kleine rote Rechteck passt viermal in das große rote Rechteck.

Verständnis

- Hat jeder Bruch einen Kehrbruch? Begründe.
- Julia behauptet: „Das Ergebnis einer Division ist immer kleiner als der Dividend." Suche Beispiele, die Julias Behauptung widerlegen.
- Wie nennt man die Kehrbrüche natürlicher Zahlen größer als 1?

Aufgaben

1 Gib jeweils den Kehrbruch an.

a) $\frac{4}{5}$ $\quad\frac{5}{6}$ $\quad\frac{15}{11}$ $\quad\frac{7}{9}$ $\quad\frac{6}{13}$ $\quad\frac{24}{5}$ $\quad\frac{14}{15}$ $\quad\frac{144}{169}$ $\quad\frac{35}{7}$ $\quad\frac{27}{1}$

b) $\frac{1}{3}$ $\quad 2$ $\quad\frac{1}{2}$ $\quad 5$ $\quad\frac{2}{4}$ $\quad 1$ $\quad 1\frac{1}{2}$ $\quad 6\frac{1}{6}$ $\quad 1004$ $\quad\frac{5}{5}$

2 Übertrage die Darstellung in dein Heft und ergänze die fehlenden Angaben.

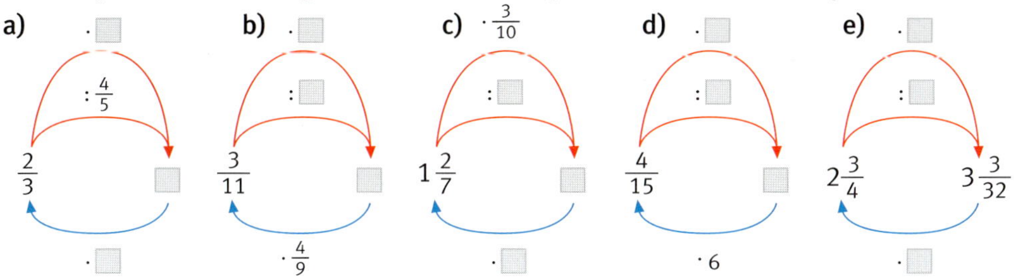

3 Schreibe zu jeder Abbildung eine passende Rechnung mit einem Bruch als Divisor.

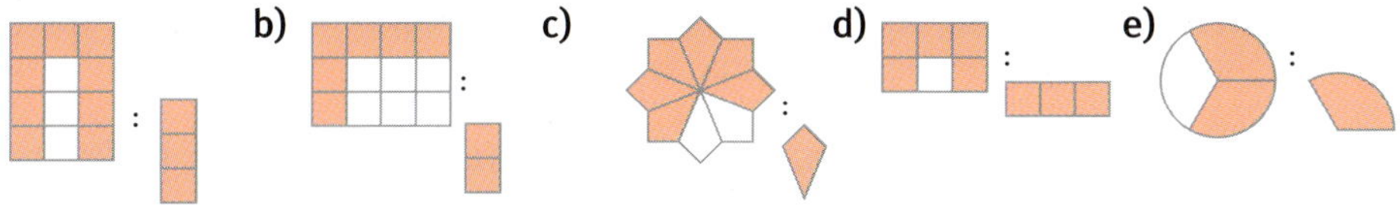

4 Berechne im Kopf.

a) $2 : \frac{1}{2}$ $\quad\frac{5}{2} : \frac{1}{2}$ $\quad\frac{3}{4} : 2$ $\quad 3 : \frac{1}{10}$ $\quad 140 : 7$ $\quad 4 : \frac{2}{5}$ $\quad\frac{1}{9} : 3$ $\quad 0 : \frac{5}{6}$

b) $\frac{4}{9} : \frac{2}{3}$ $\quad\frac{2}{7} : \frac{2}{7}$ $\quad 2\frac{4}{5} : \frac{7}{10}$ $\quad 12 \cdot \frac{1}{36}$ $\quad\frac{12}{13} + \frac{12}{13}$ $\quad 14 : \frac{1}{7}$ $\quad\frac{1}{81} : \frac{1}{27}$ $\quad 2\frac{1}{5} \cdot \frac{5}{17}$

c) $\frac{2}{5} : \frac{4}{7}$ $\quad\frac{1}{7} \cdot \frac{2}{21}$ $\quad 14 \cdot 5$ $\quad\frac{3}{10} - \frac{2}{15}$ $\quad 1\frac{5}{16} : 1\frac{1}{8}$ $\quad 2\frac{4}{5} \cdot 1\frac{3}{7}$ $\quad\frac{4}{15} : \frac{1}{6}$ $\quad 5\frac{3}{5} : \frac{1}{4}$

5 Berechne. Kürze immer so weit wie möglich.

a) $\frac{2}{5} : \frac{4}{5}$; $\frac{4}{3} : \frac{2}{3}$; $\frac{7}{9} : \frac{7}{27}$

b) $\frac{17}{6} : \frac{17}{30}$; $\frac{8}{9} : \frac{2}{27}$; $\frac{24}{25} : \frac{8}{15}$

c) $1\frac{1}{8} : \frac{3}{4}$; $2\frac{1}{3} : \frac{5}{6}$; $1\frac{3}{7} : \frac{5}{21}$

d) $2\frac{1}{4} : 13\frac{1}{2}$; $2\frac{1}{6} : 5\frac{5}{9}$; $11\frac{2}{3} : 1\frac{8}{27}$

e) $\frac{64}{81} : \frac{25}{27}$; $7\frac{4}{5} : 1\frac{2}{13}$; $5\frac{5}{26} : 3\frac{9}{52}$

6 Hier stimmt doch etwas nicht. Finde den Fehler und korrigiere ihn.

a) $\frac{8}{9} : \frac{4}{9} = \frac{8:4}{9} = \frac{2}{9}$

b) $\frac{5}{6} : \frac{3}{7} = \frac{5}{\cancel{6}_2} : \frac{\cancel{3}^1}{7} = \frac{5}{2} : \frac{1}{7} = \frac{5}{2} \cdot \frac{7}{1} = \frac{35}{2} = 17\frac{1}{2}$

c) $\frac{14}{81} : \frac{7}{9} = \frac{14:7}{81:9} = \frac{2}{9}$

d) $\frac{7}{13} : \frac{15}{26} = \frac{\cancel{13}^1}{7} \cdot \frac{15}{\cancel{26}_2} = \frac{15}{14} = 1\frac{1}{14}$

7 Erkläre die folgenden Sachverhalte.

a) 25 m : 4 ist dasselbe wie 25 m $\cdot \frac{1}{4}$. b) 17 kg : $\frac{1}{5}$ ist dasselbe wie 17 kg · 5.

Beachte:

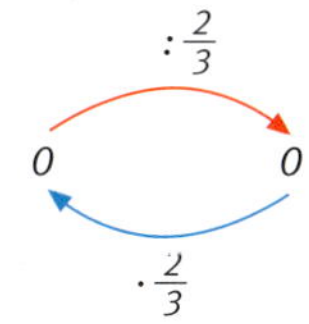

aber:

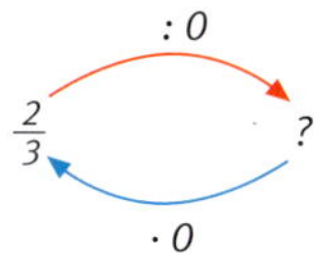

Durch 0 kann man nicht dividieren. Man findet keine Zahl, die mit 0 multipliziert $\frac{2}{3}$ ergibt.

Gemischte Zahlen muss man zuerst in unechte Brüche verwandeln.

Lösungen zu 5: $\frac{39}{100}$; 2; $6\frac{19}{25}$; $\frac{1}{6}$; 5; $1\frac{4}{5}$; $\frac{64}{75}$; $1\frac{7}{11}$; $1\frac{1}{2}$; 3; $2\frac{4}{5}$; 6; 12; 9; $\frac{1}{2}$

8 Melanies Mutter hat 5 l Erdbeermarmelade gekocht. Wie viele Marmeladengläser kann sie damit füllen, wenn in ein Glas $\frac{1}{5}$ l hineinpasst?

9 Im Haus von Familie Jordan soll eine neue Treppe zum Dachboden gebaut werden. Herr Jordan misst nach: Der Höhenunterschied zum Dachboden beträgt $3\frac{1}{2}$ m. Leider steht nur wenig Platz zur Verfügung. Deshalb muss Herr Jordan eine Stufe $\frac{1}{4}$ m hoch machen. Wie viele Stufen plant er?

10 Bestimme, wie viele Beutel Getränkepulver du für die angegebene Wassermenge benötigst. Beurteile die mathematischen Lösungen kritisch.

a) 2 l

b) $\frac{1}{2}$ l

c) $2\frac{1}{2}$ l

d) $1\frac{3}{4}$ l

e) $1\frac{2}{3}$ l

Pro Beutel $\frac{1}{5}$ l heißes, nicht mehr kochendes Wasser in ein Glas geben und umrühren.

11 Herr Frankenberger möchte in seinem Garten einen $15\frac{3}{4}$ m tiefen Wasserbrunnen bohren. Er rechnet mit einer Bohrzeit von 6 Tagen.

a) Wie tief muss Herr Frankenberger an einem Tag mindestens bohren, um das Loch in der angestrebten Zeit zu schaffen?

b) Gleich am ersten Tag schafft Herr Frankenberger nur $1\frac{1}{2}$ m. Wie lange dauert die Bohrung, wenn er in diesem Tempo weiter macht?

12 Für den Geburtstag wird eine Kanne voll heißer Schokolade gekocht. In die Kanne passen $1\frac{1}{2}$ l.

a) Wie viele Tassen zu je $\frac{1}{6}$ l lassen sich damit füllen?

b) Es wird viel getrunken, sodass die Kanne noch einmal zur Hälfte (zu drei Viertel) gefüllt wird. Wie viele Tassen wurden insgesamt getrunken, wenn am Ende der Feier die Kanne wieder leer ist?

13 Im Ristorante „Tivoli" stehen Spaghetti als Hauptgericht (1 Portion), Kinderteller ($\frac{2}{3}$ Portion) und Vorspeise ($\frac{1}{2}$ Portion) auf der Karte. In der Küche sind noch 46 Portionen vorrätig.

a) Wie viele Kinderteller (Vorspeisen) lassen sich damit höchstens herstellen?

b) Bei einer großen Familienfeier werden von den Spaghetti doppelt so viele Kinderportionen wie Hauptportionen und dreimal so viele Vorspeisenportionen wie Hauptgerichte bestellt. Am Abend sind alle Portionen gegessen. Wie viele Teller mit Spaghetti haben die Küche insgesamt verlassen?

14 1000 Liter Orangensaft werden in $\frac{7}{10}$-l-Flaschen, $\frac{1}{2}$-l-Flaschen und $\frac{1}{3}$-l-Flaschen abgefüllt.

a) Wie viele Flaschen braucht man, wenn der gesamte Saft in eine Flaschensorte abgefüllt wird?

b) Von jeder Flaschensorte sollen gleich viele Flaschen abgefüllt werden. Wie viele Flaschen werden nun insgesamt abgefüllt? Beschreibe dein Vorgehen.

15 Suche zwei Brüche, für die gilt: Das Ergebnis einer Division beider Brüche ist größer als (kleiner als, gleich) ein Ganzes. Wie viele solcher Brüche gibt es?

16 a) Finde mindestens fünf Paare von Stammbrüchen, bei deren Division sich wieder ein Stammbruch ergibt. Beschreibe dein Vorgehen.

b) Welche Zahl muss man durch $\frac{2}{3}$ dividieren, um 2 zu erhalten?

c) Durch welche Zahl muss man $\frac{5}{8}$ dividieren, um $\frac{1}{2}$ zu erhalten?

17 Übertrage die Zahlenmauern in dein Heft und vervollständige sie.

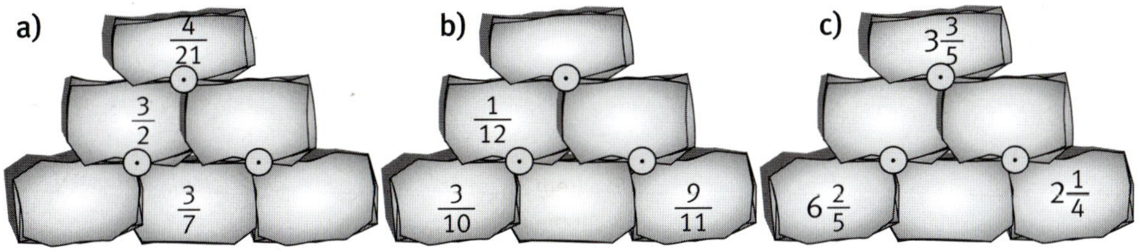

18 Ordne die Karten mit demselben Ergebnis einander zu.

Wie lautet das Lösungswort?

19 a) Erfinde selbst Aufgaben zu den Rechenausdrücken und löse sie. **Beispiel:**

$1\frac{1}{2}$ kg : $\frac{1}{8}$ kg
Aufgabe: Eine Packung Müsli enthält $1\frac{1}{2}$ kg.
Für wie viele Portionen Müsli zu je $\frac{1}{8}$ kg reicht sie?
Rechnung: $1\frac{1}{2}$ kg : $\frac{1}{8}$ kg = 12
Antwort: Die Packung reicht für 12 Portionen Müsli.

① 5 l : $\frac{1}{4}$ l ② $11\frac{1}{3}$ m : $\frac{1}{6}$ m ③ $\frac{7}{10}$ l : $\frac{3}{20}$ l

b) Erfinde jeweils eine Aufgabe zum Rechenausdruck 120 m : $\frac{1}{2}$ m bzw. 120 m : $\frac{1}{2}$. Beschreibe, worin der Unterschied beider Aufgaben besteht.

c) Partnerübung: Überlege dir einen Rechenausdruck. Dein Partner erfindet dazu eine passende Aufgabe. Anschließend werden die Rollen getauscht.

20 Der Getränkehersteller Schloßberg füllt in dieser Woche 21 000 l Wasser in $\frac{1}{3}$-l-Flaschen, 25 000 l Wasser in $\frac{1}{5}$-l-Flaschen und 24 000 l Wasser in $\frac{3}{4}$-l-Flaschen ab. Wie viele Flaschen werden in dieser Woche insgesamt befüllt?

21 Eine Regentonne fasst 120 l Regenwasser. Wie viele Gießkannen zu $7\frac{1}{2}$ l ($4\frac{1}{2}$ l) kann man füllen, wenn die Tonne ganz voll ist?

Gelten die bisher bekannten Rechengesetze auch bei positiven rationalen Zahlen?

- Bei der alleinigen Addition und Multiplikation gelten zwei Rechengesetze: das Assoziativgesetz und das Kommutativgesetz. Erkläre beide Gesetze anhand einfacher Beispiele mit natürlichen Zahlen.
- Probiere mithilfe der abgebildeten Bruchkarten, ob diese Gesetze auch für positive rationale Zahlen gelten.

- Matilda und Oskar ziehen abwechselnd Bruchkarten und berechnen nach der dritten Ziehung den Summenwert aller gezogenen Zahlen. Die beiden haben unterschiedliche Überlegungen angestellt. Erkläre. Was fällt dir auf?

	1.	2.	3.
Matildas Karte	$\frac{2}{7}$	$\frac{2}{7}$	$\frac{2}{7}$
Oskars Karte	$\frac{1}{5}$	$\frac{1}{5}$	$\frac{1}{5}$

Merkwissen

Bei der alleinigen Addition und der alleinigen Multiplikation positiver rationaler Zahlen gilt das **Kommutativgesetz**.

1 $r + s = s + r$ 2 $r \cdot s = s \cdot r$ mit $r, s \in \mathbb{Q}_0^+$

Beispiele:

1 $\frac{3}{7} + \frac{2}{5} = \frac{15 + 14}{35} = \frac{29}{35} = \frac{14 + 15}{35} = \frac{2}{5} + \frac{3}{7}$ 2 $\frac{3}{7} \cdot \frac{2}{5} = \frac{6}{35} = \frac{2}{5} \cdot \frac{3}{7}$

Bei der alleinigen Addition und der alleinigen Multiplikation positiver rationaler Zahlen gilt auch das **Assoziativgesetz**.

1 $(r + s) + t = r + (s + t)$ 2 $(r \cdot s) \cdot t = r \cdot (s \cdot t)$ mit $r, s, t \in \mathbb{Q}^+$

Beispiele:

1 $\left(\frac{3}{7} + \frac{2}{5}\right) + \frac{4}{5} = \frac{29}{35} + \frac{28}{35} = \frac{57}{35} = 1\frac{22}{35}$ und $\frac{3}{7} + \left(\frac{2}{5} + \frac{4}{5}\right) = \frac{3}{7} + \frac{6}{5} = \frac{15}{35} + \frac{42}{35} = \frac{57}{35} = 1\frac{22}{35}$

2 $\left(\frac{3}{8} \cdot \frac{7}{13}\right) \cdot \frac{2}{21} = \frac{\cancel{21}^{1}}{{}_{52}\cancel{104}} \cdot \frac{\cancel{2}^{1}}{\cancel{21}_{1}} = \frac{1}{52}$ und $\frac{3}{8} \cdot \left(\frac{7}{13} \cdot \frac{2}{21}\right) = \frac{{}^{1}\cancel{3}}{{}_{4}\cancel{8}} \cdot \frac{\cancel{2}^{1}}{\cancel{39}_{13}} = \frac{1}{52}$

Außerdem gilt für positive rationale Zahlen das **Distributivgesetz**.

$(r + s) \cdot t = r \cdot t + s \cdot t$ mit $r, s, t \in \mathbb{Q}^+$
$(r - s) \cdot t = r \cdot t - s \cdot t$ mit $r, s, t \in \mathbb{Q}^+$ und $r \geq s$

Beispiel:

$\left(\frac{1}{6} + \frac{2}{5}\right) \cdot \frac{10}{13} = \frac{17}{{}_{3}\cancel{30}} \cdot \frac{\cancel{10}^{1}}{13} = \frac{17}{39}$ und $\frac{1}{{}_{3}\cancel{6}} \cdot \frac{\cancel{10}^{5}}{13} + \frac{2}{{}_{1}\cancel{5}} \cdot \frac{\cancel{10}^{2}}{13} = \frac{5}{39} + \frac{12}{39} = \frac{17}{39}$

Beispiele

I Begründe, warum das Distributivgesetz auch hier gilt: $\left(\frac{3}{7}+\frac{2}{5}\right):\frac{4}{35}=\frac{3}{7}:\frac{4}{35}+\frac{2}{5}:\frac{4}{35}$.

Lösung:
Das Distributivgesetz gilt, da: $:\frac{4}{35}$ das Gleiche wie $\cdot\frac{35}{4}$ ist.

Denk daran: Division durch einen Bruch = Multiplikation mit dem Kehrbruch

Verständnis

- Wahr oder falsch? $\left(\frac{3}{7}-\frac{2}{5}\right):\frac{4}{35}=\frac{3}{7}:\frac{4}{35}-\frac{2}{5}:\frac{4}{35}$. Begründe.
- Für zwei Brüche r und s gilt: r : s = s : r. Was lässt sich über die beiden Brüche sagen?

Aufgaben

1 Welches Rechengesetz wurde bei der Umformung angewendet?

a) $\frac{3}{4}\cdot\frac{1}{2}=\frac{1}{2}\cdot\frac{3}{4}$ b) $\frac{1}{2}\cdot\frac{3}{5}+\frac{1}{2}\cdot\frac{4}{5}=\frac{1}{2}\cdot\left(\frac{3}{5}+\frac{4}{5}\right)$ c) $\left(\frac{7}{9}\cdot\frac{2}{9}\right)\cdot\frac{3}{2}=\frac{7}{9}\cdot\left(\frac{2}{9}\cdot\frac{3}{2}\right)$

2 Rechne vorteilhaft.

a) $\frac{77}{99}+\frac{1}{6}+\frac{22}{99}$ b) $\frac{31}{32}\cdot\frac{7}{22}\cdot\frac{16}{31}$ c) $\frac{9}{10}\cdot\frac{1}{11}\cdot 1\frac{1}{9}$

d) $\left(\frac{3}{9}+\frac{41}{110}\right)+2\frac{7}{55}$ e) $\left(2\frac{3}{16}\cdot\frac{8}{9}\right)\cdot\frac{36}{56}$ f) $\left(\frac{7}{13}+\frac{3}{14}\right)+\frac{32}{13}$

3 Wende das Distributivgesetz an und berechne.

a) $\frac{2}{3}\cdot\frac{11}{13}+\frac{2}{3}\cdot\frac{4}{26}$ b) $\frac{4}{7}\cdot\frac{19}{34}-\frac{4}{7}\cdot\frac{1}{17}$ c) $\frac{5}{9}\cdot\frac{8}{15}+\frac{44}{30}\cdot\frac{5}{9}$

d) $\frac{6}{11}\cdot\frac{41}{50}-\frac{8}{25}\cdot\frac{6}{11}$ e) $1\frac{1}{3}\cdot\frac{7}{16}+\frac{4}{3}\cdot\frac{4}{64}$ f) $5\frac{2}{3}:2\frac{1}{5}-\frac{5}{3}:\frac{22}{10}$

Lösungen zu 3: $1\frac{1}{9}$; $\frac{2}{3}$; $\frac{2}{3}$; $\frac{2}{7}$; $1\frac{9}{11}$; $\frac{3}{11}$

4 Erkläre die Richtigkeit folgender Rechnungen. Welchen Vorteil hat das jeweilige Vorgehen deiner Meinung nach?

a) $\left(\frac{33}{22}-\frac{9}{7}\right)\cdot\frac{2}{3}=\left(\frac{\cancel{33}^{3}}{\cancel{22}_{2}}-\frac{9}{7}\right)\cdot\frac{2}{3}=\frac{\cancel{3}^{1}}{\cancel{2}_{1}}\cdot\frac{\cancel{2}^{1}}{\cancel{3}_{1}}-\frac{\cancel{9}^{3}}{7}\cdot\frac{2}{\cancel{3}_{1}}=1-\frac{6}{7}=\frac{1}{7}$

b) $\left(\frac{4}{5}\right)^2\cdot\frac{5}{12}=\frac{4}{5}\cdot\left(\frac{\cancel{4}^{1}}{\cancel{5}_{1}}\cdot\frac{\cancel{5}^{1}}{\cancel{12}_{3}}\right)=\frac{4}{5}\cdot\frac{1}{3}=\frac{4}{15}$

5 Giulia und Francesco essen bei Mamma Mia um die Ecke.
Ist der Tausch fair? Begründe mithilfe eines Rechengesetzes.

6 Drei gleiche Cocktails können unterschiedlich hergestellt werden: Erkläre jeweils, wie man vorgehen muss. Welches Rechengesetz verbirgt sich dahinter?

1

2

1.13 Vermischte Aufgaben

Um Anteile zu bestimmen, kann man auf die Maßeinheit verzichten.

1 Bestimme den Anteil des Flächeninhalts am Geobrett, der durch die Bänder umspannt wird. Das Ganze ist jeweils ein Quadrat der Seitenlänge 4.

a) 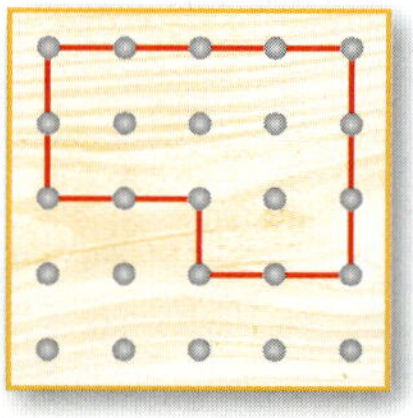
b) 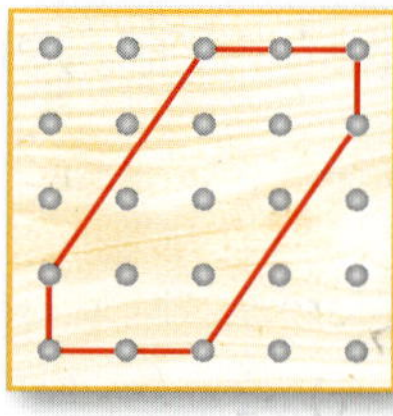
c) 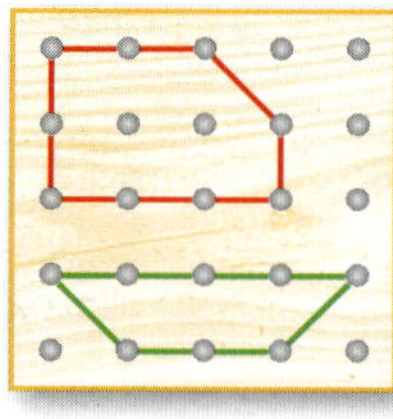
d) 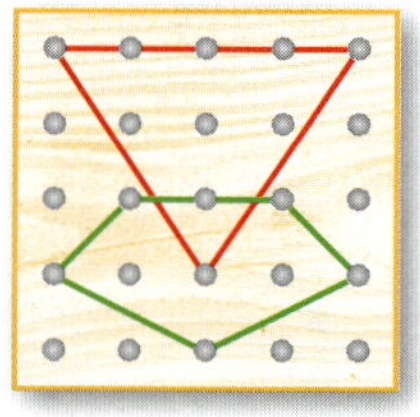

2 ① $3\frac{3}{4}$ kg ② $2\frac{3}{8}$ l ③ $5\frac{3}{10}$ km ④ $6\frac{1}{5}$ kg

a) Gib an, welcher Bruchteil zum nächsten Ganzen fehlt.
b) Wie viel g, ml bzw. m fehlen zum nächsten Ganzen?

3 Welcher Bruch ist größer: ein echter Bruch oder ein unechter Bruch? Begründe.

Lösungen zu 4: 1 Monat; 3 Monate; 4 Monate; 5 Monate

4 Wie viele Monate sind …

a) der vierte Teil eines Jahres?
b) der sechste Teil von zwei Jahren?
c) die Hälfte von fünf Sechstel eines Jahres?
d) der dritte Teil von einem viertel Jahr?

Nutze die mm-Einteilung des Lineals.

5 Erkläre das Streifendiagramm und bestimme die Bruchteile für die verschiedenen Arten des Besitzes. Verwende dein Lineal.

6 Setze für □ die passende Zahl ein. Mit welcher Zahl wurde erweitert bzw. gekürzt?

a) $\frac{2}{9} = \frac{\square}{81}$; $\frac{8}{7} = \frac{48}{\square}$
b) $\frac{11}{12} = \frac{121}{\square}$; $\frac{7}{\square} = \frac{56}{96}$
c) $\frac{\square}{12} = \frac{54}{72}$; $\frac{13}{3} = \frac{\square}{27}$
d) $\frac{12}{16} = \frac{\square}{4}$; $\frac{56}{64} = \frac{7}{\square}$
e) $\frac{121}{77} = \frac{11}{\square}$; $\frac{9}{\square} = \frac{3}{14}$
f) $\frac{\square}{84} = \frac{5}{4}$; $\frac{13}{52} = \frac{\square}{4}$

7 Wurde richtig gekürzt bzw. erweitert? Verbessere die falschen Aufgaben.

a) $\frac{2}{6} = \frac{5}{18}$
b) $\frac{25}{19} = \frac{200}{228}$
c) $\frac{17}{21} = \frac{34}{23}$
d) $\frac{9}{7} = \frac{81}{7}$
e) $\frac{12}{50} = \frac{144}{600}$
f) $\frac{2}{5} = \frac{50}{500}$
g) $\frac{18}{22} = \frac{36}{44}$
h) $\frac{18}{32} = \frac{54}{96}$
i) $\frac{15}{96} = \frac{5}{32}$
j) $\frac{16}{17} = \frac{84}{85}$
k) $\frac{144}{225} = \frac{12}{15}$
l) $\frac{9}{27} = \frac{3}{9}$

8 Mareike sagt: „Mit der 1 kann man immer kürzen." Erkläre die Aussage.

9 Ordne die folgenden Zahlen der Größe nach. Beginne mit der kleinsten.

a) $\frac{5}{6}$; $\frac{14}{12}$; $\frac{3}{6}$; $\frac{2}{3}$
b) $\frac{2}{5}$; $\frac{7}{10}$; $\frac{12}{15}$; $1\frac{2}{10}$
c) $\frac{11}{3}$; 2; $\frac{5}{1}$; $\frac{21}{7}$; $\frac{6}{11}$

10 Berechne den Wert des Terms und kürze das Ergebnis so weit wie möglich.

a) $\frac{3}{5}+\frac{7}{8}$ b) $\frac{2}{5}\cdot\frac{15}{8}$ c) $\frac{7}{4}:\frac{5}{6}$ d) $\frac{4}{3}\cdot\frac{5}{8}\cdot\frac{2}{15}$ e) $2\frac{1}{8}\cdot 2:\frac{17}{2}$

$\frac{8}{3}-\frac{11}{12}$ $1\frac{5}{7}\cdot\frac{21}{48}$ $\frac{36}{8}:4\frac{1}{2}$ $2\frac{3}{8}:2\frac{1}{4}$ $5\frac{3}{5}+\frac{7}{15}-2\frac{1}{6}$

$\frac{7}{9}+\frac{7}{15}$ $\frac{8}{11}\cdot 1\frac{3}{7}$ $1\frac{7}{9}:\frac{6}{7}$ $1\frac{2}{3}+\frac{4}{9}-\frac{5}{6}$ $\frac{4}{9}\cdot\frac{2}{11}:\frac{0}{13}$

Lösungen zu 10:
keine Lösung; $\frac{1}{9}$; $\frac{1}{2}$; $\frac{3}{4}$; $\frac{3}{4}$; 1; $1\frac{3}{77}$; $1\frac{1}{18}$; $1\frac{11}{45}$; $1\frac{5}{18}$; $1\frac{19}{40}$; $1\frac{3}{4}$; $2\frac{2}{27}$; $2\frac{1}{10}$; $3\frac{9}{10}$

11 Richtig oder falsch? Begründe und korrigiere.

a) $\frac{2}{3}<\frac{3}{4}<\frac{4}{5}$ b) $\frac{1}{3}<\frac{1}{4}<\frac{1}{2}$ c) $\frac{3}{7}<\frac{1}{2}<\frac{6}{14}$ d) $\frac{6}{10}<\frac{3}{4}<\frac{7}{5}$

12 Übertrage und setze <, > oder =. Begründe deine Entscheidung ohne Rechnung.

a) $\frac{1}{2}+\frac{1}{3}\ \square\ 1-\frac{1}{3}$ b) $\frac{1}{2}\cdot\frac{1}{3}\ \square\ \frac{5}{6}\cdot\frac{1}{5}$ c) $\frac{5}{11}:\frac{3}{11}\ \square\ \frac{5}{11}\cdot\frac{3}{11}$

d) $\frac{3}{7}\cdot\frac{1}{2}\ \square\ \frac{3}{7}+\frac{1}{2}$ e) $1\frac{3}{4}+\frac{1}{4}\ \square\ 2-\frac{1}{100}$ f) $\frac{9}{10}:\frac{3}{10}\ \square\ 3\cdot\frac{0}{2}$

13 Rechne vorteilhaft.

a) $\frac{2}{3}\cdot\frac{3}{8}-\frac{5}{9}\cdot\frac{3}{8}$ b) $\left(\frac{7}{9}+\frac{11}{12}\right)\cdot\frac{9}{2}$ c) $\left(\frac{8}{13}+\frac{2}{3}\right)+\frac{28}{39}$

d) $\frac{7}{31}\cdot\frac{42}{8}-\frac{7}{31}\cdot\frac{11}{8}$ e) $\left(\frac{13}{19}\right)^2\cdot 1\frac{6}{13}$ f) $\left(\frac{4}{6}+\frac{88}{33}\right)\cdot\frac{3}{4}+\frac{1}{2}$

14 Hier hat jemand rumgekleckst. Bestimme die fehlenden Bestandteile.

a) $\frac{1}{2}\cdot\ \blacksquare\ =\frac{1}{6}$ b) $\blacksquare+\frac{3}{11}=\frac{79}{88}$ c) $\blacksquare:\frac{2}{3}=\frac{7}{6}$

$\frac{2}{7}\ \blacksquare\ \frac{4}{21}=\frac{2}{21}$ $1\frac{3}{5}\cdot\ \blacksquare\ =1\frac{7}{15}$ $\left(\blacksquare+\frac{7}{12}\right):13\frac{1}{4}=\frac{1}{9}$

15 Die Abbildung stellt das Einkommen und die Ausgaben von Familie Ludwig dar.

a) Berechne die fehlenden Angaben.

b) Die Kinder Moritz und Antonia bekommen vom „Sonstigen" $\frac{1}{8}$ für ihr Taschengeld. Dabei bekommt Antonia dreimal so viel wie Moritz.

1 Wie viel Euro bekommt jedes Kind?

2 Der Rest vom „Sonstigen" wird jeden Monat gespart. Welcher Anteil ist das vom gesamten Einkommen?

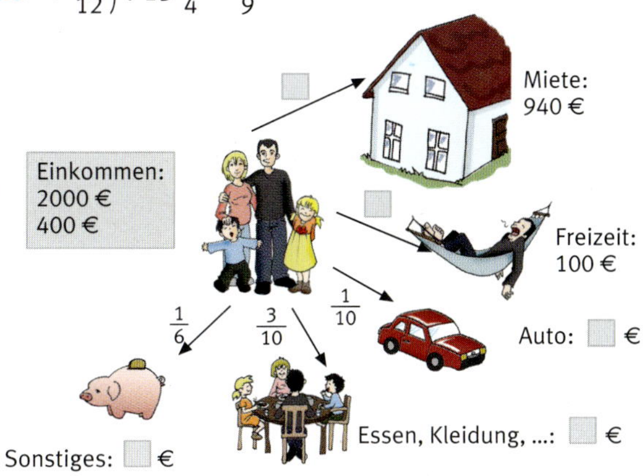

16 Setze die Zahlen so ein, dass die Rechnung stimmt.

a) $\frac{\square}{\square}+\frac{\square}{\square}=\frac{\square}{\square}$

2 | 4 | 12 | 1 | 11 | 3

b) $\frac{\square}{\square}-\frac{\square}{\square}=\frac{\square}{\square}$

5 | 6 | 4 | 30 | 5 | 1

17 Daniela behauptet: „30 ist größer als 3, also ist $\frac{1}{30}$ auch größer als $\frac{1}{3}$!"
Hat Daniela Recht? Begründe deine Antwort.

18 a) Finde zu jedem Term drei weitere, die das gleiche Ergebnis haben.

1 $\frac{2}{3}+\frac{1}{6}$ 2 $\frac{7}{10}-\frac{3}{5}$ 3 $\frac{5}{8}\cdot\frac{3}{5}$ 4 $\frac{4}{9}:\frac{5}{12}$ 5 $\frac{6}{11}+\frac{4}{11}\cdot\frac{1}{3}$

b) Gib für jede Rechenart einen Term aus 2 (3) verschiedenen Brüchen an, deren Ergebnis zwischen 1 und 2 liegt.

Gleich und doch anders: Blutgruppen

Rote Blutkörperchen haben eine besondere Eigenschaft: Sie können verklumpen, wenn sie mit dem Blut anderer Menschen zusammenkommen. Die Ursache dafür sind zwei unterschiedliche Bestandteile (A und B) an der Oberfläche der Blutkörperchen.
Manche Menschen haben beide Bestandteile (Blutgruppe AB), manche gar keinen (Blutgruppe 0) und wieder andere haben nur einen der beiden Bestandteile (Blutgruppe A bzw. B).

a) Welche Blutgruppe hast du? Bestimme die Anteile der Blutgruppen in deiner Klasse.

b) Bei einer Untersuchung von 100 zufällig ausgewählten Personen ergibt sich in Deutschland folgende Verteilung:

Blutgruppe	A	B	AB	0
Anzahl der Personen	45	10	5	40

Berechne die Anteile der einzelnen Blutgruppen und stelle das Ergebnis zeichnerisch dar.

c) Vergleiche die Ergebnisse deiner Klasse aus a) mit der Verteilung in Deutschland aus b) und bestimme die Unterschiede. Erkläre, warum es Abweichungen geben kann.

d) Wie müsste das Ergebnis in deiner Klasse aussehen, wenn die Anteile für Deutschland aus b) auch in deiner Klasse gelten würden?

Das Rückgrat des Menschen: die Wirbelsäule

Die s-förmig geschwungene Wirbelsäule verleiht dem Körper die Stützkraft für den aufrechten Gang und ist sehr elastisch. Die 34 Wirbelknochen sind dazu durch Bandscheiben miteinander verbunden und werden in der Medizin in verschiedene Bereiche eingeteilt. Zu den 24 freien Wirbelknochen des Hals-, Brust- und Lendenbereichs kommen noch das Kreuz- und das Steißbein hinzu. Diese bestehen aus je fünf Wirbelknochen, die aber miteinander verwachsen sind.
Welcher Anteil entfällt auf die einzelnen Bereiche?

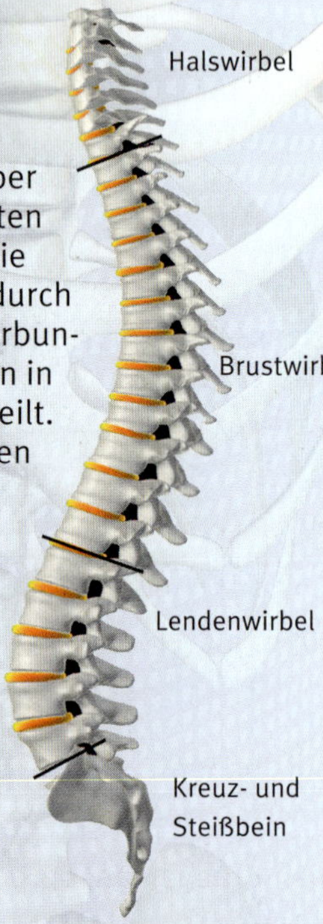

Unser Mahlwerk: die Zähne

Informiere dich im Lexikon, im Biologiebuch oder im Internet über unser Gebiss. Erstelle einen kurzen Informationstext oder ein kleines Plakat. Verwende dabei auch Anteile.

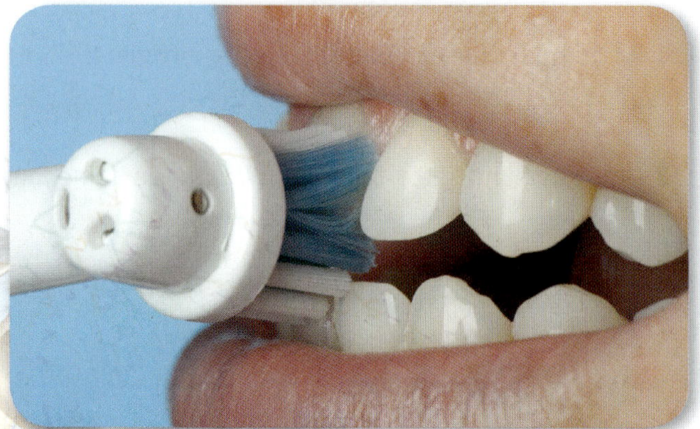

Geschmack muss man haben: die Zunge

Mit unserer Zunge nehmen wir die Geschmacksrichtungen süß, salzig, sauer und bitter auf. Dazu dienen Geschmacksknospen in verschiedenen Bereichen unserer Zunge.

a) Schätze ab, welchen Anteil auf der gesamten Zunge die verschiedenen Geschmacksbereiche einnehmen.

b) Schätze ab, wie viele Geschmacksknospen jeweils für süß, sauer, salzig und bitter vorhanden sind, wenn insgesamt 9000 Knospen zur Verfügung stehen.

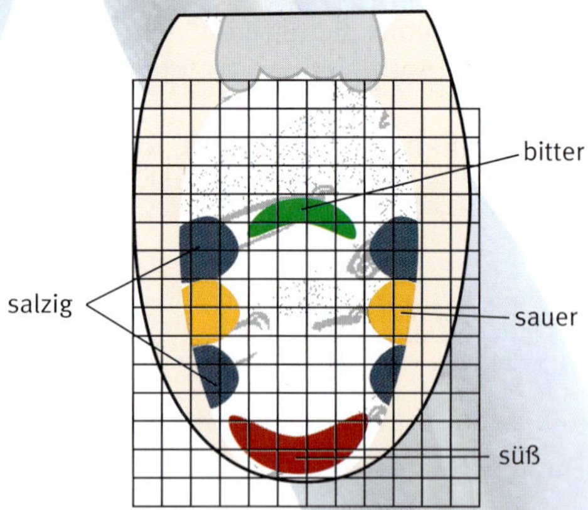

Kraftwerk des Lebens: das Herz
Das Herz ist ein Muskel, der das Blut durch die Arterien in den Körper pumpt und so den Blutkreislauf in Gang hält. Pro Minute durchfließen fast 6 Liter Blut das Herz. Dabei schlägt es im Ruhezustand etwa 60 Mal.

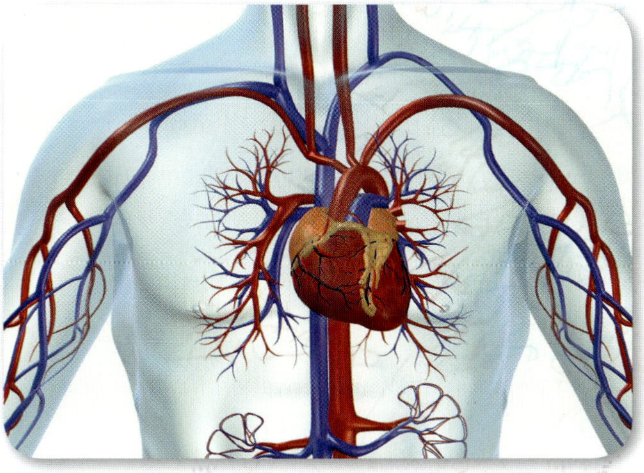

a) Wie viel Blut fließt pro Schlag durch das Herz?

b) Von dem Blut fließen etwa $\frac{3}{20}$ durch das Gehirn, $\frac{1}{4}$ durch die Nieren, $\frac{3}{10}$ durch Haut und Muskeln und $\frac{1}{5}$ durch die Verdauungsorgane. Der Rest wird für die Eigenversorgung des Herzens gebraucht. Bestimme, wie viel Liter Blut pro Tag durch die einzelnen Körperteile fließen, und stelle das Ergebnis zeichnerisch dar.

c) Überlege und schätze: Wie viel Blut hat dein Herz bis jetzt bewegt? Wie viel Blut pumpt das Herz innerhalb eines Menschenlebens?

Die Leitwerke: Nerven und Gehirn
Unser Körper besteht etwa aus 100 Billionen Körperzellen. Hinzu kommen Nervenzellen und die Zellen im Blut.

a) Auf eine Nervenzelle kommen ungefähr 1000 Körperzellen. Wie viele Nervenzellen gibt es?

b) Vergleiche die Größe der Gehirne verschiedener Säugetiere miteinander.

c) Suche in Büchern, Internet, ... nach der Körpergröße von Elefanten, Delfinen, Menschen und Gorillas.
   1 Vergleiche die Körpergröße mit der Gehirngröße auf verschiedene Arten miteinander.
   2 Stelle den Vergleich in einem geeigneten Diagramm dar. Nutze ein Tabellenkalkulationsprogramm.

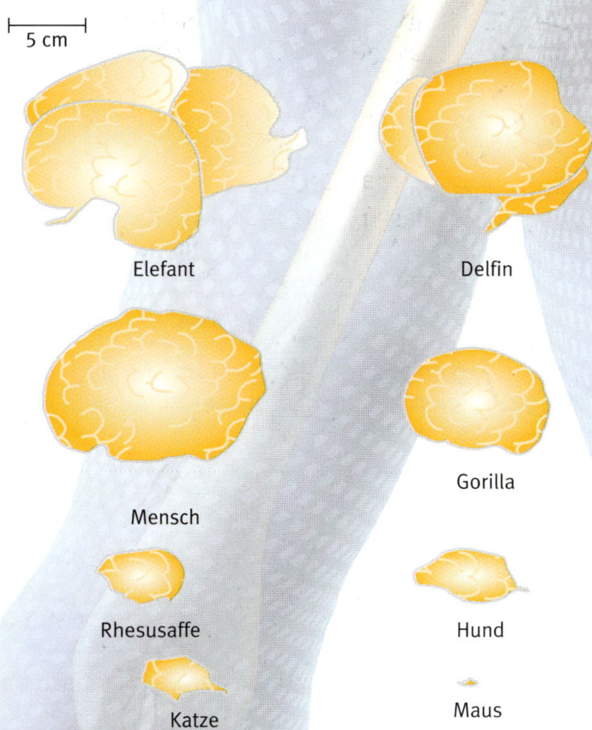

Überprüfe deine Fähigkeiten und Kenntnisse. Bearbeite dazu die folgenden Aufgaben und bewerte anschließend deine Lösungen mit einem Smiley.

☺	😐	☹
Das kann ich!	Das kann ich fast!	Das kann ich noch nicht!

Hinweise zum Nacharbeiten findest du auf der folgenden Seite. Die Lösungen findest du unter www.ccbuchner.de (Eingabe 8436 ins Suchfeld).

Aufgaben zur Einzelarbeit

1 In wie viele gleich große Teile ist die Figur bzw. der Körper zerlegt? Gib den eingefärbten Teil als Bruch an. Wie viele Teile sind nicht eingefärbt?

a) b) c) d) e)

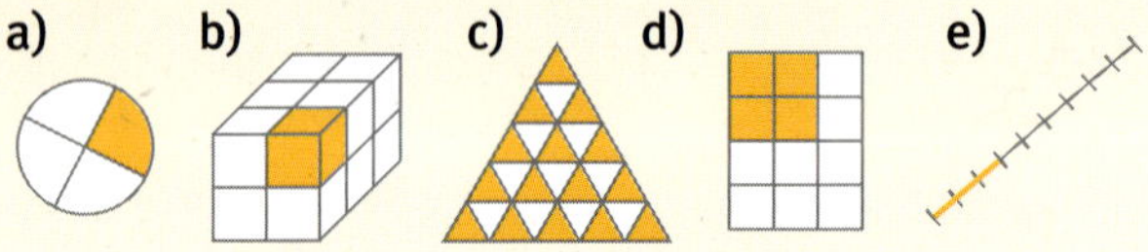

2 Ergänze jeweils die Figur auf zwei verschiedene Arten zum Ganzen.

a) $\frac{1}{3}$ b) $\frac{1}{8}$ c) $\frac{1}{5}$ d) $\frac{2}{7}$ e) $\frac{3}{10}$

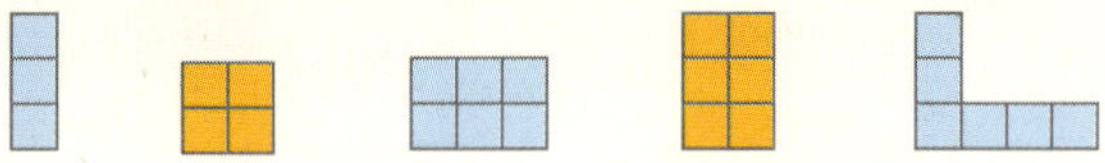

3 Übertrage die Figur in dein Heft und färbe den angegebenen Anteil ein. Welcher Anteil der Figur ist nicht eingefärbt?

a) $\frac{3}{4}$ b) $\frac{2}{5}$ c) $\frac{3}{8}$

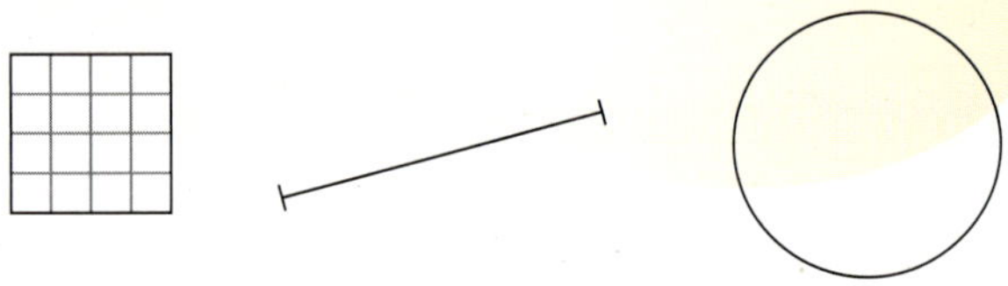

4 Stelle die folgenden Verteilungen zeichnerisch dar. Wie viel bekommt jedes Kind?

a) Vier Kinder teilen drei Tafeln Schokolade gerecht untereinander auf.

b) Acht Kinder teilen fünf Zuckerstangen gerecht untereinander auf.

5 Berechne den Bruchteil.

a) $\frac{3}{4}$ von 800 g b) $\frac{2}{5}$ von 30 min

c) $\frac{4}{9}$ von 81 m d) $\frac{7}{8}$ von 136 t

e) $\frac{32}{100}$ von 700 € f) $\frac{6}{25}$ von 9 kg

6 Bestimme das Ganze.

a) $\frac{1}{3}$ vom Ganzen sind 4 kg.

b) $\frac{3}{4}$ vom Ganzen sind 75 g.

c) $\frac{5}{7}$ vom Ganzen sind 85 m.

7 a) Schreibe als gemischte oder natürliche Zahl.

$\frac{5}{4}$; $\frac{7}{3}$; $\frac{9}{2}$; $\frac{15}{8}$; $\frac{18}{9}$; $\frac{29}{10}$; $\frac{16}{7}$; $\frac{39}{5}$; $\frac{123}{25}$; $\frac{33}{11}$

b) Schreibe als unechten Bruch.

$3\frac{1}{2}$; $4\frac{2}{3}$; $2\frac{3}{4}$; $5\frac{3}{7}$; $3\frac{1}{6}$; $5\frac{7}{8}$; $10\frac{7}{10}$; $2\frac{3}{100}$; 2

8 Zeige anhand einer Zeichnung folgende Gleichheit.

a) $\frac{7}{4} = 1\frac{3}{4}$ b) $\frac{8}{3} = 2\frac{2}{3}$ c) $\frac{15}{5} = 3$

9 Veranschauliche folgende Gleichheit.

a) $\frac{2}{3} = \frac{8}{12}$ b) $\frac{3}{5} = \frac{9}{15}$ c) $\frac{5}{8} = \frac{25}{40}$

10 Mit welcher Zahl wurde erweitert bzw. gekürzt?

a)

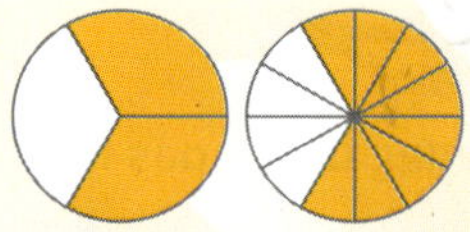

b)

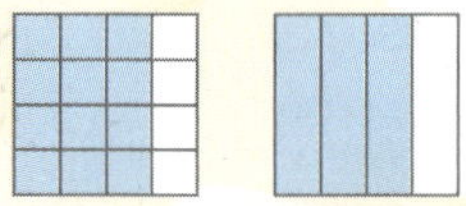

c)

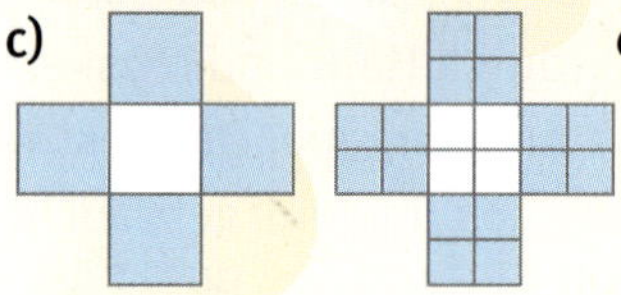

d)

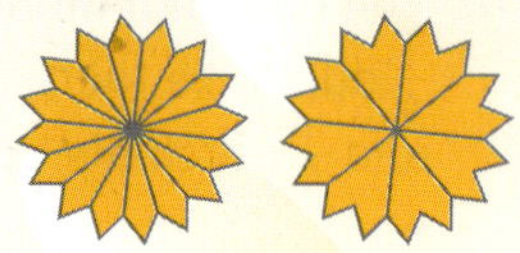

11 Kürze mit der angegebenen Zahl.

a) $\frac{10}{14}$ mit 2 b) $\frac{25}{35}$ mit 5 c) $\frac{40}{88}$ mit 8

12 Erweitere mit der angegebenen Zahl.

a) $\frac{1}{4}$ mit 5 b) $\frac{4}{5}$ mit 3 c) $\frac{3}{8}$ mit 2

13 Ordne folgende Brüche der Größe nach. Beginne mit dem kleinsten Bruch.

a) $\frac{7}{10}$; $\frac{1}{5}$; $\frac{4}{5}$; $1\frac{3}{10}$; $\frac{7}{5}$; $\frac{10}{10}$ b) $\frac{1}{4}$; $\frac{3}{2}$; $\frac{3}{8}$; $1\frac{3}{4}$; $\frac{7}{8}$; $\frac{1}{2}$

14 Auf einer 500-g-Packung Spaghetti steht folgender Hinweis:

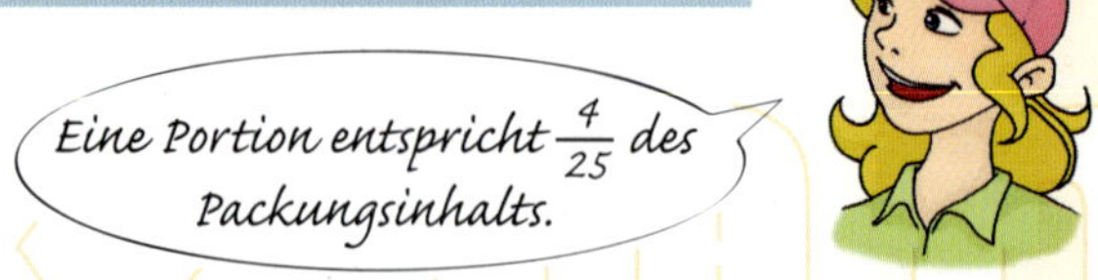

Hat Isabella Recht? Begründe.

15 Veranschauliche durch eine Zeichnung.
a) $\frac{7}{8} - \frac{3}{8}$ b) $\frac{3}{4} + \frac{1}{2}$ c) $\frac{4}{5} - \frac{5}{8}$

16 Berechne. Kürze das Ergebnis so weit wie möglich.
a) $\frac{4}{7} + \frac{2}{21}$ b) $1\frac{2}{5} - \frac{3}{10}$ c) $3\frac{7}{9} - 2\frac{1}{2} + \frac{2}{3}$

17 Veranschauliche mithilfe von Rechtecken.
a) $\frac{1}{2} \cdot \frac{2}{3}$ b) $\frac{3}{8} \cdot \frac{1}{6}$ c) $\frac{3}{5} \cdot \frac{2}{7}$

18 Berechne. Kürze das Ergebnis so weit wie möglich.
a) $4 \cdot \frac{2}{3}$ b) $\frac{5}{9} \cdot \frac{4}{15}$ c) $2\frac{7}{8} \cdot \frac{1}{3}$
$\frac{3}{8} \cdot 2$ $\left(\frac{7}{8}\right)^2$ $\frac{5}{12} \cdot 3\frac{3}{7} \cdot \frac{1}{2}$

19 Berechne. Kürze das Ergebnis so weit wie möglich.
a) $\frac{5}{6} : \frac{1}{6}$ b) $\frac{21}{25} : \frac{28}{45}$ c) $1\frac{1}{4} : \frac{15}{52}$
$8 : \frac{2}{9}$ $\frac{13}{7} : 2$ $0 : \frac{11}{12}$

20 Rechne vorteilhaft.
a) $\frac{7}{9} \cdot \frac{18}{19} - \frac{4}{9} \cdot \frac{18}{19}$ b) $\left(\frac{21}{22} + \frac{4}{15}\right) + 1\frac{11}{15}$
c) $\left(\frac{3}{14} + \frac{9}{32}\right) : \frac{3}{56}$ d) $\frac{21}{4} \cdot \left(\frac{8}{3} - \frac{1}{7}\right)$

21 In Afrika lebt etwa $\frac{1}{5}$ der Erdbevölkerung. $\frac{2}{11}$ der Afrikaner leben in Nigeria. Welcher Anteil der Erdbevölkerung lebt in Nigeria?

22 Sophie bereitet Bänder von eineinhalb Meter Länge für einen ungarischen Bändertanz vor. Wie viele solcher Bänder erhält sie von einer 30-m-Rolle?

Aufgaben für Lernpartner

Arbeitsschritte
1 Bearbeite die folgenden Aufgaben alleine.
2 Suche dir einen Partner und erkläre ihm deine Lösungen. Höre aufmerksam und gewissenhaft zu, wenn dein Partner dir seine Lösungen erklärt.
3 Korrigiere gegebenenfalls deine Antworten und benutze dazu eine andere Farbe.

Sind folgende Behauptungen **richtig** oder **falsch**? Begründe schriftlich.

23 Jedes Blatt Papier lässt sich auf genau eine Weise in Viertel (Achtel) falten.

24 „Ein Viertel von einem Achtel" bedeutet $\frac{1}{4} \cdot \frac{1}{8}$.

25 Bei einem Stammbruch steht im Nenner immer die Zahl 1.

26 Natürliche Zahlen lassen sich nicht in Brüche umwandeln.

27 Gleichwertige Brüche sind stets gleichnamig.

28 Die gemischte Zahl $4\frac{11}{12}$ in einen unechten Bruch umgewandelt ergibt $\frac{44}{12}$.

29 Ein Stammbruch hat als Kehrbruch immer einen unechten Bruch, der sich als natürliche Zahl schreiben lässt.

30 Bei der Multiplikation von Brüchen muss man zuerst einen gemeinsamen Nenner suchen und die Brüche darauf erweitern.

31 Statt : 2 kann man auch $\cdot \frac{1}{2}$ rechnen.

32 Bei einer Division durch einen Bruch kann der Wert des Quotienten größer als der Dividend sein.

33 $\frac{1}{2} \cdot \frac{2}{3}$ lässt sich durch Falten eines Blattes Papier darstellen.

34 Gleichnamige Brüche stellen stets dieselbe positive rationale Zahl dar.

35 Jeder Bruch lässt sich beliebig oft erweitern und kürzen.

Aufgabe	Ich kann ...	Hilfe
1, 2, 3, 4, 23	Anteile darstellen bzw. anhand von Darstellungen angeben.	S. 14, 16, 18
5, 6, 14, 21, 22	mit Bruchteilen von Größen rechnen.	S. 20
7, 8, 26, 28	unechte Brüche in gemischte oder natürliche Zahlen umwandeln und umgekehrt.	S. 22
9, 10, 11, 12, 35	Brüche erweitern und kürzen.	S. 24
13	Brüche der Größe nach ordnen.	S. 28
15, 16	gleichnamige und ungleichnamige Brüche addieren und subtrahieren.	S. 30, 34
17, 18, 24, 30, 33	Brüche multiplizieren.	S. 38
19, 31, 32	Brüche dividieren.	S. 42
20	Rechengesetze für positive rationale Zahlen anwenden.	S. 46
25, 27, 29, 34	mit Fachbegriffen zu positiven rationalen Zahlen umgehen.	S. 14, 16, 18, 28

S. 14 S. 16	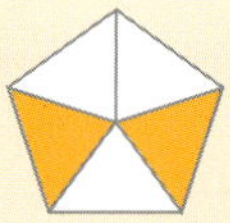 Bei Brüchen gibt der **Zähler** die Anzahl der Teile an, die betrachtet werden. $\frac{2}{5}$ ← Zähler ← Nenner Der **Nenner** gibt an, in wie viele gleich große Teile das Ganze zerlegt wird.	Wird das Ganze in fünf gleich große Teile unterteilt, so erhält man Fünftel. Werden davon zwei Teile betrachtet, so verwendet man für einen solchen **Anteil** den **Bruch** $\frac{2}{5}$.
S. 14 S. 22	Stammbrüche: $\frac{1}{2}; \frac{1}{3}; \frac{1}{4}; \dots$ Echte Brüche: $\frac{1}{2}; \frac{1}{3}; \frac{2}{3}; \frac{3}{4}; \frac{6}{8}; \dots$ Unechte Brüche: $\frac{3}{2}; \frac{4}{3}; \frac{5}{4}; \frac{7}{5}; \frac{6}{6}; \dots$ Gemischte Zahlen: $\frac{3}{2} = 1 + \frac{1}{2} = 1\frac{1}{2}$	**Stammbrüche** bezeichnen genau einen Teil vom Ganzen. **Echte Brüche** bezeichnen Anteile, die kleiner als das Ganze sind. **Unechte Brüche** bezeichnen Anteile, die gleich oder größer als das Ganze sind. **Gemischte Zahlen** sind eine besondere Schreibweise für unechte Brüche, die in Ganze und echte Brüche zerlegt werden können.
S. 24	Erweitern → $\frac{2}{5} = \frac{4}{10} = \frac{40}{100} = \frac{80}{200} = \dots$ ← Kürzen 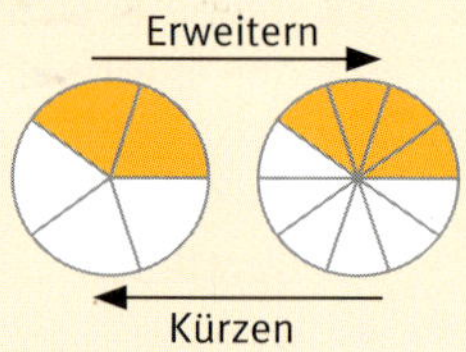	Ein Bruch wird **erweitert**, indem man Zähler und Nenner mit derselben Zahl **multipliziert**. Die Unterteilung **verfeinert** sich. Ein Bruch wird **gekürzt**, indem man Zähler und Nenner durch dieselbe Zahl **dividiert**. Die Unterteilung **vergröbert** sich.
S. 28	$\frac{2}{3} = \frac{4}{6} = \frac{6}{9} = \frac{16}{24} = \dots$	Brüche, die den gleichen Bruchteil darstellen, heißen **gleichwertig** und bezeichnen jeweils dieselbe **positive rationale Zahl** an der Zahlenhalbgerade. Alle positiven rationalen Zahlen zusammen bilden die Menge $\mathbb{Q}^+$; gehört die Null dazu, schreibt man $\mathbb{Q}_0^+$.
S. 30	$\frac{2}{5} + \frac{1}{5} = \frac{2+1}{5} = \frac{3}{5}$ 	**Gleichnamige Brüche** werden **addiert** (**subtrahiert**), indem man die Zähler addiert (subtrahiert). Der Nenner wird beibehalten.
S. 34	$\frac{2}{5} + \frac{3}{10} = \frac{4}{10} + \frac{3}{10} = \frac{4+3}{10} = \frac{7}{10}$	**Ungleichnamige Brüche** werden zuerst gleichnamig gemacht, d. h. man erweitert oder kürzt so, dass die Brüche den gleichen Nenner haben. Anschließend werden die Brüche wie gleichnamige Brüche **addiert** (**subtrahiert**).
S. 38	$\frac{4}{7} \cdot \frac{2}{9} = \frac{4 \cdot 2}{7 \cdot 9} = \frac{8}{63}$	**Brüche** werden **multipliziert**, indem man **Zähler mit Zähler** und **Nenner mit Nenner** multipliziert.
S. 42	$\frac{3}{4} : \frac{2}{3} = \frac{3}{4} \cdot \frac{3}{2} = \frac{3 \cdot 3}{4 \cdot 2} = \frac{9}{8} = 1\frac{1}{8}$	Man **dividiert** eine Zahl durch einen **Bruch**, indem man sie mit seinem **Kehrbruch multipliziert**.
S. 46	$r, s, t \in \mathbb{Q}_0^+$ $r + s = s + r$ bzw. $r \cdot s = s \cdot r$ $(r + s) + t = r + (s + t)$ bzw. $(r \cdot s) \cdot t = r \cdot (s \cdot t)$ $(r + s) \cdot t = r \cdot t + s \cdot t$ $(r - s) \cdot t = r \cdot t - s \cdot t$ $r \geqq s$	Bei der alleinigen Addition bzw. Multiplikation positiver rationaler Zahlen gilt das **Kommutativgesetz**. Bei der alleinigen Addition bzw. Multiplikation positiver rationaler Zahlen gilt auch das **Assoziativgesetz**. Es gilt das **Distributivgesetz**.

Größen

1 Herr Siebold feiert seinen 75. Geburtstag.

a) Hat er damit schon über 1000 Monate gelebt? Begründe deine Antwort.

b) Wie viele Schaltjahre hat Herr Siebold wohl schon erlebt?

c) Schätze, wie viele Wochen (Tage, Stunden) Herr Siebold bisher gelebt hat. Beschreibe deine Schätzung.

2

a) Schätze die Länge der abgebildeten Gegenstände.

b) Miss die Länge der Gegenstände mit einem Lineal nach und bestimme die Differenz zur Schätzung aus a).

3 Wechsle 100 € in andere Scheine um. Wie viele Möglichkeiten findest du?

4 Wandle um.

a) in t: 4500 kg; 2575 g; 6 kg; 3 005 000 g

b) in m: 75 cm; 1,2 km; 120 mm; 14 dm; 3,5 mm

c) in min: 4 h; 480 s; 1 d; $2\frac{1}{4}$ h; 36 s; 5 h 30 s

5

a) Lies die Uhrzeiten sekundengenau ab.

b) Wie spät ist es jeweils $3\frac{3}{4}$ h (50 min, 148 s) später?

c) Wie spät war es vor $2\frac{1}{3}$ h (45 min 20 s)?

Zehnersystem

6 Trage in eine Stellenwerttafel ein und lies ab.

a) ① 9 876 543 210 ② 233 445 566 778 899
③ 765 498 700 123 ④ 80 808 080 808 080

b) zehn Milliarden fünfunddreißig Millionen; eine Billion sechs Millionen dreihunderttausend; einhundertdreiundzwanzig Millionen zwölf

7

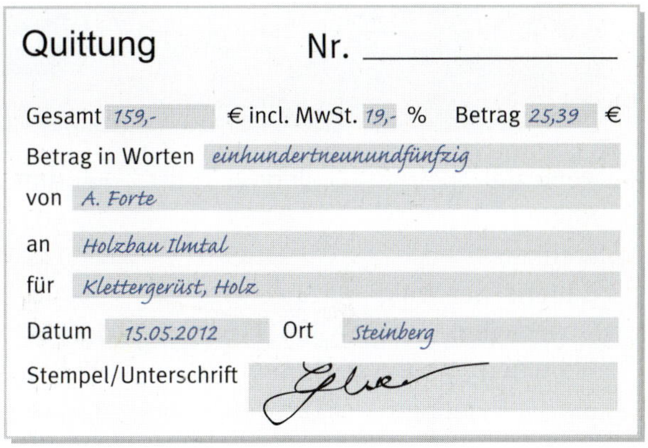

Quittung Nr. ______

Gesamt 159,- € incl. MwSt. 19,- % Betrag 25,39 €
Betrag in Worten einhundertneunundfünfzig
von A. Forte
an Holzbau Ilmtal
für Klettergerüst, Holz
Datum 15.05.2012 Ort Steinberg
Stempel/Unterschrift

a) Warum sind auf Quittungen die Geldbeträge auch in Worten angegeben?

b) Schreibe in Worten.
7535 €; 12 500 €; 606 333 €; 12 456 001 €

8 Lies die Zahlen an der Zahlenhalbgerade ab.

a)

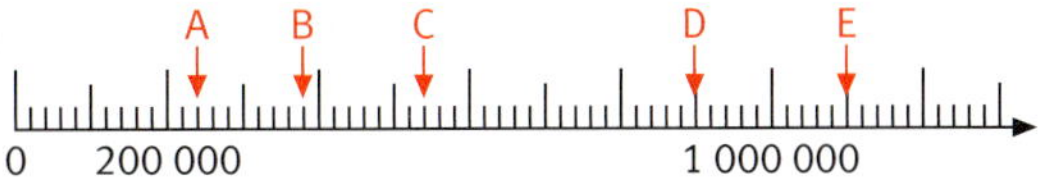

b)

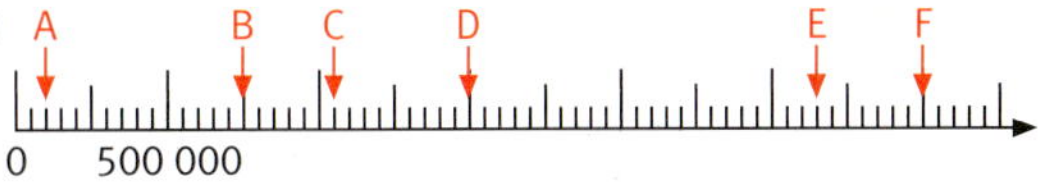

9 Bilde aus den angegebenen Ziffern eine möglichst große (kleine) Zahl. Vertausche anschließend fünfmal Schritt für Schritt benachbarte Ziffern, sodass nach jedem Schritt jeweils eine kleinere (größere) Zahl entsteht. Schreibe jeden Zwischenschritt auf.

a) 5 8 3 5 4 3

b) 2 9 9 6 7 3

c) 1 1 2 2 3 3

Sachrechnen

10 Die Tabelle zeigt Übernachtungen im Januar und Februar in verschiedenen Regionen Bayerns.

Reiseziel	Januar	Februar
Allgäu	18 437	16 403
Franken	29 449	27 143
Bayerischer Wald	35 016	36 446
Oberbayern	384 316	411 960
München	194 449	193 848
übrige Regionen	105 068	113 508

a) Wie viele Übernachtungen gab es insgesamt?

b) Wie haben sich jeweils die Übernachtungszahlen in den einzelnen Regionen verändert?

c) Bestimme im Februar den Anteil der Übernachtungen in den einzelnen Regionen. Runde geeignet und stelle die Ergebnisse grafisch dar.

11 Bei einem Schulfest betreibt die Klasse 6c einen Imbissstand. Im Einkauf werden 8 Brotlaibe zu jeweils 2,10 € und Butter insgesamt zu 7,40 € eingekauft. Der Rest kommt aus dem Schulgarten.

	Anzahl verkaufter Brote
Butterbrot	卌 卌 卌 卌 ||
Schnittlauchbrot	卌 卌 卌 卌 卌
Gurkenbrot	卌 卌 |
Kressebrot	卌 卌 卌 ||||

a) Wie hoch ist der Gewinn insgesamt?

b) Wie ändert sich das Ergebnis aus a), wenn …

1 der Bäcker das Brot gespendet hätte?

2 die Kinder jedes Butterbrot 10 ct teurer (billiger) verkauft hätten?

12 Das Verkehrsschild bedeutet, dass Fahrzeuge mit einem Gesamtgewicht von über 5,5 t auf dieser Straße nicht mehr weiterfahren dürfen. Ein Lkw hat ein Eigengewicht von 2500 kg. Insgesamt dürfen bis zu 4 t zugeladen werden. Der Lkw hat 68 Säcke Mehl zu jeweils 50 kg geladen.

a) Darf der Lkw weiterfahren?

b) Wie viele Säcke darf der Lkw maximal laden, um die Straße noch benutzen zu dürfen?

Senkrecht und parallel

13 Erstelle ein Gitternetz in deinem Heft.

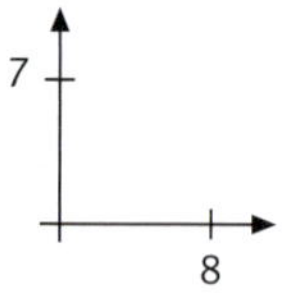

a) Zeichne eine Gerade g durch die Punkte A (3|3) und B (4|4).

b) Zeichne auf beiden Seiten von g eine Parallele im Abstand 1 cm (2,5 cm).

14 Entscheide ohne Geodreieck, welche Linien parallel zueinander liegen. Überprüfe anschließend deine Vermutung.

a)

b)

15 Überprüfe verschiedene Vierecke, die du kennst, auf zueinander parallele und senkrechte Linien. Vergiss nicht die Diagonalen bei der Untersuchung.

2 Grundbegriffe der ebenen Geometrie

Einstieg

- Beschreibe, welche geometrischen Elemente du in den Bildern erkennen kannst. Wie liegen diese zueinander?
- Gibt es dabei auch geometrische Elemente, die du beschreiben, aber nicht mit einem Fachbegriff benennen kannst?
- Wo begegnen dir in deiner Umgebung ähnliche geometrische Elemente?

Ausblick

Am Ende dieses Kapitels hast du gelernt, ...

- wie man Lagebeziehungen zwischen geometrischen Objekten in Kurzschreibweise angeben kann.
- was man in der Mathematik unter „Abstand“ versteht.
- wie man Winkel benennt und mithilfe des Geodreiecks misst und zeichnet.
- welche Punktmengen es am Kreis gibt und wie man diese benennt.

Go ist ein altes japanisches Brettspiel.

- Beschreibe das Spielfeld und die Lage der Steine.
- Vergleiche das Spielfeld z. B. mit dem der Spiele Dame oder Mühle. Welche Unterschiede und welche Gemeinsamkeiten findest du?

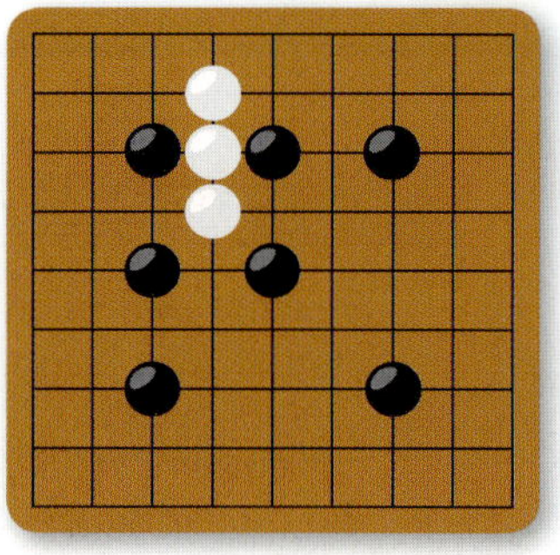

- *[AB]: Strecke mit Anfangspunkt A und Endpunkt B*
- *[AB: Halbgerade mit Anfangspunkt A durch B*
- *AB: Gerade durch A und B*
  Geraden werden auch mit Kleinbuchstaben abgekürzt.

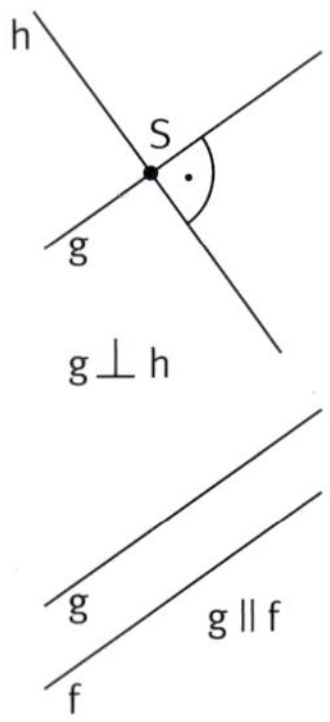

MERKWISSEN

Für die Lagebeziehung zwischen Punkten und Strecken/Geraden gibt es folgende Möglichkeiten:

- A ∈ g: Der Punkt A **ist Element** der Gerade g, er liegt also auf g.
- C ∉ g: Der Punkt C **ist nicht Element** der Gerade g, er liegt also nicht auf g.

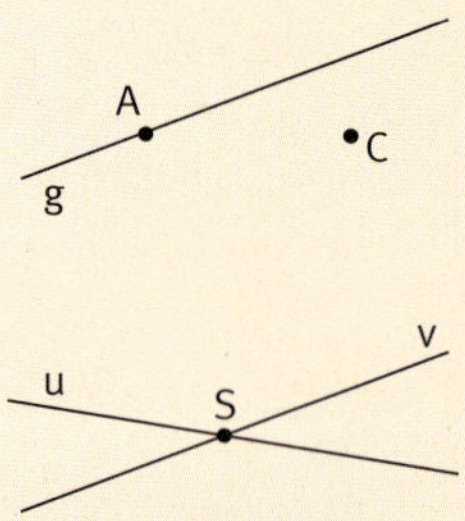

Bei Mengen sind folgende Schreibweisen wichtig:

- u ∩ v = {S}: Die Gerade u **geschnitten mit** der Gerade v ergibt die Menge, die den Punkt S enthält.
- In der **Schnittmenge** (∩) liegen alle Punkte, die gleichzeitig zur einen und zur anderen Menge gehören.
- In der **Vereinigungsmenge** (∪) liegen alle Punkte, die zu mindestens einer der beiden Menge gehören.
- Mengen, die keine Punkte enthalten, bezeichnet man als leere Mengen (z. B. Schnittmenge von zwei parallelen Geraden) und verwendet das Zeichen ∅.

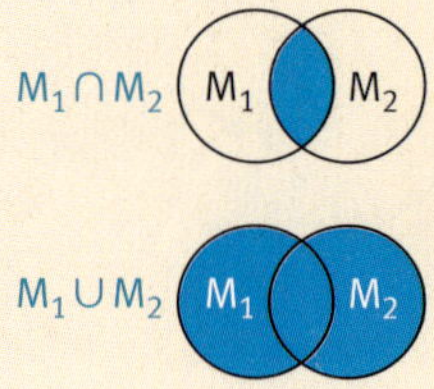

BEISPIELE

I Untersuche die Lagebeziehungen in nebenstehender Zeichnung.

a) Ergänze sinnvoll. Wo gibt es mehrere Lösungen?
  1 g = ☐   2 h = ☐   3 A ∈ ☐   4 D ∉ ☐

b) Gib die Schnittpunkte der Geraden in Kurzschreibweise an.

c) Gib die Mengen [BC] ∪ [CF] und [AF ∪ [FA in mathematischer Schreibweise an.

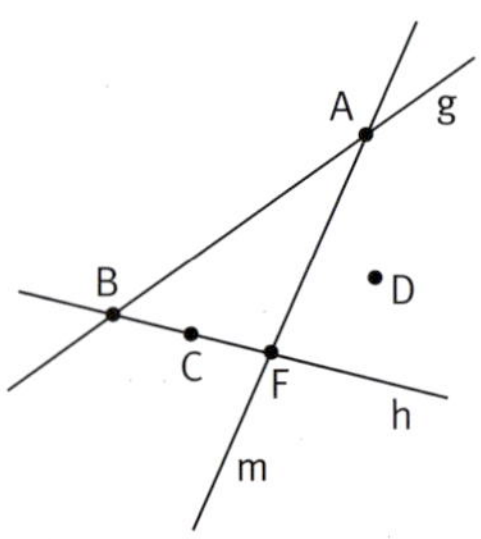

Bei Strecken und Geraden spielt die Reihenfolge der Punkte keine Rolle:
AB = BA
[BC] = [CB]

Lösung:

a) 1 g = AB   2 h = BC; h = BF; h = CF
  3 A ∈ g; A ∈ m   4 D ∉ g; D ∉ h; D ∉ m

b) g ∩ m = {A}   h ∩ m = {F}   h ∩ g = {B}

c) [BC] ∪ [CF] = [BF]   [AF ∪ [FA = AF = m

VERSTÄNDNIS

- Wie viele Geraden lassen sich durch genau 2 (3, 4) Punkte zeichnen?
- Können zwei Geraden auch mehr als einen Schnittpunkt haben?
- In der Vereinigungsmenge ist die Schnittmenge enthalten. Begründe.

1 Übersetze folgende Kurzschreibweisen in Worte und erstelle dazu eine Zeichnung.
a) $A \in BT$ **b)** $A \notin [PQ]$ **c)** $R \notin g$ **d)** $B \in [AS$ **e)** $AB = RS$

2 Zeichne in ein Gitternetz zwei Geraden g und h mit den angegebenen Eigenschaften. Wo gibt es mehrere Lösungen?
a) $g \parallel h$ mit $A\,(4|3) \in g$ und $B\,(1|5) \in h$
b) $g \perp h$ mit $A\,(2|6) \in g$ und $B\,(7|3) \in h$
c) $g \parallel h$ mit $A\,(0|4) \in g$ und $B\,(4|0) \in g$ und $C\,(3|7) \in h$
d) $g \cap h = \{S\}$ mit $S\,(4|4)$ und $A\,(0|6) \in g$ und $B\,(8|0) \in h$

3 **a)** Gegeben sind die Punkte $P\,(4|2)$, $Q\,(6|3)$, $R\,(1|3)$. Trage die Punkte sowie die Gerade $g = PQ$ in ein Gitternetz ein und ergänze folgende Punktmengen:
h mit $h \perp g$ und $R \in h$ k mit $k \perp h$ und $R \in k$

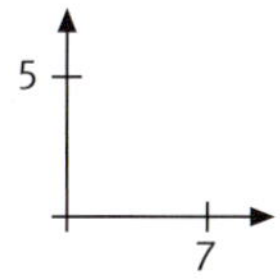

b) Gegeben ist ein weiterer Punkt $S\,(7|1)$. Trage diesen in das Gitternetz ein und ermittle anschließend die Koordinaten des Punktes $T \in k$, für den gilt: $ST \perp g$.
c) Bestimme die Koordinaten des Punktes U, für den gilt: $ST \cap PQ = \{U\}$.

4 Untersuche nebenstehende Zeichnung und beantworte in Kurzschreibweise.

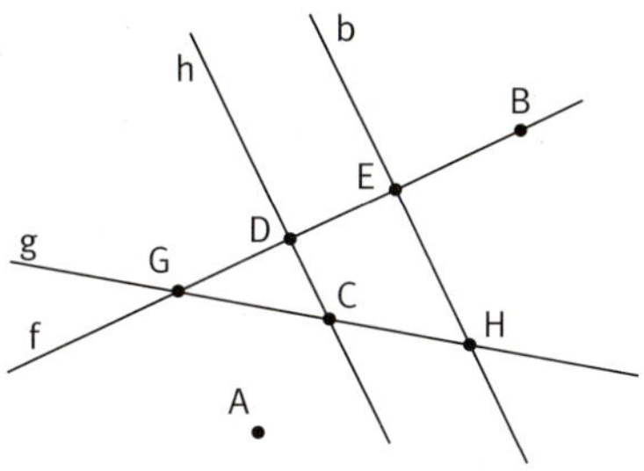

a) Was kannst du über die Lage ...
1 der Punkte A und G aussagen?
2 der Geraden zueinander aussagen?
b) Gib die Schnittpunkte der Geraden an.
Beispiel: $g \cap f = \{G\}$
c) Ergänze die Leerstellen.
1 $[GD] \cup [DE] =$ ☐ 2 $[GH] \cap [CG =$ ☐ 3 $h \cap b =$ ☐
4 $[BD] \cap [GE] =$ ☐ 5 $[CG \cup [CH =$ ☐
d) Bilde weitere Schnitt- und Vereinigungsmengen.

5 Zeichne die Punkte $O\,(0|5)$, $P\,(10|5)$ und $Q_1\,(1|4)$ in ein Gitternetz und trage folgende Punktmengen ein: $g = OP$ h mit $h \perp g$ und $Q_1 \in h$

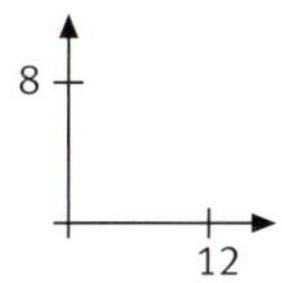

a) Ergänze deine Zeichnung durch folgende Geraden:
g_1 mit $g_1 \perp h$ und $Q_1 \in g_1$ g_2 mit $g_2 \perp h$ und $Q_2\,(2|3) \in g_2$
g_3 mit $g_3 \perp h$ und $Q_3\,(3|2) \in g_3$ g_4 mit $g_4 \perp h$ und $Q_4\,(4|1) \in g_4$
Was kannst du über die Lage der Geraden aussagen?
b) Ergänze deine Zeichnung nun durch folgende Geraden:
h_1 mit $h_1 \perp g$ und $P_1\,(6|1) \in h_1$ h_2 mit $h_2 \perp g$ und $P_2\,(7|2) \in h_2$
h_3 mit $h_3 \perp g$ und $P_3\,(8|3) \in h_3$ h_4 mit $h_4 \perp g$ und $P_4\,(9|4) \in h_4$
c) Bestimme die Koordinaten der Punkte $S_1, ..., S_4$, wobei gilt:
$g_1 \cap h_1 = \{S_1\}, ..., g_4 \cap h_4 = \{S_4\}$

6 **a)** Zeichne nebenstehende Figur in dein Heft und ergänze DC, [CE sowie folgende Punktmengen:

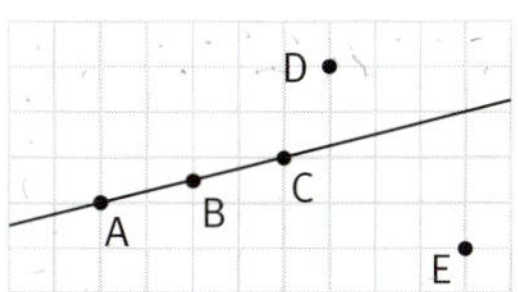

1 g mit $E \in g$ und $g \parallel AC$ 2 $g \cap DC = \{S\}$
3 h mit $D \in h$ und $h \perp g$ 4 m mit $m \perp g$ und $E \in m$
b) Untersuche deine Zeichnung und setze eines der Zeichen ($\in$, $\notin$, $\perp$, $\parallel$, $=$) so ein, dass eine wahre Aussage entsteht.
1 g ☐ AB 2 C ☐ h 3 AB ☐ m 4 g ☐ SE 5 h ☐ m

Auf einem Wochenendgrundstück soll ein Gartenhäuschen mit Wasser versorgt werden.

- Gib unterschiedliche Möglichkeiten an, von der Hauptleitung die Wasserleitung zum Wasseranschluss des Gartenhäuschens zu legen.
- Überlege dir, welcher Anschluss wohl am kostengünstigsten ist.
- Wie kannst du die kürzeste Entfernung von der Hauptleitung zum Wasseranschluss bestimmen?

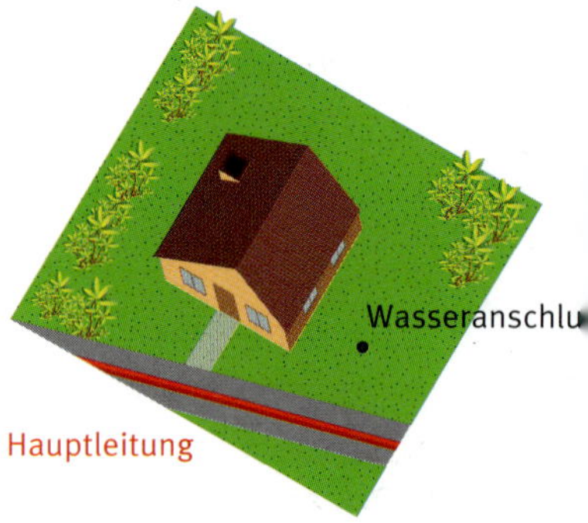

Merkwissen

Die **kürzeste Entfernung** zwischen einem Punkt und einer Geraden ist diejenige Strecke, die von dem Punkt aus **senkrecht** auf der Geraden steht. Die Länge dieser Strecke bezeichnet man als **Abstand** des Punktes P von der Geraden g.

Kurzschreibweise: d (P; g)

Parallele Geraden haben an jeder Stelle den gleichen Abstand voneinander.

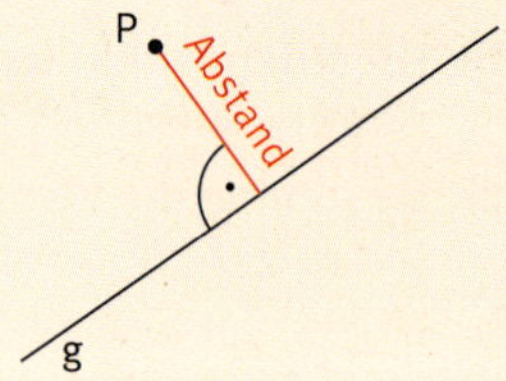

Beispiele

I Bestimme den Abstand des Punktes P von der Geraden g. Beschreibe dein Vorgehen.

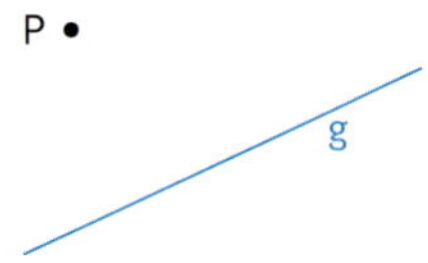

Lösung:

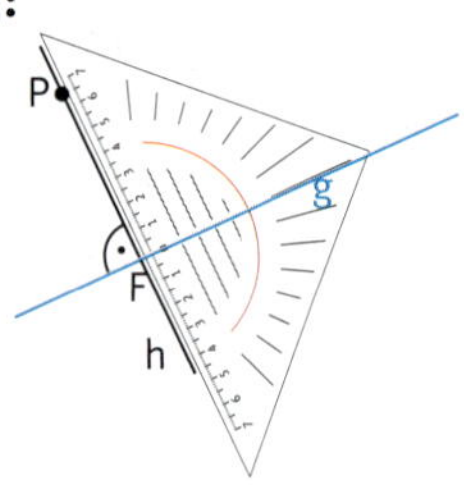

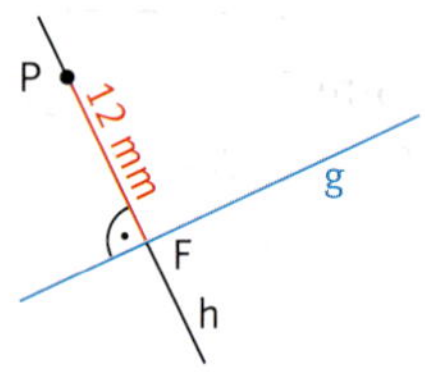

1. Zeichne durch P die Senkrechte h zur Geraden g. F ist der Schnittpunkt von g und h.
2. Miss $\overline{PF}$ = d (P; g).

Der Abstand des Punktes P von der Geraden g beträgt 12 mm: d (P; g) = 12 mm

II Zeichne zwei parallele Geraden a und b im Abstand 1 cm.

Lösung:

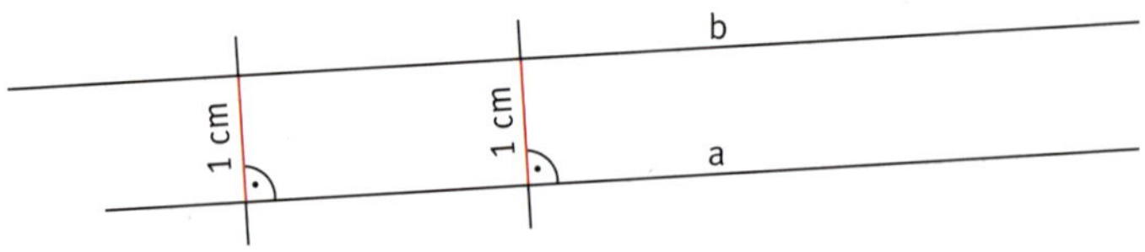

Verständnis

- Welchen Abstand haben zwei Geraden voneinander, die nicht parallel sind?
- Petra sagt: „Zwischen einem Punkt und einer Geraden gibt es verschiedene Abstände. Es kommt ganz drauf an, wie man misst.“ Was meinst du dazu?

1 Welche Strecke bezeichnet den Abstand des Punktes P von der Geraden? Begründe.

a) **b)** **c)**

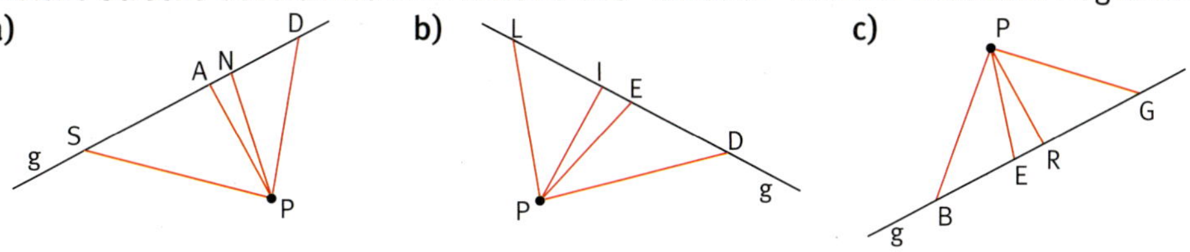

2 Im Verkehrsunterricht wird den Kindern gesagt, dass sie Straßen nicht schräg überqueren sollen. Kannst du begründen, warum?

3 Zeichne zwei zueinander parallele Geraden mit folgendem Abstand.

a) 15 mm **b)** 45 mm **c)** 3 cm 4 mm **d)** 8 cm 5 mm

4 Übertrage die Geraden g und h sowie die Punkte P, Q, R und S in dein Heft. Bestimme die Abstände dieser Punkte von g (h). Verwende die Kurzschreibweise.

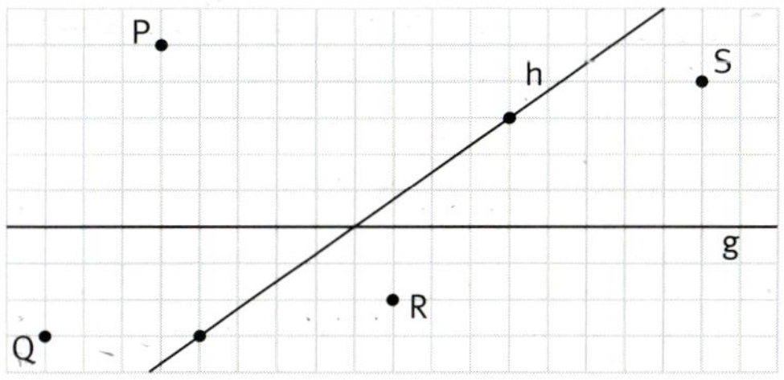

5 Zeichne einen Punkt M mit einem Abstand von mindestens 6 cm von jedem Heftrand in dein Heft. Zeichne zehn verschiedene Geraden, die alle den Abstand 4 cm von M haben.

6 Der Elfmeterpunkt beim Fußball ist der Punkt, von dem aus Strafstöße nach einem Foulspiel im 16-m-Raum ausgeführt werden.

a) Wenn der Spieler den Ball während eines Strafstoßes in die linke untere Ecke des Tores schießt, ist das dann trotzdem noch ein „Elfmeter"? Begründe deine Antwort durch eine Zeichnung.

b) Wie kannst du auf dem Pausenhof einen Strafstoßpunkt markieren, wenn du nur weißt, wo die Torpfosten sind? Beschreibe dein Vorgehen.

7 Der Kartenausschnitt zeigt eine Gegend in Unterfranken.

a) Wie weit ist es von Volkach nach Reupelsdorf (Dettelbach), wenn man auf dem kürzesten Weg querfeldein geht? Man nennt diese Strecke Luftlinie.

b) Wie weit ist ungefähr die Fahrstrecke zwischen den beiden Orten? Vergleiche mit a).

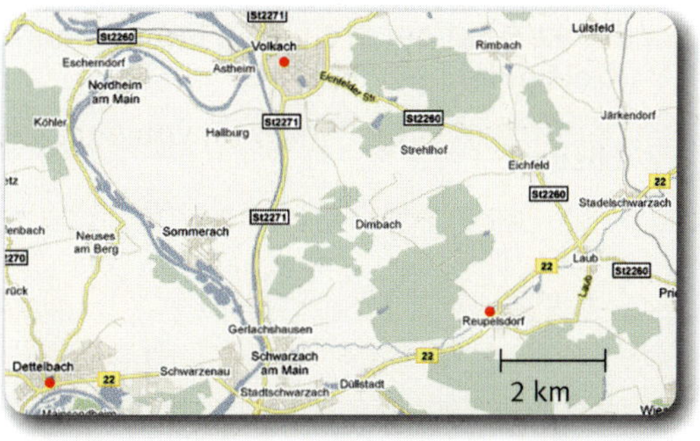

8 Übertrage die Geraden g und h anhand der markierten Punkte in dein Heft. Zeichne anschließend alle Punkte ein, die von beiden Geraden einen Abstand von 2 cm (3 cm, 4 cm) besitzen. Was stellst du fest?

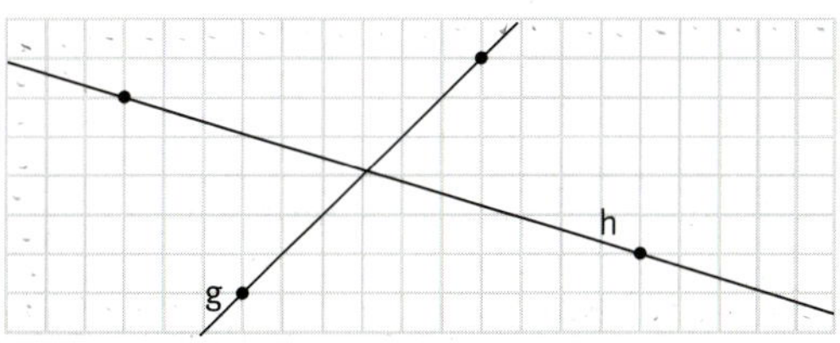

Die zwölf Punkte müssen „zwischen" den beiden Geraden liegen.

Ein Kreis lag friedlich auf der Wiese
und wünscht', dass ihn in Ruhe ließe
die Nachbarschaft und die Bekannten,
die Vettern, Basen, Anverwandten.
Doch schon nach wenigen Minuten,
da hörte er ein Auto tuten.

Drei Grazien waren ausgestiegen
und sahen diesen Kreis dort liegen.
Die erste reichte ihm die Hände
und stellt sich vor als die Tangente,
indem sie ihn nur zart berührte,
sodass er kaum ein Fünkchen spürte.

Danach durchschnitt ihn die Sekante,
die hoffnungslos für ihn entbrannte.
Die kleine Sehne trat als Dritte
heran mit einer großen Bitte:
Sie wollte sich eng an ihn schmiegen;
im Endpunkt auf dem Kreise liegen.

Der Kreis, der Ruhe haben wollte,
zunächst darüber etwas grollte.
Doch schließlich willigte er ein,
den Grazien immer Freund zu sein.
Und mit der Zeit fand er Gefallen
an den Tangent – Se – Kanten allen.

- In dem Gedicht von Ehrenfried Winkler finden sich viele mathematische Fachbegriffe. Finde sie und erkläre, was sie bedeuten.

Merkwissen

Eine Gerade, die keinen Schnittpunkt mit einer Kreislinie k hat, nennt man **Passante**.

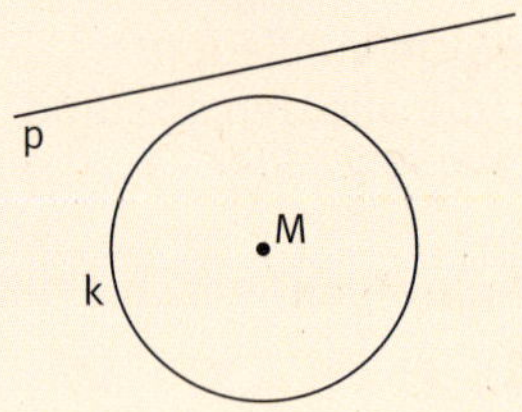

$p \cap k = \emptyset$

Eine Gerade, die genau einen Berührpunkt P mit einer Kreislinie k hat, nennt man **Tangente**.

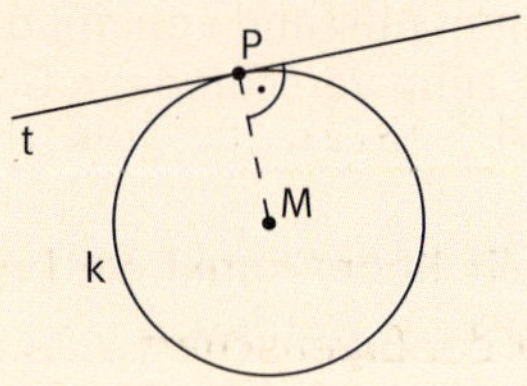

$t \cap k = \{P\}$

Die Tangente steht senkrecht auf dem Radius.

Eine Gerade, die die Kreislinie in zwei Punkten P und Q schneidet, nennt man **Sekante**.

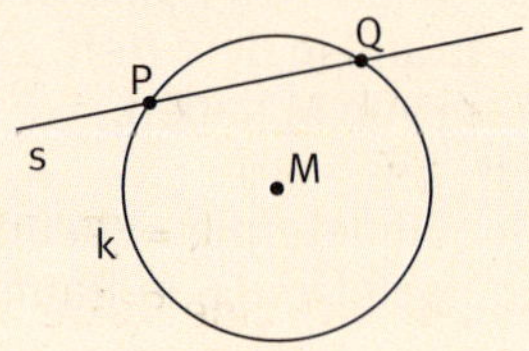

$s \cap k = \{P; Q\}$

Die Strecke [PQ] nennt man **Sehne** eines Kreises.

Beispiele

I Gegeben ist ein Kreis k (M; r) mit Mittelpunkt M und Radius r = 1,5 cm und ein Punkt P auf der Kreislinie. Ermittle mithilfe des Geodreiecks die Tangente an den Kreis durch den Punkt P.

Mit k (M; r) wird die Randlinie eines Kreises mit Mittelpunkt M und Radius r bezeichnet.

Lösung:

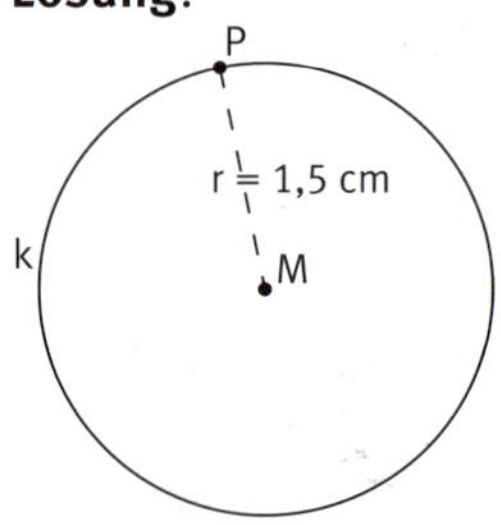

Zeichne die Verbindungsstrecke von M zu P ein ($\overline{MP}$ = Kreisradius r).

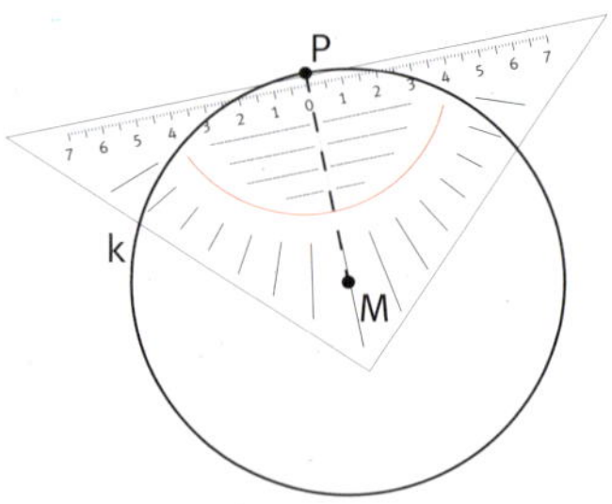

Lege die Symmetrieachse des Geodreiecks so auf die Strecke [MP], dass der Nullpunkt des Geodreiecks an P anliegt.

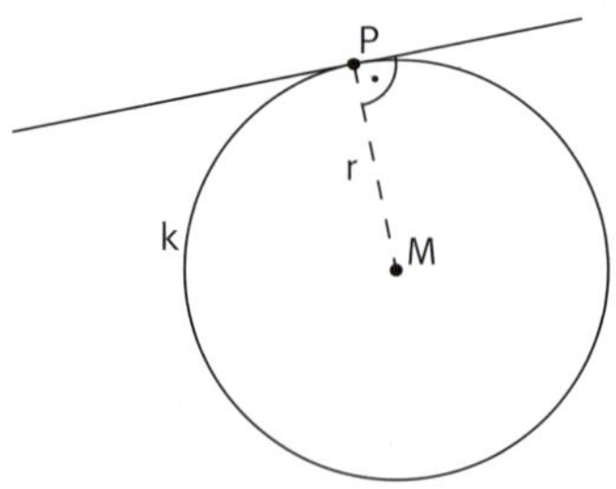

Zeichne anschließend die Senkrechte zu [MP] durch den Punkt P.

Verständnis

- „An einen Kreis gibt es beliebig viele Tangenten." Stimmt das?
- Peter sagt: „Die längste Sehne eines Kreises ist genauso lang wie sein Durchmesser." Was meinst du?

Aufgaben

1 Welche Lagebeziehungen zwischen den Strecken bzw. Geraden und den Kreisen kannst du in den Bildern erkennen? Beschreibe mithilfe von Fachbegriffen und erkläre die dargestellten Sachverhalte.

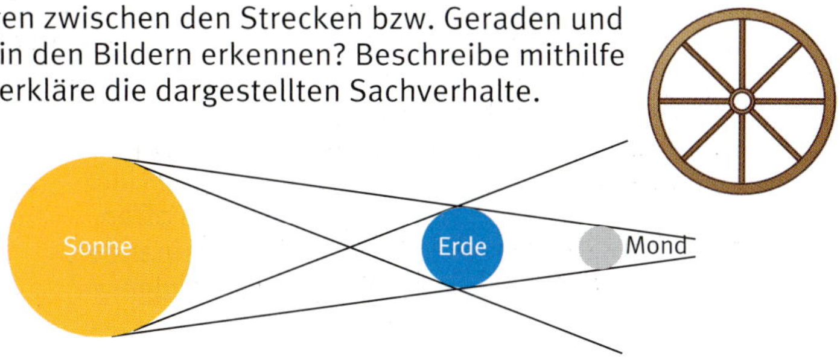

2 Gegeben ist der Kreis k (M; r) mit M (4 | 4) und r = 2 cm sowie der Punkt P. Zeichne durch P eine Passante (Tangente, Sekante). Wie viele Lösungen findest du jeweils? Kann man die gesuchte Linie überhaupt zeichnen? Begründe.

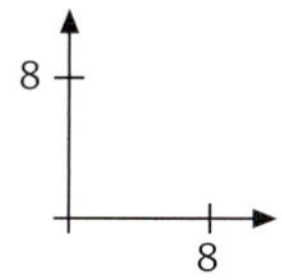

a) P (8 | 7) **b)** P (6 | 4) **c)** P (5 | 5)
d) P (2 | 2) **e)** P (4 | 4) **f)** P (4 | 6)

Wo gibt es mehrere Lösungen? Gib an, wie viele genau.

3 Gegeben ist k (M; r = 2 cm) mit M (3 | 2), der Punkt R (1 | 2) sowie g mit M ∈ g und g ∥ y-Achse.

a) Es gilt: g ∩ k = {P; Q}. Gib die Koordinaten der Punkte P und Q an.
b) Zeichne eine Sekante s mit der Eigenschaft s ∩ k = {P; R}.
c) Wie muss eine Gerade h verlaufen, für die gilt: h ∩ k = {R}?
d) Zeichne eine Gerade m, für die gilt: m ∩ k = ∅.

4 Gegeben ist ein Kreis k (M; r = 5 cm).

a) Wie lang ist die größte Sehne? Überprüfe mithilfe einer Zeichnung.
b) Zeichne einen Punkt A ∈ k und eine Sehne [AB] mit $\overline{AB}$ = 8 cm. Wie viele Möglichkeiten gibt es?

5 Zeichne A (1 | 1) und den Kreis k (M; r = 3 cm) mit M (6 | 6) in ein Gitternetz.

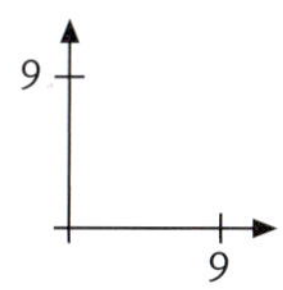

a) Zeichne die Geraden g_1, ..., g_4 mit $g_n = AB_n$ und B_1 (6 | 2), B_2 (6 | 3), B_3 (6 | 4), B_4 (6 | 5) ein und gib ihre Lagebeziehung bezüglich des Kreises an.
b) Miss die Längen der entstandenen Sehnen.

6 Gegeben ist k_1 (M; r = 3 cm) und ein beliebiger Punkt A ∈ k_1.

a) Zeichne k_1 und anschließend k_2 (A; r = 3 cm). Ermittle dann die Punkte B und C, für die gilt: $k_1 \cap k_2$ = {B; C}.
b) Zeichne k_3 (B; r = 3 cm) und k_4 (C; r = 3 cm). Benenne die neuen Schnittpunkte auf k_1 mit D und E und gib in Kurzschreibweise an, wie diese entstanden sind.
c) Zeichne nun k_5 (D; r = 3 cm) und k_6 (E; r = 3 cm). Beide Kreise schneiden sich bei exakter Zeichnung auf k_1 in einem gemeinsamen Punkt F. Zeichne vom Punkt F aus alle Sekanten des Kreises k_1 durch die bisher erhaltenen Schnittpunkte. Welche Sehnenlängen kannst du ohne zu messen angeben?

- Beschreibe das Landschaftsbild. Gehe dabei z. B. auf die Lage der Felder und Bäume ein. Welche Bedeutung hat die Straße? Verwende auch geometrische Grundbegriffe zur Beschreibung.

Merkwissen

Die Zeichenebene wird von einer Gerade g in zwei Halbebenen $\mathbb{H}_1$ und $\mathbb{H}_2$ geteilt. Nimmt man die **Randgerade** zu einer Halbebene dazu, so heißt die Halbebene **abgeschlossen**, andernfalls heißt sie **offen**. Legt man zwei Halbebenen $\mathbb{H}_1$ und $\mathbb{H}_2$ übereinander, ergeben sich abhängig von der Lage der Randgeraden g_1 und g_2 neue Punktmengen.

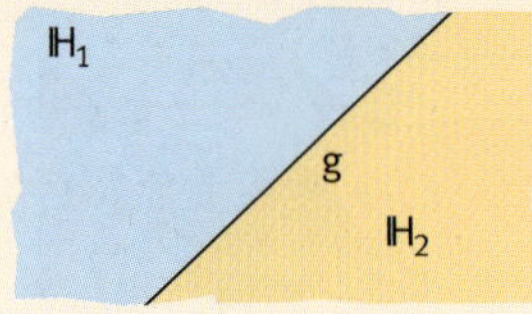

Alle Punkte, die gleichzeitig in $\mathbb{H}_1$ **und** $\mathbb{H}_2$ liegen, ergeben die **Schnittmenge**.

$g_1 \parallel g_2$: Man erhält je nach Lage von $\mathbb{H}_1$ und $\mathbb{H}_2$ z. B. einen Streifen.

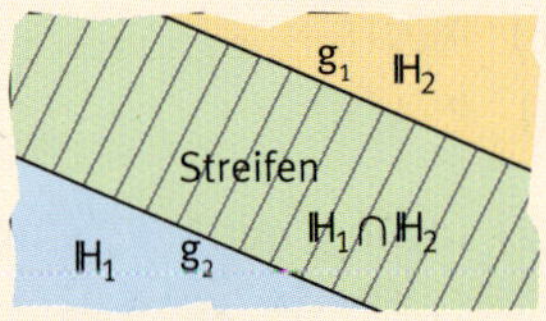

$g_1 \nparallel g_2$: Man erhält ein **Winkelfeld**.

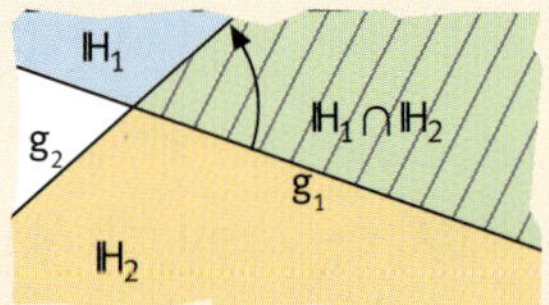

Wenn sich die Randgeraden schneiden, erhält man ein Winkelfeld. Sind sie parallel, so entsteht ein Streifen oder die ganze Ebene.

Alle Punkte, die zu $\mathbb{H}_1$ **oder** $\mathbb{H}_2$ gehören, ergeben die **Vereinigungsmenge.**

$g_1 \parallel g_2$: Man erhält je nach Lage von $\mathbb{H}_1$ und $\mathbb{H}_2$ z. B. die ganze Ebene.

$g_1 \nparallel g_2$: Man erhält ebenfalls ein **Winkelfeld**.

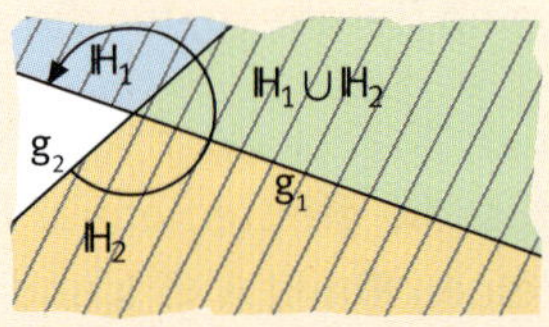

Beispiele

I Die Ebene wird durch g in die offenen Halbebenen $\mathbb{H}_1$ und $\mathbb{H}_2$ aufgeteilt.

a) Bestimme die Koordinaten der Punkte in den verschiedenen Halbebenen.

b) Welche Bedingung muss für die Koordinaten eines Punktes gelten, damit er zur offenen Halbebene $\mathbb{H}_1$ bzw. $\mathbb{H}_2$ gehört?

Vergleiche die Koordinaten mit den Punkten auf der Randgerade.

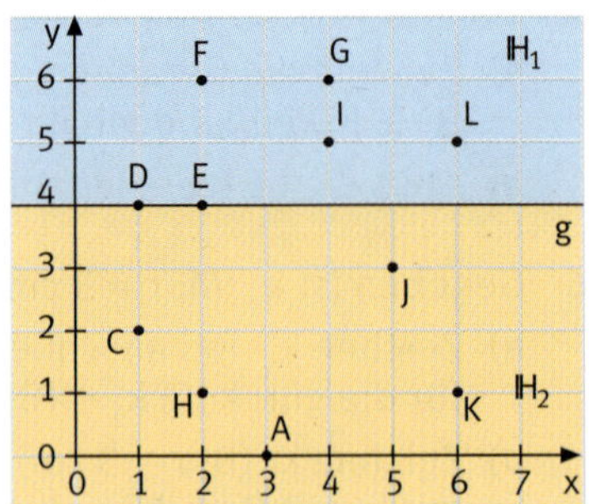

Lösung:

a) Zur Halbebene $\mathbb{H}_1$ gehören die Punkte F (2 | 6), G (4 | 6), I (4 | 5) und L (6 | 5). Zu $\mathbb{H}_2$ gehören A (3 | 0), C (1 | 2), H (2 | 1), J (5 | 3) und K (6 | 1).

b) Auf der Randgerade liegen die Punkte D (1 | 4) und E (2 | 4). Damit gilt für die Punkte in $\mathbb{H}_1$ $y > 4$ und für die Punkte in $\mathbb{H}_2$ $y < 4$.

Verständnis

- Melanie sagt: „Mein Zeichenblatt stelle ich mir wie einen Ausschnitt einer Ebene vor, weil ich von der unendlichen Ebene auch nur einen Teil zur Verfügung habe.“ Was meinst du zu diesem Vergleich?
- Erik behauptet, dass er zwei Halbebenen so zeichnen kann, dass die Schnittmenge leer ist. Geht das?

1 In der Zeichnung gehört die Randgerade g zu $\mathbb{H}_2$.

a) Ersetze □ durch $\in$ oder $\notin$.

P □ g G □ g Q □ $\mathbb{H}_2$ G □ $\mathbb{H}_1$

b) Finde weitere Lagebeziehungen und notiere sie in Kurzschreibweise.

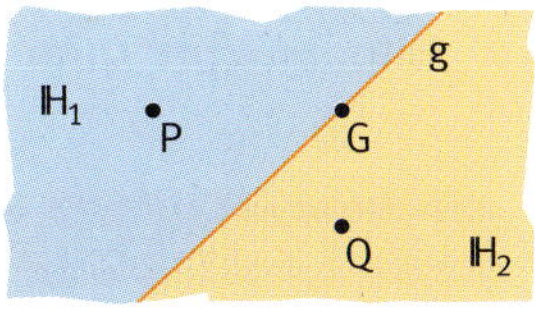

2 Zeichne auf ein Blatt beliebig viele Punkte. Beginne zunächst mit 4 oder 5 Punkten.

a) Versuche, mit einer Gerade dein Blatt so in zwei Halbebenen zu unterteilen, dass in jeder Halbebene gleich viele Punkte liegen. Findest du mehrere Möglichkeiten? Klappt das immer? Begründe.

b) Was musst du bei einer geraden (ungeraden) Anzahl von Punkten beachten?

c) Zeichne nun rote und blaue Punkte auf dein Blatt. Finde auch nun wieder eine Gerade, mit der du dein Blatt so in zwei Halbebenen unterteilst, dass in jeder Halbebene gleich viele Punkte jeder Farbe liegen.

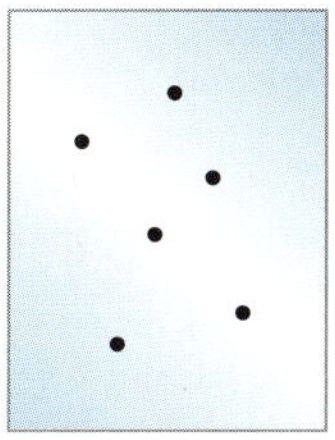

3 Die Gerade g teilt die Zeichenebene in zwei Halbebenen $\mathbb{H}_1$ und $\mathbb{H}_2$. Bestimme die Koordinaten der Punkte. Welche Bedingung muss für die x- bzw. y-Koordinate eines Punktes P gelten, damit er zur offenen Halbebene $\mathbb{H}_1$ ($\mathbb{H}_2$) gehört?

a)

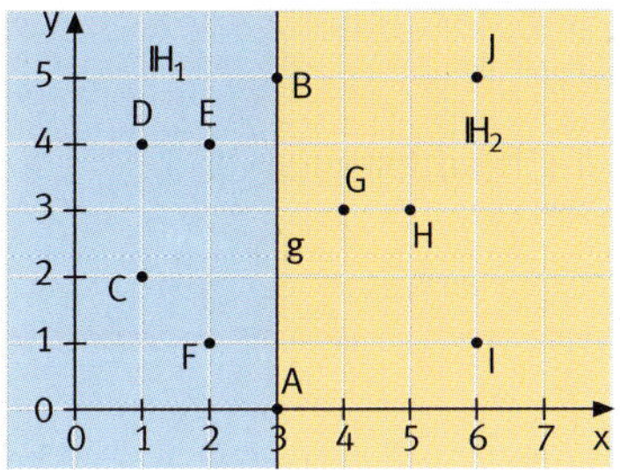

b)

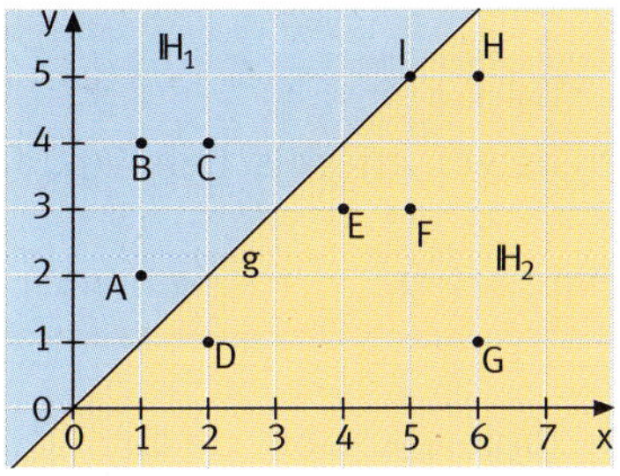

4 Zwei abgeschlossene Halbebenen liegen übereinander.

a) Formuliere eine Bedingung für die Koordinaten der Punkte im Streifen (1).

b) Welche Punkte mit ganzzahligen Koordinaten liegen im Winkelfeld (2), das durch die Schnittmenge von $\mathbb{H}_3$ und $\mathbb{H}_4$ gebildet wird? Gib die Koordinaten an.

c) Gib die Bedingungen für die x- und y-Koordinaten derjenigen Punkte P an, für die gilt: $P \notin (\mathbb{H}_3 \cup \mathbb{H}_4)$.

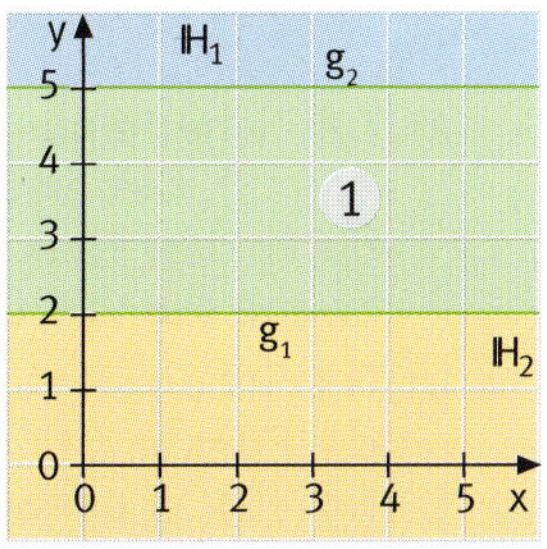

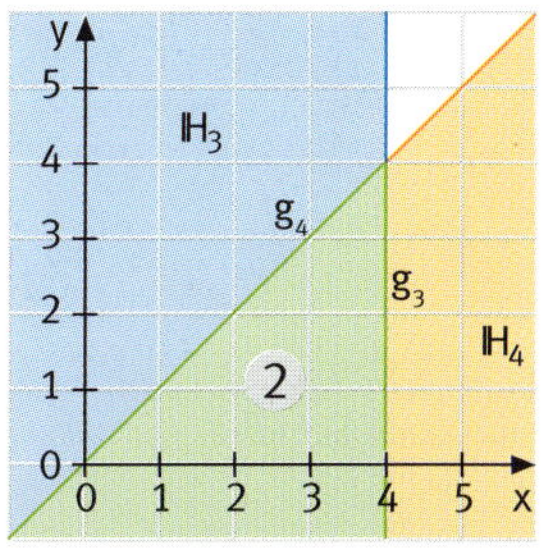

5 Die Geraden g = AB mit A (1 | 1), B (4 | 3) und h = CD mit C (2 | 5), D (6 | 0) legen vier Halbebenen fest. Zusätzlich sind noch E (2 | 2), F (6 | 1), G (1 | 4) und K (5 | 6) gegeben. Weiter gilt: $E \in \mathbb{H}_1$, $F \in \mathbb{H}_2$, $G \in \mathbb{H}_3$ und $K \in \mathbb{H}_4$. g gehört zu $\mathbb{H}_1$ und h zu $\mathbb{H}_3$.

a) Schraffiere die vier Halbebenen unterschiedlich. Beachte die Randgeraden.

b) Stelle $\mathbb{H}_1 \cup \mathbb{H}_3$ dar.

c) Stelle $\mathbb{H}_2 \cap \mathbb{H}_4$ dar.

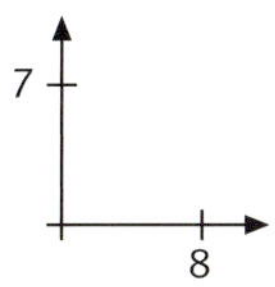

2.5 Winkel

Kennst du das Spiel „Blinde Kuh“? Dazu bekommt eine Mitspielerin oder ein Mitspieler die Augen verbunden und die restlichen Spieler müssen den Weg zum Ziel zurufen (z. B. Gehe drei Schritte nach vorne, mache eine Achteldrehung nach rechts, ...).

- Spielt das Spiel „Blinde Kuh“ mit 2–3 Spielern.
- Alternative: Beschreibe den Weg einer „Blinden Kuh“ zum Stuhl.

Merkwissen

*In der Mathematik **dreht** man immer **gegen den Uhrzeigersinn**.*

Ein **Winkel** wird von zwei Halbgeraden begrenzt, die man **Schenkel** nennt. Die Schenkel besitzen einen gemeinsamen Anfangspunkt, den **Scheitelpunkt S**.

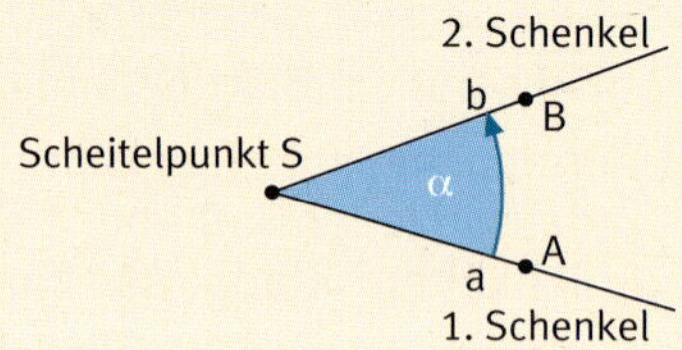

Ein Winkel kann dadurch entstehen, dass sich ein Schenkel um den Scheitel dreht, wie etwa der Zeiger einer Uhr. Der Winkel beschreibt dabei die Größe der Drehung.

Zwei Schenkel stellen zwei Winkel dar.

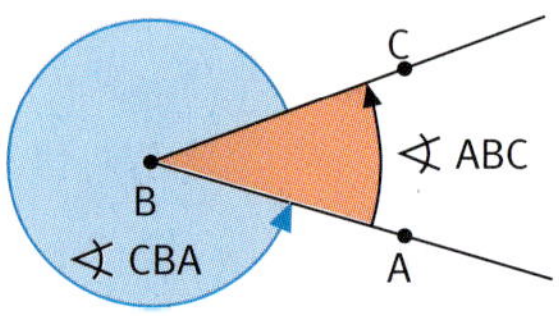

Für die Bezeichnung von Winkeln gibt es zwei Möglichkeiten:

- durch Angabe von drei Punkten unter Beachtung der Drehrichtung:

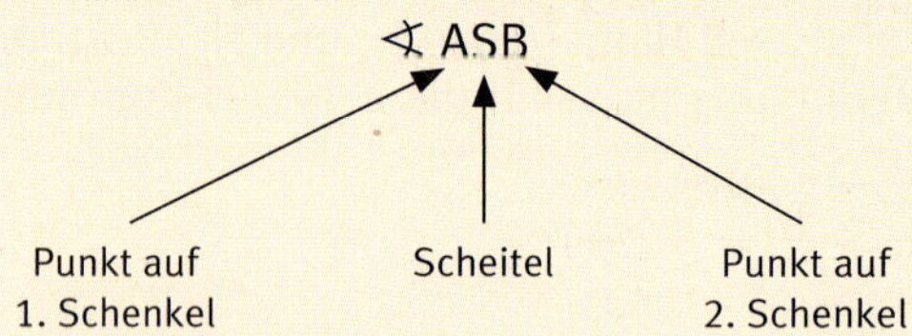

- mithilfe von griechischen Kleinbuchstaben; die häufigsten sind:

α	β	γ	δ	ε	φ
alpha	beta	gamma	delta	epsilon	phi

Beispiele

I Zeichne folgende Winkel in ein Koordinatensystem und bezeichne sie.

a) Der Scheitelpunkt liegt in A (9 | 3). Der erste Schenkel geht durch den Punkt B (8 | 5) und der zweite durch C (4 | 1).

b) Die Schenkel verlaufen durch die Punkte X (7 | 1) und Y (1 | 5). S (2 | 2) ist der Scheitel. Es gibt zwei Möglichkeiten.

Statt Scheitelpunkt sagt man auch Scheitel.

Lösung:

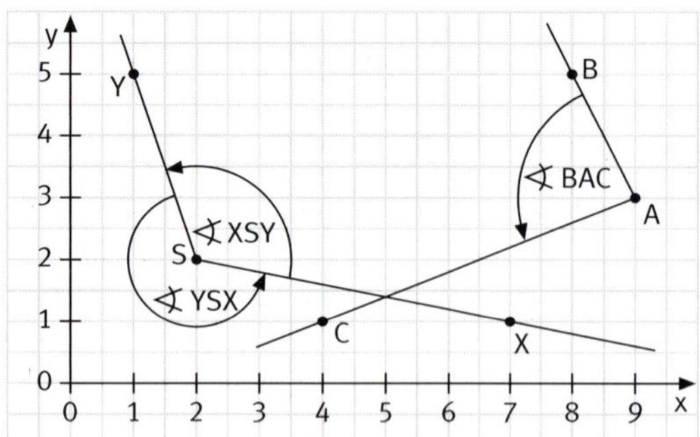

Verständnis

- Wie viele Winkel kannst du mit zwei Buntstiften legen?
- Hängt die Größe der Winkel von der Länge der Buntstifte ab? Begründe.

AUFGABEN

1 Überlege und notiere, wo du in deiner Umwelt Winkel findest. Beschreibe jeweils den Scheitelpunkt und die Schenkel bei deinen Beispielen.

2 Beschreibe den Scheitelpunkt und die beiden Schenkel folgender Winkel. Welche Bedeutung hat der Winkel jeweils?

a) Schaukel auf dem Kinderspielplatz
b) Öffnung einer Schere
c) Sichtfeld eines Menschen
d) Öffnung einer Tür
e) Kirchturmspitze
f) Schranke im Parkhaus

Findest du weitere Möglichkeiten?

3 Zeichne die Winkel in ein Gitternetz (Einheit 1 cm) und benenne sie.

a) Der Scheitelpunkt liegt in A (2 | 3). Der erste Schenkel geht durch den Punkt B (1 | 7) und der zweite durch C (3 | 11).

b) S (4 | 8) ist Scheitelpunkt. Die Schenkel verlaufen durch X (3 | 1) und Y (10 | 3).

c) Der Scheitelpunkt liegt in P (10 | 10). Die beiden Schenkel verlaufen jeweils durch die Punkte M (10 | 0) und N (0 | 10).

4 Die Halbebene $\mathbb{H}_1$ (Randgerade GH) und die Halbebene $\mathbb{H}_2$ (Randgerade AC) wurden übereinandergelegt.

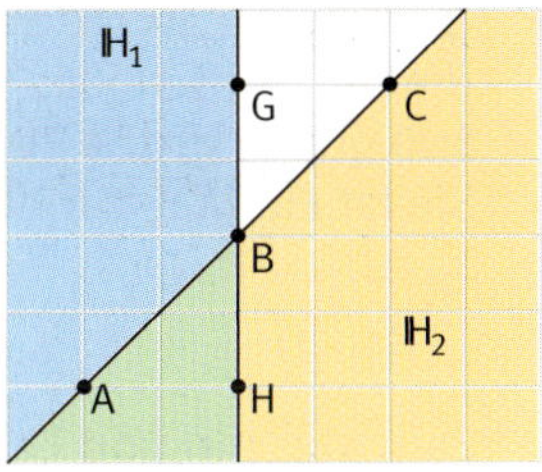

a) Welches Winkelfeld ist als Schnittmenge, welches als Vereinigungsmenge entstanden?
Benenne jeweils den Scheitel und die Schenkel und gib anschließend die Winkelbezeichnung an.

b) Übertrage die Punkte ins Heft und finde weitere Winkel. Markiere sie mit einem Drehpfeil und gib ihre Bezeichnung an.

5 **a)** Die Halbgeraden [SA, [SB, und [SC bilden die Schenkel von Winkeln mit gemeinsamem Scheitelpunkt S. Benenne die dargestellten Winkel.

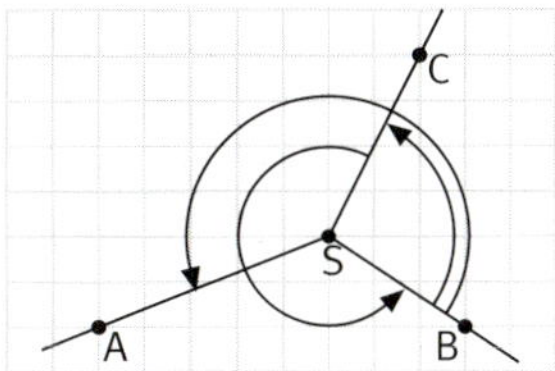

b) Paul behauptet, es seien von jeder Halbgerade aus drei Winkel messbar, also insgesamt neun verschiedene Winkel. Hat er Recht? Begründe.

6 **a)** Skizziere das Viereck ABCD in dein Heft. Kennzeichne folgende Winkel mit den in Klammern stehenden griechischen Buchstaben.
∢ BAD (α) ∢ CDA (ε) ∢ DCB (γ) ∢ CBA (β) ∢ ADC (δ) ∢ ABC (φ)

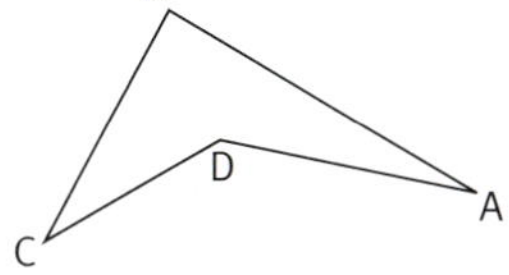

b) Zeichne ein beliebiges Fünfeck ABCDE ins Heft und bezeichne die Innenwinkel ebenso.

7 Wenn man durch einen Spalt hindurchblickt, sieht man nur einen Ausschnitt von der dahinter liegenden Szene. Die Situation ist in der Zeichnung schematisch dargestellt, die Augen werden durch die Punkte A und B symbolisiert.

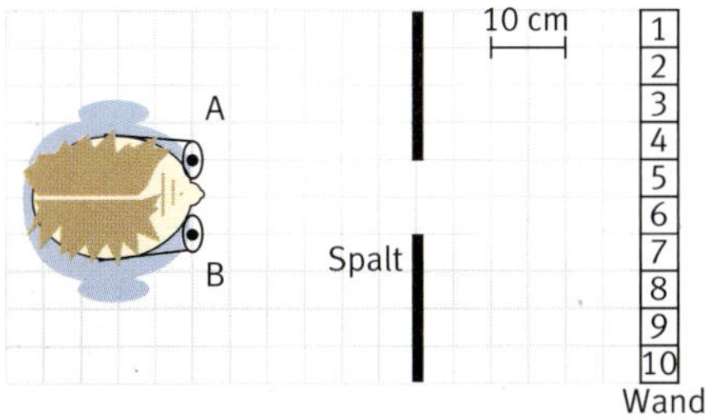

a) Übertrage die Situation ins Heft und ermittle durch Konstruktion des Sehwinkels, welchen Bereich der Wand du mit welchem Auge siehst.

b) Was passiert, wenn man sich dem Spalt nähert? Skizziere.

c) Probiere es selbst aus. Erzeuge den Spalt z. B. durch zwei Bücher, die du auf deinen Schultisch stellst. Erforsche, wie sich die Sicht ändert, wenn du abwechselnd mit dem linken bzw. rechten Augen durch den Spalt blickst oder dich auf den Spalt zu bewegst.

Bei jedem Fahrzeug gibt es beim Seitenspiegel einen „toten Winkel“.

- Erkläre, was man unter einem „toten Winkel“ versteht. Warum ist er gefährlich?
- Wo kann sich die Fahrradfahrerin überall befinden, wenn sie im „toten Winkel“ ist?
- An welche Regeln sollte man sich halten, damit man als Radfahrer sicher fährt, um von Autos, Lastwagen, Bussen, ... erkannt zu werden? Mache Vorschläge und stelle sie deiner Klasse vor.

Am Geodreieck sind zwei Winkelskalen von 0° bis 180° eingezeichnet. Um die richtige Skala zu verwenden, zähle am besten immer vom ersten Schenkel aus.

Merkwissen

Um die Größe eines Winkels anzugeben, wird ein Kreis (eine volle Drehung) in **360 gleich große Teile** geteilt. Die so entstandene Einheit nennt man 1 Grad (1°). Sie ist ein Maß für die Größe eines Winkels.

$\alpha = 40°$

Maßzahl — Maßeinheit (Grad)

Zum **Messen und Zeichnen** von Winkeln mit dem Geodreieck gibt es zwei Möglichkeiten. Wir beginnen jeweils mit dem ersten Schenkel [SP.

Möglichkeit 1

1

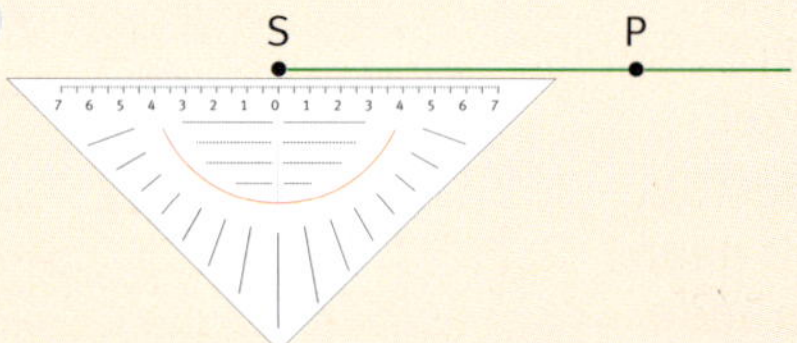

Lege das Geodreieck so an [SP an, dass der Nullpunkt der Zentimeterskala genau auf dem Scheitelpunkt S liegt.

2

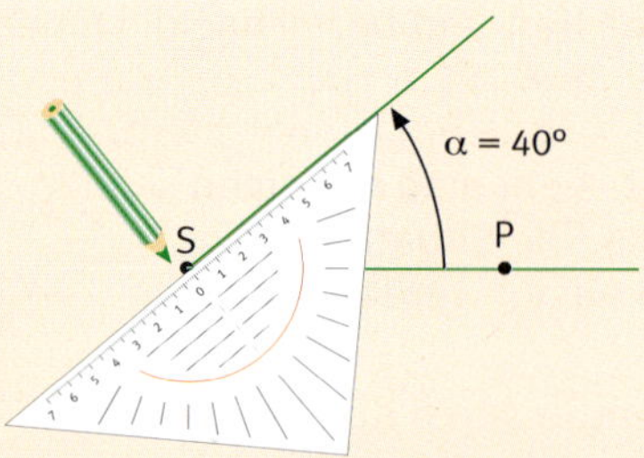

Drehe das Geodreieck gegen den Uhrzeigersinn um S bis zum gewünschten Winkelmaß . Dieses liest du an der Winkelskala an [SP ab. Zeichne den zweiten Schenkel ein.

Möglichkeit 2

1

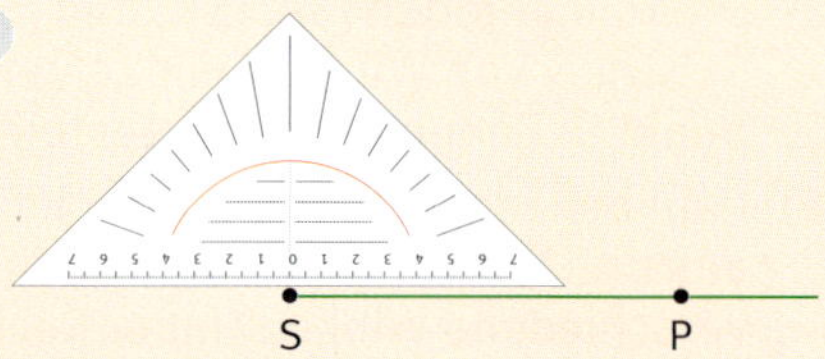

Lege das Geodreieck so an g an, dass der Nullpunkt der Zentimeterskala genau auf dem Scheitelpunkt S liegt.

2

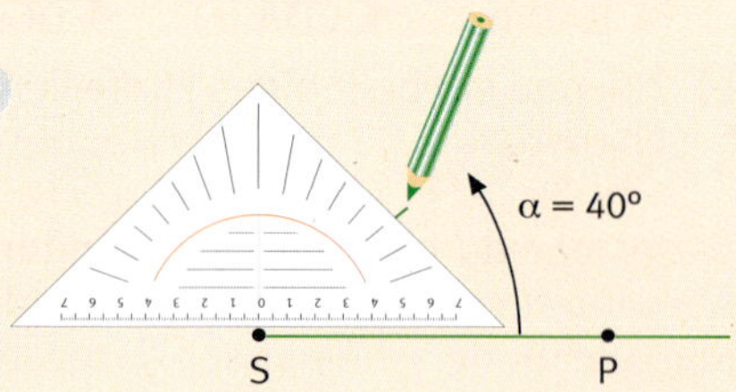

Finde das gesuchte Winkelmaß auf der Skala des Geodreiecks und markiere dort einen kleinen Hilfsstrich. Zeichne durch S und diese Markierung den zweiten Schenkel.

Beispiele

I Wie groß ist der Winkel α?

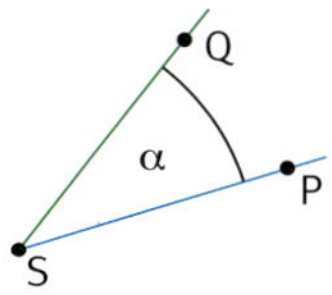

Lösung:

Möglichkeit 1:

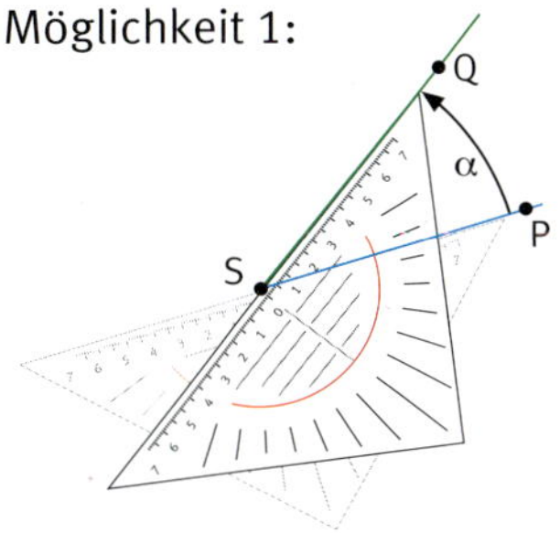

Möglichkeit 2:

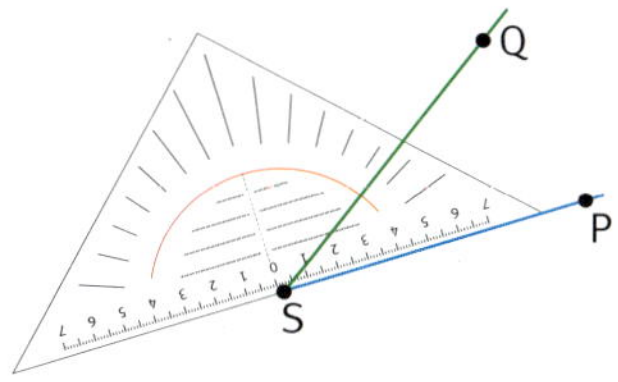

Es gilt: $\alpha = 35°$

II Zeichne an die Gerade g einen Winkel mit dem Maß $\beta = 75°$.

Lösung:

Möglichkeit 1:

1

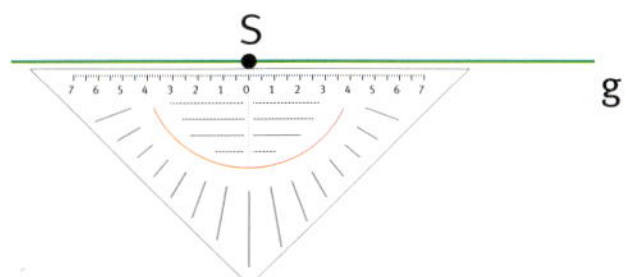

2

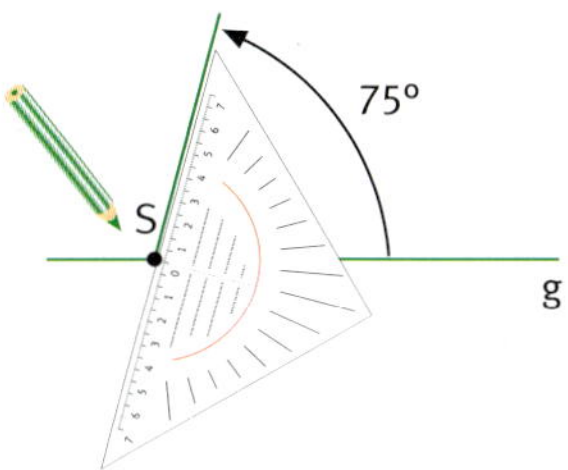

Ergebnis:

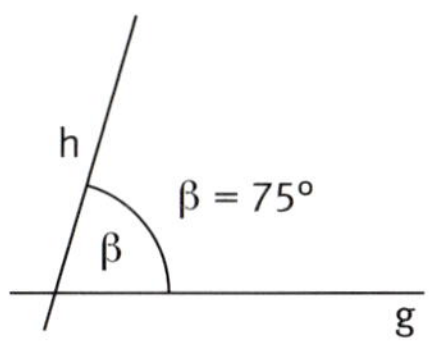

Möglichkeit 2:

1

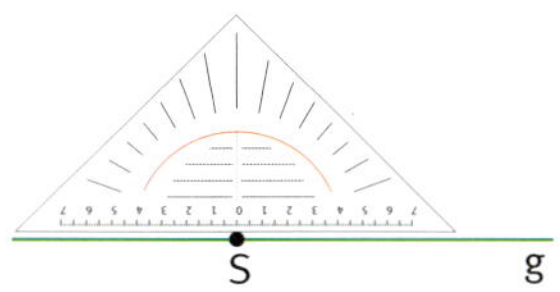

2

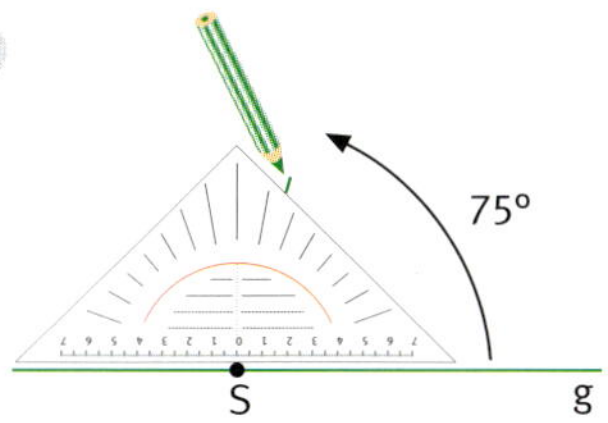

Bei einer Gerade g musst du zuerst den Scheitelpunkt S des Winkels festlegen.

Verständnis

- Warum besitzt das Geodreieck zwei Skalen von 0° bis 180° (eine innere und eine äußere Skala)? Wovon hängt es ab, welche Skala man wählt? Erkläre.
- Giovanna meint: „Ein 350°-Winkel lässt sich auch durch das Zeichnen eines 10°-Winkels darstellen." Stimmt das? Begründe.

Aufgaben

1 Übertrage die Winkel in dein Heft und miss deren Größe.

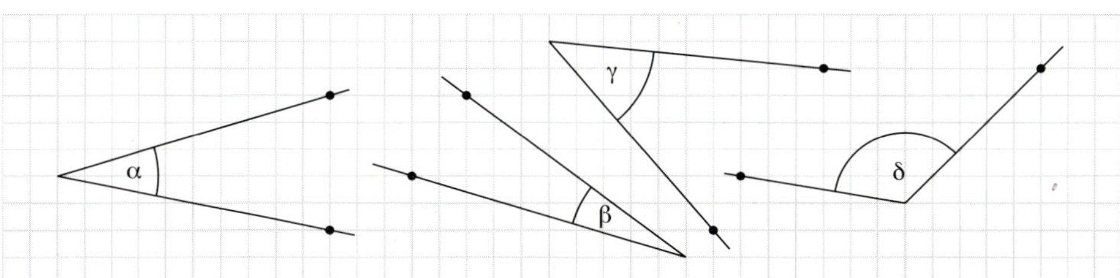

Verlängere gegebenenfalls die Schenkel.

2 Unter den abgebildeten Winkeln gibt es Winkel mit den Maßen 45°, 55°, 111° und 122°. Ordne ohne zu messen die jeweiligen Winkel zu. Zwei Winkel bleiben übrig. Welche sind es?

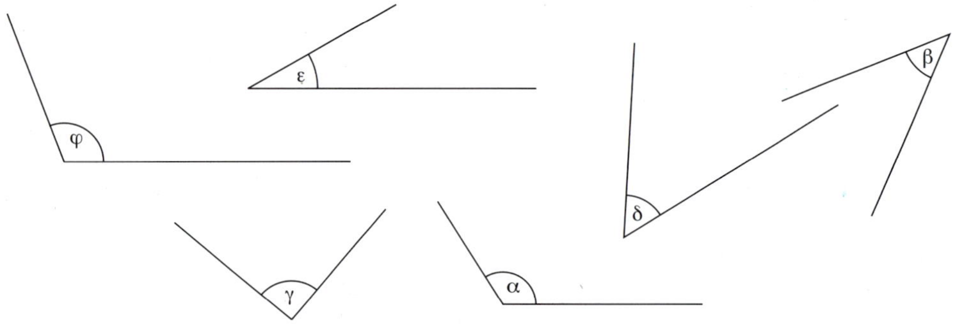

Bei Winkeln über 180°: Verlängere den ersten Schenkel durch eine Hilfslinie über den Scheitel hinaus. Trage dann von dieser Linie aus das restliche Winkelmaß an.
Hier:
20°, da 200° – 180° = 20°

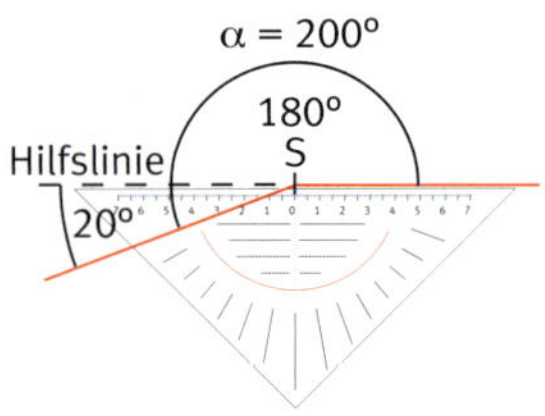

3 Zeichne Winkel mit der angegebenen Größe in dein Heft.

a) 30°; 60°; 90°; 120°; 150°

b) 45°; 55°; 75°; 125°; 165°

c) 17°; 27°; 86°; 117°; 172°

d) 89; 180°; 190°; 280°; 325°

4 Je nach Größe eines Winkels werden verschiedene Winkelarten unterschieden:

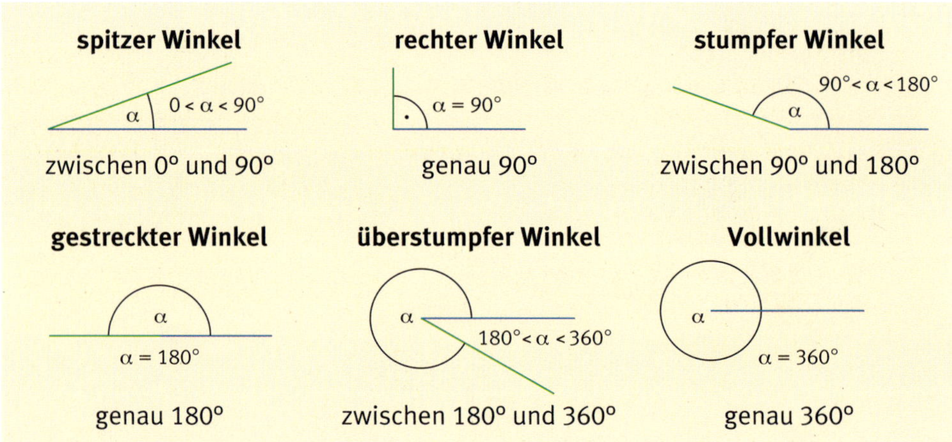

Gib jeweils die Winkelart der Winkel aus Aufgabe 2 und 3 an.

5 Versuche die angegebenen Winkel zuerst möglichst genau nur mit einem Lineal zu zeichnen. Überprüfe anschließend mit dem Geodreieck.

a) 40°; 50°; 80°; 10°; 90°; 160°

b) 14°; 44°; 125°; 150°; 175°; 111°

6 **a)** Bestimme die Art der Winkel und schätze ihre Größe.

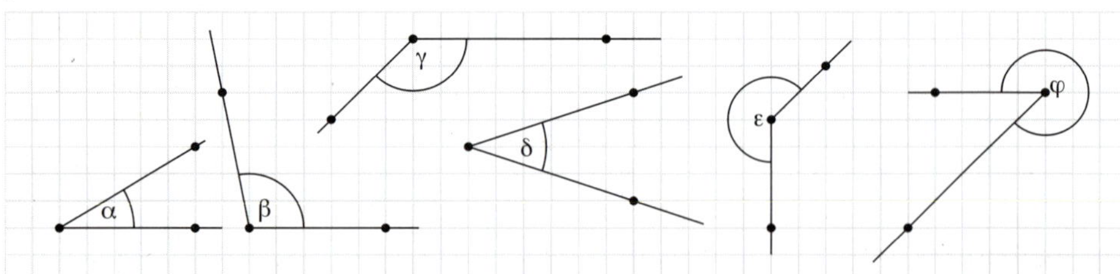

b) Übertrage die Winkel in dein Heft und miss nach. Vergleiche anschließend die gemessenen Werte mit deinen Vermutungen.

7 **a)** Wie groß ist der Winkel, den ein Minutenzeiger einer Uhr in 15 min (5 min, 60 min, 10 min, 1 min) überstreicht? Beschreibe deinen Lösungsweg.

b) Wie lange benötigt der Minutenzeiger, um folgende Winkel zu überstreichen?
$\alpha = 30°$ $\beta = 120°$ $\gamma = 270°$ $\delta = 12°$ $\varepsilon = 3°$ $\varphi = 1°$

8 **a)** Übertrage die Figuren ins Heft und miss die angegebenen Winkel. Bestimme jeweils die Winkelart.

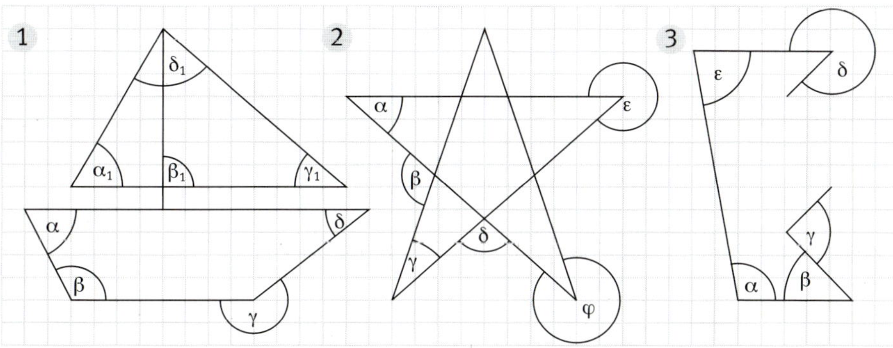

Schreibe so:
$\alpha = 63°$, spitzer Winkel

b) Erfinde eigene Figuren auf weißem Papier und miss alle Winkel aus. Stelle die Aufgaben deinem Nachbarn.

9 **a)** Welcher der drei Fußballer hat die besten Chancen, mit einem geraden Schuss ein Tor zu erzielen? Begründe.

b) Der Trainer erklärt seinem Torhüter, dass er bei einem Angriff dem Gegenspieler durch Herauslaufen den „Winkel verkürzen soll“. Was meint er damit? Erkläre anhand einer Skizze.

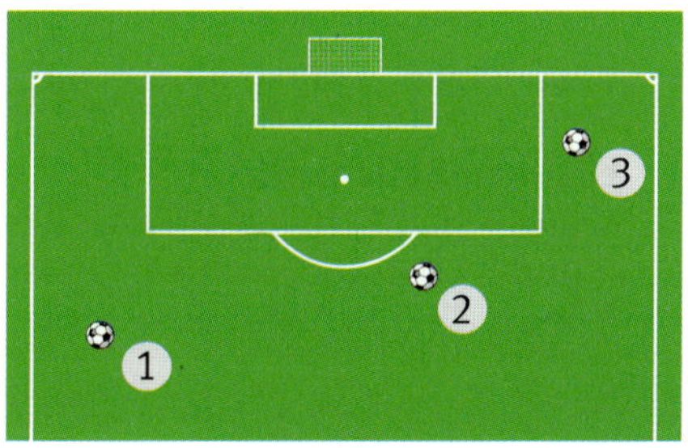

Geschichte

Winkelmaß und Winkeleinteilung

Die Einheit Grad für das Winkelmaß leitet sich aus dem lateinischen *gradus* ab, was soviel wie Schritt oder Stufe bedeutet. Die Unterteilung eines Vollkreises in 360 gleich große Teile ist auf das Volk der Babylonier zurückzuführen. Die Babylonier haben vor mehr als 4000 Jahren mit einem 60er-System (Sexagesimalsystem) gerechnet. Dieses Zahlensystem hat als Basis die Zahl 60 (unser Zahlensystem hat als Basis die Zahl 10). So erklärt sich auch die heute noch übliche Einteilung einer Stunde in 60 Minuten und einer Minute in 60 Sekunden.
Eine andere Theorie besagt, dass die 360°-Einteilung mit dem Jahr zusammenhängt, das ungefähr 360 Tage hat.

- Im Vermessungswesen wird heute neben der Einheit ° auch noch die Einheit *gon* verwendet. Finde heraus, in wie viele Teile ein Vollkreis bei dieser Einheit zerlegt wird.
- Wie viel gon entspricht ein Winkel von 90° (180°, 270°, 99°, 81°)?

In einer Schrebergartensiedlung finden sich folgende Gartenzäune.

- Kannst du dir vorstellen, wie die Zäune aufgebaut werden?
- Müssen dabei Winkel gemessen werden? Wenn ja, welche?

Merkwissen

Wenn sich zwei Geraden schneiden, entstehen vier Winkel mit dem gemeinsamen Scheitelpunkt S. Dabei gilt:

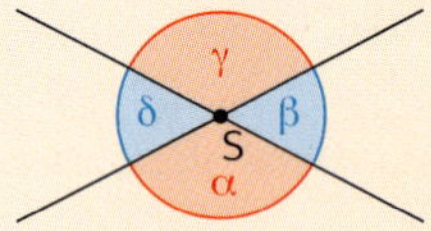

Nebeneinanderliegende Winkel heißen **Nebenwinkel**.
Sie ergeben **zusammen stets 180°**.
$\alpha + \beta = \beta + \gamma = \gamma + \delta = \delta + \alpha = 180°$

Gegenüberliegende Winkel heißen **Scheitelwinkel**. Sie sind **gleich groß**.
$\alpha = \gamma$ und $\beta = \delta$

Beispiele

I Bestimme β, γ und δ für $\alpha = 44°$. Erkläre dein Vorgehen.

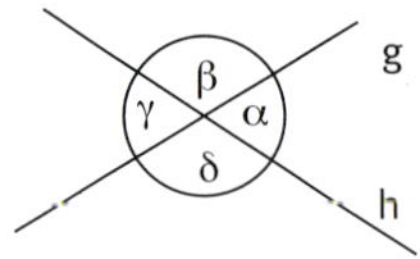

Lösungmöglichkeit:
α und γ sind Scheitelwinkel, sie sind gleich groß: $\gamma = \alpha = 44°$.
α und β sind Nebenwinkel (zusammen 180°): $\beta = 180° - 44° = 136°$.
δ und β sind Scheitelwinkel, sie sind gleich groß: $\delta = \beta = 136°$.

Verständnis

- Giulia glaubt, dass zwei spitze Winkel auch Nebenwinkel zueinander sein können. Hat sie Recht? Begründe deine Antwort.
- Stimmt das? Zwei Nebenwinkel ergeben immer einen gestreckten Winkel.

Aufgaben

1 Sind die Winkel α und β Nebenwinkel zueinander? Begründe deine Antwort.

a)
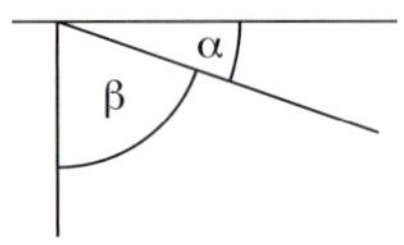

b)
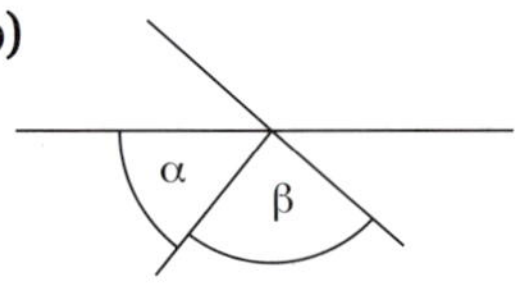

c)
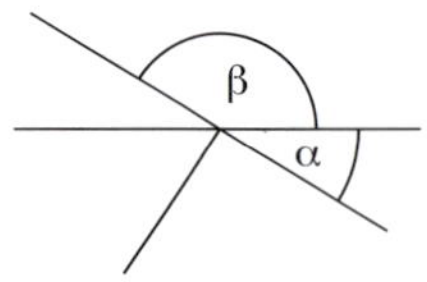

2 Übertrage die Sätze ins Heft und setze die richtigen Begriffe ein.

a) Der Nebenwinkel eines spitzen (stumpfen) Winkels ist immer ein ☐ Winkel.

b) Der Scheitelwinkel zu einem spitzen (stumpfen) Winkel ist stets ein ☐ Winkel.

c) Wenn Nebenwinkel maßgleich sind, dann schneiden sich die beiden Geraden unter einem ☐ Winkel.

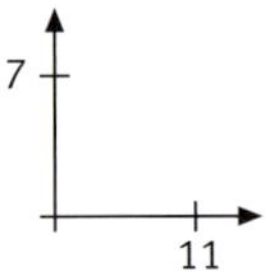

3 Die Geraden g = AB und h = CD schneiden sich in S. Miss die Größe des Winkels ∢ DSA und bestimme daraus die anderen Winkelmaße. Begründe deine Antwort.

a) A (2|1); B (8|5); C (10|2); D (1|6) **b)** A (8|3); B (3|0); C (5|5); D (6|1)

4 Bestimme alle Winkelgrößen. Erkläre dein Vorgehen wie in Beispiel I.

a)
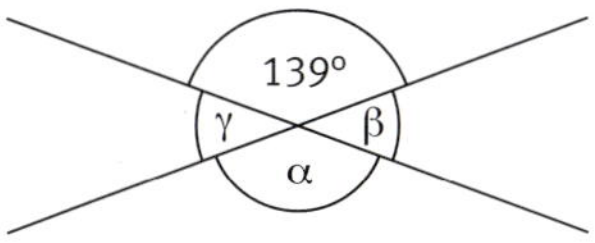

b)
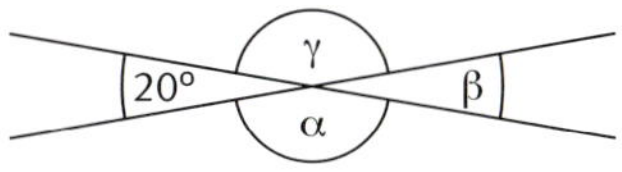

c)
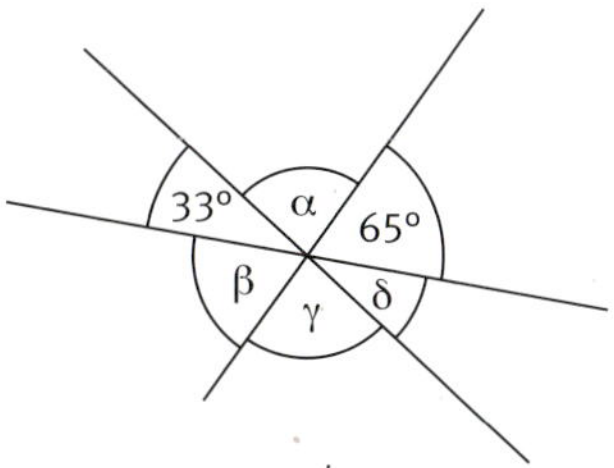

d)
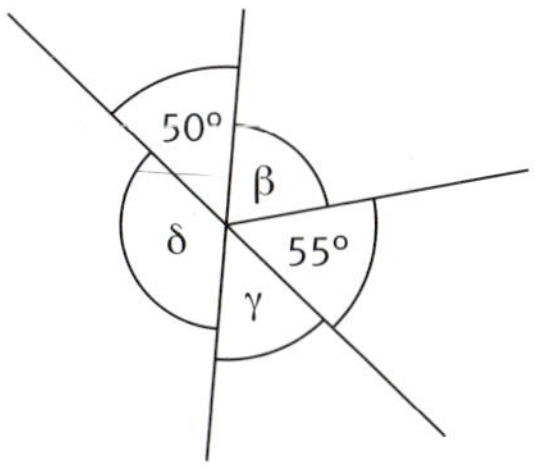

e)
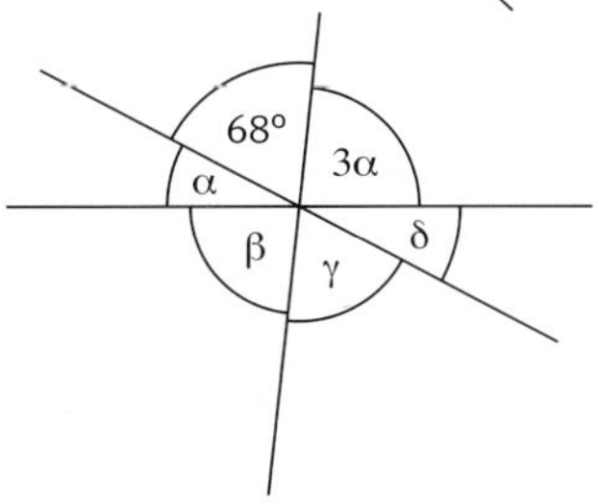

f)
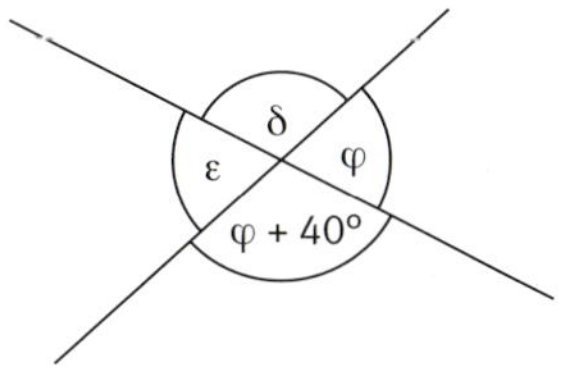

5 Die Geraden g und h schneiden sich unter einem Winkel mit dem Maß α. Erstelle jeweils eine aussagekräftige Skizze und bestimme α, wenn ...

Findest du mehrere Möglichkeiten?

a) das Maß des zugehörigen Nebenwinkels dreimal (fünfmal) so groß ist wie α.

b) das Maß des zugehörigen Nebenwinkels um 35° kleiner ist als α.

c) die Maße der beiden Nebenwinkel von α zusammen 300° ergeben.

d) das Maß des Nebenwinkels von α um 20° größer ist als α selbst.

6 In einem Rechteck mit den Seitenlängen a = 7 cm und b = 5 cm schneiden sich die beiden Diagonalen im Punkt S. Zeichne das Rechteck und bestimme alle auftretenden Winkelmaße.

7 Zeichne zwei Geraden, die sich unter einem Winkel von 35° (50°, 80°) schneiden.

a) Bestimme alle auftretenden Winkel. Markiere zueinander gehörende Scheitelwinkel mit derselben Farbe.

b) Die Maße der gegebenen Schnittwinkel werden verdoppelt. Wie ändern sich die anderen auftretenden Winkel? Bestimme zunächst durch Überlegung und überprüfe dann zeichnerisch.

8 Findest du in folgenden Bildern Scheitel- bzw. Nebenwinkel? Bestimme ihre Größe mit dem Geodreieck.

a)

b)

Moritz, Paul und Max möchten eine runde Pizza in drei gleich große Stücke zerteilen. Folgende Teilungsvorschläge der Jungs gibt es.

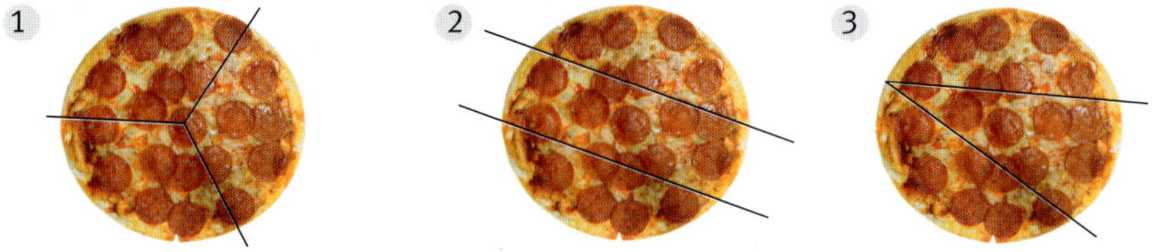

- Beschreibe die Schnittmöglichkeiten. Überlege dir jeweils Vor- und Nachteile.

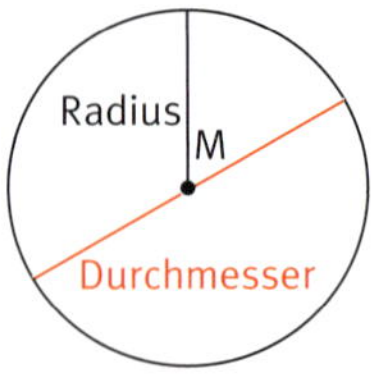

Kreisbögen werden stets gegen den Uhrzeigersinn bezeichnet.

Merkwissen

Eine **Sekante** zerteilt den Kreis in zwei **Segmente**, die auf der einen Seite durch eine **Sehne**, auf der anderen Seite durch einen **Kreisbogen** begrenzt werden.

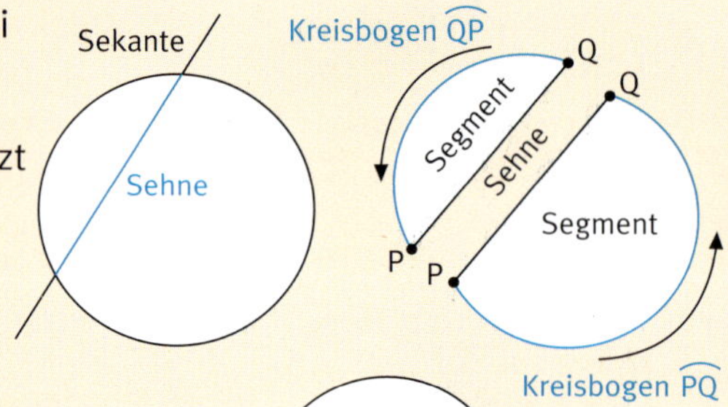

Zwei Radien zerteilen den Kreis in **Sektoren.**
Die Größe des Sektors wird durch das Maß des **Mittelpunktswinkels** μ (sprich: mü) festgelegt.

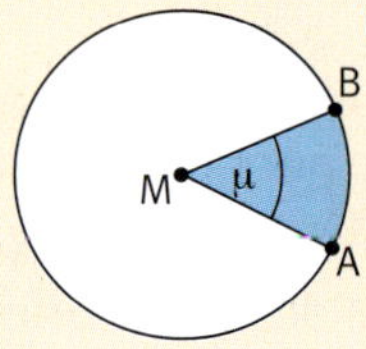

Beispiele

I Gegeben ist der Kreis k (A; r = $\overline{AB}$) mit A (3 | 3) und B (1 | 5). Die Strecken [AC] und [AD] mit C (4 | 6) und D (7 | 1) schneiden aus dem Kreis einen Sektor mit Mittelpunktswinkel ∢ DAC aus.

a) Färbe den Sektor und bestimme das Maß des Mittelpunktswinkels.

b) Berechne den Mittelpunktswinkel des zweiten Sektors.

Lösung:

a) Mit dem Winkelmesser (Geodreieck) bestimmt man das Maß des Winkels ∢ DAC. Es beträgt $\mu = 98°$.

b) Der andere Mittelpunktswinkel hat ein Maß von $360° - 98° = 262°$.

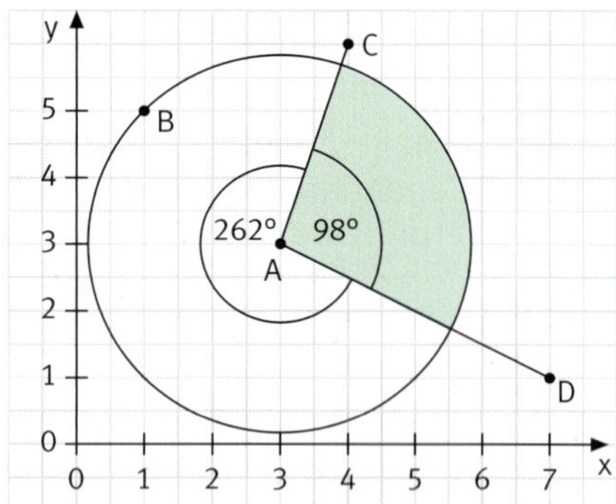

Verständnis

- Fabian behauptet: „Ein Halbkreis ist eigentlich ein besonderes Segment.“
  Nadine sagt: „Ein Halbkreis ist ein besonderer Sektor.“
  Wer von beiden hat Recht? Begründe.
- Wie sieht eine Figur aus, bei der Sektor und Segment gleich groß sind?

Aufgaben

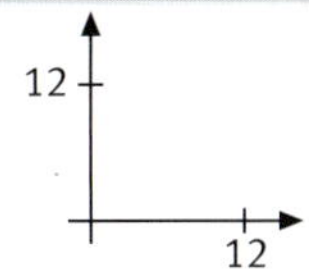

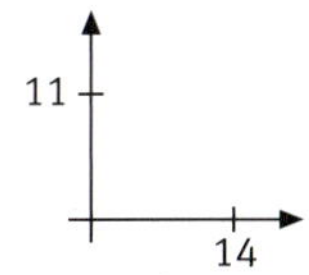

1 Zeichne einen Kreis k (M; r) sowie die Gerade g = PQ in ein Gitternetz. Die Sekante g schneidet den Kreis in A und B. Bestimme die Länge der Sehne. Markiere das kleinere Segment farbig und gib den Namen des zugehörigen Kreisbogens an.

a) M (5 | 4); r = 4 cm; P (10 | 2); Q (1 | 6) **b)** M (7 | 8); r = 3 cm; P (1 | 1); Q (4 | 4)

2 Zeichne einen Kreis um M mit Radius r. Färbe die Sektoren ein, die von den Strecken [MA] und [MB] sowie [MC] und [MA] begrenzt werden. Bestimme das Maß der Mittelpunktswinkel ∢ AMB und ∢ CMA.

a) A (7 | 1); B (12 | 5); C (14 | 2); M (5 | 6); r = 5 cm

b) A (3 | 0); B (8 | 3); C (6 | 1); M (4 | 4); r = 3 cm

c) A (5 | 7); B (0 | 0); C (13 | 6); M (9 | 7); r = 4 cm

3 Gegeben ist ein Kreis mit Radius r = 4 cm und ein Sektor mit Mittelpunktswinkel μ.

a) Welchen Mittelpunktswinkel hat der andere Sektor?
1 $\mu = 125°$ 2 $\mu = 17°$ 3 $\mu = 26°$ 4 $\mu = 333°$

b) Welchen Anteil der Kreisfläche hat ein Sektor mit Mittelpunktswinkel μ?
1 $\mu = 120°$ 2 $\mu = 72°$ 3 $\mu = 280°$ 4 $\mu = 333°$

4 Auf einer Käseplatte befinden sich zwei Camembert.

a) Beim linken Camembert (Ursprungsgewicht 200 g) wurde schon ein Sektor herausgeschnitten. Das Reststück hat einen Mittelpunktswinkel von 225°. Welcher Anteil wurde schon gegessen?

b) Beim rechten Camembert von ursprünglich 100 g hat jemand ein Kreissegment abgeschnitten. Bestimme in etwa das Gewicht des gegessenen Stückes. Erkläre deine Vorgehensweise.

5 **a)** Zum Geburtstag bekommt Markus eine Torte, die in zwölf gleich große Stücke geschnitten wurde. Welchen Mittelpunktswinkel hat jedes Stück?

b) Wie sieht ein Tortenstück aus, wenn die Tortenform einen Durchmesser von 28 cm hatte? Zeichne es auf.

c) Nach einer Weile stellt Markus fest, dass nur noch fünf Stück (drei Stück) übrig sind. Welcher Anteil der Torte wurde bereits gegessen?

6 Ein Kreis mit einem Radius 3 cm soll in 3 (4, 5, 6, ...) gleiche Teile geteilt werden.

a) Wie groß sind die jeweiligen Mittelpunktswinkel?

b) Zeichne die Kreise mit den Sektoren und verbinde die Randpunkte mit Sehnen. Du erhältst ein regelmäßiges Vieleck.

c) Übertrage die Tabelle ins Heft und vervollständige sie.

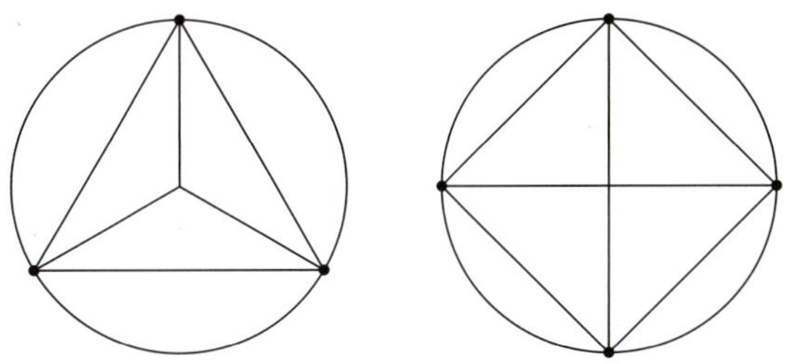

Anzahl Sektoren	3	4	5	6	...
Mittelpunktswinkel	120°				
Sehnenlänge					
Umfang des Vielecks					

1 Gegeben sind die Punkte A (0|1), B (6|3), C (2|0) und D (5|6).

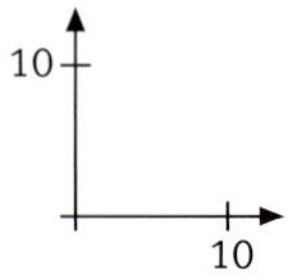

a) Zeichne ein Gitternetz und trage die Punktmengen g = AB, h = CD, [BD, [AC] ein. Bestimmte zeichnerisch $g \cap h = \{S\}$ und gib die Koordinaten von S an.

b) Untersuche, welche Linien aufeinander senkrecht stehen, und gib dies in mathematischer Kurzschreibweise an.

c) Zeichne die Gerade p mit $p \parallel h$ und $E \in p$ mit E (4|1). Bestimme zeichnerisch d (E; g).

d) Zeichne eine Kreislinie k um den Mittelpunkt D so ein, dass gilt: $B \in k$. Gib die Bezeichnung für den Kreis in Kurzschreibweise an und bestimme den Radius.

e) Wie liegen g und p bezüglich k? Beschreibe mit Fachbegriffen.

Ein spitzwinkliges Dreieck hat drei spitze Innenwinkel.

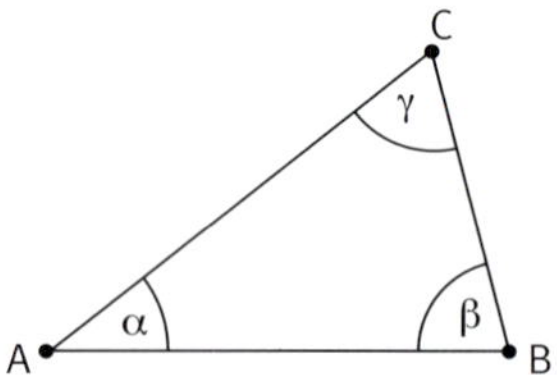

2 a) Zeichne ein beliebiges spitzwinkliges Dreieck ABC. Gib die Bezeichnung der Innenwinkel durch Verwendung der Eckpunkte an und bestimme deren Maße.

b) Miss für jeden Eckpunkt den Abstand zur gegenüberliegenden Seite und gib diesen in Kurzschreibweise an.

c) Zeichne durch jeden Eckpunkt eine Parallele zur gegenüberliegenden Seite. Benenne die Schnittpunkte entsprechend der gegenüberliegenden Dreieckseckpunkte mit A', B', C'. Betrachte das Dreieck A'B'C'. Was fällt dir auf?

d) Miss von jedem Eckpunkt des neuen Dreiecks den Abstand zur gegenüberliegenden Seite und vergleiche mit den Abständen aus b).

3 a) Welcher der folgenden Winkel passt jeweils nicht zu den anderen? Begründe.

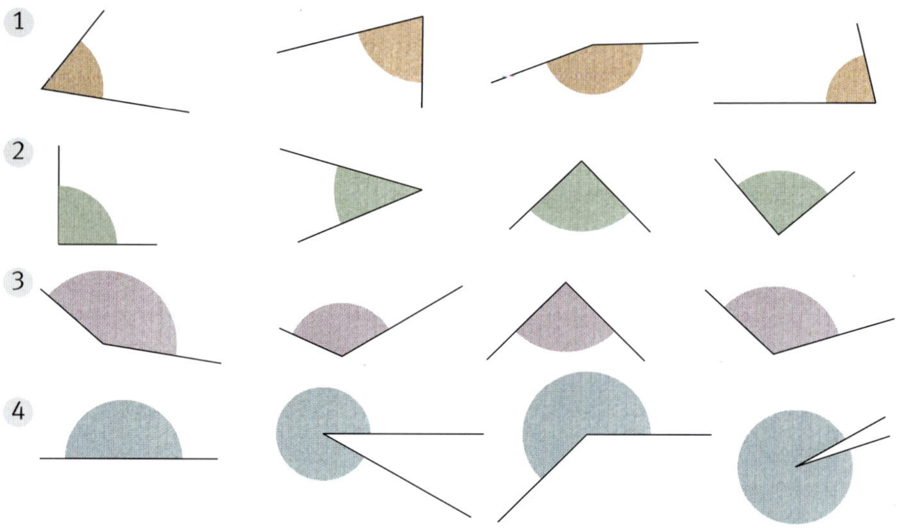

b) Schätze das Maß des nicht passenden Winkels und überprüfe deine Schätzung anschließend mit dem Geodreieck.

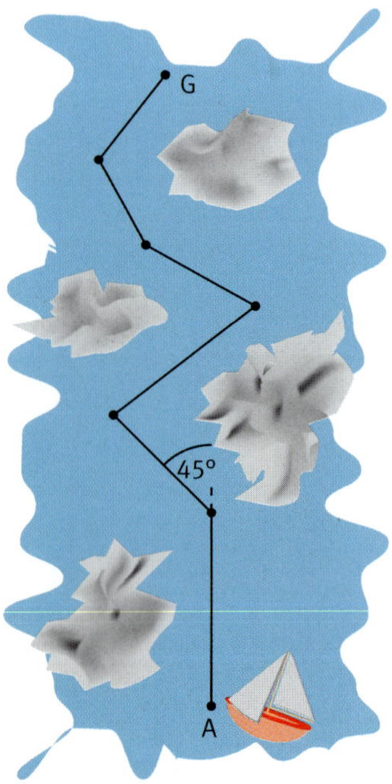

4 Bei der Navigation auf See verwendet man besondere Begriffe. Die (in Fahrtrichtung) linke Seite eines Schiffes nennt man Backbord, die rechte Seite Steuerbord. Will man also beispielsweise nach links fahren, so sagt man, dass man nach Backbord drehen muss. Es gilt: 1 cm in der Zeichnung entspricht 1 sm (Seemeile) in Wirklichkeit.

a) Beschreibe den Kurs, den das Boot durch das Gewässer fährt. Beginne bei A.
Beispiel: 2,2 sm Richtung Norden, 45° Backbord, 1,5 sm geradeaus, ...

b) Wie ist der Kurs von G zu A?

5 Bestimme die Winkelmaße in folgenden Skizzen. Begründe dein Vorgehen.

a)

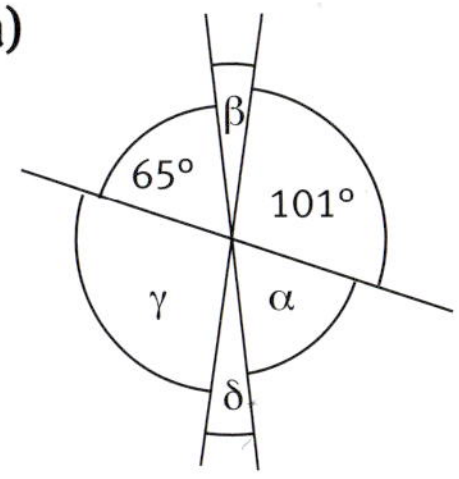

b)

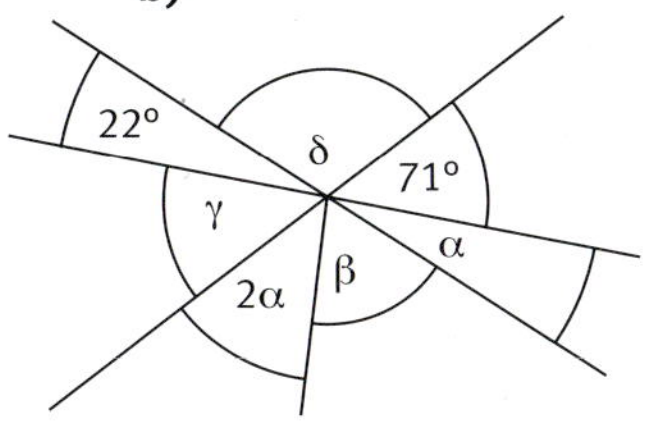

c)

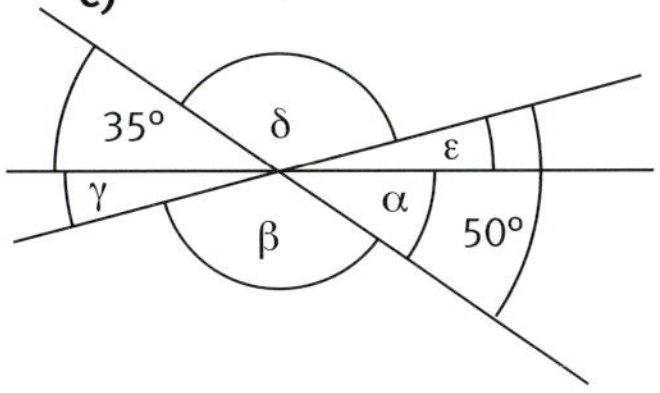

6 Zeichne folgende Muster in dein Heft. Überlege zuvor die Einstichstellen für den Zirkel. Wo treten überall Sektoren auf? Gib die passenden Mittelpunktswinkel an.

a)

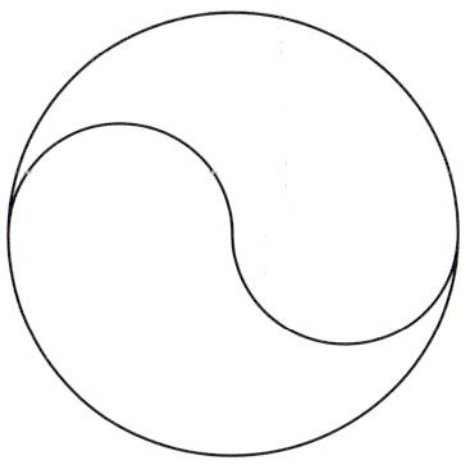

b)

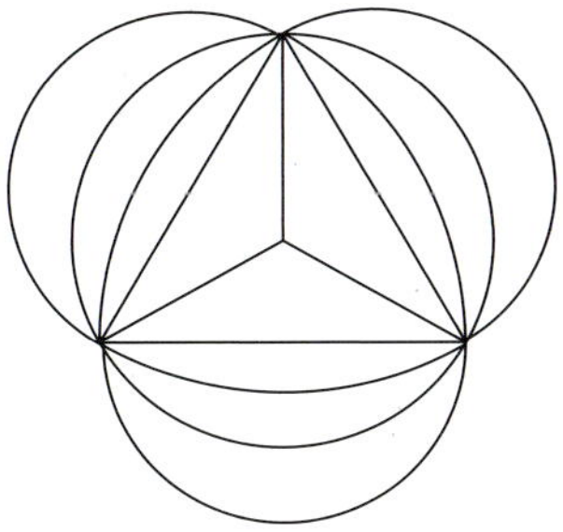

c)

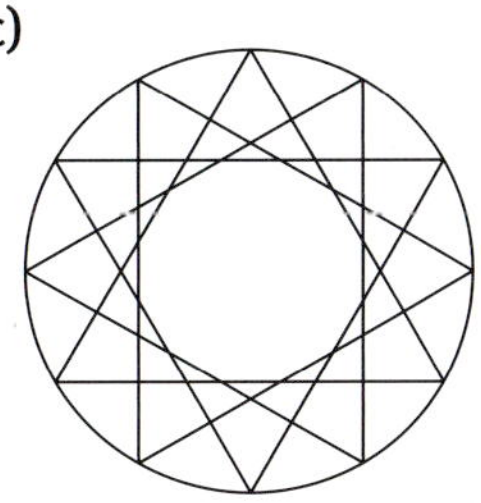

7 **a)** Die Punkte A (3 | 5), B (5 | 1) und C (9 | 3) sind Eckpunkte eines Quadrats ABCD. Zeichne dieses in ein Gitternetz und ermittle die Koordinaten von D.

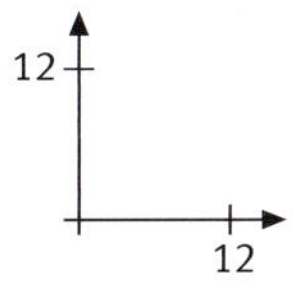

b) Die Quadratseiten bilden vier Sehnen eines Kreises. Bestimme dessen Mittelpunkt M und den Radius r.

c) Zeichne durch die Eckpunkte A, B, C und D die Tangenten t_1, t_2, t_3 und t_4 an den Kreis und ermittle die Koordinaten der jeweiligen Punkte S, wobei gilt:
$t_1 \cap t_2 = \{S_1\}$ $t_2 \cap t_3 = \{S_2\}$ $t_3 \cap t_4 = \{S_3\}$ $t_1 \cap t_4 = \{S_4\}$

Gib deine Ergebnisse in Kurzschreibweise an.

d) Zeichne durch S_1, S_2, S_3 und S_4 die vier Parallelen p_1, p_2, p_3 und p_4 zu den Seiten des Quadrates ABCD und bestimme d (p_1; p_3), d (p_2; p_4) sowie die Abstände der Parallelen zu den nächstgelegenen parallelen Quadratseiten.

e) Welche Lagebeziehungen kannst du in deiner Zeichnung erkennen? Ergänze die Leerstellen sinnvoll und finde weitere Beziehungen. A ▢ t_1; A ▢ t_3; ...

Spiel

Winkelschlagen (2 Personen)

Material

Man benötigt zwei verschiedenfarbige Pappscheiben mit gleichem Radius (r = 8 cm), die jeweils einmal bis zum Mittelpunkt eingeschnitten sind. An den Schnitten werden die Scheiben ineinander geschoben.

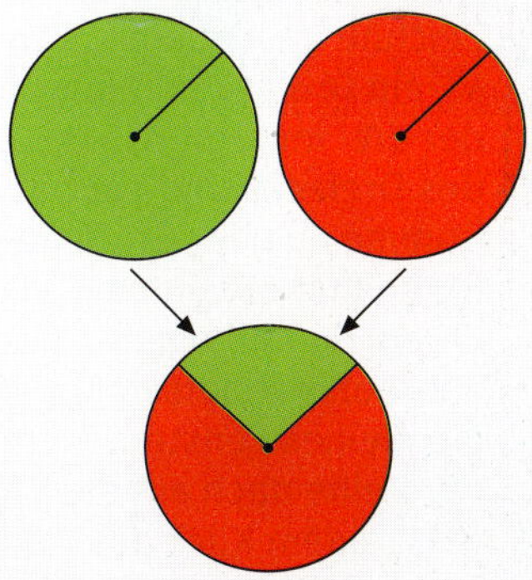

Spielregeln

- Ein Spieler stellt einen Winkel ein. Der andere Spieler benennt die Winkelart und schätzt die Größe des Winkels. Dann wird gemessen, der Unterschied zwischen Schätzung und Messung wird notiert.
- Nach jeder Schätzung werden die Rollen getauscht. Nach 10 Schätzungen werden die Differenzen addiert. Der Spieler mit dem kleinsten Summenwert gewinnt.
- Variante Gruppenziel: Zwei Gruppen spielen gegeneinander. Die Spieler der einen Gruppe müssen den eingestellten Winkel der anderen Gruppe schätzen. Liegt die Schätzung innerhalb eines Toleranzbereiches von ±10°, so erhält die Gruppe einen Punkt. Die Gruppe, die als erstes 10 Punkte hat, gewinnt.

Wir lernen ein Geometrieprogramm kennen
Es gibt inzwischen eine Vielzahl von sogenannten dynamischen Geometrieprogrammen, deren Bedienung sehr ähnlich ist. Die beiden Screenshots rechts zeigen die Oberflächen von zwei der gebräuchlichsten Programme. Die folgende Anleitung basiert auf dem Programm des unteren Screenshots, sämtliche Aufgaben kannst du aber auch mit jedem anderen Programm bearbeiten.
Nach dem Start eines Geometrieprogramms erscheint auf dem Bildschirm eine Zeichenebene, umgeben von verschiedenen Leisten. Über die einzelnen **Register** gelangst du zu unterschiedlichen **Werkzeugleisten**. Die Icons jeder Werkzeugleiste zeigen, was du mit dem Werkzeug machen kannst. Wenn du mit deinem Mauszeiger auf ein Icon kommst, dann erhältst du eine zusätzliche Information in einem kleinen Kasten. Klickst du ein Werkzeug an, dann kannst du in der **Statusleiste** nachlesen, was du jeweils machen musst.
Wenn du deinen Mauszeiger auf einen Punkt ziehst, verändert er sich zu einer **Zange**. Du kannst bei gedrückter linker Maustaste jetzt diesen Punkt „greifen" und ihn in der Zeichenebene bewegen. Die Geometrie ist dynamisch geworden. Probiere die Zangenfunktion einmal an beliebigen Objekten aus.

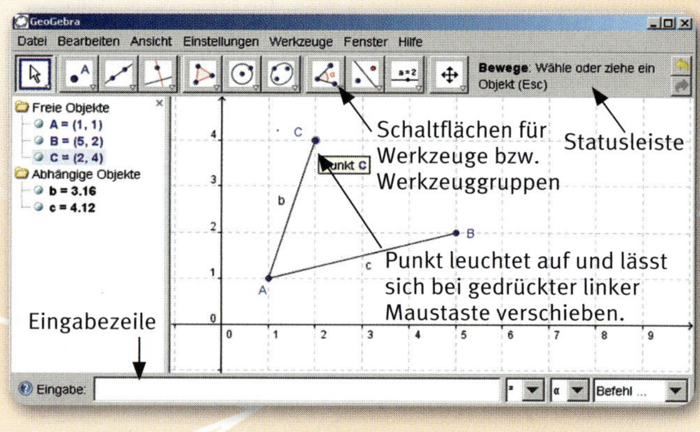

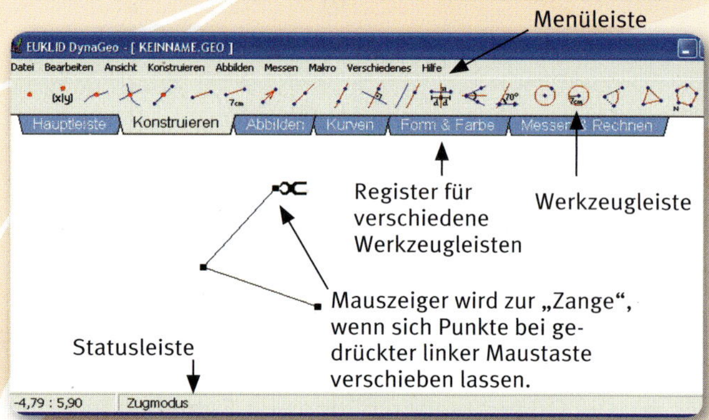

Winkel messen

a) Zeichne einen Winkel, indem du zwei Strecken (☐) mit einem gemeinsamen Startpunkt, dem Scheitel, zeichnest. Bewege einen Punkt so, dass du verschiedene Winkelarten erhältst. Schätze die Größe des Winkels und benenne die Winkelart.

b) Miss die Größe eines Winkels, indem du im Register „Messen & Rechnen" mit dem Icon ☐ die drei Punkte, die den Winkel festlegen, der Reihe nach anklickst. Wiederhole damit die Teilaufgabe a).

c) Zeichne im Register „Konstruieren" mit dem Icon ☐ ein Dreieck und miss anschließend die Größe der drei inneren Winkel. Bewege die Eckpunkte des Dreiecks und beobachte jeweils, wie groß die Summe aus der Größe der drei Winkel ist.
Du kannst die Summe auch berechnen lassen, indem du im Register „Messen & Rechnen" das Taschenrechnersymbol ☐ drückst. Es öffnet sich ein kleines Fenster „Term". Klicke mit der Maus der Reihe nach auf die Winkelgrößen und setze nach jedem Klick das Additionszeichen in den Term. Bestätige mit „Okay". Bewege wiederum die Eckpunkte des Dreiecks.

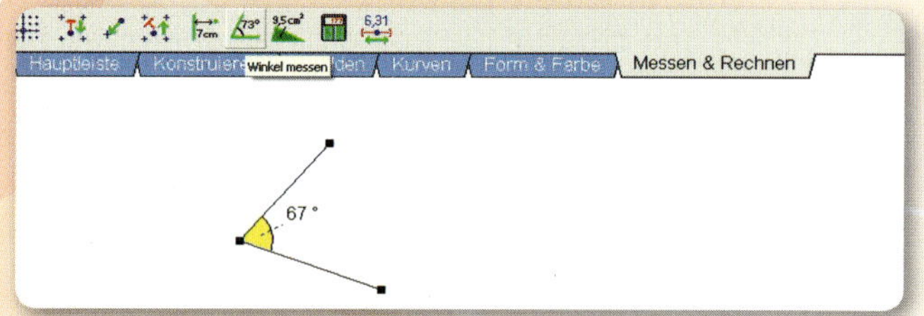

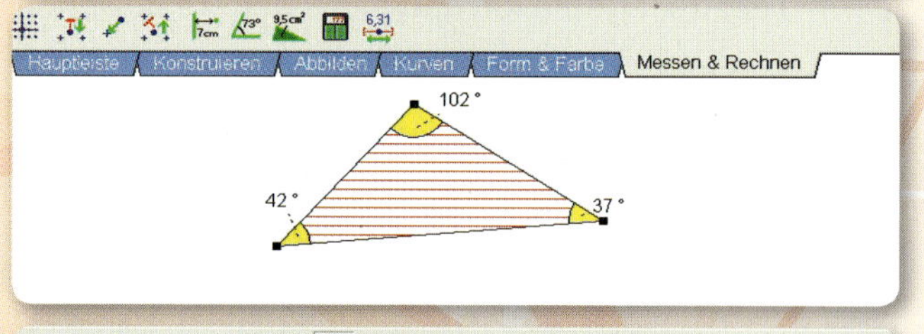

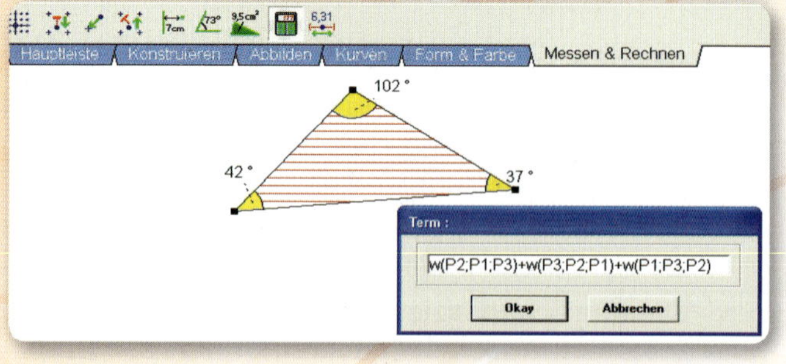

Kreisornamente

a) Zeichne mit dem Werkzeug einen Kreis, indem du zunächst den Mittelpunkt und dann einen Kreispunkt bestimmst. Zeichne anschließend einen weiteren Kreis, dessen Mittelpunkt nun der Kreispunkt und dessen Kreispunkt der Mittelpunkt des ersten Kreises ist.
Klicke anschließend auf . Markiere irgendwo den ersten Kreis und den zweiten Kreis: Die Schnittpunkte beider Kreise werden markiert. Wiederhole mit den Schnittpunkten die Konstruktionsschritte zum zweiten Kreis und zu den neuen Schnittpunkten so lange, bis eine Rosette entsteht. Wenn du den Mittelpunkt des ersten Kreises bewegst, darf die Konstruktion nicht „kaputt" gehen. Beschreibe die Symmetrien der Rosette.

b) Erweitere deine Rosette mit neuen Formen, die möglichst viele Symmetrien aufweisen.
Mit dem Register „Form & Farbe" kannst du Linien und Flächen auch farblich gestalten.

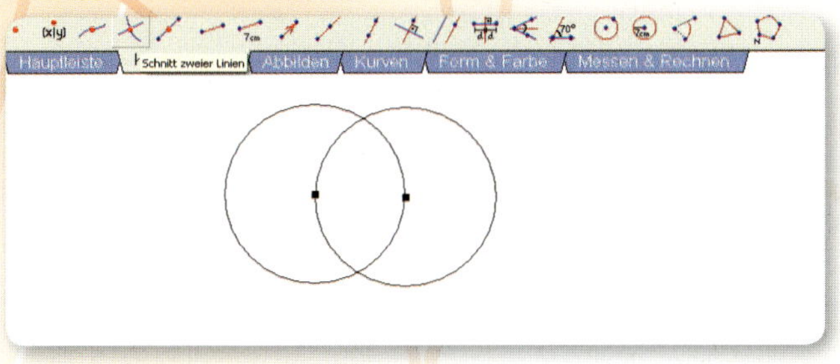

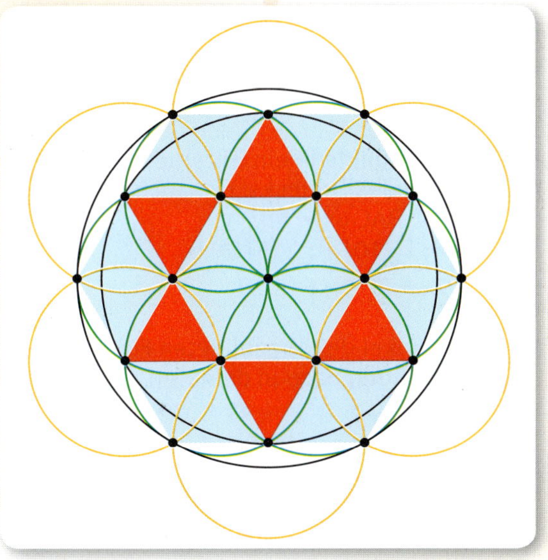

Winkel zeichnen

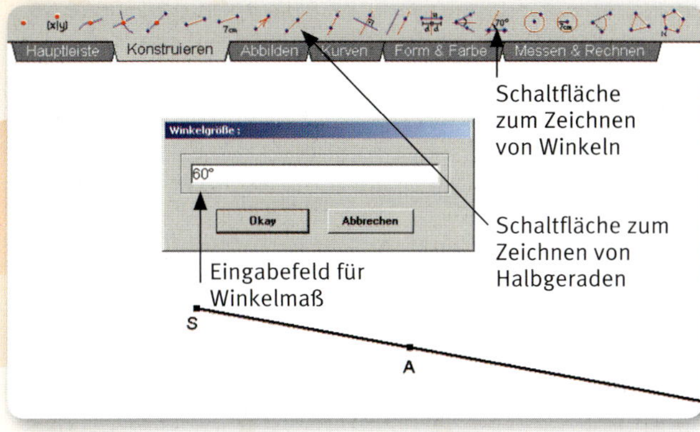

Um Winkel mit festem Gradmaß, beispielsweise den Winkel ∢ ASB mit 60°, zu zeichnen, geht man am besten folgendermaßen vor: Zunächst zeichnest du eine Halbgerade durch zwei Punkte. Durch Doppelklick auf die Punkte öffnet sich ein Dialogfenster, in dem man die Punkte mit A bzw. S benennen kann. Anschließend klickt man auf die Schaltfläche . Tippe in das Eingabefeld das gewünschte Winkelmaß ein, vergiss dabei das Gradzeichen ° nicht. Nun klickst du der Reihe nach den Punkt auf dem ersten Schenkel an, dann den Scheitel und schließlich in den Zeichenbereich, in dem der zweite Schenkel des Winkels verlaufen soll. Du kannst nun noch den Punkt B mit der Schaltfläche auf den freien Schenkel setzen.

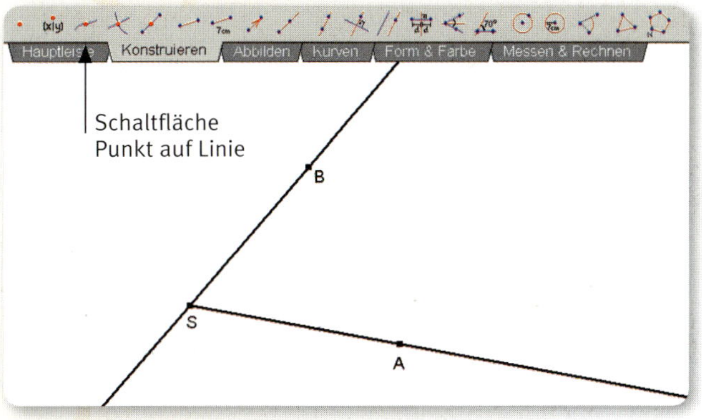

Um nachzumessen, ob der Winkel ∢ ASB wirklich 60° beträgt, gibt es ebenfalls ein Werkzeug. Die Anleitung hierzu findest du auf der Vorseite.

a) Versuche, ein regelmäßiges Achteck zu zeichnen. Es gibt verschiedene Möglichkeiten.
   1. Zeichne eine Strecke von 2 cm Länge und trage an diesem Schenkel einen Winkel von 135° ab. Verfahre weiter ebenso.
   2. Zeichne einen Kreis und teile ihn in acht gleiche Sektoren.

b) Zeichne ein regelmäßiges Fünfeck.

Überprüfe deine Fähigkeiten und Kenntnisse. Bearbeite dazu die folgenden Aufgaben und bewerte anschließend deine Lösungen mit einem Smiley.

☺	😐	☹
Das kann ich!	Das kann ich fast!	Das kann ich noch nicht!

Hinweise zum Nacharbeiten findest du auf der folgenden Seite. Die Lösungen findest du unter www.ccbuchner.de (Eingabe 8436 ins Suchfeld).

Aufgaben zur Einzelarbeit

1 Gegeben sind A (8 | 2), M_1 (5 | 6), M_2 (2 | 2) und M_3 (8 | 7).

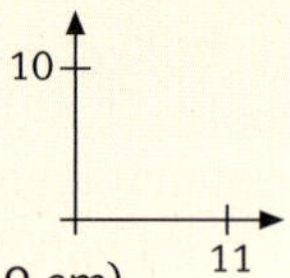

a) Zeichne die Kreise k_1 (M_1; r = 3 cm), k_2 (M_2; r = 1,5 cm) und k_3 (M_3; r = 2,9 cm). Ergänze die Punktmengen $[AM_2$, AM_3 und $[M_2M_3]$.

b) Beschreibe die Lage der Gerade AM_3 bezüglich der Kreise.

c) Markiere die Sektoren in k_2 und die Segmente in k_1.

d) Bestimme in jedem Kreis, der Sektoren enthält, einen Mittelpunktswinkel durch Messung. Berechne daraus die übrigen Mittelpunktswinkel der angrenzenden Sektoren.

2 **a)** Die Randgerade g gehört zur Halbebene $\mathbb{H}_1$. Was kannst du über die Lagebeziehungen zwischen den Punkten und den Halbebenen aussagen?

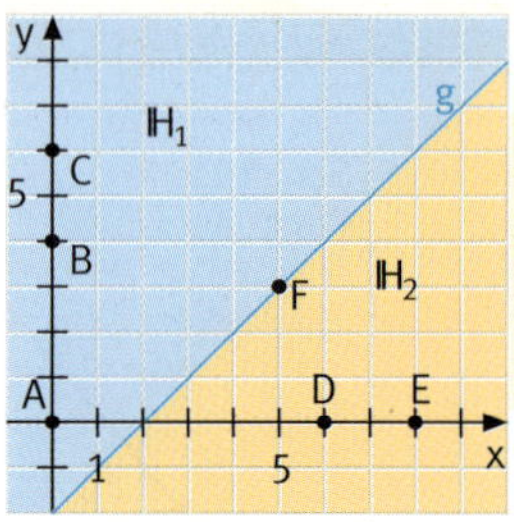

b) Übertrage das Gitternetz (Einheit 1 cm) in dein Heft und bestimme die Abstände der Punkte A bis F von der Geraden g. Verwende die Kurzschreibweise.

c) Trage die Punktmengen ein und ergänze:
① [BF ∩ g = ☐ ② AD ☐ BA ③ F ☐ g
④ DE ∩ CB = ☐ ⑤ [ED] ∪ [AD] = ☐

3 **a)** Zeichne die Punkte A (7 | 1), B (1 | 4), C (7 | 4), D (6 | 7), E (5 | 0) und F (3 | 1) sowie g = AB ein und ergänze folgende Punktmengen:
f mit D ∈ f und f ⊥ g   h mit C ∈ h und h ∥ f

b) Markiere blau: h ∩ [EC und f ∩ [DF].

c) Markiere grün: [AB ∪ [BA].

4 Benenne die Winkel mithilfe der angegebenen Punkte.

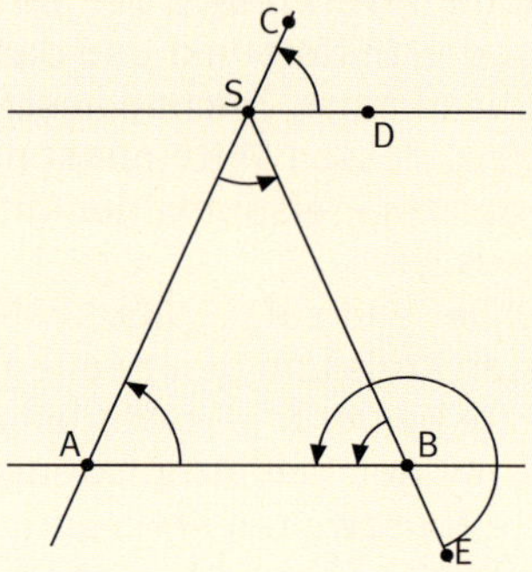

5 a)

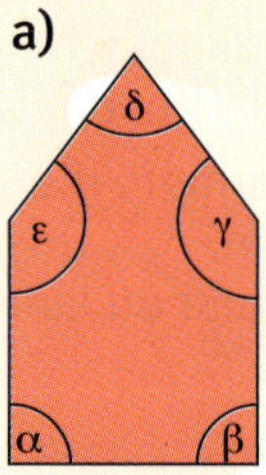

b)

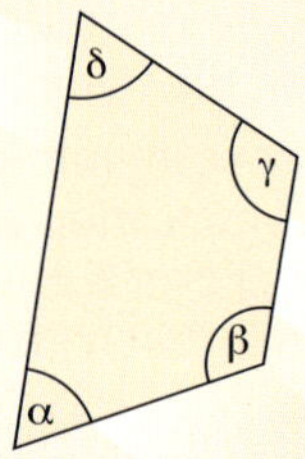

c)

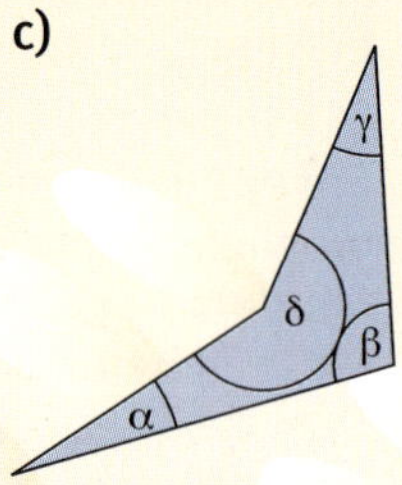

Bestimme die auftretenden Winkelarten. Schätze die Winkel und miss anschließend nach. Stelle deine Ergebnisse in einer Tabelle zusammen:

	Winkel	Winkelart	geschätzt	gemessen
a)	α	☐	☐	☐
	β	☐	☐	☐
	☐	☐	☐	☐

6 Zeichne Winkel folgender Größe in dein Heft.
a) 50°; 70°; 90°; 120° **b)** 35°; 78°; 96°; 123°
c) 150°; 180°; 165° **d)** 199°; 214°; 305°; 351°

7 Zeichne die Punkte in ein Gitternetz und miss die Innenwinkel des Dreiecks. Gib auch ihre Bezeichnung mit ∢ BAC usw. an.
a) A (2 | 3); B (10 | 4); C (5 | 8)
b) D (1 | 9); E (8 | 1); F (7 | 9)

8 Miss die Winkel der abgebildeten Figuren. Übertrage die Figuren dazu in dein Heft und vergrößere sie geeignet.

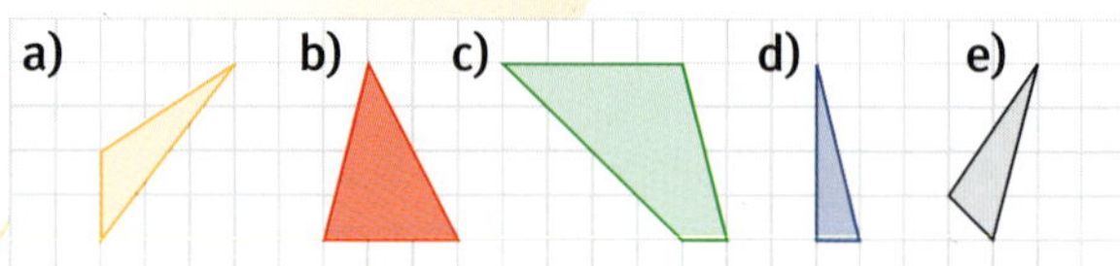

9 **a)** Zeichne zwei parallele Geraden g und h, die folgenden Abstand zueinander besitzen.

1 2 cm 2 3 cm 8 mm 3 75 mm

b) Eine dritte Gerade c schneidet die Gerade g unter dem Winkel α. Ergänze deine Zeichnungen.

1 $\alpha = 35°$ 2 $\alpha = 135°$ 3 $\alpha = 85°$

Bestimme Nebenwinkel (Scheitelwinkel) von α und markiere sie blau (grün).

10 **a)** Zeichne ein Dreieck mit einem ...

1 rechten Winkel.

2 stumpfen Winkel.

b) Was kannst du jeweils über die Winkelarten der anderen beiden Winkel aussagen?

11 Tim hat den Eingang einer Höhle gefunden. Er beschreibt den Weg dorthin wie folgt:
Geht von der Eiche zunächst 50 m nach Norden. Dann dreht euch um 120° nach rechts und geht 40 m geradeaus. Danach dreht euch um 90° nach links und folgt dem Weg 80 m geradeaus.

a) Zeichne den Weg zur Höhle. Wähle für 1 m in Wirklichkeit 1 mm in der Zeichnung. Bestimme den Maßstab der Zeichnung.

b) Gib eine einfachere Wegbeschreibung an.

12 **a)** Eine kreisrunde Torte wird in 8 (3, 4, 6, 12, 20, 36) gleich große Teile zerschnitten. Wie groß ist der Winkel an der Spitze eines Tortenstücks?

b) Zeichne jeweils eines der Tortenstücke. Wie nennt man eine solche Figur?

Aufgaben für Lernpartner

Arbeitsschritte

1 Bearbeite die folgenden Aufgaben alleine.

2 Suche dir einen Partner und erkläre ihm deine Lösungen. Höre aufmerksam und gewissenhaft zu, wenn dein Partner dir seine Lösungen erklärt.

3 Korrigiere gegebenenfalls deine Antworten und benutze dazu eine andere Farbe.

Sind folgende Behauptungen **richtig** oder **falsch**? Begründe schriftlich.

13 In der Schnittmenge von zwei Geraden liegt immer nur ein Punkt.

14 Es gibt Punkte, die haben keinen Abstand von einer Geraden.

15 Bei zwei sich schneidenden Geraden muss man nur einen Winkel messen und kann dann alle weiteren entstandenen Winkel angeben. Also muss man bei drei sich schneidenden Geraden an zwei Schnittpunkten messen.

16 Es ist möglich, dass eine Gerade mit einem Kreis genau einen Punkt gemeinsam hat.

17 Vier spitze Winkel ergeben einen Vollwinkel.

18 Die Diagonalen eines Rechtecks schneiden sich stets im rechten Winkel.

19 Ist ein Winkel an einer Geradenkreuzung 90°, so sind alle Winkel 90°.

20 Ein 65°-Winkel kann folgendermaßen gezeichnet werden: Zunächst Schenkel und Scheitelpunkt zeichnen. Danach den Nullpunkt des Geodreiecks so an den ersten Schenkel anlegen, dass dessen Nullpunkt genau auf dem Scheitel liegt. Den Winkel auf der inneren Skala markieren und den zweiten Schenkel zeichnen.

21 Winkel werden stets gegen den Uhrzeigersinn gemessen.

Aufgabe	Ich kann ...	Hilfe
1	Lagebeziehungen von Punkten, Strecken und Geraden erkennen und in Kurzschreibweise angeben.	S. 58
3, 13	Schnitt- und Vereinigungsmengen bilden.	S. 58
2, 9, 14	den Abstand eines Punktes von einer Geraden und zwischen parallelen Geraden bestimmen.	S. 60
1, 16	Lagebeziehungen zwischen Kreis und Gerade erkennen, beschreiben und zeichnen.	S. 62
2	Halbebenen und ihre Lagebeziehungen erkennen und beschreiben.	S. 64
4, 10	Winkel richtig benennen.	S. 66
5, 7, 8, 21	Winkel messen.	S. 68
5, 10, 17	Winkelarten erkennen.	S. 70
6, 11, 20	Winkel zeichnen.	S. 68
9, 15, 18, 19	Neben- und Scheitelwinkel erkennen und fehlende Winkelmaße an Geradenkreuzungen berechnen.	S. 72
1, 12	Punktmengen am Kreis erkennen, benennen und Sektoren und Segmente bestimmen.	S. 74

2.12 Auf einen Blick

S. 58

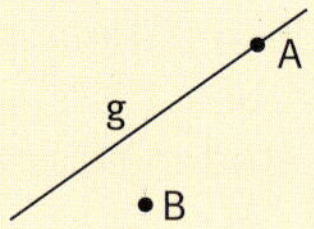

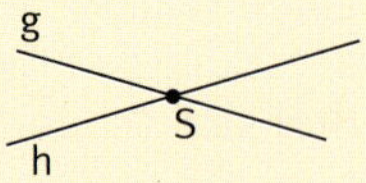

Lagebeziehungen von Punkt und Gerade:
$A \in g$: Der Punkt A ist Element der Geraden g.
$B \notin g$: B liegt nicht auf g.
Ein Punkt kann sich auch als Schnittpunkt von zwei Geraden ergeben: $g \cap h = \{S\}$.

S. 60

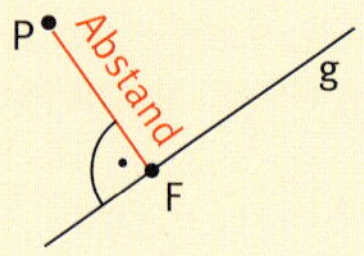

Die kürzeste Verbindung zwischen einem Punkt P und einer Geraden g ist diejenige Strecke [PF], die senkrecht auf g steht. Die Länge dieser Strecke bezeichnet man als **Abstand** des Punktes P von g.

S. 62

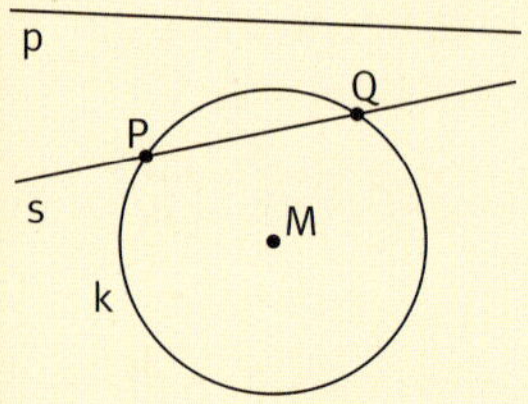

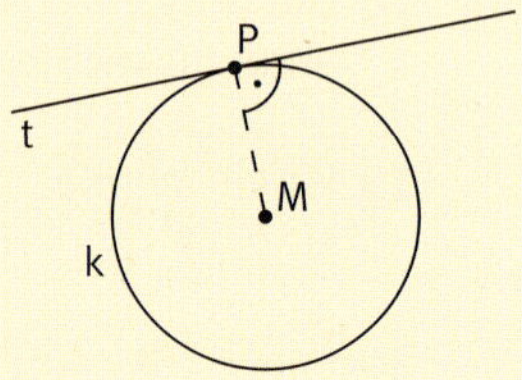

Eine **Passante** hat keinen Schnittpunkt mit einer Kreislinie k. Eine **Sekante** schneidet die Kreislinie in zwei Punkten. Die Strecke [PQ] zwischen den Schnittpunkten nennt man **Sehne**.
Eine Gerade, die genau einen Berührpunkt P mit der Kreislinie k hat, nennt man **Tangente**. Die Tangente steht senkrecht auf dem Kreisradius.

S. 68

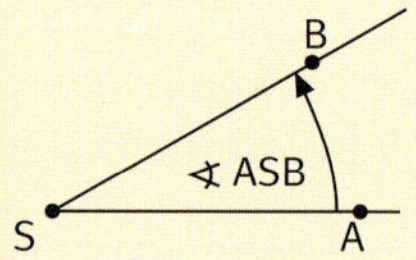

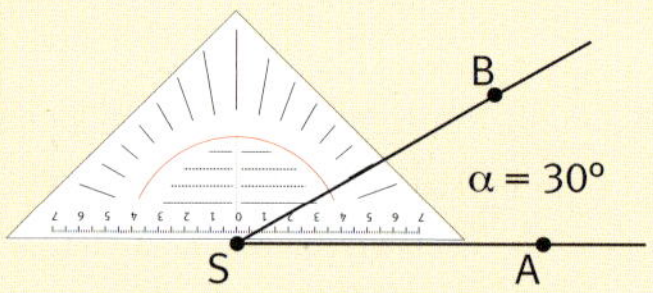

Winkel werden durch zwei Halbgeraden (die **Schenkel**) begrenzt. Diese haben einen gemeinsamen Anfangspunkt, den **Scheitelpunkt S**. Winkel werden gegen den Uhrzeigersinn beschriftet. Die Größe eines Winkels wird mit dem Winkelmesser bestimmt und mit einem griechischen Buchstaben bezeichnet.

S. 70

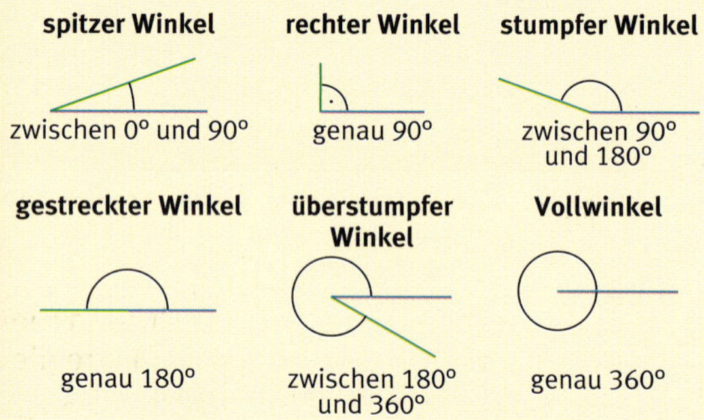

Um die **Größe von Winkeln** anzugeben, wird der Vollwinkel (eine Umdrehung) in 360 gleich große Teile geteilt. Die so entstandene Einheit nennt man **1 Grad (1°)**.

$\alpha = 40°$

Maßzahl → 40; Maßeinheit (Grad) → °

Die Winkel werden ihrer Größe nach in verschiedene Arten eingeteilt.

S. 72

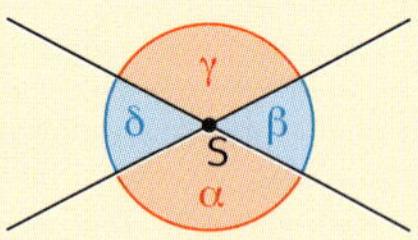

Nebeneinanderliegende Winkel heißen **Nebenwinkel**. Sie ergeben **zusammen stets 180°**:
$\alpha + \beta = \beta + \gamma = \gamma + \delta = \delta + \alpha = 180°$
Gegenüberliegende Winkel heißen **Scheitelwinkel**. Sie sind **gleich groß**:
$\alpha = \gamma$ und $\beta = \delta$

S. 74

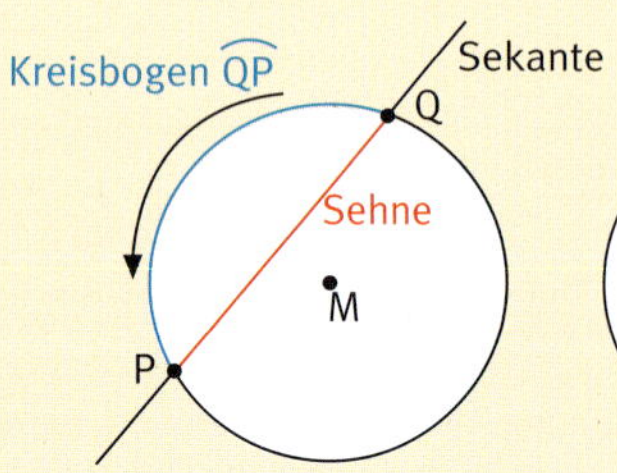

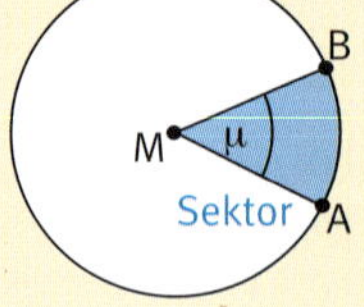

Eine **Sekante** zerteilt den Kreis in zwei **Segmente**, die auf der einen Seite durch die Sehne [PQ], auf der anderen Seite durch je einen Kreisbogen begrenzt werden.

Zwei Radien zerteilen den Kreis in **Sektoren**. Die Größe des Sektors wird durch das Maß des Mittelpunktswinkels μ (sprich: mü) festgelegt.

Römische Zahlen

1 Obelix bietet Hinkelsteine in verschiedenen Klassen (I bis VI) an und hat in einer Tabelle notiert, wie viele Steine er von jeder Sorte auf Lager hat. Ein Sesterz ist ein Zahlungsmittel im antiken Rom.

Hinkelsteinklasse	Anzahl	Preis in Sesterzen
I	IV	CCXX
II	III	CLXXIX
III	I	D
IV	IX	XCIX
V	XIII	LXXIV
VI	II	CML

a) Übersetze die Tabelle in unser Zahlensystem.

b) Wie viele Sesterzen nimmt Obelix ein, wenn er alle Hinkelsteine verkauft?

2

a) Wann wurden die Städte gegründet?

b) Ordne die Zeitangaben der Reihe nach.

3 Auf den Tafeln siehst du die Lösungen der Rechnungen in römischer Schreibweise. Ordne richtig zu. Wie heißt das Lösungswort?

1 12^2 2 $244 - 96$ 3 $17 \cdot 9$
4 $1606 : 11$ 5 $18 \cdot 8 - 3$ 6 $1341 : 3^2$

CXLI (E) CXLIX (L) CXLVI (K)
CXLVIII (I) CLIII (R) CXLIV (Z)

4 Geht das? Probiere selbst aus.

1 Ich kann dir mit drei Streichhölzern zeigen, dass „zwei“ plus „eins“ entweder „vier“ oder „sechs“ ist.

2 Ich kann mit zwei Streichhölzern „fünfzig“ legen.

3 Die Hälfte von „elf“ ist „sechs“.

Gleichungen

5 Löse die Gleichungen. Finde geeignete Methoden (Probieren, Umkehraufgabe, ...).

a) $a \cdot 11 = 99$
$(18 + k) \cdot 6 = 120$

b) $25 \cdot b + 65 = 90$
$67 - m = 448 : 8$

c) $56 - n : 5 = 53$
$r \cdot 7 - 12 = 23$

d) $(12 + p) \cdot (12 - p) = 80$
$256 : s = 4 \cdot s$

6 Schreibe jeweils eine Gleichung auf und löse sie. Überlege zunächst, was du mit einer Variable bezeichnest.

a) Frau Großmann entdeckt in einem Prospekt ein Angebot: 12 Becher Joghurt für 5,40 €. Wie teuer ist ein Becher?

b) Ein Klassenausflug kostet für die 28 Schüler der Klasse 6a 350 €. Der Förderverein der Schule gibt 60 € dazu, aus der Klassenkasse werden 45 € hinzugenommen. Wie viel muss jeder Schüler noch bezahlen?

c) Ein neuer mp3-Player kostet 129 €. Simone hat bereits 81 € gespart. Den Rest möchte sie in 6 (10, 12) gleichen Monatsraten abbezahlen. Wie hoch ist eine Rate?

d) Kevin sagt: „Meine Oma ist fünfmal so alt wie ich, meine Mutter ist dreimal so alt wie ich. Zusammen sind die beiden 104 Jahre alt.“ Wie alt ist jeder?

7 **a)** Margit behauptet: „Formeln sind Gleichungen mit mehreren Variablen.“ Erkläre die Aussage.

b) Ordne die Formeln den Vierecken zu. Welche Bedeutungen haben die Formeln?

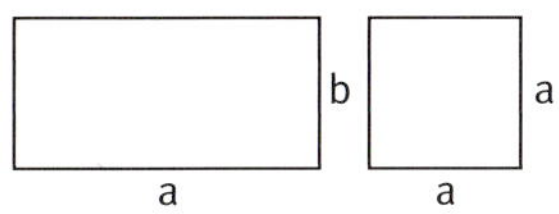

1 $u = 2 \cdot a + 2 \cdot b$
2 $u = a + a + a + a$
3 $A = a \cdot a$
4 $u = a + b + a + b$
5 $A = a^2$
6 $u = 4 \cdot a$
7 $A = a \cdot b$
8 $u = 2 \cdot (a + b)$

8 Auf einer Kabeltrommel sind noch 128 m Kabel. Nachdem sechs gleich lange Teilstücke abgeschnitten wurden, sind noch 32 m auf der Trommel. Wie lang ist ein Teilstück?

Gitternetz

9 Zeichne in ein Gitternetz die gegebenen Punkte ein und verbinde sie der Reihe nach. Welche Figur ergibt sich?

a) A (0|3), B (2|2), C (3|0), D (4|2), E (6|3), F (4|4), G (3|6), H (2|4)

b) A (2|2), B (2|3), C (3|3), D (3|1), E (1|1), F (1|4), G (4|4), H (4|0), I (0|0), J (0|4)

10 **a)** Saskia schreibt Jennifer einen Brief:
(3|3) (1|4) (4|5) (1|4) – (2|0) (0|5) (2|1) (3|3) (1|4) (4|0) – (1|1) (2|3) (2|0) – (0|0) (3|4) (4|5) (5|3) (4|1) (2|0) (2|0) (1|4) (4|0). (1|3) (0|5) (2|0) (2|0) (0|0) (0|2) – (2|5) (2|3) – (2|0) (4|1) (0|2)?

Als Geheimcode schickt sie eine Zeichnung. Kannst du den Brief entschlüsseln?

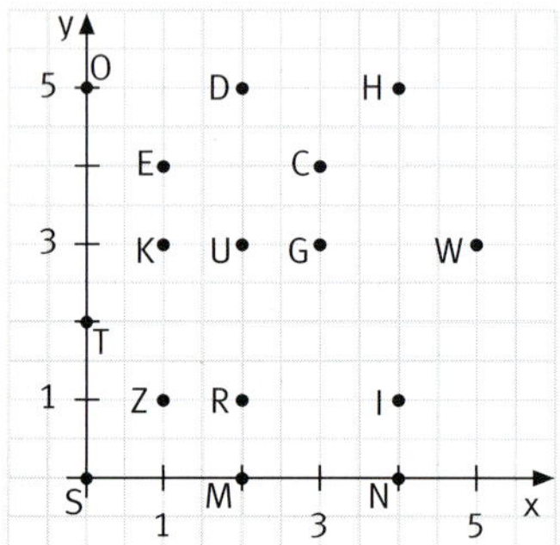

b) Schreibe selbst einen Geheimbrief und entwerfe dazu einen Codeschlüssel wie Saskia.

11 **a)** Übertrage die Figur in dein Heft. Bestimme die notwendigen Koordinaten.

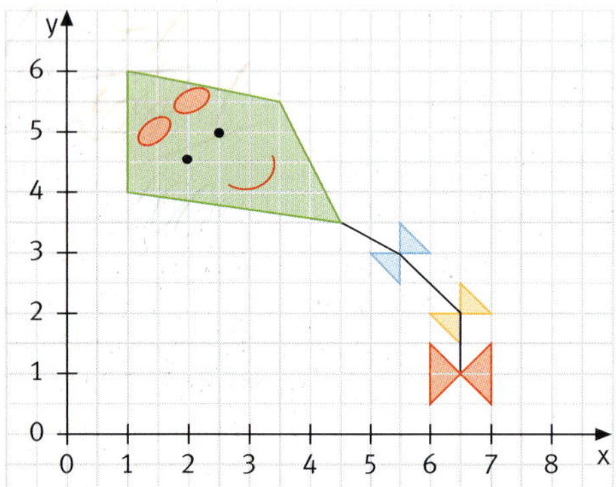

b) Zeichne eine Figur in ein Gitternetz, ohne dass sie ein Partner sieht. Nenne die Koordinaten und lass die Figur von dem Partner zeichnen. Kontrolliere das Ergebnis.

Natürliche Zahlen

12 Vervollständige die Rechnungen.

a)
2305
72□7
+ 6□02
1□21□

b)
6□88
3□7
– 440□
□308

c)
□3□ · 3□
25□20
□17□
2□1□0

13 Rechne schriftlich.

a) 2256 : 8
4718 · 23

b) 1719 : 9
8074 · 12

c) 6816 : 12
303 · 202

14 Übertrage die Tabelle in dein Heft und überprüfe auf Teilbarkeit.

teilbar durch	2	3	4	5	9	10
68	□	□	□	□	□	□
85	□	□	□	□	□	□
520	□	□	□	□	□	□
315	□	□	□	□	□	□

15 Rechne geschickt.

a) 50 · 63 · 2
b) 333 + 5466 + 777
c) 27 900 : 3 : 100
d) 37 · 250 · 4
e) 567 + 396 + 1004
f) 5000 : 25 : 2

16 Bei Kreisaufgaben erscheint das Ergebnis einer Rechnung jeweils wieder als erste Zahl der folgenden Rechnung. Es ergibt sich ein Lösungswort.

a)
381 504 – 125 001 (O)
85 501 + 57 563 (O)
256 503 : 3 (G)
143 064 : 9 (Start)
15 896 · 24 (L)

b)
12 874 · 68 (Start)
876 825 : 25 (E)
109 429 – 12 004 (U)
35 073 – 22 199 (R)
97 425 · 3^2 (P)
875 432 : 8 (S)

17 Drei Zahlen haben folgende Eigenschaften: Die zweite Zahl ist doppelt so groß wie die erste, die dritte Zahl ist doppelt so groß wie die zweite.

a) Gib Beispiele an für jeweils drei Zahlen, die diese Eigenschaft erfüllen.

b) Die Summe der drei Zahlen ist 1050 (3003). Wie lauten die drei Zahlen?

3 Dezimalbrüche

Einstieg

- Welche Angaben enthält der Ausdruck der elektronischen Waage?
- Stimmt der ermittelte Preis? Überprüfe rechnerisch.
- Nenne weitere Beispiele aus deiner Umwelt, bei denen Zahlen in der Kommaschreibweise angegeben werden.

Ausblick

Am Ende dieses Kapitels hast du gelernt, ...
- wie man einen Bruch in einen Dezimalbruch umwandelt und umgekehrt.
- welche Arten von Dezimalbrüchen man unterscheidet.
- wie man mit Dezimalbrüchen rechnet.

Andreas erstellt für den Sportunterricht ein Referat über die Sprintrekorde der Leichtathletik. Er hat im Lexikon jeweils die letzten drei Weltrekordhalter über 100 m mit den dazugehörigen Jahreszahlen gesucht und aufgeschrieben.

Männer	Frauen
1. Usain Bolt 9,58 s (2009)	1. Florence Griffith-Joyner 10,49 s (1988)
2. Asafa Powell 9,74 s (2007)	2. Evelyn Ashford 10,76 s (1984)
3. Maurice Greene 9,79 s (1999)	3. Marlies Göhr 10,81 s (1983)

- Welche Bedeutung haben die Ziffern vor bzw. nach dem Komma? Wie setzen sich solche „Kommazahlen" im Einzelnen zusammen?
- Welche Unterschiede gibt es zwischen den Zeiten der Männer (Frauen)?

Merkwissen

Zahlen mit einem Komma werden als Dezimalzahlen bezeichnet.

Zahlen nach dem Komma spricht man ziffernweise.

Durch Erweitern und Kürzen versucht man, eine Zehnerpotenz im Nenner zu erhalten.
Beispiel: $\frac{2}{5} = \frac{4}{10}$

Brüche, deren Nenner Zehnerpotenzen sind, können besonders einfach als **Dezimalbrüche** geschrieben werden. Die **Dezimalschreibweise** ist somit nur eine andere Schreibweise für Brüche mit den Nennern 10, 100, 1000, ...

Dezimalbrüche lassen sich in eine **Stellenwerttafel** einordnen. Dabei trennt das Komma die Ganzen von den Bruchteilen.

Vor dem Komma stehen die **Einer (E)**, **Zehner (Z)**, **Hunderter (H)**, ... und nach dem Komma die **Zehntel (z)**, **Hundertstel (h)**, **Tausendstel (t)**, ... Die Ziffern nach dem Komma nennt man Dezimalen oder Dezimalstellen.

Bruch	H	Z	E	z	h	t	Dezimalbruch	gelesen
	100	10	1	$\frac{1}{10}$	$\frac{1}{100}$	$\frac{1}{1000}$		
$\frac{4}{10}$			0,	4			0,4	null Komma vier
$\frac{2}{100}$			0,	0	2		0,02	null Komma null zwei
$\frac{245}{1000}$			0,	2	4	5	0,245	null Komma zwei vier fünf
$\frac{5132}{100}$		5	1,	3	2		51,32	einundfünfzig Komma drei zwei

Beispiele

I **a)** Schreibe als Dezimalbruch: $\frac{32}{100}$; $\frac{5245}{1000}$ und $\frac{8}{100}$.

b) Schreibe als Bruch und kürze, falls möglich: 0,12; 0,0059 und 2,05.

Lösung:

a) $\frac{32}{100} = 0{,}32$ $\quad \frac{5245}{1000} = 5\frac{245}{1000} = 5{,}245$ $\quad \frac{8}{100} = 0{,}08$

b) $0{,}12 = \frac{12}{100} = \frac{3}{25}$ $\quad 0{,}0059 = \frac{59}{10\,000}$ $\quad 2{,}05 = 2\frac{5}{100} = \frac{205}{100} = \frac{41}{20}$

II Zeige, dass gilt:
0,7 = 0,70 = 0,700

Bei Dezimalbrüchen darf man Endnullen sowohl anhängen als auch weglassen – der Wert ändert sich dabei nicht.

Lösung:

$0{,}7 = \frac{7}{10}$ $\quad 0{,}70 = \frac{70}{100} = \frac{7}{10}$ $\quad 0{,}700 = \frac{700}{1000} = \frac{7}{10}$

Somit ist 0,7 = 0,70 = 0,700.

VERSTÄNDNIS

- Welchen Stellenwert hat die Ziffer 3 in der Zahl 1341, welchen in 0,1341?
- Anna behauptet: „0,05 und 0,5 ist gleich, da Nullen auch am Anfang weggelassen werden können“. Hat sie Recht?

AUFGABEN

1 Fertige eine Stellenwerttafel wie im Merkwissen an und trage folgende Zahlen ein.

a) $\frac{6}{10}$; $\frac{12}{10}$; $\frac{3}{1000}$; $\frac{12}{100}$; $\frac{466}{10}$; $\frac{2008}{100}$; $\frac{20\,075}{1000}$; $5\frac{41}{100}$; $24\frac{5}{1000}$

b) 0,567; 1,101; 0,004; 0,123; 1,089; 0,100; 0,250; 0,9999

2 Schreibe als Dezimalbruch.

a) $\frac{6}{10}$; $2\frac{12}{10}$; $4\frac{30}{1000}$; $\frac{120}{100}$; $\frac{66}{10}$

b) $4\frac{6}{10}$; $\frac{12}{100}$; $\frac{300}{1000}$; $\frac{1200}{100}$; $6\frac{66}{10}$

c) $\frac{55}{10}$; $20\frac{12}{100}$; $\frac{3000}{10\,000}$; $\frac{400}{100}$; $\frac{666}{100}$

d) $\frac{6}{1000}$; $\frac{12}{1000}$; $\frac{1000}{1000}$; $\frac{1200}{10}$; $68\frac{6}{10}$

3 Schreibe als Bruch mit Zehnerpotenz im Nenner bzw. als gemischte Zahl.

Beispiel: $2{,}45 = 2\frac{45}{100} = \frac{245}{100}$

a) 2,3; 4,45; 2,01; 0,09; 3,33

b) 0,78; 0,083; 2,248; 4,4040

c) 2,03; 4,05; 20,01; 0,9; 33,33

d) 0,0078; 0,0083; 20,008; 4,004

4 Wandle in einen Bruch um und kürze, wenn möglich.

Beispiel: $0{,}125 = \frac{125}{1000} = \frac{5}{40} = \frac{1}{8}$

a)	b)	c)	d)	e)
0,6	0,05	6,06	2,04	0,50
0,08	0,0044	4,48	12,85	5,05
0,020	2,040	60,606	17,75	50,50
0,080	30,30	1,237	2,007	0,150

Lösungen zu 4:
$60\frac{303}{500}$; $50\frac{1}{2}$; $17\frac{3}{4}$; $12\frac{17}{20}$; $6\frac{3}{50}$; $30\frac{3}{10}$; $5\frac{1}{20}$; $4\frac{12}{25}$; $2\frac{1}{25}$; $2\frac{1}{25}$; $2\frac{7}{1000}$; $1\frac{237}{1000}$; $\frac{3}{5}$; $\frac{1}{2}$; $\frac{3}{20}$; $\frac{2}{25}$; $\frac{2}{25}$; $\frac{1}{20}$; $\frac{1}{50}$; $\frac{11}{2500}$

5 Welcher Dezimalbruch gehört zu welchem Bruch?

A: 0,02 **B:** 0,00002 **E:** 0,2 **H:** 0,000002 **G:** 0,002 **C:** 2 **D:** 0,0002 **F:** 0,0000002

1: $\frac{2}{10\,000\,000}$ **4:** $\frac{2}{1}$ **5:** $\frac{2}{100\,000}$ **8:** $\frac{2}{10}$ **3:** $\frac{2}{100}$ **6:** $\frac{2}{10\,000}$ **2:** $\frac{2}{1000}$ **7:** $\frac{2}{1\,000\,000}$

Diese Brüche solltest du auswendig lernen:
$\frac{1}{10} = 0{,}1$ $\frac{1}{4} = 0{,}25$
$\frac{1}{2} = 0{,}5$ $\frac{3}{4} = 0{,}75$
$\frac{1}{5} = 0{,}2$ $\frac{2}{5} = 0{,}4$
$\frac{1}{8} = 0{,}125$ $\frac{4}{5} = 0{,}8$

6 a) Lies die markierten Dezimalbrüche von der Zahlenhalbgerade ab.

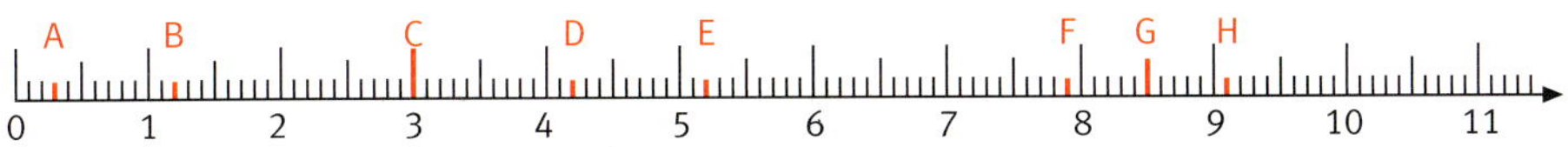

b) Zeichne eine Zahlenhalbgerade und markiere die Dezimalbrüche 0,4; 0,8; 2,2; 3,8; 5,1 und 7,500.

7 Gib in Dezimalschreibweise an. Wandle den Bruch zuerst so um, dass im Nenner eine Zehnerpotenz steht. Gib die Erweiterungszahl an.

Beispiel: $\frac{14}{25} = \frac{4 \cdot 14}{4 \cdot 25} = \frac{56}{100} = 0{,}56$

a) $\frac{2}{5}$ **b)** $\frac{7}{20}$ **c)** $\frac{9}{25}$ **d)** $\frac{15}{40}$ **e)** $\frac{9}{50}$ **f)** $\frac{12}{500}$

g) $\frac{7}{125}$ **h)** $\frac{99}{125}$ **i)** $\frac{45}{400}$ **j)** $\frac{3}{4}$ **k)** $\frac{72}{90}$ **l)** $\frac{3}{8}$

Lösungen zu 7:
0,4; 0,8; 0,18; 0,1125; 0,375; 0,36; 0,056; 0,792; 0,375; 0,024; 0,35; 0,75

Im Mathematikunterricht nimmt eine Klasse das Thema Größen durch. Die Schüler messen sich gegenseitig und kommen zu folgenden Ergebnissen. Maße, die sich wiederholt haben, wurden nur einmal notiert.

Jungen: 1,51 m; 1,42 m; 1,32 m; 1,46 m; 1,37 m; 1,35 m

Mädchen: 1,43 m; 1,25 m; 1,38 m; 1,61 m; 1,54 m; 1,44 m

- Wie groß ist der größte Schüler, wie groß die kleinste Schülerin?
- Vergleiche die Größen der Schüler miteinander und ordne sie der Größe nach. Wie gehst du vor? Gib eine Anleitung für das Ordnen von Dezimalbrüchen.

Merkwissen

Ordnet man Dezimalbrüche **der Größe nach**, dann untersucht man **zunächst die Stellenwerte vor dem Komma**, wie wir es von den natürlichen Zahlen her kennen. Führt dieses zu keinem Ergebnis, werden die Stellenwerte **nach dem Komma von links nach rechts** untersucht. Entscheidend ist die erste Stelle, an der verschiedene Ziffern stehen.

< „ist kleiner als“
> „ist größer als“

Beispiel:
1,349
1,357 also: $1,349 < 1,357$

Beispiele

I Welcher Dezimalbruch ist größer: 4,9 oder 4,903?

Lösung:
4,900 Die ersten drei Ziffern (4 Ganze, 9 Zehntel, 0 Hundertstel) sind jeweils
4,903 identisch. Es kommt also auf die Tausendstel an: $4,9 < 4,903$.

Bei Dezimalbrüchen kann man beliebig viele Endnullen anhängen, ohne dass sich der Wert ändert.

II Ordne der Größe nach. Beginne mit der größten Zahl. Beachte: Manche Zahlen sind gleich groß.
0,7 0,070 0,07 0,700 0,770 0,707 0,70000 7

Lösung:
$7 > 0,770 > 0,707 > 0,7 = 0,700 = 0,70000 > 0,07 = 0,070$

III Nenne mindestens drei Dezimalbrüche, die …
a) kleiner als 2,3 und größer als 2,1 sind.
b) zwischen 12,333 und 12,344 liegen.

Lösungsmöglichkeiten:
a) 2,12 2,2 2,29 oder 2,17 2,23 2,27
b) 12,339 12,342 12,343 oder 12,334 12,336 12,340

Verständnis

- Je weiter rechts ein Dezimalbruch auf der Zahlenhalbgerade steht, desto größer ist er. Stimmt das?
- Felix sagt: „Die Zahl 0,10 ist größer als 0,9, da 10 größer als 9 ist.“ Hat er Recht?

1 Übertrage ins Heft und setze <, > oder =.

a) 1,37 □ 1,72 **b)** 0,056 □ 0,081 **c)** 5,09 □ 5,10 **d)** 2,30 □ 1,31
e) 7,056 □ 7,061 **f)** 50,09 □ 5,099 **g)** 0,07 □ 0,70 **h)** 7,076 □ 7,08
i) 0,090 □ 0,19 **j)** 0,089 □ 0,091 **k)** 5,05 □ 5,0500 **l)** 10,900 □ 10,9

2 Ordne der Größe nach.

a) Beginne mit der kleinsten Zahl. **b)** Beginne mit der größten Zahl.

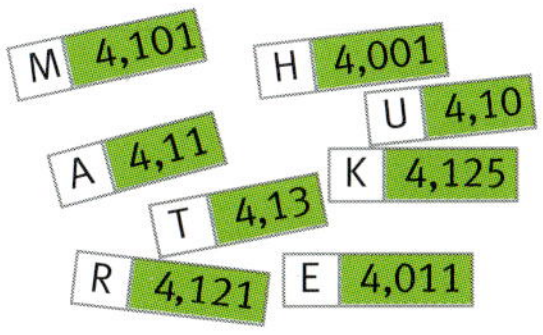

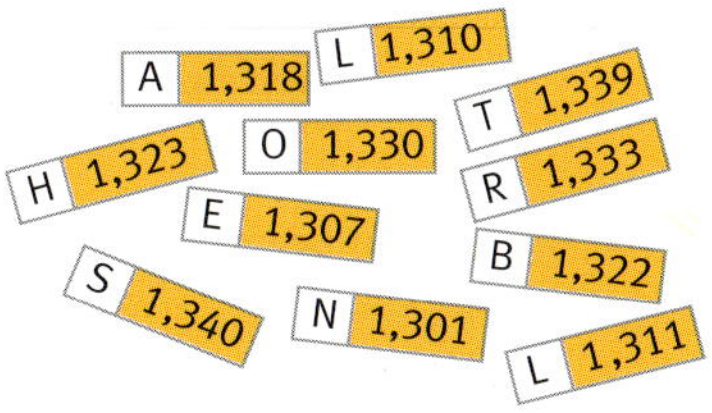

3 Setze jeweils eine Ziffer in den Platzhalter ein, sodass eine wahre Aussage entsteht.

Findest du mehrere Möglichkeiten?

a) 6,75□ < 6,758 **b)** 0,2□3 > 0,219 **c)** 125,□66 < 125,666
d) 78,1□□ < 6,758 **e)** □5,23 > 25,23 **f)** 54,□754 < 54,2754

4 Schreibe alle Zahlen in der Dezimalschreibweise und ordne sie mithilfe der Zeichen > und = der Größe nach.

a) 0,6; $\frac{12}{10}$; $1\frac{30}{1000}$; 1,03; $\frac{606}{100}$ **b)** $4\frac{4}{10}$; 4,06; $4\frac{60}{100}$; $4\frac{12}{100}$; $4\frac{6}{100}$

c) $\frac{55}{10}$; $5\frac{12}{100}$; 5,05; $\frac{550}{100}$; 5,50 **d)** $\frac{6}{1000}$; 0,06; 0,066; $\frac{66}{1000}$; $\frac{606}{10\,000}$

5 Nenne mindestens drei Zahlen, die zwischen den beiden angegebenen liegen.
Beispiel: Zwischen 0,05 und 0,06 liegen 0,052; 0,053; 0,054; 0,055; ...

a) 1,4 und 1,8 **b)** 0,03 und 0,06 **c)** 5,06 und 5,10
d) 2,30 und 2,35 **e)** 7,05 und 7,06 **f)** 50,50 und 50,90
g) 0,07 und 0,08 **h)** 7,076 und 7,08 **i)** 0,090 und 0,098

6 Fünf Schüler der Klasse 6a haben ihre Körpergröße gemessen. Jeder hat sein Messergebnis besonders schwierig angegeben. Stelle die Körpergrößen in einem Diagramm dar.

Paul: $1\frac{2}{5}$ m Josef: $\frac{3}{2}$ m Andy: $\frac{154}{100}$ m Karim: 1,45 m Kevin: 14,2 dm

7 Was meinst du dazu? Begründe.

Beim Einkaufen merkt Patricks Mutter, dass sie nur noch 20 € bei sich hat. Folgende Artikel stehen auf dem Einkaufszettel: Butter, 2 × Kaffee, 3 × Milch und eine Fernsehzeitschrift. Sie denkt laut nach:

- Patrick hat sehr schnell eine Lösung. Wie kann das sein?
- Überlege dir eine Strategie.

Merkwissen

Dezimalbrüche **rundet** man anhand der Nachkommastellen (Dezimalen) nach denselben Regeln wie natürliche Zahlen. Beim Runden auf einen bestimmten Stellenwert kommt es auf den direkt nachfolgenden Stellenwert an.

Bei 0, 1, 2, 3, 4 wird **abgerundet**, 3,472 ≈ 3,47 (auf Hundertstel)
bei 5, 6, 7, 8, 9, wird **aufgerundet**. 3,472 ≈ 3,5 (auf Zehntel)

Beispiele

Runde niemals „nacheinander“, d. h. zuerst auf Tausendstel, dann auf Hundertstel, dann auf Zehntel. Runde stets in einem Zug auf die geforderte Stelle.

Wenn man auf Zehntel rundet, benötigt man nur die nächste Nachkommastelle (Hundertstel).

I Runde auf Zehntel, Hundertstel und Tausendstel.

a) 4,1365 **b)** 13,9032 **c)** 9,9999

Lösung:

	a)	b)	c)
Zehntel	4,1365 ≈ 4,1	13,9032 ≈ 13,9	9,9999 ≈ 10
Hundertstel	4,1365 ≈ 4,14	13,9032 ≈ 13,90	9,9999 ≈ 10
Tausendstel	4,1365 ≈ 4,137	13,9032 ≈ 13,903	9,9999 ≈ 10

II Die Schneehöhe im Buchnertal wurde mit 1,6 m angegeben. Wie groß könnte sie in Wirklichkeit gewesen sein? Gib die Größe in ganzen Zentimetern an.

Lösung:
Sie könnte zwischen 155 cm und 164 cm gewesen sein.

Verständnis

- Runde 0,02 auf Zehntel. Was fällt dir auf?
- Suche verschiedene Angaben aus dem Alltag, die mit einem Dezimalbruch angegeben sind, und runde sie nacheinander auf Ganze, Zehntel, Hundertstel usw.

Aufgaben

1 Runde jeweils auf Ganze, Zehntel, Hundertstel und Tausendstel.

a)	b)	c)	d)	e)
8,3012	25,0067	42,7018	0,5516	9,1919
8,1032	25,6670	42,8712	0,6155	1,9911
8,3120	25,7607	42,1807	0,6515	9,9991
8,2301	25,0677	42,7788	0,6651	1,9999

2 Runde sinnvoll.

a) 16,423 € **b)** 77,298 m **c)** 99,518 kg **d)** 3,075 l

e) 26,7 Schüler sind im Durchschnitt in einer Klasse.

f) Die Müllabfuhr benötigt pro Woche im Mittel 11,8 Fahrten zur Deponie.

g) In der Formel 1 dauert eine Rennrunde 2:35,784 min.

3 Beim 100-m-Zieleinlauf einer Leichtathletik-Weltmeisterschaft in Paris gab es folgendes Ergebnis:

Bahn	Name	Zeit	Reaktionszeit
1	Collins	10,07 s	0,148 s
2	Aliu	10,21 s	0,132s
3	Williams	10,13 s	0,133 s
4	Brown	10,08 s	0,152 s
5	Chambers	10,08 s	0,145 s
6	Montgomery	10,11 s	0,140 s
7	Campbell	10,08 s	0,112 s
8	Ernedolu	10,22 s	0,164 s

a) Warum ist es schwer zu entscheiden, wer die drei Medaillen bekommen soll?

b) Erstelle eine Ergebnisliste mit gleichen Platzierungen bei gleichen Zeiten.

c) Erstelle eine Reaktionszeit-Siegerliste.

d) Runde die Reaktionszeiten auf Hundertstel genau und vergleiche nun mit der Liste aus c).

e) Einige Jahre vorher konnte man die Zeiten nur auf Zehntel genau bestimmen. Wie würde die Ergebnisliste aussehen, wenn alle Zeiten auf Zehntel gerundet würden?

4 Zwei Freundinnen wiegen sich. Bei Katja zeigt die Waage 42,5 kg, bei Julia 44,6 kg an. Die Waage rundet das Gewicht automatisch auf Zehntel.

a) In welchem Bereich liegt das tatsächliche Gewicht von Katja und Julia?

b) Katja freut sich: „Auf's Gramm genau gleich viel wie bei meiner Zwillingsschwester Patty!" Was meinst du? Begründe.

5 Die Tabelle zeigt die Einwohnerzahlen einiger Staaten der Europäischen Union (EU) mit ihren Autokennzeichen.

a) Finde die vollständigen Ländernamen für die Abkürzungen.

b) Runde alle Einwohnerzahlen auf Millionen (Zehntausender).

c) Zeichne ein Säulendiagramm, in dem die Länder nach ihrer Einwohnerzahl geordnet sind.

Land	Einwohnerzahl in Mio.
B	10,552
D	82,3178
FIN	5,349
F	63,426
GR	11,198
GB	60,812
IRL	4,298
L	0,537
A	8,264
E	44,534

6 **a)** Bei den Bundesjugendspielen starten fast alle Schüler beim 50-m-Lauf. Die beiden schnellsten Jungen sind 11,3 s und 11,6 s gelaufen. Die beiden schnellsten Mädchen sind nach 11,2 s und 11,9 s ins Ziel gekommen. Die Stoppuhr rundet die Zeiten auf Zehntel. In welchem Bereich liegt die tatsächlich gelaufene Zeit der vier Läufer?

b) Welche Masse könnte ein Auto besitzen, wenn im Verkaufprospekt ein Leergewicht von 1,5 t angegeben ist und man seine Masse auf 100 kg (auf 10 kg) genau bestimmt hat?

c) Suche in geeigneten Quellen (Zeitungen, Internet) ähnliche Beispiele.

Johanna und Rico finden den Kassenbon ihrer Mutter in der Küche und betrachten diesen genau.

- Wie kommt der Betrag „Summe: 4,14 €“ zustande?
- Wie kommt der „Rück“-Betrag zustande?
- Kannst du eine Regel finden, nach der Dezimalbrüche addiert und subtrahiert werden können?

23,61 + 3,57 = 27,18
1. Summand (23,61), 2. Summand (3,57), Summenwert (27,18); 23,61 + 3,57: Summe

23,61 − 3,57 = 20,04
Minuend (23,61), Subtrahend (3,57), Differenzwert (20,04); 23,61 − 3,57: Differenz

Merkwissen

Dezimalbrüche werden wie natürliche Zahlen **stellenweise addiert** (**subtrahiert**), d. h. die Dezimalbrüche werden stellengerecht untereinandergeschrieben (**Komma unter Komma**). Nicht besetzte Dezimalstellen werden mit Nullen aufgefüllt.

Beispiel:

Addiere 23,61 und 3,57.

```
   23,61
 +  3,57
    1
 -------
   27,18
```

Subtrahiere 26,244 von 563,81.

```
   5 13 7 10 10
   5 6̸ 3̸,8̸ 1̸ 0          oder      563,810
 −   2 6,2 4 4                    −  26,244
 -------------                        1  1 1
   5 3 7,5 6 6                     -------
                                   537,566
```

Beispiele

I Ergänze die fehlenden Angaben.

a)
```
    □,□6
 + □3,48
 -------
   27,4□
```

b)
```
   14□,70
 −  □5,1□
 --------
   58,□1
```

Lösung:

a)
```
    3,96
 + 23,48
 -------
   27,44
```

b)
```
   143,70
 −  85,19
 --------
    58,51
```

Verständnis

- Das Rechnen mit Dezimalzahlen geht genau wie das Rechnen mit natürlichen Zahlen. Man muss nur das Komma beachten. Stimmt das?
- Warum ist es oft leichter, mit Dezimalbrüchen statt mit Brüchen zu rechnen?
- Wie groß ist der Übertrag bei der Addition zweier Dezimalzahlen höchstens?

Aufgaben

Es ist von Vorteil, wenn man vor der Berechnung eine Überschlagsrechnung macht und das Ergebnis damit vergleicht.

Lösungen zu 1 und 2: 0,102; 70,032; 159,94; 361,31; 3,546; 105,63; 25,88; 48,022; 407,97; 380,64

1 Berechne den Wert der Summe.

a)	b)	c)	d)	e)
48,23	5,04	44,039	57,003	60,55
45,39	355,90	3,327	8,999	45,02
+ 287,02	+ 47,03	+ 0,656	+ 4,030	+ 0,06

2 Berechne den Wert der Differenz.

a)	b)	c)	d)	e)
73,97	4,566	245,97	389,30	29,089
− 48,09	− 1,020	− 86,03	− 27,99	− 28,987

3 Übertrage die Tabelle ins Heft und vervollständige sie.

+	4,503	12,01	3,45	17,589	200,02	100,99	0,9845
3,345	7,848	□	□	□	□	□	□
0,87	□	□	□	□	□	□	□
9,99	□	□	□	□	□	□	□
10,01	□	□	□	□	□	□	□

4 Bestimme die fehlenden Zahlen.

a) 4,504 – 0,345 = □ **b)** 200,89 – 12,721 = □ **c)** □ – 10,01 = 0,482
d) 11,208 – 0,852 = □ **e)** 24,58 – □ = 14,36 **f)** □ – 6,4 = 17,328
g) 25,001 – 17,655 = □ **h)** 17,01 – □ = 8,408 **i)** □ – 27,32 = 8,5

5 Thomas löst die Aufgabe 44,50 – 13,5 – 26,3 – 1,1 wie nebenstehend. Erkläre sein Vorgehen. Wie könnte man diese Aufgabe noch lösen?

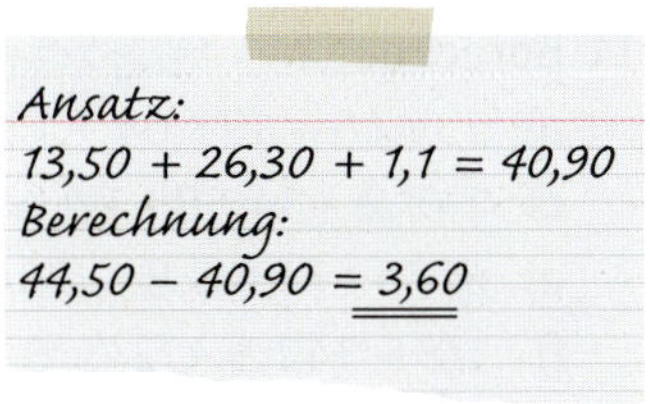

6 Berechne.

a) 4,58 – 0,54 – 2,18 **b)** 14,88 – 10,54 – 4,18 **c)** 99,7 – 80,3 – 5,9
d) 43,58 – 5,55 – 0,03 **e)** 224,88 – 1,84 – 22,18 **f)** 199,7 – 99,3 – 2,4
g) 4,508 – 0,504 – 3,8 **h)** 4,88 – 0,54 – 2,2 **i)** 9,7 – 8,03 – 1,62

Lösungen zu 6:
0,16; 0,05; 200,86; 38; 98; 0,204; 1,86; 2,14; 13,5

7 Felix zieht nacheinander von links nach rechts aus jeder Schüssel eine Karte. Die Dezimalbrüche verbindet er in der Reihenfolge ihrer Ziehung durch Addition und/oder Subtraktion miteinander, wobei das Ergebnis eine positive rationale Zahl sein soll.
Beispiel: 1,95 – 0,9 + 0,55 = 1,6

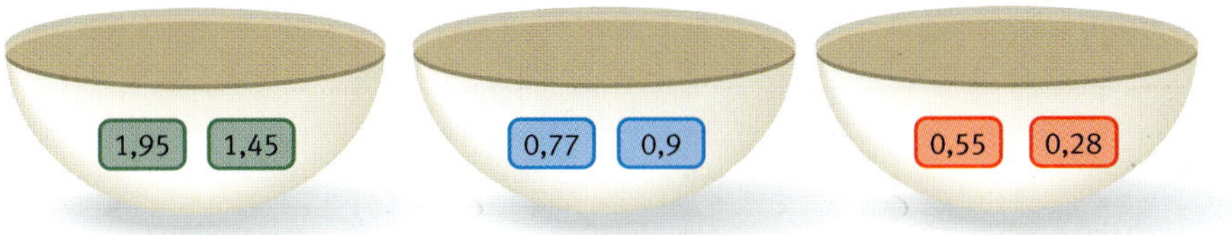

a) Stelle drei verschiedene Rechnungen wie im Beispiel auf.
b) Bestimme das kleinste (größte) mögliche Ergebnis.
c) Wie viele unterschiedliche Rechnungen kannst du erzeugen? Erkläre.

8 Berechne möglichst geschickt.

a) 0,3 + 0,23 + 0,016 – 0,09 **b)** 0,125 + 3,45 + 2,55 – 0,005
c) 0,83 – 0,23 – 0,014 – 0,09 **d)** 10,125 – 3,45 – 2,55 + 0,005
e) 50,3 – 0,53 + 0,516 – 0,15 **f)** 8,120 – 3,85 + 2,85 – 0,05
g) 100,516 – 50,53 + 40,43 **h)** 78,20 – 53,85 + 12,85 – 10,05

9 Übertrage die Rechnungen in dein Heft und ergänze die fehlenden Angaben.

a) 21□,63 + 1□3,□8 = □57,1□
b) 3□,5□□ – 17,119 = □2,□47
c) 0,48□ + 1,□00 = □,1□3
d) 9,□5□ – □,9□6 = 0,202
e) 1□,000 – 0,□□5 = 16,00□

10 Anna-Sophia packt ihren Rucksack für eine Bergtour.

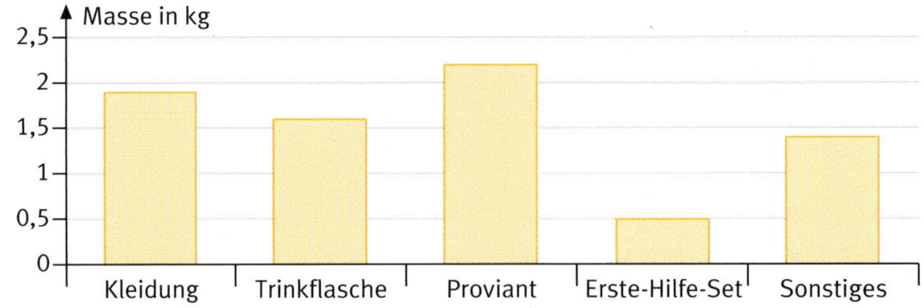

a) Entnimm dem Diagramm die Massen der Artikel und addiere diese.

b) Anna-Sophia soll insgesamt nicht mehr als 12 kg tragen. Wie viel kann sie noch einpacken, wenn der Rucksack selbst 2500 g wiegt?

Lösungen zu 11:
37,6385; 181,06; 283,79; 325,8; 345,12; 5653,96

11 Berechne.

a) 234,45 + 123,04 – 12,37

b) 24,95 – 2,4085 + 23,947 – 8,85

c) 145,2 – 34,58 + 84,48 – 14,04

d) 2534,58 – (2346,78 – 120,57) – 24,58

e) 6778 – [2345,8 – (234,67 + 987,09)]

f) 10^2 + 342,5 – (245,6 – 125,8) + 103 – 99,95 + (8,54 – 8,49)

12 a) Subtrahiere von der Summe der Zahlen 69,4 und 54,36 die Zahl 32,4.

b) Addiere zur Differenz der Zahlen 497,49 und 224,56 die Zahl 494,495.

c) Subtrahiere von der Differenz der Zahlen 97,49 und 74,56 die Zahl 18,95.

d) Addiere zur Summe der Zahlen 47,49; 8,08 und 24,56 die Zahl 194,455.

e) Subtrahiere die Summe der Zahlen 13,68 und 35,57 von der Differenz der Zahlen 436,04 und 17,04.

13 Die Familien Schmidt, Ziuk und Tizian waren beim Einkaufen:

Schmidt	Ziuk	Tizian
34,95 €	17,5 €	2500 ct
236,25 €	467,25 €	254,99 €
5,79 €	33,58 €	242 €
78,5 €	5,05 €	5,05 €
156,8 €	53,5 €	810 ct

a) Welche Familie hat am meisten Geld ausgegeben, welche am wenigsten?

b) Familie Schmidt hatte 900 €, Familie Ziuk 700 € und Familie Tizian 1000 € in der Geldbörse. Berechne den Rest, der jeweils noch in der Geldbörse ist.

c) Runde die Gesamtausgaben der drei Familien sinnvoll, sodass du sie in einem Säulendiagramm darstellen kannst.

Der Wert eines Steins ergibt sich aus der Summe der beiden Steine, die darunter liegen.

14 Übertrage die Zahlenmauern zur Addition in dein Heft und vervollständige sie.

a)

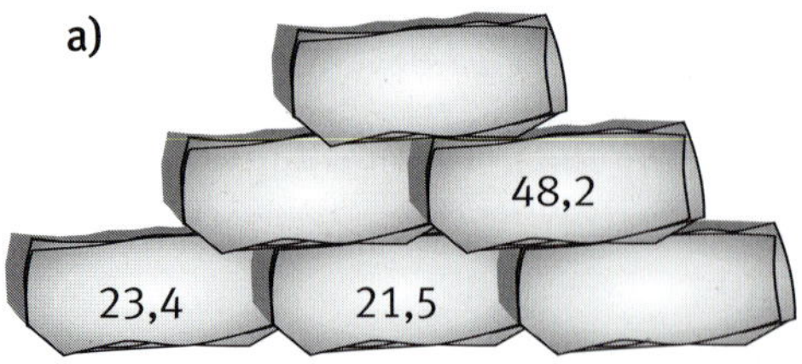

b)

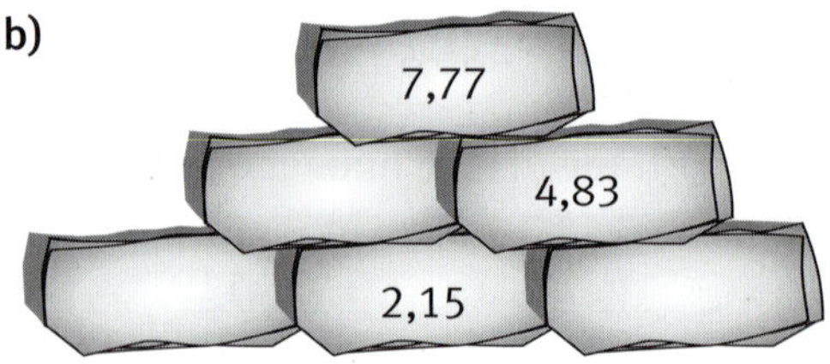

15 Hier fehlt was! Schreibe die Aufgabe ins Heft und setze das Komma in jeder markierten Zahl so, dass eine mathematisch wahre Aussage entsteht.

a) 0,42 + 0,88 = 13 **b)** 99,6 + 104 = 110,0 **c)** 2,56 – 0,87 = 169
d) 12,1 + 80,8 = 929 **e)** 19,6 – 104 = 9,2 **f)** 2,5 + 3,4 – 0,8 = 51
g) 106 + 34,5 – 12,6 = 325 **h)** 1000 – 549 – 43,44 = 166 **i)** 17 + 0,5 – 12 = 10

16 Patrick macht eine Radtour von Passau nach Wien. Vor dem Start und am Abend jedes Tages notiert er sich den Stand des Kilometerzählers.

a) Wie lang waren die einzelnen Tagesetappen?
b) Wie viele Kilometer ist er insgesamt geradelt?
c) An welchem Tag hat er die längste (die kürzeste) Strecke zurückgelegt?
d) Patricks Freund Michael wohnt an der Radstrecke. Als Patrick bei Michael angekommen ist, hat er bereits 224 km zurückgelegt. Überlege dir mathematische Fragestellungen und beantworte sie.

17 Wie viel fehlt bis 1?

a) 0,3; 0,33; 0,333; 0,3333; ... **b)** 0,6; 0,06; 0,006; 0,0006; ...
c) 0,5; 0,55; 0,555; 0,5555; ... **d)** 0,4; 0,41; 0,414; 0,4141; ...
e) Entwickle selbst eine Zahlenreihe und untersuche diese auf gleiche Weise.

18 Zum so genannten Kraftdreikampf gehören die Disziplinen Bankdrücken (B), Kniebeugen (Kb) und Kreuzheben (Kh). Die Tabelle zeigt die gehobenen Massen bei einem Turnier.

	B	Kb	Kh
Ivanovic	210,2 kg	412 kg	165,7 kg
Güllig	205,6 kg	415 kg	159,5 kg
Josefo	195,4 kg	420,7 kg	160,4 kg
Morten	200 kg	419,4 kg	161,4 kg

a) Wer hat die einzelnen Disziplinen gewonnen? Erstelle jeweils eine Rangliste.
b) Schätze ab, wer insgesamt die größte Masse bewegt hat, und überprüfe anschließend durch Rechnung.
c) Um den Gesamtsieger zu ermitteln, werden anhand der Platzierungen in den einzelnen Disziplinen Punkte nach der nebenstehenden Tabelle verteilt. Sieger ist derjenige mit der größten Gesamtpunktzahl. Ermittle die Platzierungen der einzelnen Athleten.

	B	Kb	Kh
Erster	6	4	8
Zweiter	4,5	3	6
Dritter	3	2	4
Vierter	1,5	1	2

19 Hier stimmt doch was nicht. Was macht Petra falsch?

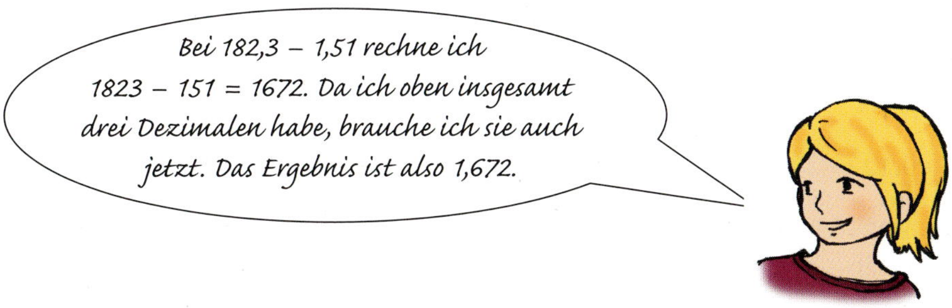

Antje hat zehn Mäuse, 100 Brauseperlen, drei Schaumküsse, vier Tafeln Schokolade und 1,5 kg Waffelbruch gekauft.

- Wie viel muss sie bezahlen?
- Finde eine Regel, nach der Dezimalbrüche mit Zehnerpotenzen (natürlichen Zahlen, Dezimalbrüchen) multipliziert werden.

1,5 · 2,49 = 3,735

1. Faktor (1,5); 2. Faktor (2,49); Produktwert (3,735); Produkt (1,5 · 2,49)

Merkwissen

Multipliziert man Dezimalbrüche mit den Zahlen **10**, **100**, **1000**, ..., so rückt das Komma um **1**, **2**, **3**, ... Stellen nach **rechts**. Für fehlende Ziffern werden Nullen geschrieben.

Dezimalbrüche werden mit natürlichen Zahlen und mit Dezimalbrüchen so **multipliziert**, als ob **kein Komma** vorhanden wäre. Anschließend wird das Komma gesetzt: Dabei erhält das Ergebnis so viele **Nachkommastellen** wie **beide Faktoren** zusammen haben.

Begründung mit Bruchrechnung:

Multiplikation ohne Komma

$$2{,}5 \cdot 1{,}47 = \frac{25}{10} \cdot \frac{147}{100} = \frac{25 \cdot 147}{10 \cdot 100} = \frac{3675}{1000} = 3{,}675$$

Nenner bestimmt Nachkommastellen

Begründung mit Stufenzahlen:

2,5 · 1,47 → 3,675

2,5 · 10 = 25

1,47 · 100 = 147

· 10, · 100, · 1000 → 25 · 147 = 3675 → : 1000, : 100, : 10

Dezimalzahlen multiplizieren:

1,23 · 3,6 = 4,428

2 Dezimalen + 1 Dezimale = 3 Dezimalen

Beispiele

I **a)** 4,6 · 0,123 **b)** 3,2 · 17,5 **c)** 0,05 · 0,1

Lösung:

a) 4,6 · 0,123 = 0,5658

```
4,6 · 0,123
     46
      92
      138
     1
  0,5658
```
(1 + 3 Dezimalen)

b) 32 · 1,75 = 56

```
32 · 1,75
   32
   224
    160
    1
  56,00
```
(0 + 2 Dezimalen)

c) 0,05 · 0,1 = 0,005

```
0,05 · 0,1
  0,005
```
(2 + 1 Dezimalen)

Endnullen können nach der Kommasetzung gestrichen werden. (Beispiel I b)

Liefert die Multiplikation ohne Komma zu wenige Dezimalstellen, so werden Vornullen eingefügt. (Beispiel I a) und I c)

II Schreibe zunächst als Produkt und berechne dann.

a) $2{,}4^2$ **b)** $0{,}01^2$ **c)** $1{,}5^3$

Lösung:

a) $2{,}4^2 = 2{,}4 \cdot 2{,}4 = 5{,}76$

b) $0{,}01^2 = 0{,}01 \cdot 0{,}01 = 0{,}0001$

c) $1{,}5^3 = 1{,}5 \cdot 1{,}5 \cdot 1{,}5 = 3{,}375$

Verständnis

- Anna sagt: „5 Kuchenstücke zu 1,35 € können nicht 6,70 € kosten.“ Überprüfe Annas Behauptung ohne zu rechnen.
- Luca rechnet: $0{,}25 \cdot 2{,}4 = 0{,}6$. Cevat behauptet: „Das kann nicht stimmen, weil du drei Nachkommastellen haben musst.“ Hat Luca Recht? Begründe.

Aufgaben

1 Berechne und vergleiche die Ergebnisse.

Beachte: $10^0 = 1$

a)	b)	c)	d)
$5{,}2 \cdot 1$	$2{,}4 \cdot 5$	$3{,}6 \cdot 10^2$	$0{,}018 \cdot 20$
$5{,}2 \cdot 100$	$240 \cdot 0{,}5$	$0{,}36 \cdot 10^3$	$0{,}018 \cdot 0{,}20$
$5{,}2 \cdot 0{,}1$	$0{,}24 \cdot 5000$	$0{,}036 \cdot 10^1$	$1{,}8 \cdot 2{,}0$
$5{,}2 \cdot 0{,}01$	$24 \cdot 0{,}05$	$3{,}6 \cdot 10^0$	$0{,}18 \cdot 200$

2 Berechne die Produktwerte.

a)	b)	c)	d)
$442{,}5 \cdot 6{,}9$	$4{,}25 \cdot 0{,}032$	$4{,}25 \cdot 6{,}01$	$0{,}618 \cdot 20$
$32{,}11 \cdot 2{,}34$	$0{,}005 \cdot 709{,}1$	$25{,}1 \cdot 21{,}4$	$0{,}742 \cdot 100$
$0{,}254 \cdot 32{,}13$	$2{,}842 \cdot 4{,}25$	$987{,}01 \cdot 0{,}002$	$24{,}05 \cdot 8{,}24$
$2{,}5 \cdot 9{,}3 \cdot 2$	$2{,}5 \cdot 2{,}25 \cdot 3$	$0{,}02 \cdot 0{,}035 \cdot 0{,}04$	$0{,}18 \cdot 5{,}4 \cdot 20{,}2$

Lösungen zu 2: 0,000028; 3053,25; 1,97402; 75,1374; 46,5; 537,14; 8,16102; 0,136; 3,5455; 12,0785; 25,5425; 19,6344; 16,875; 12,36; 198,172; 74,2

3 Hier stimmt doch etwas nicht. Finde den Fehler und korrigiere ihn.

a) $70 \cdot 0{,}4 = 2{,}8$ **b)** $0{,}5 \cdot 0{,}1 = 0{,}6$ **c)** $1{,}2 \cdot 1{,}2 = 14{,}4$

d) $45{,}3 \cdot 1{,}0 = 4{,}53$ **e)** $3{,}2 \cdot 4{,}7 = 12{,}14$ **f)** $3{,}46 \cdot 8{,}75 = 34{,}6 \cdot 87{,}5$

4 Gib den Produktwert an, ohne zu rechnen. Es gilt: $6708 \cdot 23\,051 = 154\,626\,108$.

a) $6{,}708 \cdot 23{,}051$ **b)** $670{,}8 \cdot 2{,}3051$ **c)** $6{,}708 \cdot 230{,}51$

d) $0{,}6708 \cdot 2{,}3051$ **e)** $67{,}08 \cdot 2305{,}1$ **f)** $670{,}8 \cdot 2305{,}1$

5 **a)** Rauminhalte werden in den USA in Gallonen (gal) oder Pint (Pt) angegeben.
Dabei gilt: 1 gal = 3,785 l 1 Pt = 0,473 l.
Rechne in Liter um:
5 gal 2,45 gal 22 Pt 0,5 Pt 0,875 Pt 1,75 gal 12,64 gal

b) In der Ölindustrie werden die Fördermengen in Barrel (bl) angegeben, was dem Inhalt eines Ölfasses entspricht. Dabei gilt: 1 bl = 158,987 l.
Wie viel Öl ist in 5 (6,5; 7,25) Fässern? Runde sinnvoll.

6 Benzinpreise werden häufig mit drei Nachkommastellen angegeben.

a) Wie viel muss der Kunde jeweils bezahlen?

1 Abgabe 22,45 Liter; Preis 1,479 €/Liter

2 Abgabe 45,21 Liter; Preis 1,529 €/Liter

3 Abgabe 32,89 Liter; Preis 1,419 €/Liter

b) Der Tank von Frau Günthers Auto fasst 55 l. Wie viel € könnte Frau Günther bei jeder Tankfüllung sparen, wenn sie Diesel statt Super tanken könnte?

	Riegel 1		Riegel 2	
Nährwerte	pro 100 g	pro Riegel (10 g)	pro 100 g	pro Riegel (20 g)
Brennwert	375 kcal		439 kcal	
Eiweiß	6,7 g	0,79 €	7,1 g	0,85 €
Kohlenhydrate	43,9 g		18,1 g	
Fett	18,8 g		14,3 g	

Bei Müsliriegeln sind stets Angaben über die Nährwerte aufgedruckt. Viele Hersteller geben neben den Angaben für 100 g auch diejenigen für einen Riegel an.

- Bei zwei verschiedenen Packungen Müsliriegel ist ein Teil der Angabe durch das Preissschild verdeckt. Ergänze jeweils die fehlenden Informationen.
- Finde eine Regel, nach der Dezimalbrüche durch Zehnerpotenzen (durch natürliche Zahlen) geteilt werden.

7,1 : 5 = 1,42

Dividend — Divisor — Quotientenwert

Quotient

Merkwissen

Dividiert man Dezimalbrüche durch **10, 100, 1000** ..., so rückt das Komma um **1, 2, 3,** ... Stellen nach **links**. Für fehlende Ziffern werden Nullen geschrieben.

Dividiert man Dezimalbrüche durch eine natürliche Zahl, so geht man genauso vor, wie wenn man eine natürliche Zahl durch eine natürliche Zahl teilt. Wird im Dividenden das **Komma überschritten**, so wird im Ergebnis das Komma gesetzt.

Beispiele:

1 12,48 : 8 = 1,56
```
 12,48 : 8 = 1,56
−8
  44   Überschreiten des Kommas
 −40
   48  Komma im Ergebnis setzen
  −48
    0
```

2 94,28 : 4 = 23,57
```
 94,28 : 4 = 23,57
−8
 14    Überschreiten des Kommas
−12
  22   Komma im Ergebnis setzen
 −20
   28
  −28
    0
```

Beispiele

I Gib an, durch welche Zahl geteilt wurde.

a) 67,13 : ▢ = 6,713 b) 152,33 : ▢ = 0,15233

Lösung:

a) 10 b) 1000

Denke auch an die Möglichkeit, mit Brüchen zu rechnen.

II Karla behauptet: „0,675 : 25 = 2,7“. Überprüfe rechnerisch, ob sie Recht hat.

Lösung:
```
0,675 : 25 = 0,027
−0
 06
 −0
  67
 −50
  175
 −175
    0
```

oder

$0{,}675 : 25 = \frac{675}{1000} : \frac{25}{1} = \frac{\overset{27}{\cancel{675}}}{1000} \cdot \frac{1}{\underset{1}{\cancel{25}}} = \frac{27}{1000} = 0{,}027$

Karla hat also nicht Recht.

Verständnis

- Was passiert, wenn du einen Dezimalbruch zuerst durch eine Zehnerpotenz teilst und das Ergebnis dann mit derselben Zehnerpotenz multiplizierst?
- Wie ändert sich eine Zahl, wenn du sie dreimal durch 10 (100, ...) dividierst?

Aufgaben

1 Berechne.

a)	b)	c)	d)	e)
5,02 : 10	2,65 : 5	$36 : 10^2$	0,63 : 21	12,8 : 40
5,02 : 100	2,40 : 4	$0{,}36 : 10^3$	14,4 : 2	128,0 : 4
44,62 : 100	0,024 : 2	16,5 : 5	10,5 : 7	2,56 : 8
0,064 : 1000	0,429 : 22	0,16 : 8	58,5 : 26	25,6 : 80
120,4 : 10 000	58,5 : 13	12,87 : 9	0,135 : 5	5,12 : 0,256

2 Übertrage die Zahlenmauern zur Multiplikation ins Heft und vervollständige sie.

a)

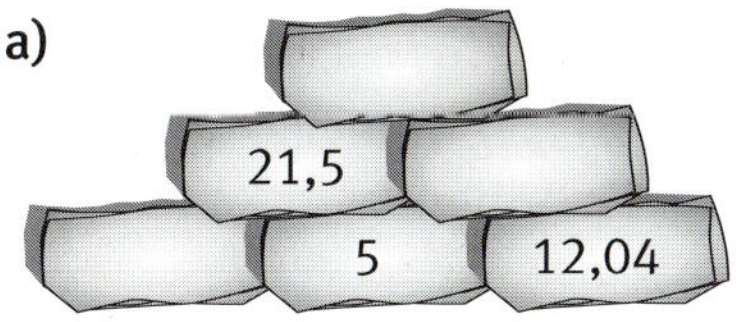

b)

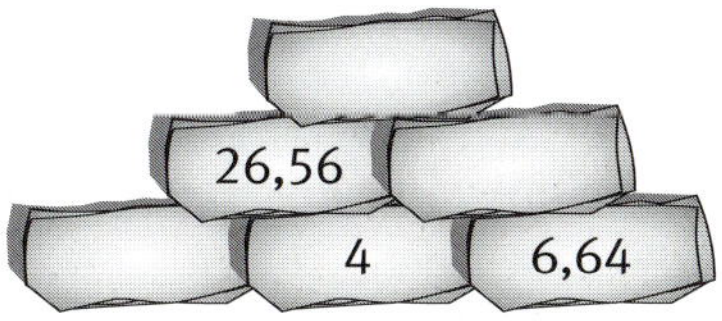

3 Herr Tizian hat heute 50 Liter Benzin getankt und dafür 63,45 € bezahlt. Seine Frau hatte vor einer Woche für 40 Liter 50,76 € bezahlen müssen.

a) Ermittle den Literpreis für Benzin, den Herr bzw. Frau Tizian bezahlen mussten.

b) Frau Tizian hatte vor einer Woche zudem fünf Autowaschmarken gekauft und insgesamt nur noch 9,29 € von ihrem 100-€-Schein zurück bekommen. Wie teuer ist eine Autowäsche?

Bei vielen Aufgaben hilft dir eine Überschlagsrechnung, dein Ergebnis zu kontrollieren.

4 Sandy hört im Radio, dass eine vierköpfige Tippgemeinschaft im Lotto 1 597 842,36 € gewonnen hat.

a) Erkläre, wie Sandy gerechnet haben könnte.

b) Wie viel bekommt jedes Mitglied der Tippgemeinschaft exakt?

5 Berechne schriftlich. Überschlage zuerst.

a)	4 : 5	5 : 4	7 : 8	17 : 5	5 : 8	7 : 4	14 : 8
b)	12 : 15	17 : 20	78 : 25	35 : 28	9 : 48	89 : 32	49 : 56

Eine Möglichkeit, Dezimalbrüche zu bestimmen:

$\frac{1}{8} = 1 : 8$; $\frac{4}{5} = 4 : 5$

6 Setze die Ziffern 4, 2, 0, 8 und 2 so in die folgende Rechnung ein, dass sie richtig wird: □,□□ : 4 = □,□6.

7 Obsthändler Birne kauft 45 kg Äpfel für 36,90 €.

a) Berechne den Preis für 1 kg Äpfel.

b) Beim Umfüllen stellt er fest, dass 8,6 kg der Äpfel verdorben sind. Wie viel muss Herr Birne für 1 kg Äpfel verlangen, wenn er mit 5,12 € Geschäftskosten für die Äpfel rechnet und einen Gewinn von 6,64 € erzielen will?

Geschäftskosten fallen immer an, wenn man Ware verkauft: Äpfel müssen gekühlt werden, Computer brauchen Strom, Berufskleidung kostet Geld, ...

Bei einer „Olympiade der Tiere“ könnte man die Körperlänge von Tieren mit ihrer Sprungweite vergleichen.

- Wie oft passt die Körperlänge des Tigers in seine Sprungweite?
- Wie oft passt die Körperlänge des Lachses in seine Sprungweite?
- Wie verhält es sich bei den anderen Tieren und wer wäre somit der Sieger?

Tier	Körperlänge	Sprungweite
Tiger	2 m	5 m
Lachs	0,6 m	3,6 m
Löwe	1,8 m	4,5 m
Rotfuchs	0,62 m	2,79 m

12,4 : 2 = 6,2
· 10 ↓ ↓ · 10
124 : 20 = 6,2

Werden Dividend und Divisor mit der gleichen Zehnerpotenz multipliziert, so verschiebt sich bei beiden das Komma jeweils um gleich viele Stellen nach rechts.

Merkwissen

Das Ergebnis einer Division ändert sich nicht, wenn Dividend und Divisor mit derselben Zahl multipliziert werden.
Man dividiert einen Dezimalbruch durch einem Dezimalbruch, indem man zuerst beide Zahlen so mit einer Zehnerpotenz multipliziert, dass der **Divisor eine natürliche Zahl** wird. Anschließend verfährt man wie gewohnt.

Beispiel:
0,342 : 0,76 = 34,2 : 76
(Multiplizieren mit 100)

34,2 : 76 = 0,45
− 304
380
− 380
0

Beispiele

I Berechne.

a) 1,518 : 1,2 b) 0,006 : 0,2 c) 3,9 : 1,25

Lösung:

a) 1,518 : 1,2
= 15,180 : 12 = 1,265
− 12
31
− 24
78
− 72
60
− 60
0
(Endnullen ergänzen)

b) 0,006 : 0,2
= 0,06 : 2 = 0,03
− 0
00
− 0
06
− 6
0

c) 3,9 : 1,25
= 390 : 125 = 3,12
275
150
125
250
− 250
0

Manchmal müssen für eine vollständige Berechnung Endnullen ergänzt werden.

Nach dem Komma werden die Teildivisionen stellenweise durchgeführt.

Verständnis

- Jérome sagt: „Wenn man einen Dezimalbruch durch eine Zahl zwischen 0 und 1 dividiert, ist das Ergebnis größer als der Dividend.“ Stimmt das? Begründe.
- Kann man Dividend und Divisor mit einer Zehnerpotenz multiplizieren, sodass beide natürliche Zahlen sind? Begründe.

Aufgaben

1 Dividiere. Schaffst du es auch im Kopf?

a)	b)	c)	d)	e)
0,8 : 0,4	0,9 : 0,3	3,6 : 0,6	0,48 : 0,6	62,5 : 25
0,8 : 0,04	9 : 0,03	0,36 : 60	4,8 : 0,06	0,625 : 0,25
8 : 0,4	0,09 : 3	0,036 : 6	48 : 6,0	6,25 : 2,5
0,08 : 0,04	0,9 : 0,03	3,6 : 0,06	4,8 : 0,6	62,5 : 2,5

2 Übertrage die Zahlenmauern zur Multiplikation in dein Heft und vervollständige sie.

a)

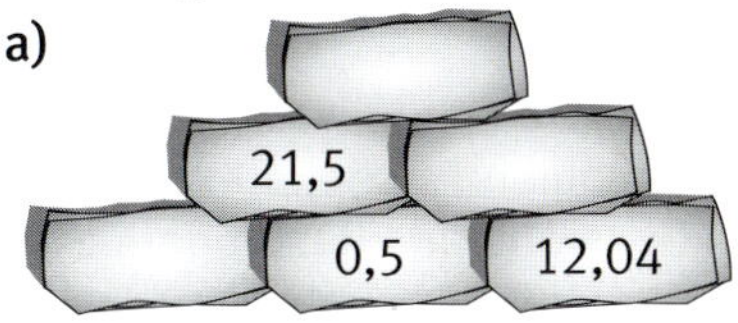

b)

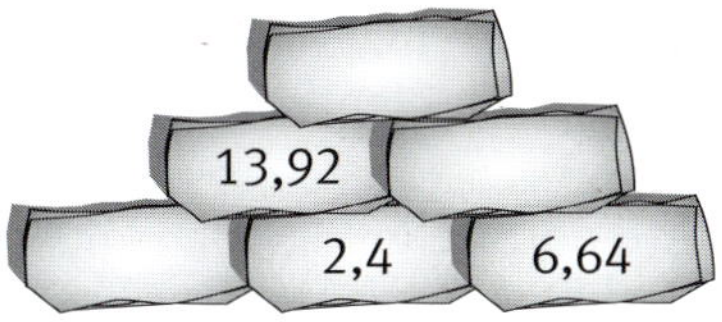

3 Berechne.

a)	**b)**	**c)**	**d)**
1,8 : 0,15	1,02 : 0,85	0,00108 : 0,9	44,4015 : 3,45
21,525 : 1,5	2,117 : 7,3	0,0783 : 0,15	188,092 : 5,9
8 : 0,125	4,2 : 0,14	0,047 : 2,5	1,64076 : 24,2
2,16 : 0,72	0,168 : 0,006	5,1051 : 9,1	0,92011 : 0,911

Lösungen zu 3:
31,88; 14,35; 1,2;
30; 0,29; 28; 0,0012;
0,522; 12; 0,561; 0,0188;
12,87; 1,01; 0,0678; 64; 3

4 Der Bus für eine Klassenfahrt kostet 499,20 €. Wie viel muss jeder der 32 Teilnehmer bezahlen?

5 In einer Mostkellerei werden pro Stunde 3,24 hl Fruchtsaft hergestellt.

a) Wie viele 0,75-l-Flaschen werden pro Stunde abgefüllt?

b) Wie viele Fruchtsaftkästen werden benötigt, wenn jeder Kasten zwölf Flaschen enthält? Wie viele Kästen braucht man an einem zehnstündigen Arbeitstag?

6 Setze mithilfe einer geschickten Überschlagsrechnung das Komma im Ergebnis an die richtige Stelle.

a) 2,135 : 0,07 = 3 0 5 **b)** 0,415 : 0,05 = 8 3

c) 1,905 : 1,5 = 1 2 7 **d)** 27,65 : 0,025 = 1 1 0 6

7 Es gilt: 516 : 12 = 43. Gib den Wert der folgenden Terme ohne Rechnung an. Beschreibe dein Vorgehen.

a) 51,6 : 12 **b)** 5,16 : 12 **c)** 51,6 : 1,2 **d)** 51,6 : 0,12 **e)** 0,516 : 0,12

8 Die Tabelle zeigt die geschätzten Energievorräte und den weltweiten Jahresverbrauch aus dem Jahr 2006. Wie lange reichen die Vorräte bei gleichem Verbrauch? Runde günstig.

	Reserven	Verbrauch
Erdöl (in Mrd. t)	165,36	3,9
Erdgas (in Bill. m^3)	181,44	2,8
Kohle (in Mrd. t)	909,23	3,1

9 Der Rennsteigtunnel ist mit 7,92 km der längste Straßentunnel Deutschlands. Er soll alle 35,2 m eine Lampe erhalten. Wie viele Lampen benötigt man?

10 Setze die Zahlen so in die Kästchen, dass das Ergebnis möglichst groß (klein) wird.

a) □□,□ : 0,□ =

b) □,□ : □,□ =

11 Hier stimmt doch etwas nicht. Finde den Fehler und korrigiere ihn.

a) *4,08 : 2 = 2,4* **b)** *0,33 : 0,3 = 0,03*

c) *0,63 : 0,9 = 7* **d)** *28 : 0,7 = 2,8 : 7 = 0,4*

12 Erfinde selbst Aufgaben zu den Rechenausdrücken und löse sie.

a) 42,50 € : 4 **b)** 0,75 l : 0,15 l **c)** 145,8 km : 3 **d)** 1,3 m^2 : 0,25 m^2

Faires Teilen: Sven, Anja und Eric wollen ihren Tombolagewinn von 100 € gerecht aufteilen. Plötzlich beginnen sie sich zu streiten …

- Versuche mithilfe einer schriftlichen Division 100 € durch 3 zu teilen.
- Sven schlägt vor, dass jeder für seine Eltern ebenfalls einen Teil bekommen soll. „Also wird durch 6 geteilt, dann müsste doch eine Division ohne Rest möglich sein." Hat er Recht?
- Unter wie vielen Personen könnte man 100 € gerecht aufteilen? Gib Beispiele an.
- Finde weitere Divisionsaufgaben, bei denen du auf ein ähnliches Problem stößt wie bei 100 : 3.

*Die Ziffer bzw. Zifferngruppe im Ergebnis, die sich immer wiederholt, nennt man **Periode**. Man schreibt sie wie folgt: $0{,}4545... = 0{,}\overline{45}$ („null Komma **Periode** vier fünf")*

Merkwissen

Um einen Bruch in einen Dezimalbruch umzuwandeln, teilt man den Zähler durch den Nenner. Dabei können sich zwei unterschiedliche Arten von Dezimalbrüchen ergeben:

Beispiele:

Endlicher Dezimalbruch
Bei der Division bleibt kein Rest.

$\frac{5}{8} = 5 : 8 = 0{,}625$

Nicht endlicher, also periodischer Dezimalbruch
Bei der Division entstehen fortlaufend Reste, die nach einem Muster wiederkehren und für sich ständig wiederholende Dezimalen sorgen.

$\frac{5}{11} = 5 : 11 = 0{,}4545... = 0{,}\overline{45}$

Beginnt bei periodischen Dezimalbrüchen die Periode sofort nach dem Komma, so nennt man sie **reinperiodisch**.

$\frac{1}{3} = 1 : 3 = 0{,}33... = 0{,}\overline{3}$

Gehört mindestens **eine Ziffer** nach dem Komma **nicht** zur Periode, dann nennt man sie **gemischtperiodisch**.

$\frac{5}{12} = 5 : 12 = 0{,}4166... = 0{,}41\overline{6}$

Beispiele

I Wandle $\frac{3}{8}$, $\frac{10}{12}$ und $\frac{2}{11}$ in Dezimalbrüche um.
Um welche Art von Dezimalbruch handelt es sich jeweils?

Lösung:

$\frac{3}{8} = 3 : 8 = 0{,}375$ (endlich)

$\frac{10}{12} = 10 : 12 = 0{,}833... = 0{,}8\overline{3}$

```
 100
 -96
   40
  -36
    4
    :
```
(gemischtperiodisch)

$\frac{2}{11} = 2 : 11 = 0{,}1818... = 0{,}\overline{18}$
(reinperiodisch)

II Setze $<$, $>$ oder $=$ ein.

a) $0{,}\overline{4}$ ☐ $0{,}444$ **b)** $2{,}2\overline{4}$ ☐ $2{,}25$ **c)** $2\frac{1}{3}$ ☐ $2{,}333$

Lösung:

a) $0{,}\overline{4} > 0{,}444$ **b)** $2{,}2\overline{4} < 2{,}25$ **c)** $2\frac{1}{3} > 2{,}333$

Verständnis

- Mia behauptet, dass $0,\overline{3} \cdot 7 = 0,\overline{21}$ ist. Hat sie Recht? Begründe.
- Kann sich ein periodischer Dezimalbruch ergeben, wenn ein Bruch mit einer Zehnerpotenz als Nenner in einen Dezimalbruch umgewandelt wird?

Aufgaben

1 Wandle in einen Dezimalbruch um.

a) $\frac{4}{9}; \frac{4}{12}; \frac{21}{40}; \frac{1}{4}; \frac{17}{40}; \frac{7}{12}; \frac{10}{22}$ b) $\frac{3}{9}; \frac{4}{10}; \frac{11}{18}; \frac{11}{15}; \frac{7}{36}; \frac{4}{12}; \frac{4}{55}$

c) $\frac{25}{9}; \frac{7}{24}; \frac{21}{84}; \frac{7}{32}; \frac{5}{7}; \frac{73}{90}; \frac{38}{120}$ d) $2\frac{14}{33}; 2\frac{13}{21}; 1\frac{21}{60}; 8\frac{3}{4}; \frac{96}{40}; 5\frac{14}{72}$

2 Ordne den Dezimalbrüchen jeweils den genauen Fachbegriff (reinperiodisch, gemischtperiodisch, endlich) zu.

a) 0,355... b) 0,1616... c) $0,\overline{6}$ d) $0,2\overline{6}$ e) 1,3456789

3 Wandle die Brüche jeweils in Dezimalbrüche um. Welche Besonderheit stellst du fest? Formuliere eine Regel mit eigenen Worten.

a) **Beispiel:** $\frac{4}{9} = 0,\overline{4}$
$\frac{1}{9}; \frac{2}{9}; \frac{3}{9}; \frac{4}{9}; \frac{5}{9}; \frac{7}{9}; \frac{8}{9}$

b) **Beispiel:** $\frac{7}{99} = 0,\overline{07}$
$\frac{1}{99}; \frac{2}{99}; \frac{4}{99}; \frac{53}{99}; \frac{65}{99}$

c) **Beispiel:** $\frac{24}{999} = 0,\overline{024}$
$\frac{1}{999}; \frac{2}{999}; \frac{41}{999}; \frac{558}{999}$

4 Wandle die periodischen Dezimalbrüche in einen Bruch bzw. eine gemischte Zahl um. Kürze das Ergebnis, wenn möglich. **Beispiel:** $0,\overline{6} = \frac{6}{9} = \frac{2}{3}$

a) $0,\overline{6}; 0,\overline{4}; 0,\overline{7}; 0,\overline{16}; 0,\overline{65}$ b) $0,\overline{06}; 0,\overline{04}; 0,\overline{009}; 0,\overline{156}$

c) $0,\overline{61}; 2,\overline{024}; 6,\overline{069}; 7,\overline{556}$ d) $0,\overline{37}; 2,\overline{124}; 6,\overline{69}; 7,\overline{513}$

Merke dir folgende Zusammenhänge:

$\frac{1}{3} = 0,\overline{3}$ $\frac{1}{9} = 0,\overline{1}$

$\frac{1}{6} = 0,1\overline{6}$ $\frac{1}{99} = 0,\overline{01}$

$\frac{1}{11} = 0,\overline{09}$ $\frac{1}{999} = 0,\overline{001}$

5 Ordne die Dezimalbrüche der Größe nach. Beginne mit dem kleinsten.

B $0,\overline{43}$ E $0,4\overline{29}$ K 0,404 R $0,4\overline{3}$ U 0,44
H 0,45 R 0,4375 C $0,\overline{4}$ H 0,43

6 Tobi und Carmen unterhalten sich im Supermarkt.

Was meinst du zu Tobis Aussage? Begründe.

7 Ein Bruch mit dem Nenner 7 wird in einen Dezimalbruch umgewandelt. Dieser ist reinperiodisch und seine Periode besteht aus sechs verschiedenen Ziffern. Wie könnte der Bruch lauten?
Wandle alle möglichen echten Brüche mit dem Nenner 7 in Dezimalbrüche um. Was fällt dir auf?

Vertiefung

Aron behauptet, dass $0,\overline{9} = 1$ ist. Dazu führt er folgende Begründung an:

Es gilt: $0,\overline{1} = \frac{1}{9}$ $0,\overline{2} = \frac{2}{9}$ $0,\overline{3} = \frac{3}{9} \ldots$
Also folgt daraus: $0,\overline{9} = \frac{9}{9} = 1$

- Erkläre Arons Überlegungen.
- Versuche auf ähnliche Weise zu zeigen, dass gilt: $0,8\overline{9} = 0,9$.
- Gib weitere derartige Beispiele an.

1 Berechne.

a) $(224 - 43{,}3) - (83{,}8 - 61{,}5)$
b) $9{,}22 - (32{,}35 - 31{,}78) + 3{,}37$
c) $16{,}83 - (17{,}67 + 7{,}83 - 19{,}48)$
d) $23{,}11 - [83{,}32 - (34{,}4 + 45{,}88)]$
e) $49{,}023 - (23{,}76 + 23{,}12 - 8{,}9)$
f) $17\frac{1}{2} - (4{,}\overline{3} + 9\frac{2}{3}) + (3{,}2 + 4\frac{1}{5})$
g) $5{,}1 \cdot 3{,}6 - 34{,}72 : 2$
h) $8{,}9 \cdot 0{,}01 - 0{,}0265 + 1{,}5 : 1{,}6$

2 Übertrage die Tabelle in dein Heft. Bestimme die Termwerte bei den angegebenen Belegungen.

	a	b	c	a – (b – c)	(a – b) – c
a)	0,7	0,4	0,25	■	■
b)	$3\frac{1}{4}$	2,25	0,375	■	■
c)	0,5	$0{,}\overline{3}$	$\frac{1}{6}$	■	■

3 Berechne.

a) $\left(0{,}4 + \frac{2}{3}\right) + \left(\frac{1}{3} + 0{,}5\right) + 5{,}3$
b) $0{,}8 - \frac{2}{11} - \frac{3}{11} - 0{,}2$
c) $\left[\left(\frac{4}{6} - 0{,}25\right) - \left(\frac{5}{12} - 0{,}\overline{3}\right)\right] + 2{,}2 \cdot 2{,}5$
d) $\left[\left(0{,}75 + \frac{1}{9}\right) - \left(0{,}75 - \frac{1}{9}\right)\right] \cdot 8 \cdot 12{,}6$

4 Familie Hubers Duschraum ist 3,20 m lang, 1,60 m breit und 2,20 m hoch. Er soll bis zur Höhe von 1,60 m rundum gefliest werden. Die Eingangstüre ist 1,20 m breit und 2,10 m hoch.

a) Wie viele quadratische Bodenplatten mit 10 cm Kantenlänge braucht man mindestens?
b) Wie viele quadratische Wandfliesen mit 20 cm Kantenlänge werden mindestens benötigt?
c) Wie teuer sind die Fliesen mindestens?

Preisliste
Bodenplatten
1 m² für 14,90 €
Wandfliesen
1 m² für 18,50 €

Lösungen zu 5:
74; 60,4; 57; 14,455; 0,33

5 Schreibe als Term und berechne anschließend.

a) Multipliziere die Summe aus 3,7 und 1,2 mit der Differenz aus 3,44 und 0,49.
b) Dividiere die Summe der Zahlen 1,57 und 0,08 durch die Differenz aus 25 und 20.
c) Addiere zur Summe der Zahlen 30,2 und 12,8 die Differenz dieser Zahlen.
d) Subtrahiere die Differenz aus 9,29 und 7,09 von der Summe aus 13,8 und 45,4.
e) Vermehre die Differenz aus 156,93 und 97,73 um das Doppelte der Summe aus 5,399 und 2,001.

Runde Ergebnisse gegebenenfalls auf eine Nachkommastelle.

6 a) Berechne den Flächeninhalt und den Umfang eines Rechtecks mit der Länge 7,7 cm und der Breite 4,5 cm. Gib beide Größen in verschiedenen Einheiten an. Zeichne das Rechteck ins Heft.
b) Finde drei weitere Zahlenpaare für die Länge l und die Breite b, sodass die betreffenden Rechtecke den gleichen Umfang wie das Rechteck aus a) besitzen. Berechne dazu jeweils den Flächeninhalt und vergleiche ihn mit dem Ergebnis aus a). Was fällt dir auf?
c) Bestimme die Seitenlänge s des Quadrats, das denselben Umfang hat wie das Rechteck aus a). Berechne auch den Flächeninhalt des Quadrats und vergleiche mit den Ergebnissen aus b). Was fällt dir auf?

7 Hier hat doch jemand rumgekleckst. Bestimme die fehlenden Bestandteile.

a) $12{,}4$ ▒ $0{,}01 = 0{,}124$
b) $14{,}76 :$ ▒ $= 73{,}8$
c) $7{,}5$ ▒ $0{,}65 = 4{,}875$
d) $0{,}5 \cdot$ ▒ $= 0{,}1\overline{6}$
e) $0{,}\overline{01} \cdot$ ▒ $= 1$
f) $0{,}25 - 3 \cdot$ ▒ $= 0{,}22$

8 Vier Freunde teilen sich den Gewinn ihres Lottospiels anteilig zu ihrem bezahlten Spieleinsatz: Andreas erhält 4250 €, Bernd erhält drei Viertel des Anteils von Andreas, Christa erhält vier Fünftel des Anteils von Bernd und Doria erhält 2550 € weniger als Bernd.

a) Berechne die Gewinne der vier Freunde und ihren Gesamtgewinn.

b) Welchen Bruchteil des Gesamtgewinns erhält Andreas (Bernd)?

c) Wie viel hat Andreas (Bernd) eingezahlt, wenn der Lottoschein 36 € kostete?

d) Stelle die Gewinne in einem Diagramm dar. Runde dazu sinnvoll.

9 Übertrage in dein Heft und ergänze.

	a	b	a – b	a · b	a : b	b : a
a)	$2\frac{1}{2}$	2,5				
b)	2,6		1,22			
c)	34,5				28,75	
d)		0,8		4		

10 Ordne jedem Bruch den zugehörigen Dezimalbruch zu. Welche Karten bleiben übrig?

$\frac{2}{5}$ $\frac{4}{5}$ $\frac{7}{10}$ $\frac{7}{20}$ $\frac{11}{8}$ $\frac{6}{4}$ $\frac{6}{8}$ $\frac{6}{10}$ $\frac{11}{10}$ $\frac{26}{20}$

0,6 0,7 0,4 0,75 1,5 1,375 0,35 1,1 1,3 1,25

WISSEN

Rechengesetze

Beim Rechnen mit Dezimalbrüchen gelten die gleichen Regeln und Gesetze wie beim Rechnen mit Brüchen und natürlichen Zahlen. Dies kann man anschaulich an Beispielen untersuchen.

- Berechne jeweils und vergleiche die Ergebnisse. Was fällt dir auf?

a) 3,40 + 4,07 + 12,6
4,07 + 3,40 + 12,6

b) 5 · 2,3
2,3 · 5

c) 4,5 · (8,4 + 2,1)
4,5 · 8,4 + 4,5 · 2,1

d) 12,6 + 3,40 + 4,07
12,6 + 4,07 + 3,40

e) 4,5 · 2 · 3
2 · 3 · 4,5

f) 1,2 · (5,4 – 2,1)
1,2 · 5,4 – 1,2 · 2,1

g) (4,7 + 3,1) : 0,2
4,7 : 0,2 + 3,1 : 0,2

h) (2,5 – 2,3) : 0,1
2,5 : 0,1 – 2,3 : 0,1

Die bisher bekannten Rechengesetze sind die folgenden:

Kommutativgesetz bei der Addition und bei der Multiplikation:
$a + b = b + a$ bzw. $a \cdot b = b \cdot a$ mit $a, b \in \mathbb{Q}_0^+$

Assoziativgesetz bei der Addition und bei der Multiplikation:
$(a + b) + c = a + (b + c)$ bzw. $(a \cdot b) \cdot c = a \cdot (b \cdot c)$ mit $a, b, c \in \mathbb{Q}_0^+$

Distributivgesetz:
$(a + b) \cdot c = a \cdot c + b \cdot c$ mit $a, b, c \in \mathbb{Q}_0^+$
$(a - b) \cdot c = a \cdot c - b \cdot c$ mit $a, b, c \in \mathbb{Q}_0^+$ und $a \geq b$

- Beschreibe die Gesetze in eigenen Worten.
Beispiel: Beim alleinigen Addieren ist die Reihenfolge der Summanden egal.
- Vervollständige den Satz: „Wenn Rechengesetze für Brüche gelten, dann müssen sie auch für Dezimalbrüche gelten, denn ...“

11 Runde sinnvoll. Erkläre, wie du gerundet hast.

a) Ein Liter Diesel kostet 1,479 €.

b) Das Licht legt im Weltall pro Sekunde 299 792,458 km zurück.

c) Herr Kurze hat im Internet ein Buch für 35 US-$ bestellt. Für die Umrechnung in € findet er folgendes Ergebnis: 35 US-$ = 24,90660 €.

d) Eine Münze wiegt 4,2963 g.

12

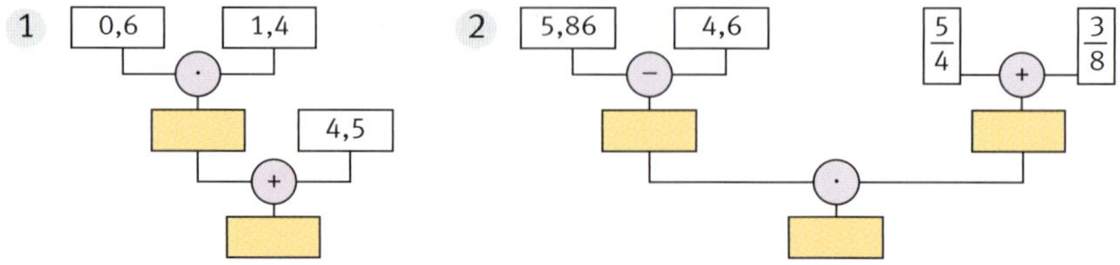

a) Übertrage in dein Heft und fülle die Lücken aus.

b) Schreibe zu jedem Rechenbaum den zugehörigen Term auf.

c) Gib den jeweiligen Term auch in einer Wortbeschreibung an.

Du kannst auch ein Tabellenkalkulations-programm verwenden.

13 In der Tabelle sind die Anzahl der Herzschläge (pro Minute) und die mittlere Lebenserwartung (in Jahren) unterschiedlicher Tierarten dargestellt.

a) Sortiere die Tabelle nach der mittleren Lebenserwartung. Beginne mit der geringsten.

b) Erstelle für die mittlere Lebenserwartung ein Säulendiagramm.

c) Bei welcher Tierart schlägt das Herz am schnellsten (am langsamsten)?

d) Nimm dazu Stellung und unterstütze deine Stellungnahme durch Zahlenbeispiele.

Tierart	Anzahl der Herzschläge	mittlere Lebenserwartung in Jahren
Affe	192	15
Hamster	450	1,5
Hund	115	15
Kaninchen	205	6
Opossum	180	5
Elefant	35	24
Esel	50	15
Katze	120	15
Ziege	90	9

Manchmal gibt es mehrere Möglichkeiten. Gib sie alle an.

14 a) Wähle aus den Dezimalbrüchen jeweils zwei verschiedene so aus, dass ...

0,57 2,4 4,5 0,05 20,1

1 der kleinste mit dem größten multipliziert wird.

2 der Produktwert größer als eins ist.

3 der Produktwert kleiner als eins ist.

4 der Produktwert am größten (am kleinsten) wird.

b) Wähle selbst fünf Dezimalbrüche und formuliere ähnliche Arbeitsaufträge.

c) Beschreibe den Zusammenhang zwischen der Größe zweier Faktoren und dem Produktwert, wenn ein Faktor (beide Faktoren) kleiner als 1 ist (sind).

Runde alle Ergebnisse sinnvoll.

15 In einer Kleiderfabrik werden verschiedene Hosen aus unterschiedlichen Stoffen produziert. Je nach Größe, Schnitt und Verarbeitung werden unterschiedliche Stoffmengen und Arbeitszeiten für die Herstellung veranschlagt.

Modell				
Länge der Stoffbahn	2,15 m	2,4 m	1,85 m	2,65 m
Stoffpreis pro Meter	15,35 €	9,65 €	12,94 €	36,88 €
Arbeitszeit	$\frac{3}{4}$ h	20 min	12 min	$1\frac{1}{5}$ h

a) Berechne die Materialkosten für jedes Hosenmodell.

b) Wie teuer werden die Hosen, wenn die Arbeitskosten pro Stunde 41,50 € betragen und auf die Gesamtkosten ein Gewinn von 20 % aufgeschlagen wird?

16 Judith kocht gerne Marmelade aus einem Teil Gelierzucker und drei Teilen Obst.

a) Berechne, wie viele Gläser zu je 400 g Marmelade Judith aus 6 kg Obst ungefähr herstellen kann. Wie viele 500-g-Päckchen Zucker braucht sie dafür?

b) Judith verwendet Marmeladengläser unterschiedlicher Größe. Sie weiß, dass in ein Glas mit dem Fassungsvermögen 300 ml etwa 400 g Marmelade passen. Berechne, wie viel Gramm Marmelade in ein Glas von 180 ml bzw. 240 ml passen.

c) Judith hat berechnet, dass die reinen Bezugskosten für Obst und Zucker bei ihrer Marmelade 2,40 € pro kg betragen. Ein 300-ml-Glas kostet im Großhandel 0,56 €, ein 180-ml-Glas 0,36 € und ein 240-ml-Glas 0,42 €. Bestimme mit den Ergebnissen aus b) die Kosten für jeweils ein Glas Marmelade.

Medizin

Homöopathie

Ein homöopathisches Mittel bezeichnet eine Arznei, in der Wirkstoffe sehr verdünnt vorkommen. Für die Herstellung verwendet man oftmals eine Urtinktur, die dann je nach Zweck mit medizinischem Alkohol weiter verdünnt wird. Die verschiedenen Stufen dieses Vorgangs nennt man Dezimalverdünnung. Die Herstellung solcher Tinkturen ist rechts beschrieben.

- Wie viel ml D3 (D9) bekommst du aus 4 ml (12 ml) Urtinktur?
- Wie viel Urtinktur ist in 10 ml (100 ml, 1000 ml) Verdünnung D2 enthalten? Beschreibe, wie sich die Reihe weiter fortsetzt.
- Vergleiche die Urtinktur in 1000 ml D1 mit 1000 ml D2 (D3, D6).
- Informiere dich im Internet, in Apotheken, ... welche Inhaltsstoffe es in homöopathischen Arzneimitteln gibt. Erstelle Aufgaben und lasse sie von einem Partner lösen.

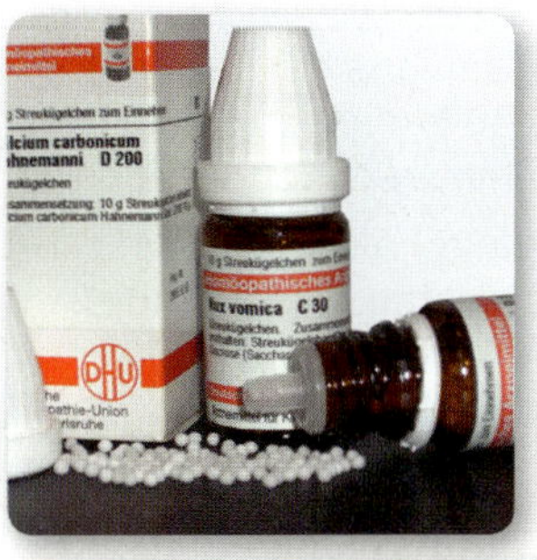

Homöopathisches Arzneibuch (HAB)

Die 1. Dezimalverdünnung D1 wird aus 1 Teil Urtinktur und 9 Teilen Alkohol, die 2. Dezimalverdünnung D2 aus 1 Teil D1 und 9 Teilen Alkohol hergestellt. Für die Verdünnung D3 verwendet man 1 Teil D2 und 9 Teile Alkohol, usw. Bei jedem Vorgang wird also die 9-fache Menge Alkohol zur bisherigen Flüssigkeit zugeschüttet.

Nährwerttabelle

Zu den Grundvoraussetzungen für gute körperliche und geistige Leistungen gehört eine ausgewogene und maßvolle Ernährung. Unser Körper verbraucht Energie, die wir ihm in Form von Nahrung zuführen müssen. Den Energiegehalt von Lebensmitteln misst man entweder in der alten Einheit Kilokalorien (kcal) oder in Kilojoule (kJ).
Für die Umrechnung gilt:
1 kcal = 4,2 kJ bzw. 1 kJ = 0,24 kcal
Die Tabelle zeigt für zahlreiche Lebensmittel, wie viel Energie, Fett und Kohlenhydrate (KH) in einer bestimmten Menge enthalten sind.

Lebensmittel	Menge	Energie in kcal	Fett in g	KH in g
Toastbrot	50 g	130	2,0	23,5
Weißbrot	50 g	118,5	5,5	24
Müsli	30 g	118,2	3,0	20,1
Cornflakes	30 g	106,5	0,2	24,0
Eiernudeln	100 g	360	3,0	70,0
Vollkornnudeln	100 g	343	3,0	64,0
Reis parboiled	100 g	344	0,5	78,4
Rinderfilet	100 g	121	4,0	0,0
Putenschnitzel	100 g	105	1,0	0,0
Thunfisch	100 g	227	15,3	0,0
Forelle	100 g	102	2,7	0,0
Joghurt	100 g	53	1,5	5,6
Fertigpizza Salami	100 g	175	5,0	25,3
Nudel-Fertiggericht	100g	126	3,0	21,0

a) Rechne die Energie der Speisen aus der Tabelle in die Einheit Kilojoule um. Du kannst auch ein Tabellenkalkulationsprogramm verwenden.

b) Berechne den Gesamtenergiegehalt sowie die Masse an Fett und Kohlenhydraten für folgende „Gerichte“:

1. 100 g Toastbrot mit 50 g Thunfisch; 45 g Müsli; 250 g Forelle; 150 g Joghurt
2. 100 g Weißbrot mit 75 g Putenschnitzel; 30 g Cornflakes; 350 g Vollkornnudeln; 75 g Joghurt
3. 75 g Toastbrot; 50 g Cornflakes; 200 g Forelle; 80 g Reis; 250 g Joghurt

Broteinheiten

Eine anschaulichere Maßeinheit für Kohlenhydrate ist die sogenannte Broteinheit (BE). Darunter versteht man diejenige Menge an Kohlenhydraten (KH), die in einer dünnen Scheibe Mischbrot enthalten ist. Bei Essstörungen oder Stoffwechselkrankheiten wie Diabetes werden Speisepläne anhand von Broteinheiten aufgestellt.
Für die Umrechnung gilt:
1 kcal = 4,2 kJ bzw. 1 kJ = 0,24 kcal

Gericht (pro Portion)	Energie in kcal	Energie in kJ	Fett in g	KH in g	BE
Bandnudeln mit Seezunge	612	☐	11	86	7
Paprikaschnitzel mit Reis	☐	1962	17	44	3,5
Salat mit Putenbrust	☐	1052	10	9	0,7
Kartoffelsalat mit Nüssen	370	☐	19	44	3,5

a) Berechne die fehlenden Angaben in der Tabelle.

b) Stelle die Masse an Fett und an Kohlenhydraten sowie die Broteinheiten jeweils in einem geeigneten Diagramm dar.

c) Es gibt zwischen der Masse an Kohlenhydraten und den Broteinheiten einen Zusammenhang. Finde ihn heraus und beschreibe ihn in Worten und mit Zahlen.

Kraft und Ausdauer

Die Tabelle zeigt, das Wievielfache an Energie man im Vergleich zu einer sitzenden Tätigkeit wie Fernsehen jeweils braucht. Beim Fußballspielen beispielsweise braucht man 5-mal so viel Energie wie beim Sitzen. Der absolute Energieverbrauch ist dabei unter anderem vom Alter und Geschlecht eines Menschen abhängig.
In einer halben Stunde verbraucht z. B. beim Sitzen ...

- ein 12-jähriger Junge 190 kJ,
- ein 12-jähriges Mädchen 175 kJ und
- ein Erwachsener 210 kJ.

Energiebedarf im Vergleich zum Sitzen	Faktor
Fußball	5
Leichtes Radfahren	2,5
Schweres Radfahren (bergig, schnell)	12
Tätigkeit im Stehen oder Gehen	1,35
Volleyball	1,8
Tanzen	3,7
Dauerlauf	3,7
Schwimmen (mittleres Tempo)	4,4
Schwimmen (hohes Tempo)	6
Schlafen	0,63

a) Wievielmal so viel Energie braucht man beim Dauerlauf, beim Tanzen oder beim Radfahren im Vergleich zum Sitzen? Ordne die Tabelle der Größe nach.

b) Wievielmal so viel Energie braucht man beim Schwimmen oder Radfahren mit hohem Tempo im Vergleich zum Dauerlauf (Schlafen)? Stelle weitere Vergleiche auf.

c) Wie viel Energie benötigt etwa ein 12-jähriger Junge für eine halbe Stunde der folgenden Tätigkeiten?
① Fußball ② Volleyball
③ Tanzen ④ Leichtes Radfahren
⑤ Schwimmen (hohes Tempo)

d) Wie viel Energie benötigt ungefähr ein 12-jähriges Mädchen (ein Erwachsener) für eine Stunde Dauerlauf und 90 Minuten Tanzen?

e) Wie viel Energie benötigt in etwa ein Radfahrer, wenn er bei der Tour de France eine Bergetappe in 5,5 h fährt?

Trainingspläne

Um noch genauer zu berechnen, wie viel Energie man bei einer Tätigkeit im Sitzen in einer Stunde braucht, kann man sich folgender Formeln bedienen:
Jungen: Körpergewicht in kg · 4,95 + 184
Mädchen: Körpergewicht in kg · 3,75 + 196
Die Formeln geben den Energiebedarf in Kilojoule an.

a) Berechne den Energiebedarf für Meike (38 kg) und Johannes (45 kg).
Berechne anschließend den Energiebedarf der beiden für eine halbe Stunde Dauerlauf und eine Stunde Tanzen.

b) Berechne deinen eigenen Energiebedarf für zehn Stunden Schlaf.

c) Unten siehst du den Wochentrainingsplan von Meike und Johannes. Berechne den Energiebedarf der beiden für eine ganze Trainingswoche.

Tag	Meike	Zeit
Montag	Dauerlauf	2 h
Dienstag	Leichtes Radfahren Schwimmen	2 h 1 h
Mittwoch	Schweres Radfahren	2,5 h
Freitag	Fußball	1,5 h
Samstag	Schweres Radfahren	3 h
Tag	**Johannes**	**Zeit**
Montag	Schwimmen	1,5 h
Dienstag	Leichtes Radfahren Dauerlauf	2,5 h 1 h
Mittwoch	Schweres Radfahren	3 h
Freitag	Fußball	2 h
Samstag	Schweres Radfahren	3,5 h

Überprüfe deine Fähigkeiten und Kenntnisse. Bearbeite dazu die folgenden Aufgaben und bewerte anschließend deine Lösungen mit einem Smiley.

☺	😐	☹
Das kann ich!	Das kann ich fast!	Das kann ich noch nicht!

Hinweise zum Nacharbeiten findest du auf der folgenden Seite. Die Lösungen findest du unter www.ccbuchner.de (Eingabe 8436 ins Suchfeld).

Aufgaben zur Einzelarbeit

1 Schreibe als Bruch und kürze falls möglich.

a) 0,01; 0,2; 0,5; 0,05
b) 0,200; 0,125; 0,375; $0,\overline{3}$
c) $1,\overline{1}$; $0,1\overline{6}$; 2,5; 1,375

2 Schreibe als Dezimalbruch.
$\frac{17}{20}$; $\frac{12}{25}$; $\frac{49}{200}$; $\frac{7}{8}$; $\frac{9}{30}$; $\frac{6}{200}$; $\frac{217}{700}$; $\frac{8}{32}$

3 Übertrage ins Heft und setze <, > oder =.

a) 0,0456 ☐ 0,0399 **b)** 0,92 ☐ 0,29
c) 0,444 ☐ $0,\overline{4}$ **d)** 0,459 ☐ 0,549
e) 1,101 ☐ $1,\overline{011}$ **f)** 2,2020 ☐ 2,02020

4 Nenne fünf Dezimalbrüche, die zwischen 0,9898 und 0,9899 liegen.

5 Beim Abfahrtslauf der Männer erreicht der Favorit das Ziel. Auf der Anzeigetafel leuchtet seine Laufzeit auf: 2:02,59 min. Er ist zeitgleich mit dem bisher Führenden. Der Sportreporter jubelt: „Was für ein Lauf! Auf die Tausendstelsekunde gleich schnell! Was meinst du dazu? Begründe.

6 Runde auf Zehntel (Tausendstel).

a) 0,03445; 0,56009; 0,56148
b) 0,9989; 0,00999; 0,9876
c) 1,1234; 9,8765; 0,0505

7 Stelle die Länge folgender Pkw-Modelle in einem Diagramm dar. Runde zunächst sinnvoll.

Modell	Länge in m
Mini-Car	2,955
Sports-Cruiser	4,050
Family-Van	4,695
Stretch-Limousine	7,405

8 Berechne.

a) 4,28 + 0,84 + 1,18 **b)** 15,88 – 9,54 – 2,88
c) 43,58 – 5,55 + 0,03 **d)** 284,8 + 111,84 – 222,8
e) 199,7 + 99,3 – 122,4 **f)** 4,508 – 0,588 – 3,89
g) 4,880 + 0,540 – 2,8 **h)** 19,7 – 18,06 – 1,62

9 Berechne folgende Terme.

a) 145,1 – 134,58 + 94,48 – 74,04
b) 134,4576 – (123,048 – 32,37)
c) 253,58 – (234,78 – 120,58) – 24,58
d) 26,95 – [25,085 – (23,05 – 18,915)]

10 Julia behauptet: „Bei der Addition und Subtraktion von Dezimalbrüchen rechnet man zuerst ohne Berücksichtigung des Kommas. Das Ergbnis hat so viele Dezimalstellen wie der größere Dezimalbruch.“ Hat Julia Recht? Begründe.

11 Berechne.

a) 0,34 · 10; 0,111 · 100; 1000 · 1,0068
b) 17 : 10; 0,5 : 100; 1,7 : 1000
c) 6,05 · 10 000; 0,23 : 100; 396 : 1000

12 Berechne.

a) 1,51 · 2; 39,3 · 6; 3,0128 · 3; 0,007 · 49
b) 1,5 · 1,8; 1,5 · 0,18; 0,15 · 0,018; 15 · 0,18
c) 16,25 · 0,25; 22,5 · 0,36; 103,6 · 102,6; 0,081 · 0

13 Berechne.

a) 3,04 : 2; 18 : 0,6; 4,2 : 14; 99,2 : 31
b) 0,459 : 8,5; 0,045 : 0,5; 406,77 : 5,25; 9 : 0,015
c) 14,162 : 1,46; 9,61 : 0,31; 1,568 : 11,2; 0,1 : 0,001

14 Ein Stapel Druckerpapier (Aufschrift: A4; 500 Blatt; 210 × 297 mm; 80 g/m²) ist 5,1 cm dick.

a) Wie dick ist ein einzelnes Blatt?
b) Überprüfe, ob Martins Behauptung stimmt.

15 Wandle in einen Dezimalbruch um. Um welche Art von Dezimalbruch handelt es sich jeweils?

a) $\frac{5}{6}$ **b)** $\frac{7}{9}$ **c)** $\frac{4}{13}$ **d)** $\frac{9}{8}$

16 Berechne.

a) $0{,}56 : 0{,}8 + 0{,}21 : 3$

b) $9{,}3 : (0{,}9 - 3 \cdot 0{,}3 + 1)$

c) $19{,}53 : 18{,}6 + 2{,}97 : 0{,}9$

d) $18{,}09 - 14{,}05 + 23{,}8 \cdot 2{,}3$

e) $8{,}99 + (14{,}05 - 23{,}8 \cdot 0{,}5)$

17 Schreibe als Term und berechne anschließend.

a) Subtrahiere das Dreifache von 2,3 von 10,6.

b) Dividiere den Quotienten aus 0,4 und 8 durch 0,05.

c) Multipliziere die Summe aus 5,6; 4,3 und 2,1 mit 1,5.

18 Rechne vorteilhaft.

a) $7{,}999999 + 0{,}986983 + 1{,}000001$

b) $3{,}13756 : 0{,}75 - 2{,}13756 : 0{,}75$

Aufgaben für Lernpartner

Arbeitsschritte

1 Bearbeite die folgenden Aufgaben alleine.
2 Suche dir einen Partner und erkläre ihm deine Lösungen. Höre aufmerksam und gewissenhaft zu, wenn dein Partner dir seine Lösungen erklärt.
3 Korrigiere gegebenenfalls deine Antworten und benutze dazu eine andere Farbe.

Sind folgende Behauptungen **richtig** oder **falsch**? Begründe schriftlich.

19 Ersetzt man bei einem echten Bruch den Bruchstrich durch ein Divisionszeichen, so erhält man eine Rechnung, deren Ergebnis ein Dezimalbruch ist.

20 Gleichwertige Brüche ergeben umgewandelt denselben Dezimalbruch.

21 Von zwei Dezimalbrüchen ist derjenige der größere, der mehr Nachkommastellen hat.

22 Dezimalbrüche rundet man anhand der Dezimalen nach denselben Regeln wie natürliche Zahlen.

23 Rundet man 1,4995 auf Tausendstel, so erhält man 1,500.

24 Wenn auf Zehntel gerundet wird und 1,9 m das Ergebnis ist, dann kann die tatsächliche Größe zwischen 1,84 m und 1,95 m liegen.

25 Addiert oder subtrahiert man zwei Dezimalbrüche mit jeweils drei Nachkommastellen, so kann das Ergebnis nie eine natürliche Zahl sein.

26 Bei der Multiplikation von Dezimalbrüchen rechnet man zunächst ohne Komma. Das Ergebnis hat dann so viele Dezimalen, wie alle Faktoren zusammen haben.

27 Durch die Multiplikation mit Zehnerpotenzen (10, 100, 1000, ...) lässt sich jede Division von Dezimalbrüchen in eine Division von natürlichen Zahlen umwandeln.

28 $12{,}025 : 0{,}2 = 1{,}2025 : 2$

29 Wie bei der Division von Dezimalbrüchen lassen sich auch bei der Multiplikation immer durch Kommaverschiebung natürliche Zahlen herstellen.

30 $0{,}25 \cdot 100 = 250 : 10$

31 Periodische Dezimalbrüche kann man immer als Brüche schreiben, bei denen im Nenner die Zahl 9 steht.

32 Teilt man 0,5 durch 0,7, so erhält man als Ergebnis einen reinperiodischen Dezimalbruch.

33 Beim Rechnen mit Dezimalbrüchen gelten dieselben Rechengesetze wie beim Rechnen mit Brüchen.

Aufgabe	Ich kann ...	Hilfe
1, 2, 15, 19, 20	Brüche in Dezimalbrüche umwandeln und umgekehrt.	S. 86
3, 4, 5, 21	Dezimalbrüche vergleichen und ordnen.	S. 88
6, 7, 22, 23, 24	Dezimalbrüche runden.	S. 90
8, 9, 10, 25	Dezimalbrüche addieren und subtrahieren.	S. 92
11, 12, 26, 29, 30	Dezimalbrüche multiplizieren.	S. 96
11, 13, 14, 27, 28	Dezimalbrüche dividieren.	S. 98, 100
15, 31, 32	mit Fachbegriffen zu positiven rationalen Zahlen umgehen.	S. 102
16, 17, 18, 33	Rechengesetze für positive rationale Zahlen anwenden.	S. 105

S. 86

Bruch	H	Z	E	z	h	t	Dezimalbruch
	100	10	1	$\frac{1}{10}$	$\frac{1}{100}$	$\frac{1}{1000}$	
$\frac{4}{10}$			0,	4			0,4
$\frac{245}{1000}$			0,	2	4	5	0,245
$\frac{5132}{100}$		5	1,	3	2		51,32

Brüche, deren Nenner **Zehnerpotenzen** sind, können als **Dezimalbrüche** geschrieben werden.
Das Komma trennt die Ganzen (**Einer**, **Zehner**, **Hunderter**, ...) von den Bruchteilen des Ganzen (**Zehntel** (**z**), **Hundertstel** (**h**), **Tausendstel** (**t**), ...).

Die Ziffern nach dem Komma nennt man Dezimalen oder Dezimalstellen.

S. 88

1,349
1,357 also: 1,349 < 1,357

Ordnet man Dezimalbrüche **der Größe nach**, dann untersucht man die Stellenwerte **von links nach rechts**. Entscheidend ist die erste Stelle, an der verschiedene Ziffern stehen.

S. 90

3,462 ≈ 3,46 (auf Hundertstel)
3,462 ≈ 3,5 (auf Zehntel)
3,462 ≈ 3 (auf Ganze)

Dezimalbrüche **rundet** man anhand der Nachkommastellen (Dezimalen) nach denselben Regeln wie natürliche Zahlen.

S. 92

```
   23,61
 +  3,57
     1
 -------
   27,18
```

```
   5 13 7 10 10
   5 6 3,8 1 0
 –   2 6,2 4 4
 -------------
   5 3 7,5 6 6
```

Dezimalbrüche werden **stellenweise addiert** (**subtrahiert**), d. h. die Dezimalbrüche werden stellengerecht untereinandergeschrieben (**Komma unter Komma**). Nicht besetzte Dezimalstellen werden mit Nullen aufgefüllt.

S. 96

```
2,5 · 1,47 = 3,675
2,5 · 1,47
--------------
       25
      100
 +    175
--------------
     3,675
(Dezimalen: 1 + 2 = 3)
```

Dezimalbrüche werden mit natürlichen Zahlen und mit Dezimalbrüchen so **multipliziert**, als ob **kein Komma** vorhanden wäre. Anschließend wird das Komma gesetzt: Dabei erhält das Ergebnis so viele **Nachkommastellen** wie **beide Faktoren** zusammen haben.

S. 100

```
12,48 : 8 = 1,56
–8
 44
–40
  48
 –48
   0
```

Überschreiten des Kommas – Komma im Ergebnis setzen

0,342 : 0,76 = 34,2 : 76 = 0,45

Multiplizieren mit 100

Einen Dezimalbruch dividiert man durch eine natürliche Zahl wie eine natürliche Zahl durch eine natürliche Zahl.
Wird im Dividenden das **Komma überschritten**, so wird im Ergebnis das Komma gesetzt.

Man dividiert einen Dezimalbruch durch einen Dezimalbruch, indem man zuerst beide Zahlen so mit einer Zehnerpotenz multipliziert, dass der **Divisor eine natürliche Zahl** wird. Anschließend verfährt man wie gewohnt.

S. 102

$\frac{1}{3} = 1 : 3 = 0{,}33... = 0{,}\overline{3}$
reinperiodisch

$\frac{5}{12} = 5 : 12 = 0{,}4166... = 0{,}41\overline{6}$
gemischtperiodisch

Um einen Bruch in einen Dezimalbruch umzuwandeln, teilt man den Zähler durch den Nenner. Dabei kann sich ein **endlicher** Dezimalbruch oder ein **periodischer** Dezimalbruch ergeben.

Symmetrie

1

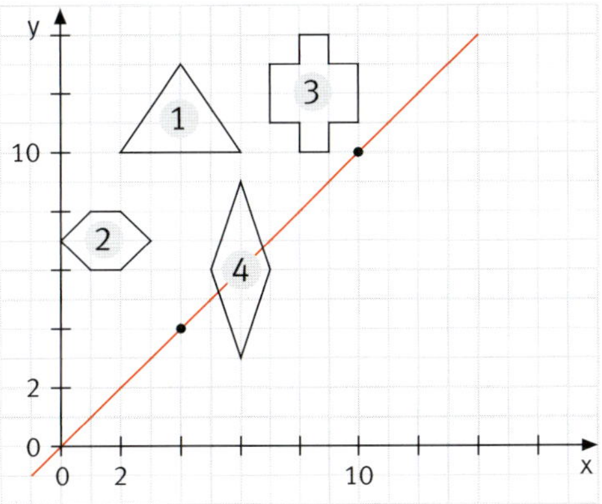

a) Übertrage die Abbildung in dein Heft. Spiegle die Figuren an der Spiegelachse.

b) Bestimme alle auftretenden Koordinaten der Figuren und gespiegelten Figuren.

2 **a)** Beschreibe sämtliche auftretenden Symmetrien der Gegenstände.

1 

2 

3 

b) Finde symmetrische Gegenstände in deiner Umwelt und präsentiere sie deiner Klasse.

3 Gegeben ist nebenstehende Ausgangsfigur.

a) Welche der Figuren ist das Ergebnis einer Halbdrehung der Figur um den Punkt T?

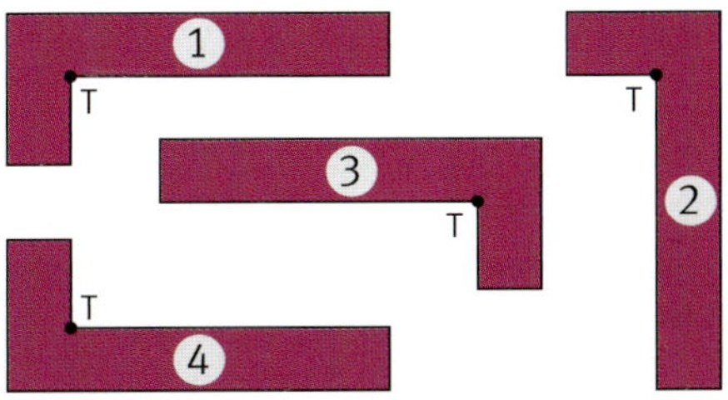

b) Durch welche Symmetriebewegungen sind die anderen Figuren aus der Ausgangsfigur entstanden?

Brüche

4 Wie groß ist das markierte Volumen? Gib das Ergebnis in zwei verschiedenen Einheiten an und schreibe die Maßzahl sowohl als Bruch als auch als Dezimalzahl.

a)

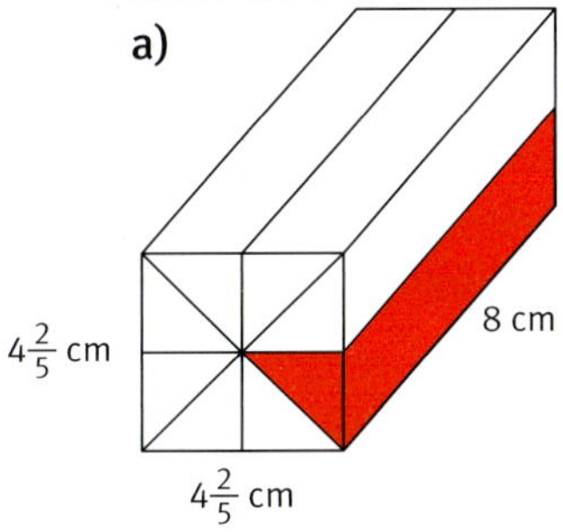

b)

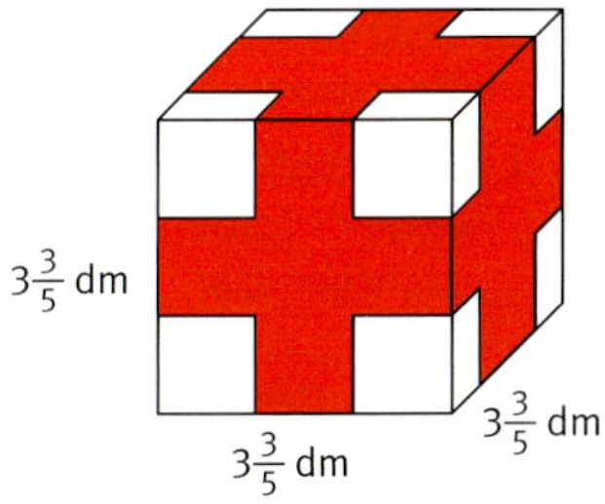

5 Übertrage die Rechentrauben und ergänze.

a) Addition

b) Multiplikation

6 Berechne.

a) $6\frac{9}{10} - 3\frac{3}{4}$ $9\frac{5}{12} - 3\frac{7}{9}$ $13\frac{1}{8} + 7\frac{2}{3}$

b) $\frac{14}{15} \cdot \frac{3}{8}$ $5\frac{1}{3} : 8$ $\frac{3}{4} \cdot \frac{4}{9} \cdot \frac{3}{5}$

c) $14\frac{7}{10} + 5\frac{3}{8}$ $4\frac{3}{8} : 1\frac{2}{3}$ $\frac{2}{2} : \frac{3}{3}$

7 Finde den Fehler und berichtige ihn.

a) $\frac{3}{5} + \frac{4}{10} = \frac{7}{15}$

b) $\frac{3}{7} : \frac{2}{3} = \frac{7}{3} \cdot \frac{2}{3} = 7 \cdot \frac{2}{3} \cdot 3 = \frac{14}{9} = 1\frac{5}{9}$

c) $\frac{6}{9} : 2 = \frac{6}{9} \cdot \frac{2}{2} = \frac{12}{18} = \frac{2}{3}$

d) $\frac{1}{4} + \frac{3}{10} = \frac{1}{20} + \frac{3}{20} = \frac{4}{20} = \frac{1}{5}$

8 Ordne die Brüche aufsteigend der Größe nach.

a) $\frac{2}{3}$; $\frac{4}{5}$; $\frac{11}{15}$; $\frac{3}{6}$; $\frac{4}{9}$; $\frac{7}{20}$; $\frac{3}{10}$; $\frac{25}{60}$

b) $1\frac{1}{5}$; $\frac{27}{25}$; $\frac{7}{15}$; 1,2; $\frac{14}{10}$; 0,9; $\frac{13}{7}$

c) $\frac{67}{100}$; 0,7; $\frac{7}{8}$; $\frac{3}{7}$; $\frac{13}{18}$; 0,5; $\frac{0}{13}$

Volumen und Oberflächen

9 900 Spielwürfel mit der Kantenlänge von 1,5 cm sollen in Packungen zu jeweils 30 und 40 Würfel so verpackt werden, dass kein Würfel mehr übrig bleibt.

a) Stelle alle Möglichkeiten übersichtlich dar.

b) Bestimme das Volumen aller Würfel und der Verpackungen.

c) Welche Kantenlänge können die Verpackungen jeweils haben? Stelle alle Möglichkeiten übersichtlich dar.

10 Ralfs Mutter bepflanzt vier quaderförmige Balkonkästen mit Blumen. Jeder Kasten ist innen 54 cm lang, 15 cm breit und 20 cm hoch.

a) Wie viele 10-l-Säcke Blumenerde werden benötigt, wenn die Kästen bis 5 cm unter den Rand befüllt werden?

b) Wie viel kostet das Bepflanzen der Kästen mit jeweils drei Stiefmütterchen und zwei Primeln?

Blumenerde	10 Liter	2,45 €
Stiefmütterchen	Stück	0,79 €
	ab 10 Stück	0,69 €
Primeln	Stück	0,99 €
	ab 10 Stück	0,79 €

11 Übertrage die Tabelle in dein Heft und bestimme die fehlenden Größen des Quaders.

	a)	b)	c)	d)
l	2,2 cm	6,5 dm		
b	7 cm	35 cm	23 dm	
h	4,5 cm		4,1 m	
V		91 dm³		1 m³
A_O			30,38 m²	6 m²

12 Bestimme Volumen und Oberfläche.

a)

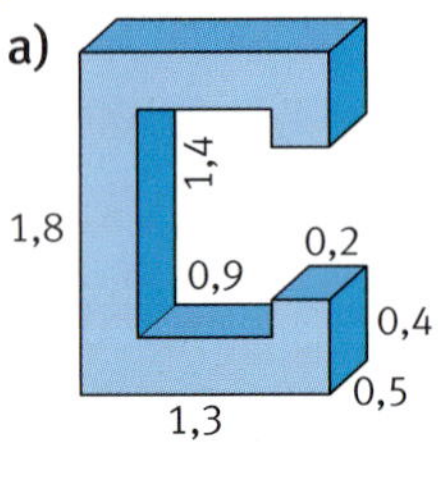

Maßangaben in m

b)

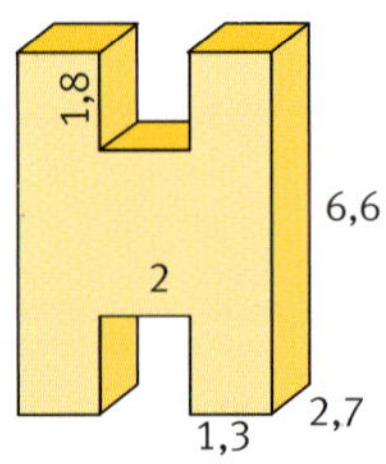

Maßangaben in cm

13 Ein Quader soll 75 % des Volumens der abgebildeten Schachtel besitzen. Gib vier verschiedene Möglichkeiten für seine Kantenlängen an.

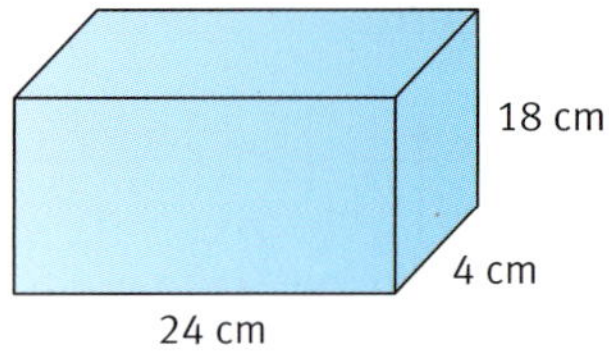

Sachrechnen

14 Die Meile ist ein altes Längenmaß. Eine britische Meile ist etwa 1,6 km lang.

a) Rechne in einer Tabelle zehn Längenangaben von km in Meilen um. Stelle den Sachverhalt grafisch dar.

b) Wie viele Meilen pro Stunde zeigt ein alter Tacho an, wenn man 50 km/h (80 km/h, 100 km/h) fährt? Runde geeignet.

15 Ein Auto verliert im Laufe der Jahre und mit zunehmender Kilometerleistung immer mehr an Wert. Die Tabelle gibt den Wert eines Autos im Laufe der Jahre an.

Alter des Autos	geschätzter Wert
0 Jahre (Neupreis)	16 800 €
1 Jahr	12 500 €
2 Jahre	9000 €
3 Jahre	7500 €
4 Jahre	6200 €
5 Jahre	5300 €
6 Jahre	4600 €
7 Jahre	4000 €

a) Nach welcher Zeit ist das Auto nur noch die Hälfte (ein Viertel) seines Neupreises wert?

b) Zeichne ein Diagramm, in dem die Wertentwicklung des Autos dargestellt wird. Du kannst auch ein Tabellenkalkulationsprogramm nutzen.

c) Berechne den jährlichen Wertverlust und stelle diesen in einem Diagramm dar. Beschreibe, wie sich der Autowert von Jahr zu Jahr ändert.

d) Wie entwickelt sich deiner Meinung nach der Wert des Autos weiter? Stelle Vermutungen auf und begründe diese. Präsentiere deine Überlegungen in der Klasse.

4 Gleichungen und Ungleichungen

EINSTIEG

- Pakete werden in der Regel einfach, d. h. wie abgebildet, verschnürt. Wie lang muss eine Paketschnur mindestens sein, die einmal vollständig um das jeweilige Postpaket herum passt? Vernachlässige die Schnur, die man für den Knoten braucht.
- Kannst du einen Term aufstellen, mit dem man für ein beliebiges Paket die nötige Schnurlänge bestimmen kann? Findest du verschiedene Terme? Sind die Terme gleichwertig?
- Um ein würfelförmiges Paket zu verschnüren, wurden 4 m Schnur verbraucht. 40 cm davon sind für die Knoten und Schleifen. Wie lang ist eine Paketseite?

Packset	Maße
XS	22,5 cm × 14,5 cm × 3,5 cm
S	25,0 cm × 17,5 cm × 10,0 cm
M	37,5 cm × 30,0 cm × 13,5 cm
L	45,0 cm × 35,0 cm × 20,0 cm
F	38,0 cm × 12,0 cm × 12,0 cm

AUSBLICK

Am Ende dieses Kapitels hast du gelernt, ...
- wie man Terme aufstellen kann.
- wie man Gleichungen auf verschiedene Arten lösen kann.
- was Äquivalenzumformungen sind.
- wie man die Lösungsmengen von (Un-)Gleichungen angeben kann.

Anzahl Würfel	1	2	3	4	5
Anzahl sichtbarer Seitenflächen	5				

Nimm gleichartige Holzwürfel und baue Würfeltürme. Untersuche dabei für jeden Turm die Anzahl der sichtbaren Seitenflächen.

- Vervollständige die Tabelle.
- Beschreibe in Worten, wie sich mit jedem weiteren Würfel die Anzahl der sichtbaren Seitenflächen ändert.
- Stelle einen Term auf, mit dem man die Anzahl der sichtbaren Flächen bestimmen kann.
- Überprüfe deinen Term für 10 (20, 25, ...) Würfel.

Ein Term ist ein Rechenausdruck.

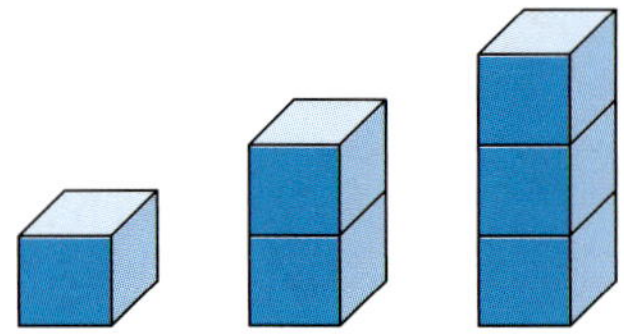
1 Würfel 2 Würfel 3 Würfel

Merkwissen

In Termen können **Variablen** (Platzhalter) für beliebige Zahlen auftreten, die man in der Regel mit kleinen Buchstaben a, b, c, ..., x, y, z bezeichnet.
Ein Term ist eine sinnvolle Verbindung von Zahlen und/oder Variablen mithilfe von Rechenzeichen.
Terme ohne Variablen nennt man **Zahlterme**. Alle Zahlen, die man in einen Term anstelle der Variablen einsetzen kann, bilden die **Grundmenge** $\mathbb{G}$.

Beispiele

I Berechne jeweils die Termwerte für die Grundmenge $\mathbb{G} = \{2,4; 7\}$.

a) $8,7 - a$

b) $3,3 + 2 \cdot b$

Lösung:

a) $8,7 - 2,4 = 6,3$
$8,7 - 7 = 1,7$

b) $3,3 + 2 \cdot 2,4 = 8,1$
$3,3 + 2 \cdot 7 = 17,3$

II Nimm Streichhölzer und setze die Reihe an Quadraten weiter fort.

1 2 3 ...

a) Wie viele Streichhölzer benötigst du für jeden Schritt? Setze um weitere drei Schritte fort.

b) Beschreibe eine Regel mit Worten, mit der man die Anzahl der Streichhölzer für jeden Schritt bestimmen kann.

c) Stelle die Regel durch einen Term dar. Bestimme die Grundmenge.

Lösung:

a)

Schritt	1	2	3	4	5	6
Anzahl	4	8	12	16	20	24

b) Bei jedem Schritt kommen 4 Hölzer hinzu.

c) Bezeichne n die Anzahl der Schritte, $\mathbb{G} = \mathbb{N}$. Anzahl der Streichhölzer: $4 \cdot n$

Verständnis

- Handelt es sich bei folgenden Ausdrücken um einen Term? Begründe.
  (1) $2 \cdot x + 7,3$ (2) $3,5 - 1,6$ (3) $a + 0$ (4) 35 (5) $57 - (35$
- Im Alltag sagt man oft „x-beliebig". Erkläre, was man damit meint.

Aufgaben

1 Berechne jeweils die Termwerte für die Grundmenge $\mathbb{G} = \{3{,}5;\ 4;\ 12{,}6\}$.

a) $126 : a$	**b)** $10{,}8 + \frac{3}{4} \cdot e - 12{,}5$	**c)** $(h + 4{,}2) : h$
$b + 8{,}4$	$\frac{2}{5} \cdot f + \frac{5}{8}$	$i - 1{,}3 + 2 \cdot i$
$c + 4{,}3 \cdot 3{,}1$	$22{,}4 \cdot \frac{g}{2}$	$j + j + j - 3$

Lösungen zu 1:
0,925; 1,3; $1,\overline{3}$; 2,025; 2,05; 2,2; 2,225; 5,665; 7,5; 7,75; 9; 9,2; 10; 10,7; 11,9; 12,4; 16,83; 17,33; 21; 25,93; 31,5; 36; 36,5; 34,8; 39,2; 44,8; 141,12

2 Die dargestellte Folge aus Streichholzfiguren wird fortgesetzt.

1
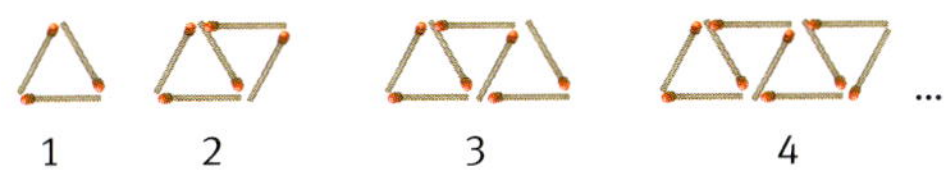

2
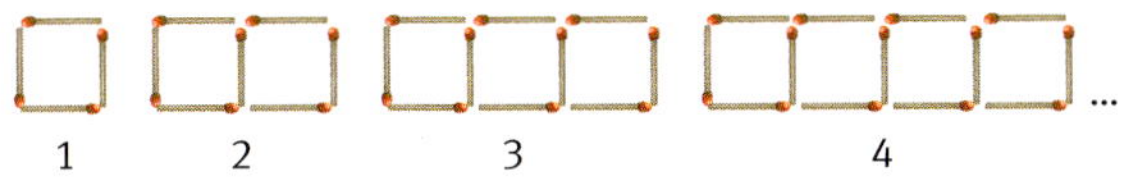

3
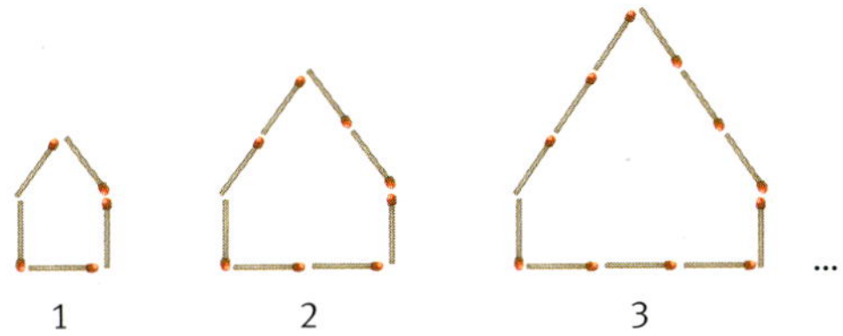

4
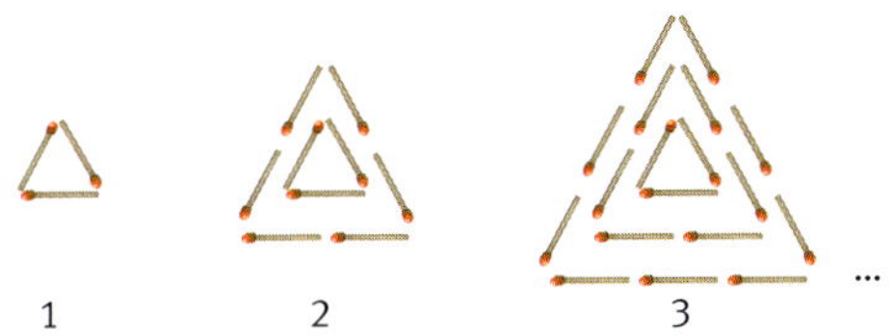

a) Erstelle für jede Folge eine Tabelle im Heft und vervollständige sie.

Schritt	1	2	3	4	5	6	8	10	20	25	50
Anzahl Streichhölzer											

b) Beschreibe, wie sich die Anzahl der Streichhölzer bei jedem Schritt ändert.

c) Gib einen Term an, mit dem man die Anzahl der benötigten Streichhölzer bei jedem Schritt bestimmen kann. Bestimme die Grundmenge.

3 Welcher Term passt zu welcher Beschreibung?

A: $s : 7$ B: $8 \cdot y + 5$ C: $3 \cdot a$ D: $23 \cdot (z + 4)$ E: $m - 7$
F: $(12 - q) : 2$ G: $5 \cdot b + 8$ H: $3 + x$ I: $23 + 4 - c$

1 Das Produkt aus einer Zahl und 3
2 Die Summe aus dem 8-Fachen einer Zahl und 5
3 Das Produkt aus 23 und der Summe einer Zahl mit 4
4 Der Quotient aus einer Zahl und 7
5 Die Hälfte der Differenz aus 12 und einer Zahl

4 Beschreibe folgende Terme mit Worten.

a) $3 \cdot y + 7$	**b)** $a + 15$	**c)** $(r - 8) \cdot 4$	**d)** $13 - 2 \cdot z$
e) $5 \cdot \frac{x}{3}$	**f)** $\frac{1}{4} \cdot k + 7{,}5$	**g)** $2{,}5 \cdot s - 3 \cdot t$	**h)** $\frac{m}{4} - \frac{2}{7} \cdot n + 4{,}5$

5 Aus Würfeln lassen sich verschiedene Mauern schrittweise bauen.

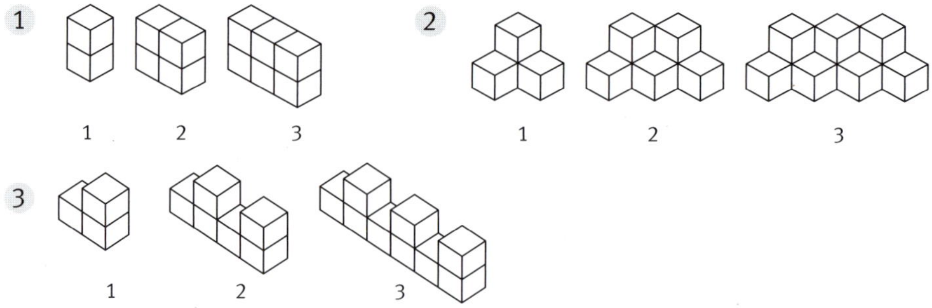

*Die Darstellung eines Terms als Liniendiagramm wird auch **grafische Wertetabelle** genannt, gegenüber der **numerischen Wertetabelle**, die du als Tabelle kennst.*

a) Ordne die grafischen Wertetabellen richtig zu. Welches Diagramm gehört zu welcher Schrittfolge der Mauern?

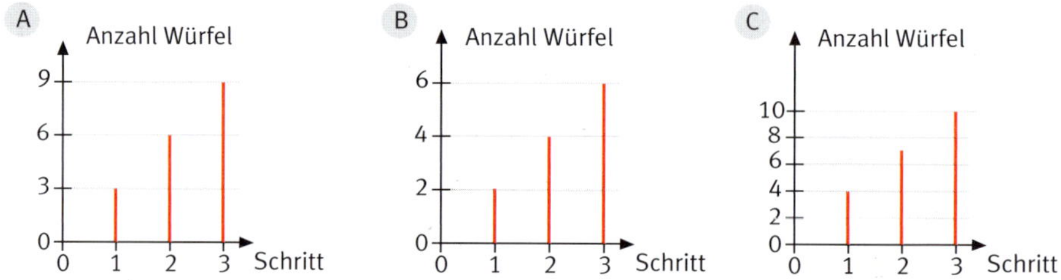

b) Übertrage die grafischen Wertetabellen aus a) in dein Heft und setze sie um drei weitere Schritte fort.

c) Gib für jede Mauer eine Regel in Worten an, wie sich die Anzahl der Würfel für einen beliebigen Schritt ergibt.

Findest du verschiedene Terme, die die gleiche Mauer beschreiben?

d) Finde für jede Mauer einen Term, mit dem du für jeden Schritt die Anzahl der benötigten Würfel bestimmen kannst. Bestimme die Grundmenge.

6

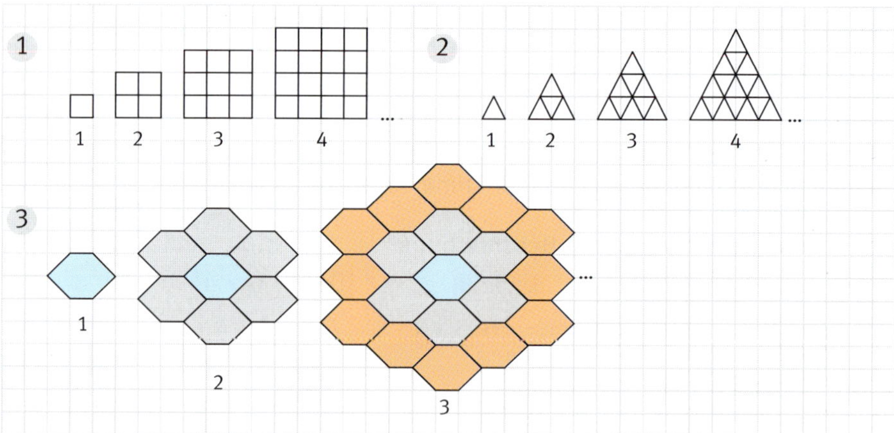

a) Übertrage die Figurenfolge in dein Heft und setze sie um mindestens zwei Schritte fort.

b) Bestimme einen Term, mit dem man für jeden Schritt die Anzahl der Grundfiguren bestimmen kann, aus denen jede Figur aufgebaut ist.

c) Bestimme einen Term, mit dessen Hilfe man beschreiben kann, wie viele Grundfiguren bei jedem Schritt hinzugekommen sind. Wie lautet die Grundmenge?

d) Bestimme mit den Termen aus b) und c) die Anzahlen für die 8. Figur (10. Figur, 15. Figur, 25. Figur).

7

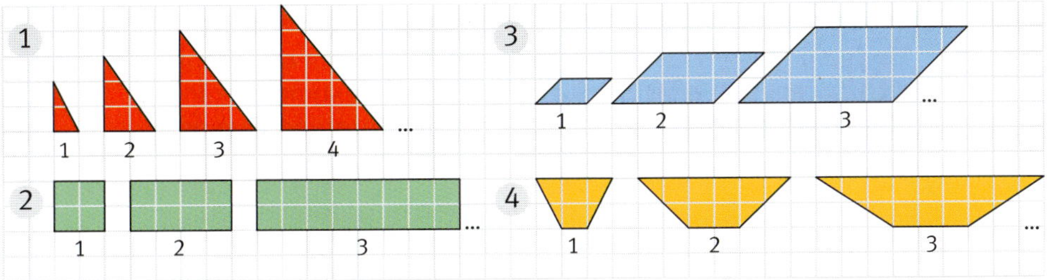

a) Setze die Folge um zwei weitere Schritte fort.

b) Bestimme den Flächeninhalt der Figuren in Kästchen.

c) Bestimme einen Term, mit dessen Hilfe man den Flächeninhalt für die n-te Figur bestimmen kann. Bestimme eine sinnvolle Grundmenge $\mathbb{G}$.

Überlege zunächst, wie sich die Seitenlängen bei jeder Schrittfolge ändern.

8 Vergleiche veschiedene Handyangebote.

Tarif 1 : Keine Grundgebühr. Jede SMS 9 ct.	Tarif 2 : 5 € Grundgebühr. 50 SMS kostenlos. Jede weitere SMS 4 ct.

a) Übertrage die Tabelle in dein Heft und vervollständige sie.

Anzahl SMS	0	10	25	50	60	70	85	110
Kosten Tarif 1								
Kosten Tarif 2								

b) Stelle den Sachverhalt grafisch dar.

c) Wann lohnt sich welcher Tarif? Gib eine Empfehlung ab und begründe deine Antwort.

d) Erstelle jeweils einen Term, mit dessen Hilfe man die Kosten für verschickte SMS für jeden Tarif bestimmen kann. Bestimme eine sinnvolle Grundmenge.

Spiel

Welcher Term ist gesucht (Partnerspiel)

Material

Spielblatt mit einer dreispaltigen Tabelle (x, Ergebnis, Term?)

Ablauf

- Spieler 1 überlegt sich einen Term. Spieler 2 schreibt auf sein Spielblatt eine Zahl für die Variable.
- Spieler 1 setzt die Zahl in seinen Term ein und schreibt das Ergebnis auf das Spielblatt von Spieler 2.
- Spieler 2 rät (wenn möglich) den gesuchten Term. Ist der Term noch nicht gefunden, schreibt er eine neue Zahl für die Variable auf. Hat er den Term gefunden, weden die Rollen getauscht.
- Gewonnen hat, wer die wenigsten Rateversuche benötigt.

Tipp: Beginnt mit Termen wie $3 \cdot x$, $7 \cdot x$, ..., später könnt ihr dann auf Terme wie $2 \cdot x - 1$, $3 \cdot x + 6$, ... umsteigen. Beschränkt euch zunächst auf natürliche Zahlen bis 20. Sprecht euch dann darüber ab, welche Terme und Zahlen zulässig sind.

- Sedrik meint: „Wenn man für x = 0 einsetzt, hat man es leichter.“ Probiere aus und erkläre.

Hier seht ihr ein Spielblatt, bei dem der Term nach drei Schritten geraten wurde.

x	Ergebnis	Term?
2	6	3 x
4	10	/
0	2	2x + 2

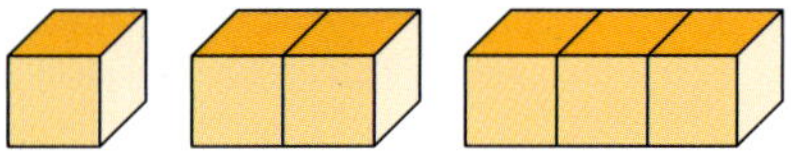

Man kann nicht nur Würfeltürme, sondern auch Würfelschlangen bauen.

- Finde mindestens zwei verschiedene Terme, mit denen man die Anzahl der sichtbaren Seitenflächen für jeden Schritt bestimmen kann. „Sichtbar" meint dabei: nicht auf dem Untergrund liegend.
- Überprüfe, ob die Terme äquivalent (gleichwertig) zueinander sind.
- Versuche, einen Term in einen anderen umzuformen.

Merkwissen

Haben zwei verschiedene Terme bei allen Einsetzungen aus einer Grundmenge $\mathbb{G}$ stets gleiche Termwerte, so heißen die Terme **äquivalent**.
Die Äquivalenz von Termen kann man mit numerischen und grafischen Wertetabellen überprüfen.

Beispiel: $3 \cdot x + 1$ und $4 + 3 \cdot (x - 1)$ sind äquivalent in $\mathbb{G} = \{1; 2; 3; 4; 5\}$.

x	1	2	3	4	5
$T_1(x) = 3 \cdot x + 1$	4	7	10	13	16
$T_2(x) = 4 + 3 \cdot (x - 1)$	4	7	10	13	16

Bei solchen Tabellen spricht man von numerischen Wertetabellen.

Beispiele

I Untersuche mithilfe von numerischen Wertetabellen, ob die Terme in $\mathbb{G} = \{0; 1; 2; 3; 4\}$ äquivalent sind.

a) $T_1(x) = 2 \cdot (x + 3)$ und $T_2(x) = 2 \cdot x + 6$ **b)** $T_3(z) = 3 \cdot z$ und $T_4(z) = 4 \cdot z + 1$

T(x) bezeichnet den Term mit der Variable x.

Lösung:

a)

x	0	1	2	3	4
$2 \cdot (x + 3)$	6	8	10	12	14
$2 \cdot x + 6$	6	8	10	12	14

$T_1(x) = T_2(x)$

b)

z	0	1	2	3	4
$3 \cdot z$	0				
$4 \cdot z + 1$	1				

$T_3(z) \neq T_4(z)$

Sobald die Werte in der Tabelle nicht übereinstimmen, kannst du sofort abbrechen.

II Ordne den Termen die richtigen Wertetabellen zu.

$T_1(x) = 2 \cdot x + 4$
$T_2(x) = (x + 1) \cdot 4$

A

x	0	1	2	3
T (x)	4	8	12	16

B

x	0	1	2	3
T (x)	4	6	8	10

Lösung:

A

x	0	1	2	3
$T_2(x) = (x + 1) \cdot 4$	4	8	12	16

B

x	0	1	2	3
$T_1(x) = 2 \cdot x + 4$	4	6	8	10

A ist die numerische Wertetabelle zum Term $T_2(x) = (x + 1) \cdot 4$ und B gehört zum Term $T_1(x) = 2 \cdot x + 4$ für die Grundmenge $\mathbb{G} = \{0; 1; 2; 3\}$.

Verständnis

- Wie kann man die Äquivalenz zweier Terme mithilfe von grafischen Wertetabellen überprüfen? Beschreibe.
- Martina meint: „Wenn zwei Terme äquivalent sind, dann müssen fast alle Termwerte gleich sein bezüglich der Grundmenge $\mathbb{G}$." Was meinst du dazu? Begünde.

1 Stelle fest, ob die Terme in $\mathbb{G}$ äquivalent sind.

	$T_1(x)$	$T_2(x)$	$\mathbb{G}$
a)	$2 \cdot x + 4$	$(x + 2) \cdot 2$	$\{0; 1; 2; ...; 6\}$
b)	$4 \cdot x : 2$	$5 \cdot x - 3 \cdot x$	$\{0; 1; 2\}$
c)	$12 \cdot x + 3$	$3 \cdot (x + 4)$	$\{0; 1; 2; 3\}$
d)	$0{,}5 \cdot x + 3$	$(6 + x) : 2$	$\{0; 1; 2; 3; ...; 10\}$
e)	$4 \cdot x - 6$	$(x - 3) \cdot 2$	$\{3; 6; 9\}$

2 Überprüfe mithilfe von Wertetabellen, ob die Terme in $\mathbb{G}$ äquivalent sind.

Kurzform: $1 \cdot x = x$

a) $T_1(x) = 30 - 3x$ $\quad T_2(x) = 3 \cdot (10 - 3x)$ $\quad \mathbb{G} = \{0; 1; 2; 3\}$

b) $T_1(x) = \frac{40x + 10}{5}$ $\quad T_2(x) = 8x + 2$ $\quad \mathbb{G} = \{0; 2; 4; 6\}$

c) $T_1(x) = \frac{2x}{x} + 9x$ $\quad T_2(x) = 2 + 9x$ $\quad \mathbb{G} = \{0; 1; 2; 3\}$

d) $T_1(x) = 6x^2$ $\quad T_2(x) = 3x + 3x$ $\quad \mathbb{G} = \{0; 1; 2; 3; 4\}$

Zwischen Zahl und Variable darfst du den Malpunkt weglassen: $5 \cdot x = 5x$

3 Ordne den Wertetabellen die richtigen Terme zu.

$T_1(x) = 2 \cdot (2 + 4x)$ $\quad T_2(x) = 3x + 4$ $\quad T_3(x) = 3 + 7x + x$ $\quad T_4(x) = x^2 - x$

A

x	0	1	2	3	4
T (x)	4	7	10	13	16

B

x	0	1	2	3	4
T (x)	4	12	20	28	36

C

x	0	1	2	3	4
T (x)	0	0	2	6	12

D

x	0	1	2	3	4
T (x)	3	11	19	27	35

4 1

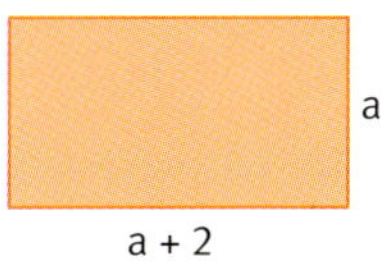

$T_1(a) = 2 \cdot a + 4$
$T_2(a) = 4 \cdot (a + 1)$
$T_3(a) = 2 \cdot (a + 2)$
$T_4(a) = 4 \cdot a + 4$

2

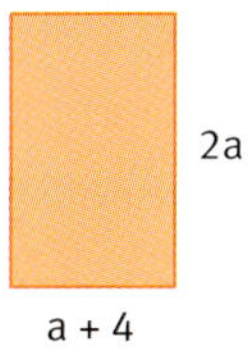

$T_1(a) = 6a + 8$
$T_2(a) = 4 \cdot a + 12$
$T_3(a) = (a + 3) \cdot 4$
$T_4(a) = 2a + 2a + 2 \cdot (a + 4)$

a) Welche Terme sind äquivalent zueinander? Überprüfe in $\mathbb{G} = \{1; 2; 3; 4; 5\}$.

b) Mit welchen Termen lässt sich die Länge des Umfangs des Rechtecks bestimmen? Begründe deine Antwort.

5 Finde zu den numerischen und grafischen Wertetabellen jeweils einen zugehörigen Term.

a)

x	0	1	2	3
T (x)	2	3	4	5

b)

x	0	1	2	3
T (x)	2	4	6	8

c)

x	0	1	2	3
T (x)	1	2	5	10

d)

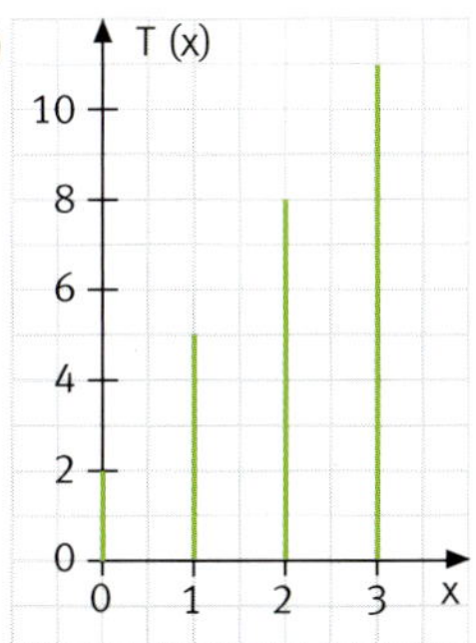

e)

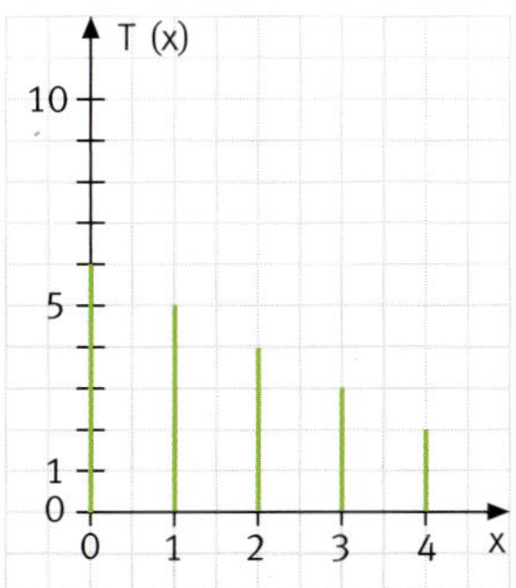

f)

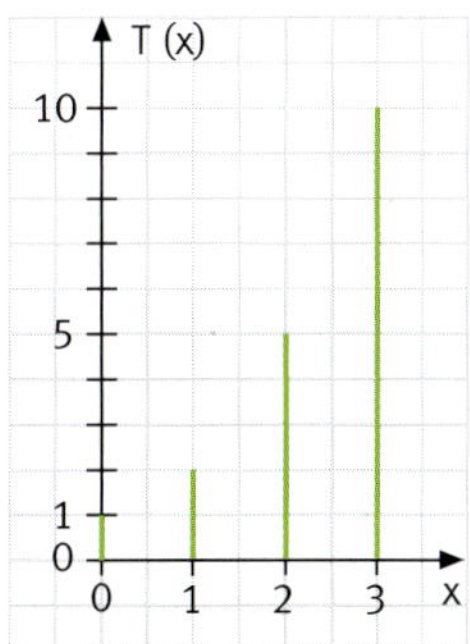

Anna hat einen Vertrag für ihr Handy abgeschlossen. Sie muss pro Monat 5 € Grundgebühr bezahlen, dafür aber nur 0,05 € pro Minute.

- Berechne Annas Telefonkosten bei 35 (76, 104, 157) Telefonminuten im Monat.
- Erstelle einen Term, mit dem Anna ihre monatlichen Telefonkosten berechnen kann.
- Wie viele Minuten kann sie im Monat für 20 € (15,50 €; 9,90 €) telefonieren?

In der Grundmenge $\mathbb{G}$ sind alle Zahlen enthalten, die man in der Gleichung anstelle der Variable einsetzen darf.

Wenn nichts anderes angegeben ist, gilt $\mathbb{G} = \mathbb{Q}$.

Merkwissen

Eine **Gleichung** besteht aus zwei Termen, die durch ein Gleichheitszeichen miteinander verbunden sind.

Beispiel: $2 \cdot x + 6 = 16$; $\mathbb{G} = \mathbb{N}$

Lösung durch Einsetzen von Zahlen aus der Grundmenge

nacheinander: $2 \cdot 3 + 6 = 12$ falsch
$2 \cdot 4 + 6 = 14$ falsch
$2 \cdot 5 + 6 = 16$ richtig

einschachteln: $2 \cdot 6 + 6 = 18$ zu groß
$2 \cdot 4 + 6 = 14$ zu klein
$2 \cdot 5 + 6 = 16$ richtig

Lösung: $x = 5$

Alle **Zahlen aus der Grundmenge** $\mathbb{G}$, die eine Gleichung lösen, fasst man in der **Lösungsmenge** $\mathbb{L}$ zusammen. Es gibt drei Möglichkeiten:

- Es gibt keine Lösung in der Grundmenge $\mathbb{G}$, die Lösungsmenge ist leer: $\mathbb{L} = \emptyset$.
- Es gibt Lösungen in der Grundmenge $\mathbb{G}$, z. B. $x = 2$: $\mathbb{L} = \{2\}$.
- Alle Zahlen der Grundmenge $\mathbb{G}$ lösen die Gleichung: $\mathbb{L} = \mathbb{Q}_0^+$, wenn $\mathbb{G} = \mathbb{Q}_0^+$.

Beispiele

*Erinnere dich: Du kennst bereits das **Lösen durch die Umkehraufgabe** und das **Lösen am Zahlenstrahl**:*

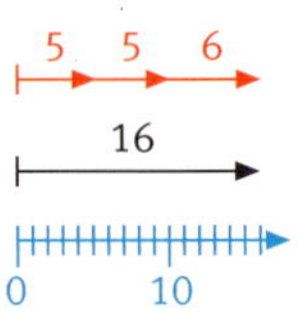

I Maria denkt sich eine positive rationale Zahl. Sie multipliziert diese Zahl mit $\frac{3}{8}$ und addiert anschließend $\frac{4}{5}$. Als Ergebnis erhält sie $\frac{13}{10}$. Wie lautet die Zahl?

Lösungsmöglichkeit: x ist die Variable. Gleichung aufstellen: $x \cdot \frac{3}{8} + \frac{4}{5} = \frac{13}{10}$

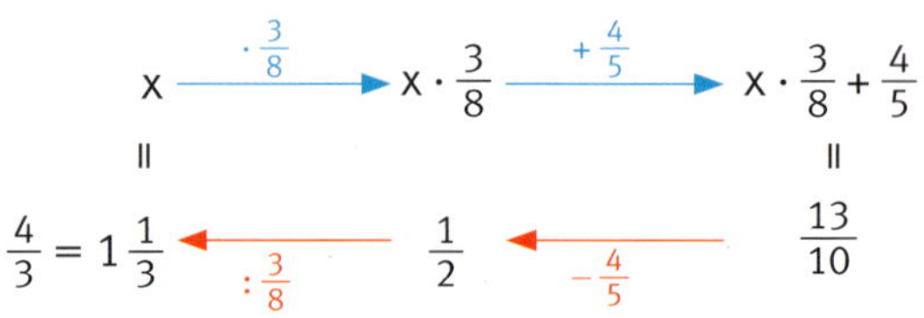

1. $\mathbb{G}$ festlegen: $\mathbb{G} = \mathbb{Q}_0^+$
2. Gleichung lösen: $x = \frac{4}{3} = 1\frac{1}{3}$
3. Lösung prüfen: $1\frac{1}{3} \in \mathbb{Q}_0^+$
4. $\mathbb{L}$ bestimmen: $\mathbb{L} = \left\{1\frac{1}{3}\right\}$

II Gib die Grundmenge und die Lösungsmenge der Gleichung an. Welche …

a) positive rationale Zahl löst $4x - 2 = 0$?
b) natürliche Zahl löst $5 + 3y = 10$?
c) natürliche Zahl löst $2 + 5z - 2 = 5z$?

Lösung:

Schrittfolge	a)	b)	c)
1 $\mathbb{G}$ festlegen	$\mathbb{G} = \mathbb{Q}^+$	$\mathbb{G} = \mathbb{N}$	$\mathbb{G} = \mathbb{N}$
2 Gleichung lösen	$4x - 2 = 0$ $x = 0{,}5$	$5 + 3y = 10$ $y = \frac{5}{3}$	$2 + 5z - 2 = 5z$ $5z = 5z$
3 Lösungen prüfen	$0{,}5 \in \mathbb{Q}^+$	$\frac{5}{3} \notin \mathbb{N}$	Jede natürliche Zahl ist Lösung.
4 $\mathbb{L}$ bestimmen	$\mathbb{L} = \{0{,}5\}$	$\mathbb{L} = \emptyset$	$\mathbb{L} = \mathbb{N}$

VERSTÄNDNIS

- Marina behauptet: „$2 \cdot x = x^2$“ Stimmt das? Begründe.
- Wie lässt sich die Lösung einer Gleichung schrittweise durch systematisches Probieren finden? Beschreibe.

AUFGABEN

1 Bestimme die Lösungen auf verschiedene Arten und gib die Lösungsmenge an.

a) $3x + 15 = 24$; $\mathbb{G} = \mathbb{N}_0$
b) $3 + 5 = 4a - 2$; $\mathbb{G} = \mathbb{N}_0$
c) $\frac{3}{2}y = 21$; $\mathbb{G} = \mathbb{N}_0$
d) $4s - 42 = 8$; $\mathbb{G} = \mathbb{Q}_0^+$
e) $17x - 3 = 73\frac{1}{2}$; $\mathbb{G} = \mathbb{Q}_0^+$
f) $8x + 5 = 2 + 8x + 3$; $\mathbb{G} = \mathbb{Q}_0^+$
g) $2{,}5q + 7 = 7$; $\mathbb{G} = \mathbb{N}_0$
h) $12{,}5 + 4t = 18{,}9$; $\mathbb{G} = \mathbb{Q}_0^+$

Lösungen zu 1:
$\mathbb{L} = \mathbb{Q}_0^+$; $\mathbb{L} = \emptyset$; $\mathbb{L} = \{3\}$; $\mathbb{L} = \{0\}$; $\mathbb{L} = \{12\frac{1}{2}\}$; $\mathbb{L} = \{1\frac{3}{5}\}$; $\mathbb{L} = \{14\}$; $\mathbb{L} = \{4\frac{1}{2}\}$

2 Bestimme die Lösungsmenge für $\mathbb{G} = \mathbb{N}_0$.

a) $3x + 8 = 12$
b) $11c + 4 = 4 + 11c$
c) $14 - 2 = 2a + 6$
d) $34 = 48 - s$
e) $3y = 11$
f) $15a + 3 = 3$
g) $4x + 12 = 12$
h) $6 \cdot x + 4 = 25$
i) $13 - 7 = 3b$

3 Stelle eine Gleichung auf. Wie lautet die gesuchte Zahl?

a) Martina denkt sich eine Zahl. Sie multipliziert sie mit 7 und addiert dann 2,5. Das Ergebnis ist 6.
b) Matthias denkt sich eine Zahl. Er multipliziert sie mit $\frac{4}{5}$ und subtrahiert anschließend $\frac{3}{15}$. Als Ergebnis erhält er $1\frac{1}{5}$.

4 Timo erhält jeden Monat 12 € Taschengeld und zusätzlich noch 0,50 € für jeden Tag, an dem er den Abwasch macht. Fertige eine Tabelle an und beantworte die Fragen.

a) Wie viel Geld hat er nach 5 (7, 9) Abwaschtagen bekommen?
b) Timo möchte sich ein Brettspiel kaufen, das 20,50 € kostet. Nach wie vielen Tagen Abwasch kann er sich das Spiel vom monatlichen Taschengeld leisten?

5 Bestimme die Lösungsmenge der Gleichung in $\mathbb{G} = \mathbb{Q}_0^+$.

a) $x - 7 = 15$
b) $3{,}3 + x = 14{,}2$
c) $3 + x - 1 = 7{,}8$
d) $x - \frac{4}{5} = 3\frac{3}{8}$
e) $31 + y = 31$
f) $x - 3^2 = 13^0$
g) $0{,}\overline{3} + x = \frac{1}{3}$
h) $z - 3^4 = 225$
i) $x - 0{,}95 = \frac{3}{20}$
j) $x - 0{,}85 = 4{,}3 \cdot \frac{1}{40}$
k) $z - \frac{3}{4} : \frac{4}{3} = 1{,}44$
l) $(7 - x)^3 = 8$

Lösungen zu 5:
$\mathbb{L} = \{0\}$; $\mathbb{L} = \{0\}$; $\mathbb{L} = \{0{,}9575\}$; $\mathbb{L} = \{1{,}1\}$; $\mathbb{L} = \{2{,}0025\}$; $\mathbb{L} = \{4\frac{7}{40}\}$; $\mathbb{L} = \{5\}$; $\mathbb{L} = \{5{,}8\}$; $\mathbb{L} = \{10\}$; $\mathbb{L} = \{10{,}9\}$; $\mathbb{L} = \{22\}$; $\mathbb{L} = \{306\}$

6

1 Die Klasse 6a macht einen Ausflug in die Kubacher Kristallhöhle. Der Ausflug kostet mit Eintritt und Busfahrt insgesamt 200 € für die Klasse. In der Klasse werden 6,25 € von jedem Schüler eingesammelt. Wie viele Schüler sind in der Klasse?	2 Die 26 Schüler der Klasse 6b machen ebenfalls einen Ausflug. Der Lehrer spendiert jedem Schüler in einer Eisdiele eine Kugel Eis. Außerdem trinken seine Kollegin und er je eine Tasse Kaffee für 2,70 €. Insgesamt müssen 28,80 € bezahlt werden. Wie viel kostet eine Kugel Eis?

Bearbeite die Aufgabe für beide Situationen.

a) Stelle eine Gleichung zum Sachverhalt auf.
b) Gib die Grundmenge an, in der man die Gleichung aus a) sinnvoll lösen kann.
c) Bestimme die Lösungsmenge der Gleichung.

Wie viele Stifte hat dein Banknachbar im Mäppchen? Finde es heraus. Zunächst zählt jeder die Anzahl der Stifte im eigenen Mäppchen. Führt nun folgende Rechnung aus:

1 Multipliziere die Anzahl der Stifte mit 3.
2 Addiere zu dem Ergebnis aus 1 die Zahl 2.
3 Multipliziere das Zwischenergebnis von 2 mit 4.
4 Subtrahiere vom Ergebnis aus 3 die Zahl 3.

- Nenne deinem Nachbarn dein Ergebnis und umgekehrt. Findet ihr heraus, wie viele Stifte jeder im Mäppchen hat? Erkläre, wie du dein Ergebnis gefunden hast.
- Findet eine Gleichung, die die Rechnung von oben beschreibt.

Merkwissen

Oft ist es möglich, eine **Gleichung schrittweise** so zu **vereinfachen**, dass die Variable auf einer Seite der Gleichung alleine steht. Dabei darf sich die **Lösungsmenge** der Gleichung **nicht ändern**.
Die einzelnen Schritte, die man dabei durchführt, nennt man **Äquivalenzumformungen**, denn die bei den Umformungen entstandenen Gleichungen sind äquivalent zueinander, d. h. sie haben (bei gleicher Grundmenge) dieselbe Lösungsmenge.

Äquivalenzumformung	Beispiel
1 Man **addiert** auf beiden Seiten der Gleichung die **gleiche Zahl** oder den **gleichen Term**.	$x - 4 = 1 \quad \mid +4$ $\mathbb{L} = \{5\}$ $x = 5$ $\mathbb{L} = \{5\}$
2 Man **subtrahiert** auf beiden Seiten der Gleichung die **gleiche Zahl** oder den **gleichen Term**.	$x + 6 = 14 \quad \mid -6$ $\mathbb{L} = \{8\}$ $x = 8$ $\mathbb{L} = \{8\}$
3 Man **multipliziert** auf beiden Seiten der Gleichung die **gleiche Zahl** (die nicht null sein darf).	$\frac{1}{5}x = 2 \quad \mid \cdot 5$ $\mathbb{L} = \{10\}$ $x = 10$ $\mathbb{L} = \{10\}$
4 Man **dividiert** auf beiden Seiten der Gleichung durch die **gleiche Zahl** (die nicht null sein darf).	$4x = 22 \quad \mid :4$ $\mathbb{L} = \{5{,}5\}$ $x = 5{,}5$ $\mathbb{L} = \{5{,}5\}$

Beispiel

Überlege dir zunächst die Grundmenge.
Vergiss zum Schluss die Lösungsmenge nicht.

I Löse die Gleichungen mithilfe von Äquivalenzumformungen für $\mathbb{G} = \mathbb{Q}_0^+$.

a) $3 + x = 8$ **b)** $x - 4 = 15$ **c)** $2 \cdot x = 8$ **d)** $\frac{1}{4}x = 5$

Lösung:

a)
$3 + x = 8 \quad \mid -3$
$x = 5$
$\mathbb{L} = \{5\}$

b)
$x - 4 = 15 \quad \mid +4$
$x = 19$
$\mathbb{L} = \{19\}$

c)
$2 \cdot x = 8 \quad \mid :2$
$x = 4$
$\mathbb{L} = \{4\}$

d)
$\frac{1}{4}x = 5 \quad \mid \cdot 4$
$x = 20$
$\mathbb{L} = \{20\}$

II Gleichungen einmal anders: In jedem Becher sind jeweils gleich viele Würfel. Ebenso ist die Gesamtanzahl der Würfel auf jeder Seite gleich. Wie viele Würfel sind in einem Becher?

Lösungsmöglichkeit:
Es sei jeweils x die Anzahl der Würfel in einem Becher, $\mathbb{G} = \mathbb{N}$.

$2x + 3 = 7 \quad \mid -3$
$2x = 4 \quad \mid :2$
$x = 2$
$\mathbb{L} = \{2\}$

In einem Becher sind 2 Würfel.

Verständnis

- Wieso müssen Äquivalenzumformungen auf beiden Seiten der Gleichung durchgeführt werden? Vergleiche die Umformung anschaulich an einer Waage.
- Division und Multiplikation mit null sind keine Äquivalenzumformungen. Warum nicht? Suche einfache Beispiele und begründe.

Aufgaben

1 Alle Waagen sind im Gleichgewicht. Beschreibe jedes Bild durch eine Gleichung und beschreibe die Äquivalenzumformungen von (1) nach (2) bzw. (3).

a)
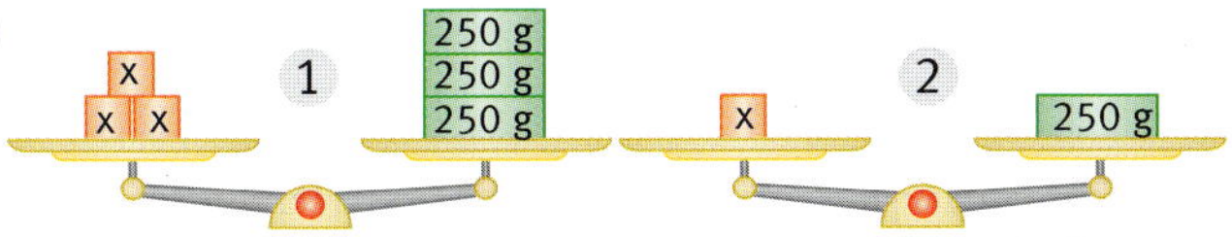

b)
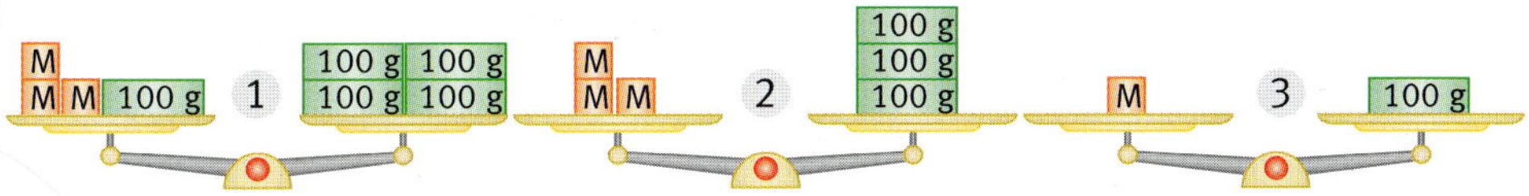

c)
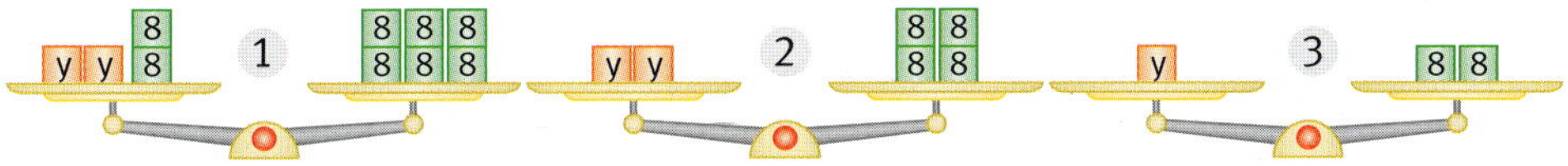

2 Stelle wie in Beispiel II eine Gleichung auf und löse. Bestimme die Grundmenge.

a)

b)

c)

3 Löse durch Äquivalenzumformungen für (1) $\mathbb{G} = \mathbb{Q}_0^+$ und (2) $\mathbb{G} = \mathbb{N}_0$.

a) $x \cdot 20 = 4$ b) $y \cdot 0,6 = 18$ c) $5x = 7,5$ d) $17,5 = 2,5w$

e) $x : 3 = 2,7$ f) $0,\overline{1} = x : \frac{2}{3}$ g) $x : 0,9 = 0,03$ h) $0,25 \cdot \frac{6}{8} = \frac{3}{4}y$

i) $x \cdot 2 = 2 : 2\frac{2}{5}$ j) $8z = 2,8 \cdot 0,2$ k) $\frac{2}{3}x = \frac{56}{21}$ l) $3x = 3 \cdot 3^0$

4 Löse durch Äquivalenzumformungen in $\mathbb{G} = \mathbb{Q}_0^+$.

a) $4x + 3 = 27$ b) $3x - 5 = 34$ c) $5x - 2 = 94 - 50$ d) $44 = 6 + 4x$

e) $120 = 4x + 102$ f) $7y + 13 = 13$ g) $2y - 13 = 13$ h) $2,5 + 0,7 = 0,02x$

i) $x \cdot 0,6 - 1 = 17$ j) $4x + \frac{2}{5} = 6$ k) $\frac{7}{8}u = 11,75 - 1\frac{1}{4}$ l) $23,4 + 5x = 31,1$

5 Bestimme die Lösungsmenge auf verschiedene Arten, $\mathbb{G} = \mathbb{Q}_0^+$.

a) $x \cdot (9 - 4) = 16$ b) $2^4x + 5^2 = 41$ c) $y : \left(\frac{2}{3} + \frac{1}{6}\right) = 5$ d) $0 = (x - 5) \cdot 3$

e) $(0,008 - 0,2^3) + 7 = 14x$ f) $\left(0,\overline{4} + \frac{2}{9}\right) : 3 = 0,1x$

Die Verkehrsschilder zeigen an, welches Gesamtgewicht von einem Lkw, der die Straße benutzen will, nicht überschritten werden darf.

- Bestimme für jeden Lkw den Massebereich, in dem die Zuladung für die jeweilige Straße liegt.
- Welche Ungleichung passt zu welchem Lkw? Begründe.

1 $13{,}5 \geqq 5{,}14 + x$ 2 $7{,}2 + x \leqq 14{,}1$

Leergewicht:
7200 kg
Gesamtgewicht:
14 100 kg

Leergewicht:
5140 kg
Gesamtgewicht:
13 500 kg

Ungleichungen liest man von links nach rechts. Bedeutungen:
< „(echt) kleiner als“
> „(echt) größer als“
≦ „kleiner oder gleich“
≧ „größer oder gleich“

Merkwissen

Werden zwei Terme nicht mit einem Gleichheitszeichen, sondern mit einem der Ungleichheitszeichen <, >, ≦ oder ≧ verbunden, so spricht man von einer **Ungleichung**. Ungleichungen lassen sich genauso wie Gleichungen lösen (z. B. durch Probieren oder durch die Umkehraufgabe).

Die Lösung einer Ungleichung kann auf verschiedene Arten angegeben werden:
Ist $\mathbb{G} = \mathbb{N}_0$, so kann die Lösungsmenge in **aufzählender Form** angegeben werden.

Beispiel: $x + 5 < 26$, also $\mathbb{L} = \{0; 1; 2; ...; 19; 20\}$ oder $\mathbb{L} = \{x \mid x < 21\}$

Ist $\mathbb{G} = \mathbb{Q}_0^+$, so kann die Lösungsmenge aus **unendlich vielen Elementen** bestehen. Deshalb stellt man die Lösung oft durch ein **Intervall** oder auf einer **Zahlenhalbgerade** dar. Folgende Lösungsmöglichkeiten gibt es:

Intervallschreibweise	Zahlenhalbgerade
abgeschlossenes Intervall	
[2; 10] meint: alle Zahlen zwischen 2 und 10, einschließlich 2 und 10	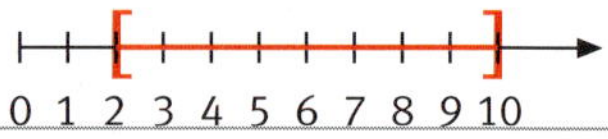
offenes Intervall	
]2; 10[meint: alle Zahlen zwischen 2 und 10, aber ohne 2 und 10	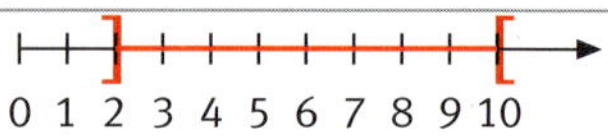
halboffenes Intervall	
[2; 10[meint: alle Zahlen zwischen 2 und 10; aber mit 2 und ohne 10	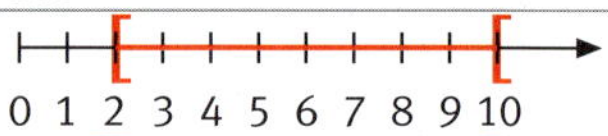
]2; 10] meint: alle Zahlen zwischen 2 und 10; aber ohne 2 und mit 10	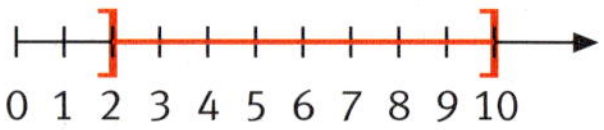

$\mathbb{L} = \{x \mid x < 21\}$ bedeutet, dass die Lösungsmenge aus allen Zahlen der Grundmenge besteht, die die Bedingung $x < 21$ erfüllen.

*Bei der Intervallschreibweise gibt man nur **Grenzen des Lösungsbereichs** an.*

Beispiel

I Löse die Ungleichungen für 1 $\mathbb{G} = \mathbb{N}_0$ und 2 $\mathbb{G} = \mathbb{Q}_0^+$.

a) $x + 3 < 8$ **b)** $x + 3 \leqq 8$ **c)** $2 \cdot x > 8$

Lösung:

a) 1 $\mathbb{L} = \{0; 1; 2; 3; 4\}$
Bei 5 erhält man Gleichheit.
2 $\mathbb{L} = [0; 5[$

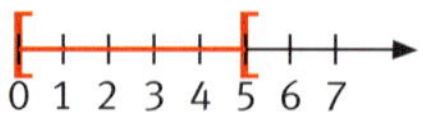

b) 1 $\mathbb{L} = \{0; 1; 2; 3; 4; 5\}$
Bei 5 erhält man Gleichheit.
2 $\mathbb{L} = [0; 5]$

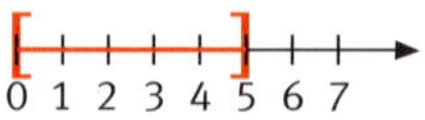

c) 1 $\mathbb{L} = \{5; 6; 7; ...\}$
Bei 4 erhält man Gleichheit.
2 $\mathbb{L} = \{x \mid x > 4\}$

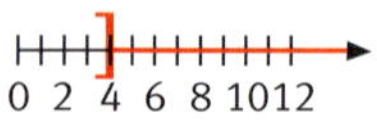

VERSTÄNDNIS

- Erkläre mit eigenen Worten den Unterschied: [4; 7], [4; 7[,]4; 7],]4; 7[.
- Bei $5 + x < 7$ ist für $\mathbb{G} = \mathbb{N}_0$ die Lösungsmenge $\mathbb{L} = \{0; 1\}$, für $\mathbb{G} = \mathbb{Q}_0^+$ erhält man $\mathbb{L} = [0; 2[$. Warum ist die obere Grenze hier anders? Erkläre.

AUFGABEN

1 Stelle die Intervalle an der Zahlenhalbgerade dar.

a) [1; 3]	**b)**]0,5; 4]	**c)**]0,2; 1,8[	**d)** [3,2; 5,3[
[0; 12[	[2,5; 5]	[1,6; 3,2[	]2,7; 3,1[
]5; 9[	[6; 10,5[	[2,4; 6,8]	[40; 60[

Wähle einen geeigneten Ausschnitt und eine geeignete Einteilung der Zahlenhalbgerade.

2 Gib die gekennzeichneten Intervalle in der Intervallschreibweise an.

a) 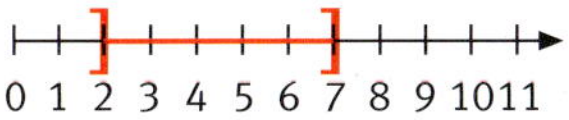

b) 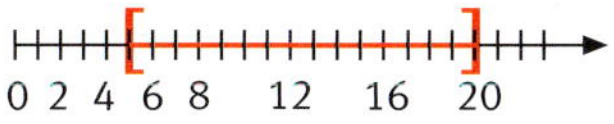

c) 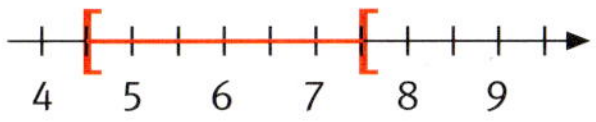

d) 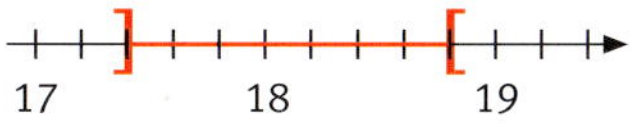

e) 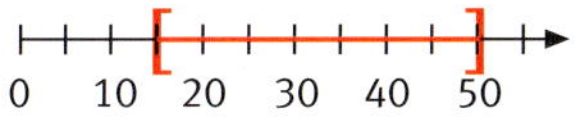

f) 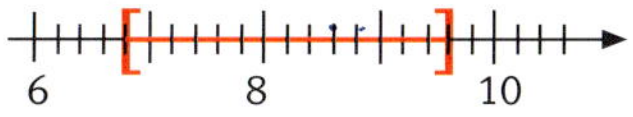

3 Bestimme die Lösungsmenge in ① $\mathbb{G} = \mathbb{N}_0$ und ② $\mathbb{G} = \mathbb{Q}_0^+$.

a) $x + 7 < 20$	**b)** $z - 15 \geqq 2$	**c)** $3{,}8x \leqq 19$	**d)** $6x + 4 > 16$
e) $3x > 0$	**f)** $x^2 \leqq 144$	**g)** $x + 2\frac{1}{3} \leqq 57 - 36{,}5$	

4 Überprüfe, ob die Ungleichungen die gleichen Lösungsmengen haben.

a) $x - 1 < 7$	$x + 2 < 10$	$2x - 1 < 13$	$\mathbb{G} = \{1; 3; 5; 6\}$
b) $x^2 > 36$	$x \cdot x - 4^2 > 20$	$6^2 < x \cdot 1 \cdot x$	$\mathbb{G} = \{5; 6; 7; ...\}$
c) $x + 7{,}5 \leqq 12{,}5$	$2\frac{1}{5}x + 16{,}5 \leqq 27{,}5$	$22{,}5 \geqq 4{,}5x$	$\mathbb{G} = \mathbb{Q}_0^+$

NATUR

Frische Fische fischen

Fische dürfen im Allgemeinen nur dann geangelt werden, wenn sie eine bestimmte Mindestlänge, das sogenannte Schonmaß, erreicht haben. Für die Fischerei in bayerischen Gewässern gelten die nebenstehenden Schonmaße. Aus Erfahrung kennt man auch die maximale Länge einer Fischart.

- Gib die Größen der Fische, die gefangen werden dürfen, in Intervallschreibweise und auf einer Zahlenhalbgerade an.
- Beim Angeln gibt es sogenannte „Schonzeiten“? Was ist das? Recherchiere die Schonzeiten der Fischarten.

Schuppenkarpfen
Schonmaß: 35 cm
Maximale Länge: 100 cm

Regenbogenforelle
Schonmaß: 26 cm
Maximale Länge: 85 cm

Hecht
Schonmaß: 50 cm
Maximale Länge: 135 cm

1

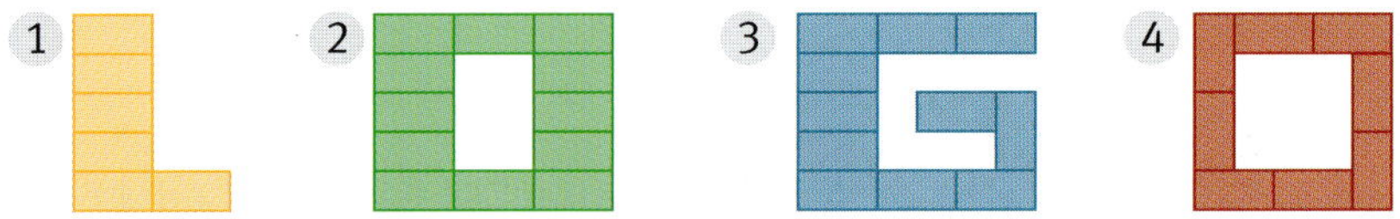

a) Stelle einen Term für den Umfang der Buchstabenfiguren auf, wenn die Länge eines Rechtecks mit a und die Breite mit b bezeichnet wird.

b) Berechne mithilfe der Terme aus a) den Umfang der Figuren für a = 7,5 cm und b = 4,3 cm (a = 0,9 dm und b = 2,3 cm).

2 Für Streichholzfiguren stehen lange Hölzer (l) und kurze (k) zur Verfügung.

a) Stelle einen Term auf für die Gesamtlänge der verwendeten Streichhölzer.

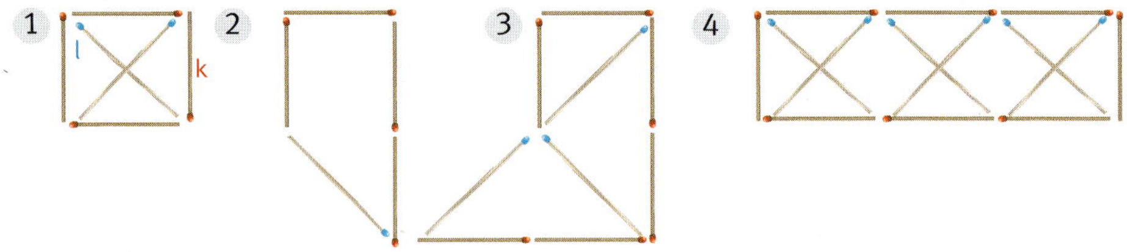

b) Zeichne mögliche Streichholzfiguren zu den angegebenen Termen.
1 5k + 2l   2 4l + 7k   3 3k + 6l   4 6k + 0l   5 $5k + \frac{3}{2}l$

3 Aus Streichhölzern werden Muster gelegt.

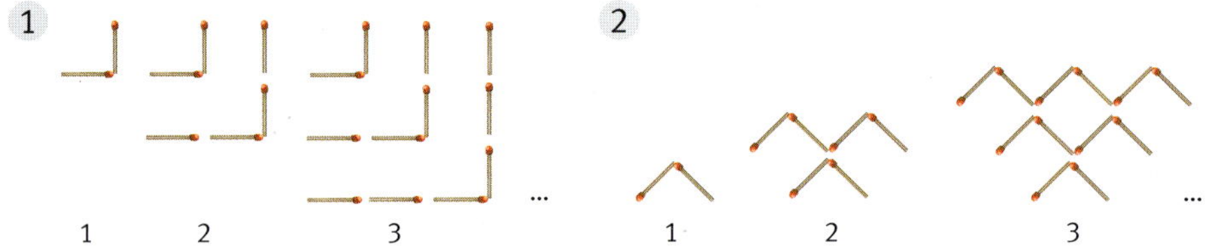

a) Übertrage die Muster in dein Heft und setze sie um drei Schritte fort.

b) Lege eine Tabelle an, die angibt, wie viele Streichhölzer man für jeden Schritt benötigt. Gib auch die Anzahl der Hölzer für den 8. (10., 20.) Schritt an.

c) Stelle einen passenden Term zu jedem Sachverhalt auf. Gib eine sinnvolle Grundmenge an.

Lösungen zu 4:
1568; 851,2; 560; 56,3; 42; 39,4; 37,24; 35,6; 33; 30,7; 24,5; 22,76; 20,3; 16; 13,3; $8\frac{7}{16}$; $6\frac{7}{16}$; $5\frac{5}{8}$; 4,5; 3,46; 3,28; 2,5; $1\frac{57}{70}$; 0,9

4 Berechne die folgenden Terme, indem du die Variable durch 5 (14; 7,6) ersetzt.

a) $a + 7 \cdot 4$ **b)** $112 \cdot b$ **c)** $186{,}2 : c$ **d)** $(13 + d) : 3{,}2$

e) $4 \cdot e + \frac{3}{10}$ **f)** $5f + 3 - 2{,}4 \cdot f$ **g)** $(11{,}4 + g) : g$ **h)** $6{,}5 - \frac{2}{5}h$

5 Erstelle eine grafische und eine numerische Wertetabelle.

a) $T(x) = 2x - 1$ $\mathbb{G} = \{0{,}5; 1; 1{,}5; 2; 2{,}5\}$

b) $T(y) = y \cdot 0 + 2$ $\mathbb{G} = \{0; 1; 2; 3; 4; 5; 6\}$

c) $T(z) = z^2 - z - 1$ $\mathbb{G} = \{2; 2{,}5; 3\}$

6 Lege aus allen Karten einen Term, der für x = 4 (10,2; 0) einen möglichst großen Wert ergibt.

3   x   4   +   x   –   )   ·   2   (

7 Welche Terme passen zur numerischen Wertetabelle ($\mathbb{G} = \mathbb{Q}_0^+$)?

a)

x	0	1	2	3	4	5	6	7	8
T (x)	6	5,5	5	4,5	4	3,5	3	2,5	2

1 $\frac{1}{2}(12 - x)$ 2 $6 - \frac{1}{2}x$ 3 $6 - 0{,}5x$ 4 $x + 6$

b)

x	0	1	2	3	4	5	6	7	8
T (x)	4	9	16	25	36	49	64	81	100

1 $x + 4$ 2 $x^2 + 4x + 4$ 3 $x^2 + 4$ 4 $(x + 2)^2$

8 Überprüfe, ob die Terme in der gegebenen Grundmenge äquivalent sind.

a) $\mathbb{G} = \mathbb{Q}_0^+$ $x + 7 - (21 - 19)$ und $x + 9$
b) $\mathbb{G} = \{2; 3; 4; ...\}$ $2x - (x + 2)$ und $x - 2$
c) $\mathbb{G} = \{1; 2\}$ $x^2 + 2x + 1$ und $(x + 1)^2$
d) $\mathbb{G} = \mathbb{Q}_0^+$ $4 : (6 + 2x)$ und $\frac{2}{3} + x$
e) $\mathbb{G} = \mathbb{N}_0$ $a^2 - 4$ und $(a + 2) \cdot (a - 2)$
f) $\mathbb{G} = \mathbb{N}$ x und $x^2 - 2x + 2$

9 Welche Terme sind in $\mathbb{G} = \{0; 1; 2; ...; 10\}$ äquivalent zueinander?

$0{,}5x + 5 + 0{,}5x + 5^0$ $1 + 2 \cdot x + 2$ $6x + 24$ $6 + x$
$-2 + 24x + 6$ $2x + 3 - x$ $24 \cdot x + 4 \cdot 1{,}5$ $x + 3 + x$

10 **a)** Lies die Temwerte ab.
b) Finde einen passenden Term für $x \in \{0; 2; 4; ...; 12\}$.
c) Berechne für den Term aus b) die Werte für $x \in \{1; 3; 5; ...; 11\}$.

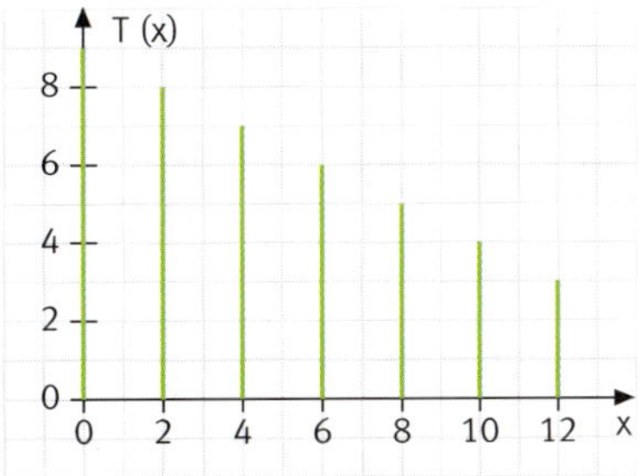

11 Zeichne eine grafische Wertetabelle für $x \in \mathbb{G} = \{0; 1; 2; 3; 4; 5\}$.

a) $T(x) = x + 2$ **b)** $T(x) = 2 \cdot 3 + 4 \cdot x$ **c)** $T(x) = 3 \cdot (x + 2)$

12 Für welche natürliche Zahlen ist der Termwert nicht berechenbar?

a) $T(x) = x - 1$ **b)** $T(x) = x - 3$ **c)** $T(x) = 6 - x$

13 Schreibe als Term mit der Variablen x. Berechne den Termwert für $x = 7$.

Gib auch die Grundmenge an.

a) Addiere zu einer natürlichen Zahl das Produkt aus 4 und 26.
b) Multipliziere die Summe aus einer natürlichen Zahl und 4 mit der Zahl 5.
c) Subtrahiere vom Doppelten einer positiven rationalen Zahl den Quotienten aus 144 und 36.

14 Bei einem Schultheater entstehen Unkosten in Höhe von 340 €. Diese sollen durch Eintrittspreise in Höhe von 1,50 € gedeckt werden. Zusätzlich spendet der Förderverein der Schule 125 €.

a) Wie viele Besucher müssen mindestens kommen, damit kein Verlust entsteht? Stelle eine Ungleichung auf und löse sie. Gib eine sinnvolle Grundmenge an.
b) Stelle einen Term auf, mit dem man für jede Besucherzahl die gesamten Einnahmen bestimmen kann.

15 Gehe schrittweise zurück. Wie lautet die gesuchte Zahl ($\mathbb{G} = \mathbb{Q}_0^+$)?

a)
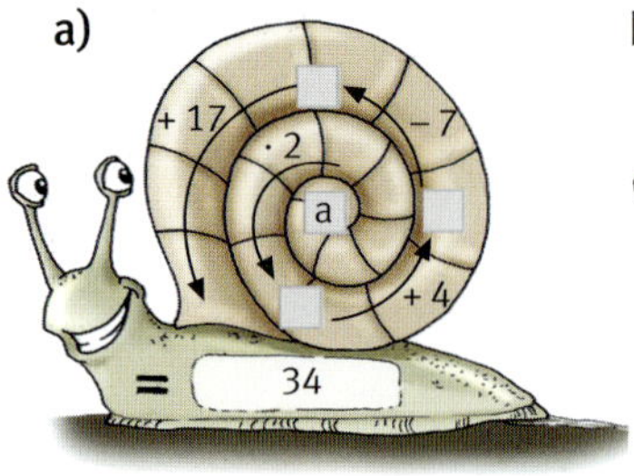

b)
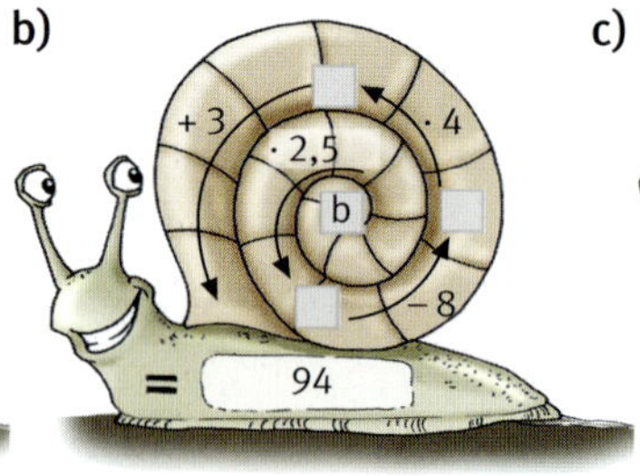

c)
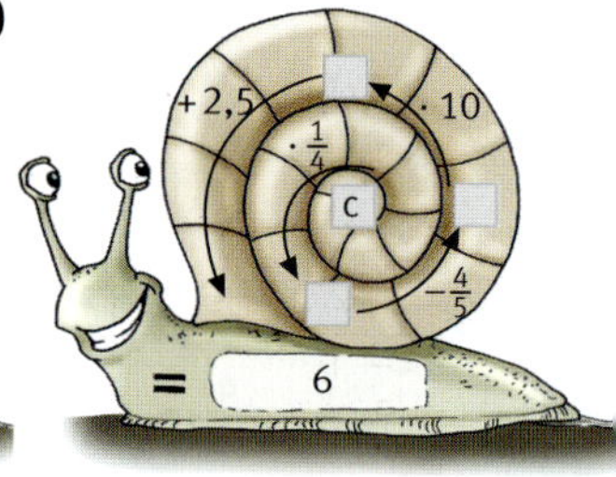

16 Zeichne die Intervalle auf einer Zahlenhalbgerade ein. Wähle eine sinnvolle Unterteilung.

a)]4; 8,5] **b)** [2,5; 5[**c)**]0,1; 0,7] **d)** [15; 80] **e)**]4; 12[

17 Bestimme jeweils die Lösungsmenge für die (Un-)Gleichung, $\mathbb{G} = \mathbb{Q}_0^+$.

a) $10 + 2x = 2 \cdot 8 + 2$
b) $0{,}5x + 3 = 6{,}5$
c) $\frac{1}{3}x + 6 = 12$
d) $0{,}\overline{2}x + 0{,}\overline{1} = 0{,}\overline{4}$
e) $4{,}5 \cdot 2 = \left(0{,}7 - \frac{2}{10}\right) \cdot 10 + 2x$
f) $4x - 1 : 0{,}1 = 20 \cdot (0{,}5 + 1)$
g) $8x - \frac{4}{7} : \frac{8}{14} = 10 - 5\frac{1}{3}$
h) $8 : \frac{1}{8} = 6x + 7 \cdot \frac{1}{7}$
i) $4{,}8 \leq 1{,}2x$
j) $\frac{3}{4}x > 1{,}5$

18 **a)** Löse folgende Aufgaben, indem du ein Streichholz an eine andere Stelle legst.

1
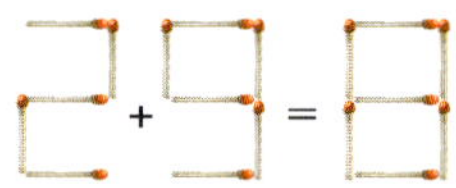

2
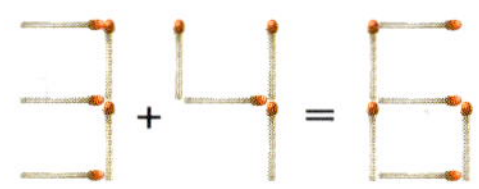

b) Denk dir selbst ein solches Streichholzrätsel aus.

19

1 Nimm für jede anwesende Person ein Stück Kuchen und ein zusätzliches.

2 Ein Kilogramm Äpfel kostet 2 €. Wenn du eine Kiste dazunimmst, kostet diese 1 € zusätzlich.

3 Denk dir eine Zahl und addiere das Doppelte.

4
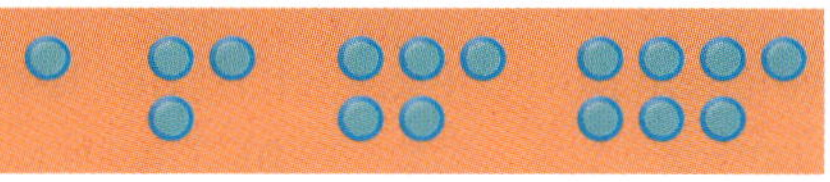

5
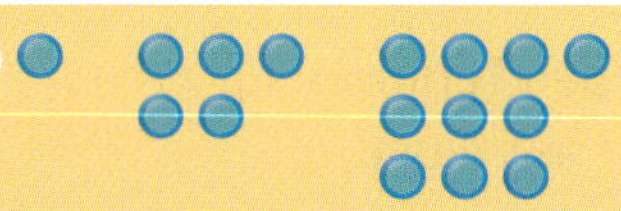

a) Welche Darstellung passt zu dem Term 1 + 2x? Begründe.

b) Erfinde selbst einen Sachverhalt oder eine weitere Darstellung zu dem Term.

20 Bestimme jeweils die fehlende Seitenlänge.

a) In einem Dreieck ist eine Seite 19,4 cm, eine andere 14,8 cm lang. Der Umfang des Dreiecks beträgt 60,0 cm.

b) Der Flächeninhalt eines 6 cm langen Rechtecks beträgt 25,5 cm².

c) Ein Quadrat hat einen Umfang von 21,2 cm.

d) Ein Rechteck hat einen Umfang von 15,4 cm. Eine Seite ist 4,2 cm lang.

21 In die Hausaufgabe haben sich Fehler eingeschlichen. Finde und verbessere sie.

a)
$5x + 15 = 85 \quad |:5$
$x + 15 = 17 \quad |-15$
$x = 2$

b)
$36 + 2x = 48 \quad |-36$
$2x = 12 \quad |:2$
$x = 24$

c)
$15\frac{3}{4} + \frac{1}{4}x = 38\frac{3}{4} \quad |-16$
$x = 22\frac{3}{4}$

22 Tobias, Luisa und Maria berechnen den Umfang des abgebildeten Rechtecks. Dabei erhalten sie verschiedene Ergebnisse.

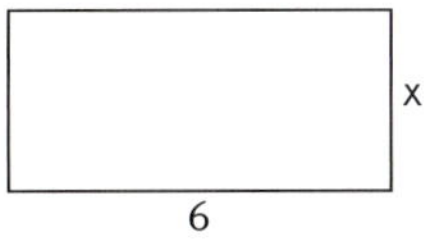

Maria	Tobias	Luisa
$u = 12 + 2x$	$u = 2 \cdot (x + 6)$	$u = 6 + x + 6 + x$

a) Überprüfe, ob die Terme äquivalent sind in $\mathbb{G} = \{1; 2; 3; \ldots; 10\}$.
b) Beschreiben die Terme den Umfang des Rechtecks? Begründe.
c) Stelle einen eigenen Term für den Flächeninhalt des Rechtecks auf.

23 Eine Uhr geht jeden Tag 0,5 s nach. Wie lange dauert es, bis die Uhr wieder die richtige Zeit anzeigt, wenn man sie nicht verstellt?

24 Wenn man jede Seite eines Schachbretts (ohne Rand) um 1 cm in beide Richtungen verlängert, erhält man einen Umfang von 120 cm. Wie lang ist ein Feld auf dem Schachbrett ursprünglich?

25 Erfinde durch Äquivalenzumformung eine „schwierige" Gleichung. Lasse sie anschließend von einem Partner lösen. Lege die Grundmenge fest.
Beispiel: $x = 6 \rightarrow 5x = 30 \rightarrow 5x - 2 = 30 - 2 \rightarrow 5x - 2 = 28$

a) $a = 5$ **b)** $b = 24$ **c)** $c = 7{,}5$ **d)** $d = 6\frac{3}{4}$ **e)** $e = 0$

Spiel

Termkönig

Spielmaterial
- 1 Würfel
- Papier und Stift

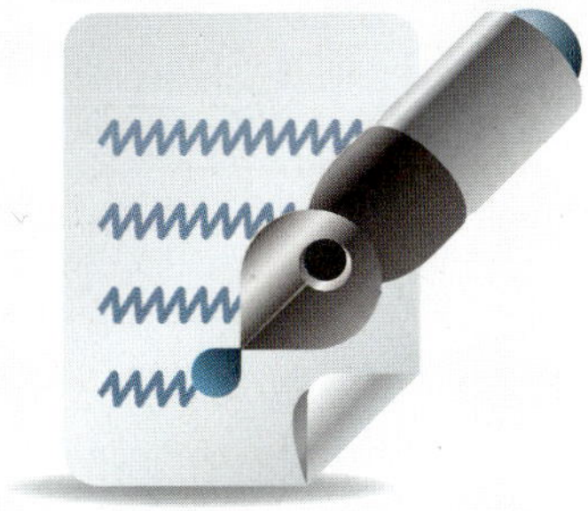

$2x + 5$ | $5 + 4x$ | $x^2 + 5$ | $36 - x^2$ | $5 + 6x$ | $x : 2 + 1$ | $6x - 5$ | $x + 5x$

Spielregeln
- Der Ältere beginnt mit dem Würfeln. Dann sucht er sich einen der Terme von oben aus, setzt die gewürfelte Zahl ein und berechnet den Termwert. Jeder Term darf nur einmal von jedem Spieler benutzt werden.
- Anschließend ist der nächste Spieler an der Reihe.
- Wenn das Spiel zu Ende ist, also nach 8 Runden, addiert jeder seine Ergebnisse. Derjenige mit der größten Summe ist Termkönig.
- Variante: Ihr könnt das Spiel auch mit Termen spielen, die ihr euch zuvor selbst ausgedacht habt.

Überprüfe deine Fähigkeiten und Kenntnisse. Bearbeite dazu die folgenden Aufgaben und bewerte anschließend deine Lösungen mit einem Smiley.

☺	😐	☹
Das kann ich!	Das kann ich fast!	Das kann ich noch nicht!

Hinweise zum Nacharbeiten findest du auf der folgenden Seite. Die Lösungen findest du unter www.ccbuchner.de (Eingabe 8436 ins Suchfeld).

Aufgaben zur Einzelarbeit

1 Berechne jeweils den Termwert für x = 11.

a) $31 \cdot x$ **b)** $5 + x \cdot 7$ **c)** $19{,}8 : x$

2 Stelle einen Term auf, mit dem man den Umfang bestimmen kann.

a) Bei einem Parallelogramm ist eine Seite dreimal so lang wie die andere.

b) Bei einem Drachenviereck ist die längere Seite 6,5 cm länger als die andere Seite.

c) Bei einem gleichschenkligen Dreieck ist die Basis ein Fünftel mal so groß wie beide Schenkel zusammen.

3

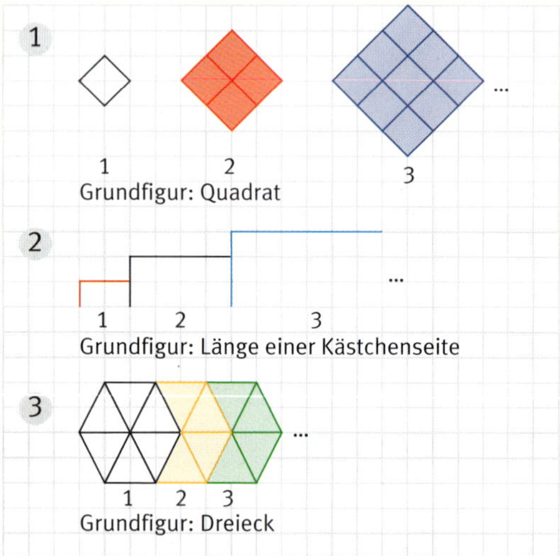

Die dargestellte Folge aus Figuren wird fortgesetzt.

a) Übertrage die Folge in dein Heft und setze sie um drei weitere Schritte fort.

b) Gib einen Term an, mit dem man die Anzahl der Grundfiguren für einen beliebigen Schritt beschreiben kann.

4 Übertrage in dein Heft und vervollständige.

x	1	5	☐
$T_1(x) = x^2 - 1$	☐	☐	☐
$T_2(x) = (30 + 1{,}5x) : 2$	☐	☐	22,5
☐	4,5	20,5	40,5

5

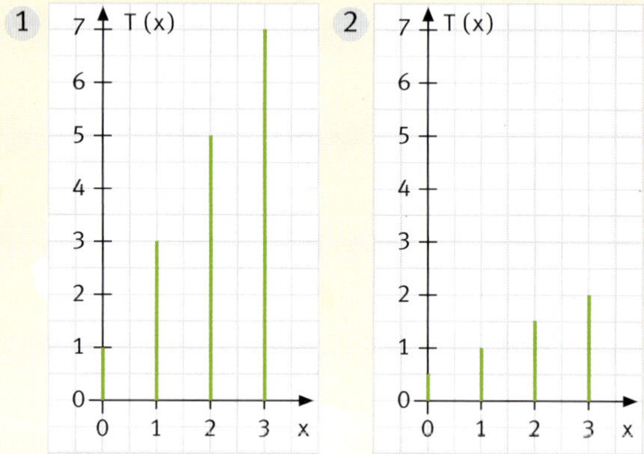

a) Welche grafische Wertetabelle gehört zu dem Term $T(x) = 2 \cdot (0{,}5 + x)$?

b) Finde zur anderen grafischen Wertetabelle einen passenden Term.

6 Welcher Term passt zu welcher Beschreibung?

$(8 + q) : 7$ | $15 \cdot (x - 9)$ | $(3 + x) - 13$ | $3 \cdot b + 2$ | $3 - b \cdot 2$ | $18y$ | $3 \cdot x - 13$ | $15 \cdot (x : 9)$ | $18 + y$ | $(8 \cdot q) - 7$ | $3 \cdot x + 2$

a) Die Summe aus dem 3-Fachen einer Zahl und 2

b) Das Produkt aus 15 und der Differenz aus einer Zahl und 9

c) Das Produkt aus 18 und einer Zahl

d) Der Quotient aus der Summe aus 8 und einer Zahl und 7

e) Die Differenz aus dem Dreifachen einer Zahl und 13

7 Überprüfe, ob die Terme in $\mathbb{G}$ äquivalent sind.

	$T_1(x)$	$T_2(x)$	$\mathbb{G}$
a)	$4x + 3$	$(2 \cdot x + 1{,}5) \cdot 2$	{0; 1; 2; 3; 4}
b)	$3x - 9$	$2 \cdot x + 1$	{10; 20; 30}
c)	$\frac{1}{2} \cdot (4x + 3)$	$1\frac{1}{2} + 2 \cdot x$	{2; 4; 6; 8; 10}
d)	$5x + 4$	$10x + 4$	{0; 1}

8 Sind folgende Terme äquivalent? Überprüfe anhand einer Wertetabelle, $\mathbb{G} = \{1; 2; 3; 4; 5\}$.

a) $T_1(x) = 3x$ $\quad T_2(x) = \frac{6x}{3}$

b) $T_1(x) = 6 + \frac{x}{3}$ $\quad T_2(x) = \frac{6 + x}{3}$

c) $T_1(x) = (4 + x)^2$ $\quad T_2(x) = 16 + x^2$

d) $T_1(x) = (x + 1) \cdot (x - 1)$ $\quad T_2(x) = x^2 - 1$

e) $T_1(x) = x^3$ $\quad T_2(x) = x^2 + x$

9 Bestimme die Lösungsmenge im Kopf, $\mathbb{G} = \mathbb{Q}_0^+$.

a) $21 = 3x + 3$ b) $12 - 12 + 2x \geqq 6$

c) $8x > 79$ d) $4x < 0{,}4$

e) $30 + 3x \geqq 100$ f) $x^2 - 100 = 44$

10 Bestimme die Lösungsmenge durch Äquivalenzumformungen, $\mathbb{G} = \mathbb{Q}_0^+$.

a) $x + 5 = 13$ b) $3x + 10 = 19$

c) $6{,}95 = x - 23$ d) $\frac{1}{3}x - \frac{16}{25} = \frac{7}{75}$

e) $35 = 5x - 3{,}\overline{3}$ f) $\frac{4}{5}x + 1\frac{2}{5} = 1{,}4$

g) $\frac{5}{6} \cdot x - \frac{1}{2} = 0$ h) $x : \left(\frac{2}{3} + \frac{2}{5}\right) = 1\frac{1}{3}$

11 Stelle eine Gleichung auf und löse, $\mathbb{G} = \mathbb{Q}_0^+$.

a) Das Vierfache einer Zahl beträgt 61. Wie lautet die Zahl?

b) Wenn vom Doppelten einer Zahl 12 subtrahiert wird, erhält man 12,8.

c) Der Quotient aus 1482 und einem unbekannten Divisor ist 22,8.

d) Das Sechsfache einer Zahl ist gleich dem Quadrat der Zahl 8.

e) Subtrahiert man von einem Drittel einer Zahl die 10, so erhält man 20.

12 Stelle das Intervall an einer Zahlenhalbgerade dar.

a) [6; 13[b)]3,2; 4,5[c)]27; 36]

13 Bestimme die Lösungsmenge in $\mathbb{G} = \mathbb{N}_0$.

a) $6x + 4 \leqq 22$ b) $12x - 9 \geqq 39$

c) $1{,}5x + 5{,}6 > 6$ d) $5x - 2 \geqq 0$

e) $\frac{3}{4}x + 2 < 34{,}2$ f) $5{,}2 + 3x > 25$

14 Ein 8 cm breites Rechteck soll einen Flächeninhalt haben, der 84 cm² beträgt. Wie lang muss das Rechteck sein? Stelle eine Gleichung auf und löse.

Aufgaben für Lernpartner

Arbeitsschritte

1 Bearbeite die folgenden Aufgaben alleine.
2 Suche dir einen Partner und erkläre ihm deine Lösungen. Höre aufmerksam und gewissenhaft zu, wenn dein Partner dir seine Lösungen erklärt.
3 Korrigiere gegebenenfalls deine Antworten und benutze dazu eine andere Farbe.

Sind folgende Behauptungen **richtig** oder **falsch**? Begründe schriftlich.

15 Eine Variable in einem Term kann man durch eine beliebige Zahl ersetzen.

16 $T_1(x) = 2x + 1$ und $T_2(x) = x + 3$ sind in $\mathbb{G} = \{1; 2; 3\}$ äquivalent zueinander.

17 Eine numerische Wertetabelle stellt die Wertepaare in einem Diagramm dar.

18 Die Multiplikation beider Seiten einer Gleichung mit null ist eine Äquivalenzumformung.

19 Es gibt Gleichungen, die für bestimmte Grundmengen lösbar sind, für andere jedoch nicht.

20 Ungleichungen haben immer eine Lösungsmenge, Gleichungen jedoch nicht.

21 Bei einem offenen Intervall gehören die Grenzen nicht mehr zum Intervall.

22 Hat eine Ungleichung als Lösungsmenge das Intervall [3; 5], dann bedeutet das, dass nur 3 und 5 die Ungleichung lösen.

23 Gleichungen kann man nur durch Äquivalenzumformungen lösen.

Aufgabe	Ich kann ...	Hilfe
1, 4	Terme berechnen.	S. 120
2, 3, 6, 15	Terme mit Variablen aufstellen.	S. 116
5, 17	mit grafischen Wertetabellen umgehen.	S. 118
7, 8, 16	Terme auf Äquivalenz prüfen.	S. 120
9, 11, 14, 19, 20	Gleichungen aufstellen und auf verschiedene Arten lösen.	S. 122, 124
10, 18, 23	Gleichungen durch Äquivalenzumformungen lösen.	S. 124, 126
13, 20	Ungleichungen lösen.	S. 126
12, 21, 22	Intervalle auf verschiedene Arten schreiben.	S. 126

S. 116
S. 118

Beispiele für Terme:
$2 \cdot a + 7$ $b + 17 - 3 \cdot b$ $(c + 44) : 4$

Eine **Variable** ist ein Platzhalter für eine Zahl in einem Term, die man in der Regel mit kleinen Buchstaben bezeichnet. Ein **Term** ist eine sinnvolle Verbindung von Zahlen und/oder Variablen mithilfe von Rechenzeichen. Alle Zahlen, die man in einen Term anstelle der Variablen einsetzen darf, bilden die **Grundmenge** $\mathbb{G}$. Terme kann man durch **grafische** oder **numerische Wertetabellen** darstellen.

S. 120

Überprüfe, ob die Terme in $\mathbb{G} = \{0; 1; 2; 3\}$ äquivalent sind.
$T_1(x) = 2 \cdot (x + 3)$ $T_2(x) = 2 \cdot x + 6$

x	0	1	2	3
$T_1 = 2 \cdot (x + 3)$	6	8	10	12
$T_2 = 2 \cdot (x + 6)$	6	8	10	12

$T_1(x) = T_2(x)$

Zwei Terme heißen **äquivalent**, wenn sie bei allen Einsetzungen aus derselben Grundmenge $\mathbb{G}$ stets gleiche Termwerte haben. Die Äquivalenz von Termen kann man mit numerischen oder grafischen Wertetabellen prüfen.

S. 124

$4x + 7 = 31 \quad | -7$
$4x = 24 \quad | : 4$
$x = 6$
$\mathbb{L} = \{6\}$

Gleichungen kann man auch durch **Äquivalenzumformungen** lösen: Oft ist es möglich, eine **Gleichung** so zu **vereinfachen**, dass die Variable auf einer Seite der Gleichung alleine steht. Dabei darf sich die **Lösungsmenge** der Gleichung **nicht ändern**. Es gilt:

- Man **addiert** (**subtrahiert**) auf beiden Seiten der Gleichung die **gleiche Zahl** oder den **gleichen Term**.
- Man **multipliziert** (**dividiert**) auf beiden Seiten durch die **gleiche Zahl** (die nicht null sein darf).

S. 122

Möglichkeiten für die Lösungsmenge:
- Es gibt keine Lösung in $\mathbb{G}$: $\mathbb{L} = \emptyset$.
- Es gibt Lösungen in $\mathbb{G}$, z. B: $\mathbb{L} = \{2\}$.
- Alle Zahlen aus $\mathbb{G}$ sind Lösung: $\mathbb{L} = \mathbb{G}$.

Alle **Zahlen aus der Grundmenge** $\mathbb{G}$, die eine Gleichung lösen, fasst man in der **Lösungsmenge** $\mathbb{L}$ zusammen.

S. 126

abgeschlossenes Intervall
[2; 4]: alle Zahlen zwischen 2 und 4, einschließlich 2 und 4.

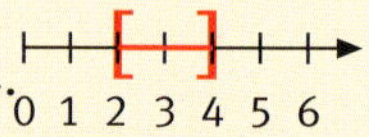

Werden zwei Terme mit einem der Ungleichheitszeichen <, >, ≤ oder ≥ verbunden, so spricht man von einer **Ungleichung**.

offenes Intervall
]2; 4[: alle Zahlen zwischen 2 und 4, aber ohne 2 und 4.

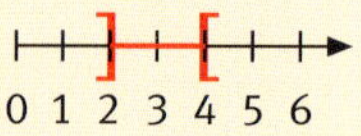

halboffenes Intervall
[2; 4[: alle Zahlen zwischen 2 und 4, aber mit 2 und ohne 4.
]2; 4]: alle Zahlen zwischen 2 und 4, aber ohne 2 und mit 4.
Die Darstellung an der Zahlenhalbgerade ist entsprechend.

Die Lösung einer Ungleichung kann auf verschiedene Arten angegeben werden:

- Ist $\mathbb{G} = \mathbb{N}_0$, so kann die Lösungsmenge in **aufzählender Form** angegeben werden.
  Beispiel: $x + 5 < 26$
  $\mathbb{L} = \{0; 1; 2; 3; ...; 20\}$ oder
  $\mathbb{L} = \{x \mid x \leq 20\}$
- Ist $\mathbb{G} = \mathbb{Q}_0^+$, so kann die Lösungsmenge aus **unendlich vielen Elementen** bestehen. Deshalb stellt man die Lösungsmenge durch ein **Intervall** oder auf einer **Zahlenhalbgerade** dar.

Körper

1 a) Wie heißen diese Körper? Nenne jeweils charakteristische Eigenschaften.

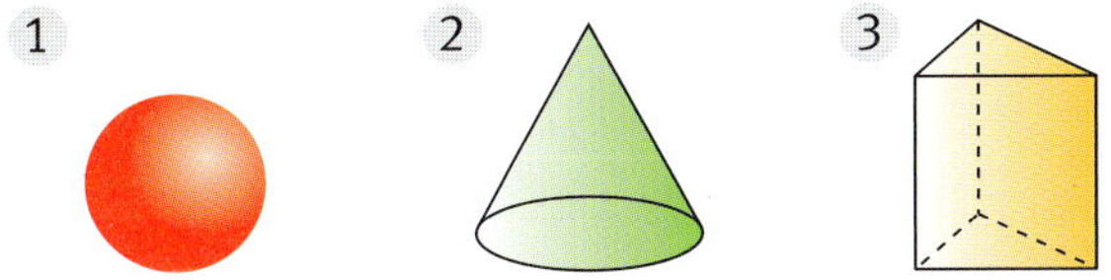

b) Um welchen Körper kann es sich handeln?

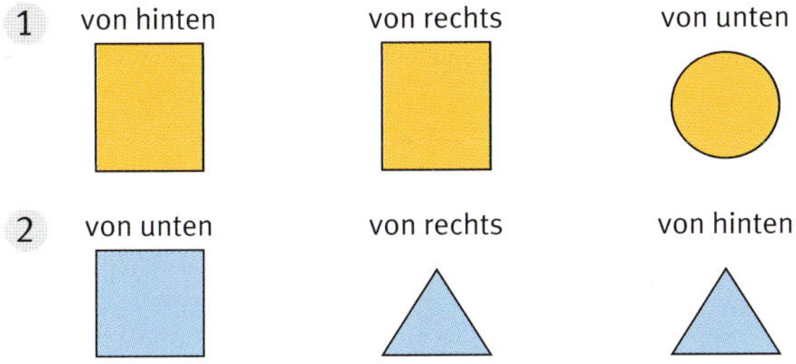

2 a) Übertrage in dein Heft und ergänze zum Schrägbild eines Quaders.

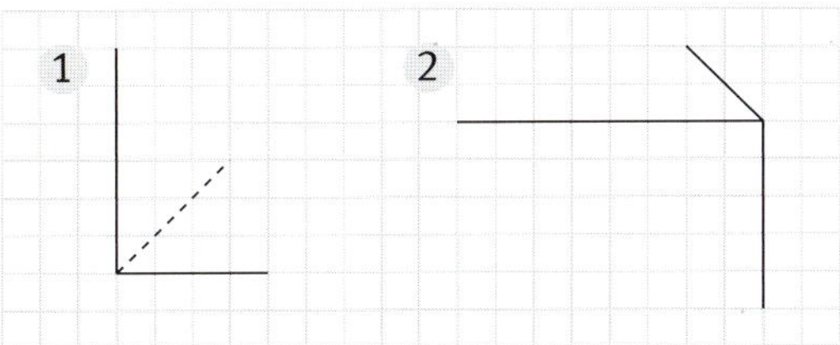

b) Zeichne das Schrägbild folgender Körper:

1 Quader: l = 6 cm; b = 5 cm; h = 3 cm

2 Würfel: l = 4 cm

3 Ein Würfel wird zur Hälfte in Farbe getaucht. Übertrage die Netze in tatsächlicher Größe in dein Heft und vervollständige die eingefärbten Flächen.

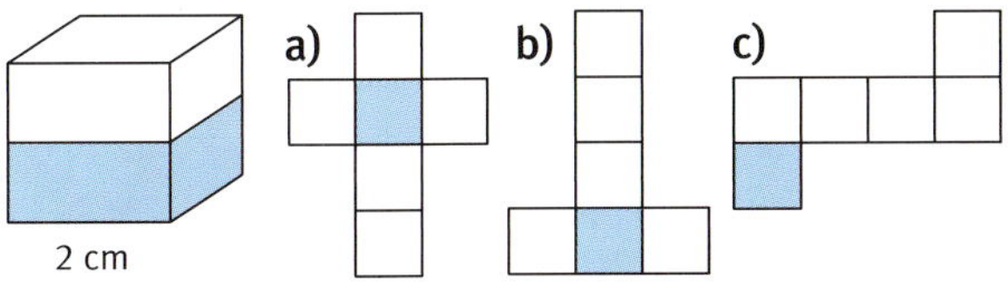

4 Wie viele Würfel siehst du?

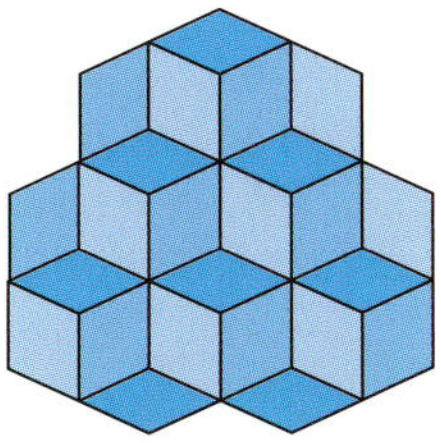

Dezimalzahlen

5 Berechne.

a) 7,26 · 4,5
12,61 · 2,93
6,39 · 0,06
50,78 · 0,95

b) 17,8 + 24,86 + 0,05
34 + 19,453 + 12,45
20,15 + 14 + 6,8
88,2 + 0,882 + 8,82

c) 58,4 : 8
36,12 : 1,4
187,5 : 0,25
177,552 : 4,8

d) 27,1 – 13,76 – 4,1
67 – 32,01 + 4,832
124,5 + 659,65 – 784,1
45,8 + 123,001 – 99,85

6 0,1 1,26 0,45 1,84 0,02 1,67 0,75

Wähle aus den gegebenen Dezimalzahlen zwei verschiedene Zahlen so aus, dass

a) das Produkt kleiner als 1 ist.

b) das Produkt größer als 1 ist.

c) die Summe am kleinsten ist.

d) die Differenz am größten ist.

7 Da hat wohl jemand gekleckst. Ergänze die fehlenden Ziffern.

a) 5,■ + ■,4 = 13 b) ■,8 – 7,1 = 2,■

c) 8 · ■,4 = 3,■ d) 9,■ : 7 = ■,3

8 Runde auf Hundertstel (Zehntel).

a) 14,05491
5,0043
0,0099

b) 1,3364
12,59264
0,98765

c) 1,01010
0,90000
5,55555

9

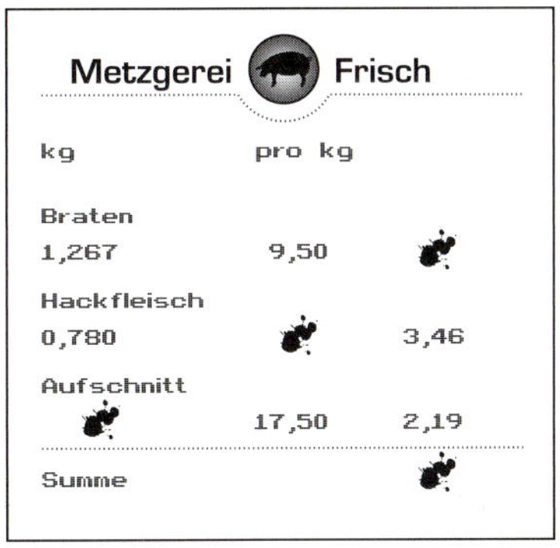

a) Erkläre die Angaben auf dem Kassenzettel.

b) Übertrage den Kassenzettel in dein Heft und ergänze die fehlenden Angaben. Runde sinnvoll.

Knobeln

10 Marco ist in den Ferien mit einem Motorboot von Westen her die Küste entlanggefahren. Er zeigt zu Hause Lara eine Landkarte von der Küste und vier Bilder, die er während der Bootsfahrt gemacht hat. Lara will die Bilder in die richtige Reihenfolge bringen.

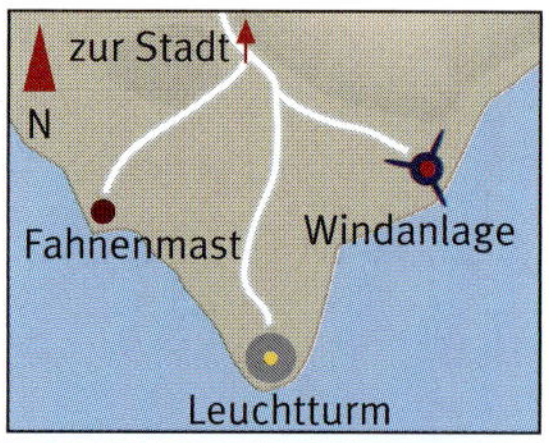

a) Wie viele Möglichkeiten gibt es theoretisch, die Bilder nacheinander anzuordnen?

b) Hilf Lara und ordne die Bilder nach ihrem Aufnahmezeitpunkt.

11 Setze für gleiche Zeichen jeweils die gleichen Zahlen ein.

a) 2,7 + ☎ = 6,2
📖 + 1,3 = ☎

b) ☺ + ☺ = ☹
15,9 – ☺ = 7,3

c) ✉ – ✂ = 40,4
✉ – 45,6 = 9,9

d) 3 · 🔔 = 🔔 + 7,6
26,6 : 🔔 = 💣

12 Bei magischen Quadraten ist die Summe der Zahlen in senkrechter, waagrechter und diagonaler Richtung immer gleich groß. Übertrage die Quadrate in dein Heft und vervollständige.

a)

$1\frac{1}{3}$	$3\frac{1}{12}$	□	$1\frac{17}{24}$
□	□	$2\frac{1}{12}$	$2\frac{1}{3}$
$2\frac{5}{24}$	$2\frac{11}{24}$	□	□
$2\frac{5}{6}$	□	$1\frac{11}{24}$	□

b)

$2\frac{7}{8}$	□	□	$2\frac{1}{2}$
□	$2\frac{1}{4}$	$2\frac{1}{8}$	$1\frac{7}{8}$
□	□	$1\frac{5}{8}$	□
$1\frac{3}{8}$	$2\frac{5}{8}$	□	1

13 Ich bin eine Dezimalzahl zwischen 1 und 2 und habe drei Dezimalen. Die Ziffer meiner Zehntelstelle ist doppelt so groß wie meine Hundertstelziffer und dreimal so groß wie die Tausendstelziffer. Wer bin ich?

14 Übertrage das Dreieck in dein Heft. Verteile die Dezimalzahlen so entlang der Dreiecksseiten, dass sich auf jeder Seite die Summe 1,0 (die Summe 1,2) ergibt.

0,1 0,2 0,3
0,4 0,5 0,6

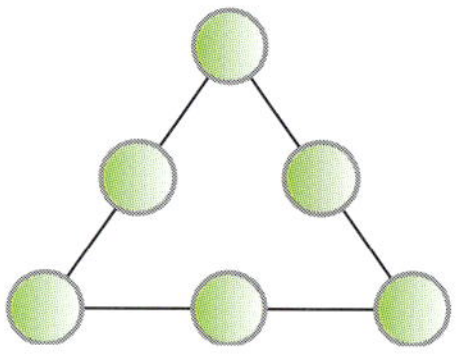

Rechengesetze

15 Übertrage die Tabelle ins Heft und fülle sie aus.

x	y	z	(x + y) · z	x + y · z
14	27	35	□	□
2,4	5,6	7,9	□	□
$\frac{1}{2}$	$\frac{4}{5}$	$\frac{7}{8}$	□	□
5	3,9	$2\frac{2}{5}$	□	□

16 Rechne möglichst vorteilhaft.

a) 9,7 · 1,9 + 1,9 · 3,6 + 0,69

b) 112,5 : 45 + 261 : 45

c) 169 : 13 – 12,2 : 2 + 153 : 17

d) $\frac{3}{5} \cdot \frac{5}{7} + \frac{2}{3} \cdot \frac{3}{7} - \frac{1}{4} \cdot \frac{4}{7}$

17 Stelle einen Term auf und berechne. Nutze das Distributivgesetz.

a) Frau Sperber kauft 3 Flaschen Orangensaft zu je 1,15 € und 3 Flaschen Apfelsaft zu je 0,95 €. Wie viel muss sie bezahlen?

b) Herr Völkers kauft 4 Tafeln Schokolade zu je 0,49 €, 4 Flaschen Milch zu je 0,75 € und 4 Joghurts zu je 0,39 €. Wie viel kostet der Einkauf?

c) In einem Baumarkt kauft Herr Atorf 3 Holzplatten zu je 1,79 €, 4 Packungen Schrauben zu je 3,49 €, 4 Pinsel zu je 1,89 €, 4 Packungen Schleifpapier zu je 5,89 € und 3 Päckchen Nägel zu je 2,79 €. Wie hoch ist seine Rechnung?

5 Proportionalität und Prozentrechnung

Einstieg

- Welche Kraftstoffsorten kennst du?
- Wie werden die Preise für die einzelnen Sorten angegeben?
- Welche Steuern sind im Preis enthalten?
- Während des Tankvorgangs ändern sich an der Zapfsäule einige Anzeigen. Erkläre.

Ausblick

Am Ende dieses Kapitels hast du gelernt, ...

- wie man Zuordnungen darstellen kann.
- wie man eine direkte Proportionalität erkennt und mit ihr rechnet.
- was man unter Prozent versteht.
- wie man Prozente anschaulich darstellen kann.
- wie man mit Prozenten rechnet.

Max ist im Supermarkt einkaufen.

- Er kauft drei Kiwis, zwei Schälchen Erdbeeren und fünf Äpfel. Erkläre, wie der Preis jeweils ermittelt werden könnte.
- Auf einem Schild sieht Max, dass sein Lieblingsjoghurt im Angebot ist: Vier Becher gibt es zum Preis von drei. Ein Becher kostet regulär 0,35 €. Stelle in einer Tabelle dar, wie viel 2, 3, 4, ..., 8 Becher kosten.

Schreibweise:
Ausgangsgröße ⟼ zugeordnete Größe

Möchte man vier Brezen, so bekommt man drei zusammen zum Angebotspreis und die vierte zum Preis einer einzelnen Breze.

Die Ausgangsgröße wird stets an der Rechtswertachse, die zugeordnete Größe an der Hochwertachse angetragen.

Die einzelnen Punkte in der Grafik dürfen hier nicht verbunden werden. Man kann schließlich nur ganze Brezen kaufen.

Merkwissen

Größen (oder Zahlen) können einander zugeordnet werden. Eine Ausgangsgröße wird dabei mit einer zugeordneten Größe verbunden. Die **Zuordnungen** lassen sich **tabellarisch** oder **grafisch** sowie mithilfe **geordneter** Zahlenpaare darstellen.

Beispiel:
Eine einzelne Breze kostet beim Bäcker 0,60 €. Kauft man drei Brezen, so zahlt man zusammen nur 1,50 €. Der Anzahl der Brezen ist der Preis in € zugeordnet:
Anzahl der Brezen ⟼ Preis in €

Tabelle:

Anzahl der Brezen	Preis in €
1	0,60
2	1,20
3	1,50
4	2,10
5	2,70
6	3,00

Graph:

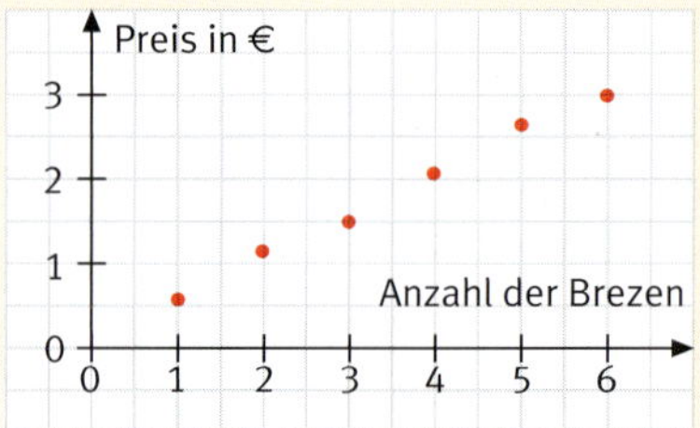

geordnete Zahlenpaare:

(1 | 0,60); (2 | 1,20); (3 | 1,50); (4 | 2,10); (5 | 2,70); (6 | 3,00)

Ausgangszahl — zugeordnete Zahl

Beispiele

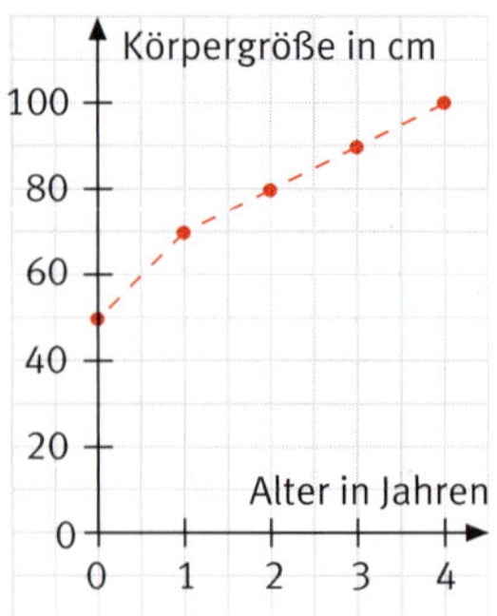

I Caro hat in einem Album eine Grafik gefunden, die ihre Mutter angefertigt hatte.

a) Welche Größen sind einander zugeordnet?

b) Stelle die Zuordnung tabellarisch dar. Wie groß war Caro bei ihrer Geburt?

Lösung:

a) *Alter in Jahren ⟼ Körpergröße in cm*

b)

Alter in Jahren	**0**	1	2	3	4
Körpergröße in cm	**50**	70	80	90	100

Verständnis

- Im Alltag findest du zahlreiche weitere Beispiele für Zuordnungen, bei denen einer Größe eine andere Größe zugeordnet ist. Nenne einige.
- Marie behauptet: „Wenn man der Anzahl der Kugeln Eis den Preis in Euro zuordnet und dies grafisch darstellt, dann darf man die einzelnen Punkte nicht verbinden.“ Hat sie Recht? Begründe.

1 Welche Größen sind einander zugeordnet?

a)

b)

c)

2 Um die Entwicklung von Säuglingen zu beobachten, werden sie in regelmäßigen Abständen gewogen. Die Tabelle zeigt Brunos Körpergewicht in den ersten sechs Lebensmonaten.

a) Wie schwer war Bruno bei der Geburt?

b) Stelle die Entwicklung von Brunos Körpergewicht grafisch dar.

c) In welchem Lebensmonat hat Bruno am meisten (am wenigsten) zugenommen?

d) Die Angaben für das Körpergewicht wurden in der Tabelle gerundet. Gib jeweils den Bereich an, in dem die tatsächliche Masse gelegen haben könnte.

Alter in Monaten	Körpergewicht in g
0	3900
1	4100
2	4900
3	6100
4	6900
5	7300
6	7500

3 In den drei Parkhäusern einer kleinen Stadt ist der Parkdauer in Stunden jeweils eine andere Parkgebühr in Euro zugeordnet.

1 Im Arkaden-Parkhaus kostet jede angefangene Stunde 0,75 €. Die Maximalgebühr beträgt 7,50 €.

2 Im Parkhaus am Dom kostet die erste Stunde 0,50 €. Für jede weitere angefangene Stunde ist 1,00 € zu bezahlen. Die Maximalgebühr beträgt 7,50 €.

3 Im City-Parkhaus ist die erste Stunde kostenlos. Jede weitere angefangene Stunde kostet 1,50 €. Die Maximalgebühr beträgt 7,50 €.

a) Stelle jede Zuordnung mithilfe geordneter Zahlenpaare sowie grafisch dar.

b) Frau Anatevka möchte für das Parken nicht mehr als 2 € (3 €, 4 €) ausgeben. Welches der drei Parkhäuser würdest du ihr empfehlen? Erkläre.

4 Sabrina möchte ihren Hund Bello baden. Dazu lässt sie zunächst Wasser in die Badewanne. Als die Wanne halb voll ist, stellt sie das Wasser ab und macht sich auf die Suche nach Bello. Nachdem sie ihn gefunden hat, gehen sie zur Wanne und Bello springt hinein. Nachdem Bello nach einiger Zeit fertig gebadet hat, springt er aus dem Wasser. Kurz darauf lässt Sabrina das Wasser wieder aus der Wanne. Skizziere einen Graphen, der die Höhe des Wasserstandes in der Wanne im Laufe der Zeit darstellt. Erkläre den Verlauf des Graphen.

5 Ein Musikgeschäft wirbt mit einem Angebot für den Verkauf von Musik-CDs.

a) Eine CD kostet 5 €. Übertrage die Tabelle für die Zuordnung *Anzahl CDs* ⟼ *Preis in €* ins Heft und vervollständige sie. Berücksichtige das Angebot.

Anzahl CDs	0	1	2	3	4	5	6	7	8	9	10
Preis in €		5									

Top Angebot

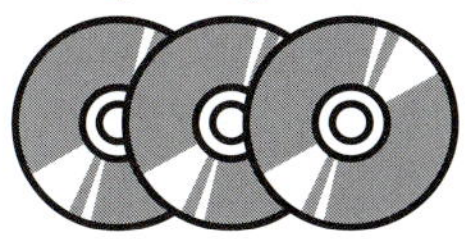

Kaufe 3 CDs zum Preis von 2!

b) Zeichne den Graphen der Zuordnung.

c) Beschreibe den Verlauf des Graphen in Worten.

d) Wie werden sich Käufer bei diesem Angebot wohl verhalten? Begründe.

e) Suche nach weiteren Angeboten dieser Art in deiner Umgebung. Zeichne den Graphen der Zuordnung und beschreibe seinen Verlauf.

Suche dir Gegenstände, die es häufig in gleicher Qualität gibt, z. B. Schokolinsen oder Bausteine. Untersuche die Masse dieser Gegenstände mit einer Haushaltswaage.

- Lege eine Tabelle an, in der die Masse in Abhängigkeit von der Anzahl der Gegenstände notiert wird. Beispiel:

Anzahl Bausteine	5	10	20	50
Masse in g	☐	☐	☐	☐

- Wie verändert sich die Masse, wenn sich die Anzahl der Gegenstände verdoppelt (verdreifacht, verzehnfacht)? Beschreibe in Worten.
- Trage die geordneten Zahlenpaare aus der Tabelle als Punkte in ein Gitternetz ein. Beschreibe den Verlauf des Graphen, auf dem die Punkte liegen.

*Man sagt: „Die zugeordnete Größe ist **direkt proportional** zur Ausgangsgröße.“*

$\frac{\text{zugeordnete Zahl}}{\text{Ausgangszahl}} = k$

Merkwissen

Eine Zuordnung nennt man **direkte Proportionalität**, wenn für sie gilt:
Zum Doppelten (zum Dreifachen, zum Vierfachen, ..., zur Hälfte, ...) der Ausgangsgröße (einer Zahl) gehört das Doppelte (das Dreifache, das Vierfache, ..., die Hälfte, ...) der zugeordneten Größe (der zugeordneten Zahl).

Die geordneten Zahlenpaare einer direkten Proportionalität sind **quotientengleich**. Der gemeinsame Quotientenwert heißt **Proportionalitätsfaktor k.**

Trägt man die geordneten Zahlenpaare als Punkte in ein Gitternetz ein, so liegen alle diese Punkte auf einer **Halbgeraden**, die **im Ursprung beginnt**.

Beispiel:
Der Preis in Euro ist direkt proportional zur Anzahl der Eiskugeln.

Anzahl der Eiskugeln	Preis in €
1	1,50
2	3,00
3	4,50
...	...

(· 2, · 3 jeweils in beiden Spalten)

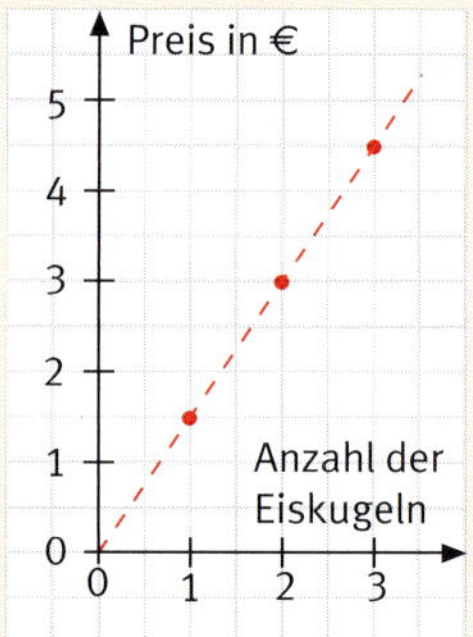

$\frac{1{,}5}{1} = \frac{3}{2} = \frac{4{,}5}{3} = ... = 1{,}5$

Proportionalitätsfaktor: k = 1,5
Bedeutung: Preis in € pro Kugel Eis

Beispiele

Aufgaben zur direkten Proportionalität lassen sich leicht mit dem Dreisatz lösen.

I Herr Gruber bezahlt an der Tankstelle für 20 l Benzin 33,00 €.
Wie viel müsste er dann für 30 l Benzin bezahlen?

Lösung:

: 20	20 l Benzin kosten 33,00 €.	: 20
· 30	1 l Benzin kostet 1,65 €.	· 30
	30 l Benzin kosten 49,50 €.	

Herr Gruber müsste für 30 l Benzin 49,50 € bezahlen.

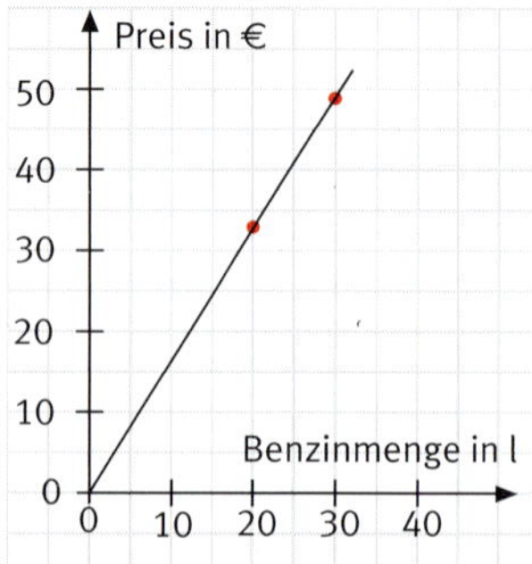

LOGO

II Die Kosten für den Betrieb einer Leuchtreklame sind direkt proportional zur Betriebsdauer in Stunden. Vervollständige die Tabelle.

Betriebsdauer in h	24	48	144	
Kosten in €	0,46			1,38

Lösung:

· 2 | · 3 | : 2

Betriebsdauer in h	24	48	144	72
Kosten in €	0,46	0,92	2,76	1,38

· 2 | · 3 | : 2

Bei einer direkten Proportionalität kann jedes Zahlenpaar Ausgangspunkt für die Berechnung sein.

Verständnis

- Nenne Beispiele für direkte Proportionalitäten aus dem Alltag.
- Von den zehn Zahlenpaaren einer Zuordnung sind neun quotientengleich. Liegt bei der Zuordnung eine direkte Proportionalität vor? Begründe.

Aufgaben

1 Handelt es sich bei der Zuordnung um eine direkte Proportionalität? Begründe anhand von Beispielen.

a) *Körpermasse in Kilogramm ⟼ Alter in Jahren*

b) *Geldbetrag in Schweizer Franken ⟼ Geldbetrag in Euro*

c) *Anzahl der Würfe mit einem Spielwürfel ⟼ Anzahl der gewürfelten Sechser*

d) *Streckenlänge in Kilometer ⟼ Streckenlänge in Meilen*

2 Gehören die Zahlenpaare zu einer direkten Proportionalität? Überprüfe rechnerisch und gib gegebenenfalls den Proportionalitätsfaktor k an.

a) $(7|3)$; $(14|6)$; $(28|12)$; $(98|42)$; $(2100|900)$

b) $(9|10)$; $(27|30)$; $(4{,}5|5)$; $(3|3\frac{1}{2})$; $(0{,}9|0{,}1)$

c) $(5|\frac{1}{4})$; $(20|1)$; $(1|\frac{1}{20})$; $(\frac{1}{5}|\frac{1}{40})$; $(100|5)$

d) $(\frac{1}{3}|\frac{5}{9})$; $(\frac{2}{3}|1\frac{1}{9})$; $(1|2\frac{7}{9})$; $(\frac{1}{6}|\frac{5}{18})$; $(\frac{1}{12}|\frac{5}{32})$

3 Für verschiedene Telefontarife ist die Zuordnung *(Gesprächs-)Dauer in min ⟼ Kosten in €* grafisch dargestellt. Bei welchen der Telefontarife liegt eine direkte Proportionalität vor, bei welchen nicht? Begründe.

a) b) c) d)

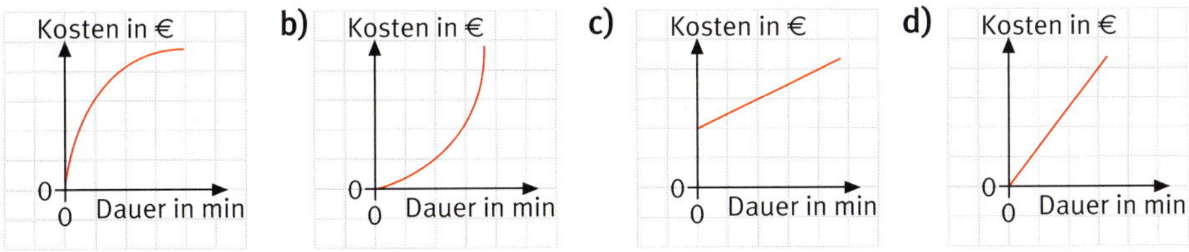

4 Überprüfe grafisch und rechnerisch, ob bei der Zuordnung x ⟼ y eine direkte Proportionalität vorliegt. Gib dann auch den Proportionalitätsfaktor k an.

a)

x	3	4	5	0,5	0,6
y	4,5	6	7,5	0,8	0,9

b)

x	2	6	10	$\frac{2}{5}$	0,6
y	$\frac{1}{2}$	$1\frac{1}{2}$	$2\frac{1}{2}$	$\frac{1}{10}$	2

Du kennst dieses Vorgehen bereits als ***Dreisatz****.*

5 Berechne die fehlenden Größen der proportionalen Zuordnungen. Rechne zuerst auf einen geeigneten Zwischenwert und dann auf die gesuchte Größe.

a)

Äpfel in kg	Preis in €
2	4,30
1	
9	

b)

Anzahl Hefte	Masse in g
3	225
8	

c)

Erdbeeren in g	Preis in €
250	1,50
800	

6 Gib eine Zuordnung mit fünf Zahlenpaaren an, die zum Proportionalitätsfaktor k passen.

a) $k = 2$ **b)** $k = 3{,}5$ **c)** $k = \frac{1}{2}$ **d)** $k = 0{,}4$ **e)** $k = 1$

Man sagt auch, dass Größen- bzw. Zahlenpaare ***zueinander*** *direkt proportional sind.*

7 Herr Horch und Frau Cooper unterhalten sich an der Tankstelle.

Nimm zu den Aussagen Stellung.

8 Eine Studentin gibt Nachhilfe in Mathematik. Sie verlangt 7,50 € je 45 min.

a) Vervollständige die Tabelle.

Nachhilfezeit in h	1,5		3		
Betrag in €		22,50		75,00	1000,00

b) Die Studentin erhält 50 ct Trinkgeld. Welcher Nachhilfezeit entspricht dies?

9 Für das Sommerfest des Hockeyclubs machen Monika und Andrea einen Reissalat.

a) Da es sich um eine große Feier handelt, möchten sie einen Salat für 12 Personen zubereiten. Berechne die notwendigen Mengen neu.

b) Wie berechnet man die Mengenangaben für die dreifache, vierfache, ... Menge? Beschreibe.

c) Beim Fest haben sich 15 Personen angemeldet. Monika und Andrea streiten sich um die Anzahl der Zutaten. Was ist das Problem? Wie können sie es praktisch lösen? Mache verschiedene Vorschläge.

Reissalat für 6 Personen

- 200 g Reis, gekocht
- 3 Paprika (rot, gelb, grün)
- 1 Dose Mais
- 5 Gewürzgurken
- 50 g Sahne
- 250 g Mayonaise

Das Gemüse in kleine Würfel schneiden, anschließend alle Zutaten vermischen. Mit Salz und Pfeffer abschmecken.

10 Conny öffnet eine neue Packung Druckerpapier und möchte wissen, wie dick ein einzelnes Blatt ist. Beschreibe ein Verfahren, mit dem Conny die Dicke bestimmen kann.

11 Recherchiere die aktuellen Umrechnungskurse für ausländische Währungen (US-Dollar, Britische Pfund, Schweizer Franken, ...). Erstelle mithilfe eines Tabellenkalkulationsprogramms eine Datei, die jeden beliebigen Euro-Betrag in die entsprechende ausländische Währung umrechnet.

12 Ein Möbelhaus wirbt mit der Anzeige nebenan.

a) Welchen Geldbetrag bekommt man bei einem Einkaufswert von 400 € (1200 €, 2500 €) erstattet?

b) Familie Lutz kauft eine Küche und bekommt dafür 2300 € erstattet. Wie groß könnte der Einkaufswert gewesen sein? Gib den größtmöglichen Betrag an.

Wir erstatten Ihnen 20 € je 100 € Einkaufswert! Sie erhalten 20 € bei einem Einkaufswert von 100 €, 40 € bei einem Einkaufswert von 200 €, 60 € bei einem Einkaufswert von 300 €, usw.

13 Tanja sieht auf einem Plakat im Schaufenster einer Bäckerei die nebenstehende Grafik. Sie ist sich sicher, dass die Anzahl der Filialen direkt proportional zur Jahreszahl ist. Was meinst du? Erkläre.

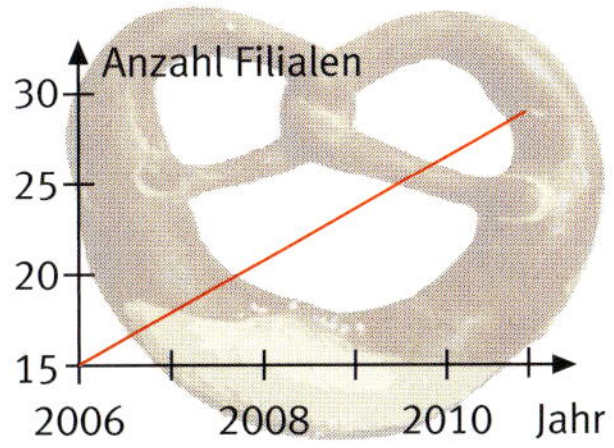

Alltag

Füllgraphen

Stell dir vor, die Türme aus den Bausteinen sind Gefäße, die man mit Wasser füllen kann. In jeden Turm fließt das Wasser gleichmäßig hinein. Als Füllgraph bezeichnet man den Graphen einer Zuordnung *Zeit* ⟼ *Füllhöhe*.

a) Welcher Füllgraph gehört zu welchem Turm? Begünde.

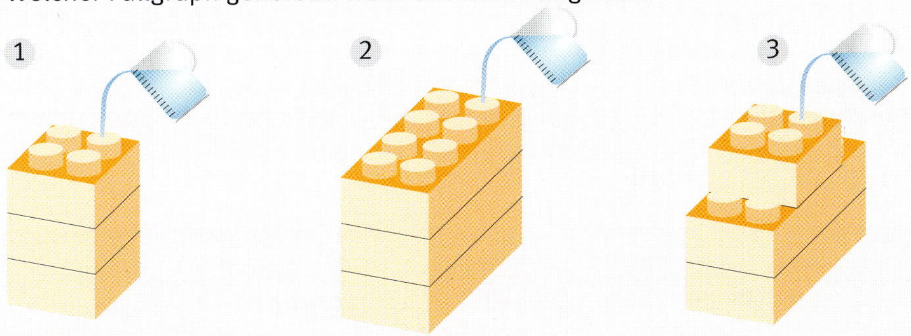

LE: Längeneinheit ZE: Zeiteinheit

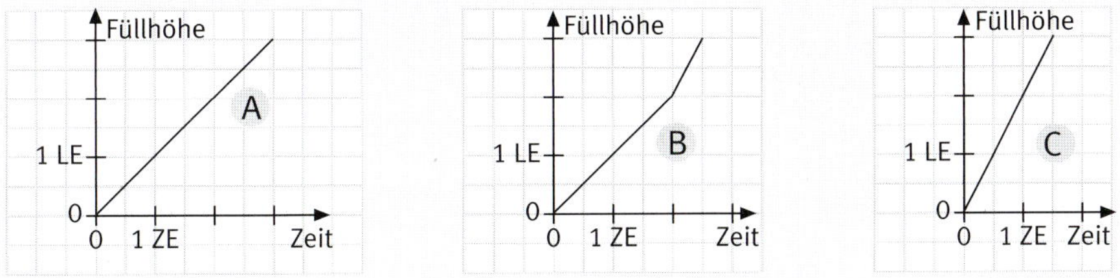

b) Zeichne einen Füllgraphen zu jedem Turm wie in a).

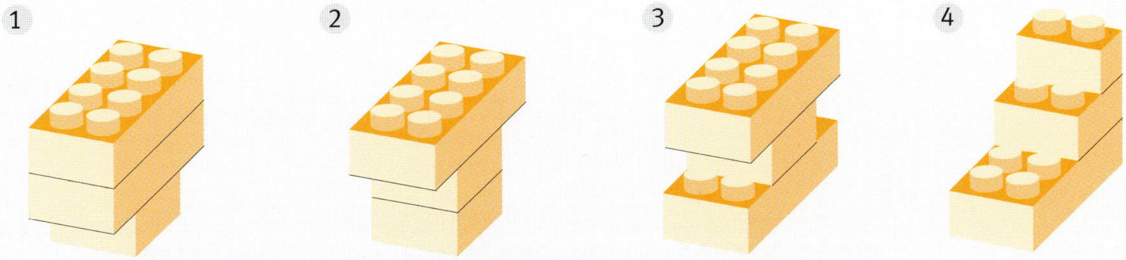

c) Baue selbst Türme aus Bausteinen und zeichne den zugehörigen Füllgraphen.

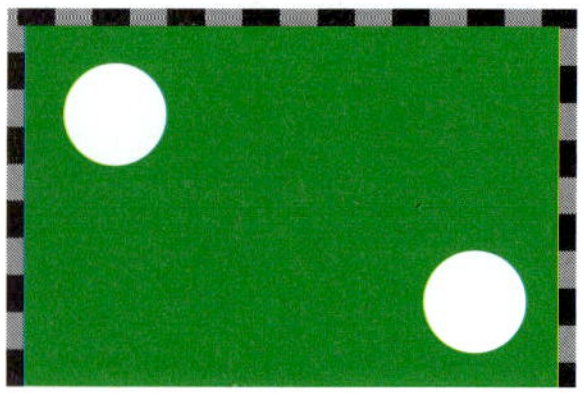

Dominik und Joachim schießen auf eine Torwand und haben folgende Trefferquoten:

Dominik:
☺ ☹ ☺ ☹
☺ ☺ ☺ ☺
☹ ☺ ☺ ☺
☹ ☺ ☺ ☹
☹ ☺ ☹ ☺

Joachim:
☹ ☺ ☺ ☹ ☺
☺ ☺ ☹ ☺ ☺
☹ ☺ ☺ ☹ ☺
☹ ☺ ☺ ☺ ☺
☹ ☺ ☹ ☺ ☹

- Wer von beiden ist der bessere Torschütze? Begründe deine Antwort.
- Informiere dich, auf welche Arten Trefferquoten im Sport angegeben werden.

„Pro centum" ist lateinisch und bedeutet „von Hundert". Somit wird das Ganze in 100 gleich große Teile zerlegt.

Einfache Zusammenhänge:
$\frac{1}{10} = 10\,\%$ $\frac{1}{4} = 25\,\%$
$\frac{1}{2} = 50\,\%$ $\frac{3}{4} = 75\,\%$
$\frac{1}{5} = 20\,\%$ $\frac{1}{20} = 5\,\%$

Merkwissen

Im Alltag ist es üblich, Anteile in Prozent anzugeben und miteinander zu vergleichen. **Prozent** gibt immer den Anteil von Hundert an: $1\,\% = \frac{1}{100}$.

Anteile kann man somit auf verschiedene Arten schreiben:

Bruch	Dezimalbruch	Prozent
$\frac{3}{4}$ ← Zähler, ← Bruchstrich, ← Nenner Der Zähler gibt die Anzahl der gewählten Teile an. Der Nenner zeigt, in wie viele gleich große Teile das Ganze zerlegt wurde.	$\frac{3}{10} = \mathbf{0{,}3}$; $\frac{6}{100} = \mathbf{0{,}06}$ Dezimalbrüche sind eine andere Schreibweise für Brüche mit den Nennern 10, 100, 1000, …	$1\,\% = \frac{1}{100}$ **1,2 %** = 0,012 Prozente geben immer den Anteil von Hundert an.

Beispiele

Erinnere dich an das Vorgehen zur Umwandlung von Brüchen in Dezimalbrüche.

I Vervollständige die Tabelle.

Bruch	Dezimalbruch	Prozent
☐	0,09	☐
$\frac{47}{50}$	☐	☐
☐	☐	1,4 %

Lösung:

Bruch	Dezimalbruch	Prozent
$\frac{9}{100}$	0,09	9 %
$\frac{47}{50} = \frac{94}{100}$	0,94	94 %
$\frac{14}{1000} = \frac{7}{500}$	0,014	1,4 %

Wandle eine der beiden Angaben so um, dass ein Vergleich von Brüchen, Dezimalbrüchen oder Prozenten möglich ist.

II Vergleiche die Anteile miteinander. Setze <, > oder = ein.

a) $\frac{1}{3}$ ☐ $33{,}\overline{3}\,\%$ **b)** 53 % ☐ $\frac{13}{25}$ **c)** 0,0812 ☐ 8,21 % **d)** 101 % ☐ 1

Lösung:

a) $\frac{1}{3} = 33{,}\overline{3}\,\%$ **b)** $53\,\% > \frac{13}{25}$ **c)** $0{,}0812 < 8{,}21\,\%$ **d)** $101\,\% > 1$

Verständnis

- Nenne Beispiele aus dem Alltag, bei denen der Vergleich in Prozent sinnvoll ist.
- Häufig hört man die Aussage: „Wir machen fifty fifty." Erkläre.

1 Übertrage die Tabelle in dein Heft und vervollständige sie.

Prozent	1 %	□	□	□	□	50 %	□	□	□
Dezimalbruch	□	0,05	□	0,2	□	□	0,75	□	2
Bruch	□	□	$\frac{1}{10}$	□	$\frac{1}{4}$	□	□	$\frac{1}{1}$	□

2 Ordne die Anteile der Größe nach. Beginne mit dem kleinsten.

a) $\frac{9}{12}$; $\frac{3}{4}$; $\frac{3}{8}$; $\frac{6}{24}$; 11 %; 7 %; 103 %
b) $\frac{6}{50}$; 16 %; $\frac{14}{25}$; 0,14; 48 %; $\frac{14}{10}$; 0,99
c) $\frac{33}{150}$; 33 %; $\frac{12}{125}$; 0,12; $\frac{5}{4}$; 54 %; 0,54
d) $\frac{25}{20}$; $1\frac{2}{5}$; 1,5; 125 %; $\frac{9}{8}$; 112,4 %; 1,01

3 An einer Schule werden Fahrräder von der Polizei auf ihre Verkehrssicherheit kontrolliert. Die Tabelle zeigt die Ergebnisse zweier Kontrollen.

Jahr	2011	2012
kontrollierte Fahrräder	240	160
davon verkehrssicher	84	64

a) Vergleiche die Ergebnisse miteinander.
b) Schreibe einen kurzen Beitrag für die Schülerzeitung unter den Überschriften:
1 Immer mehr Fahrräder sind verkehrssicher.
2 Fahrräder an unserer Schule werden immer unsicherer.

4 Übertrage ins Heft und setze <, > oder =.

a) $\frac{39}{100}$ □ 40 %
b) 0,21 □ 37 %
c) 0,75 □ 100 %
d) 56 % □ $\frac{1}{2}$
e) 0,33 □ 30 %
f) 0,4 □ 60 %
g) $\frac{1}{10}$ □ 10 %
h) 12 % □ $\frac{1}{5}$

5 Auf dem Sportgelände werfen einige Kinder beim Handball nacheinander Siebenmeter. Frank und Lisa wechseln sich dabei im Tor ab.

a) Wie viele Tore sind bei beiden Torhütern gefallen?
b) Welchen Torhüter würdest du in deine Mannschaft wählen? Begründe.

6 Im Abendprogramm ist eine Fernsehserie mit einer Stunde Spielzeit angegeben. Max schaut sich die Serie an und stellt fest, dass es während der Spielzeit drei Werbeunterbrechungen von jeweils sechs Minuten gab.

a) Wie viel Prozent der Sendezeit entfallen auf die Serie (auf die Werbung)?
b) Wie lange dauert ein 90-minütiger Film insgesamt, bei dem der gleiche (der doppelte, der halbe) Anteil an Werbung gezeigt werden soll wie in der Serie?

7 Auf der Regensburger Dult gibt es verschiedene Losbuden.

a) Drücke die Gewinnchancen an den drei Losbuden auf verschiedene Arten aus.
b) An welcher Losbude würdest du spielen? Welche Angabe wählst du zum Vergleich? Begründe deine Antwort.

5.4 Prozente darstellen

Im Alltag (Zeitung, Fernsehen, ...) werden Prozentangaben oft grafisch veranschaulicht.

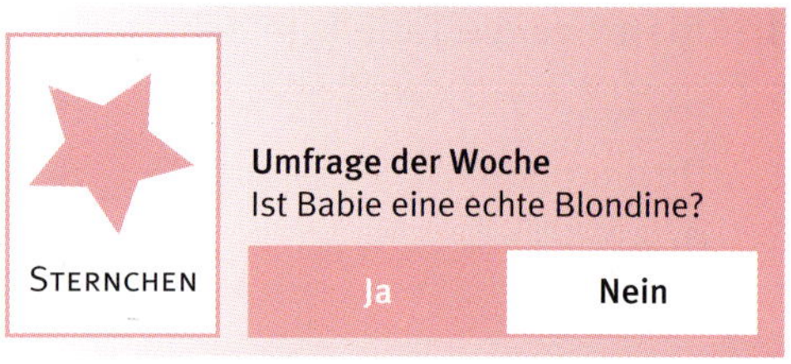

- Wie viel Prozent der Befragten halten Babie für eine (keine) echte Blondine?
- Wie würde die grafische Darstellung aussehen, wenn nur 25 % (10 %, 5 %) der Befragten Babie für eine echte Blondine halten würden?
- Welche andere Art der grafischen Darstellung hätten die Redakteure noch verwenden können?

Denke an die verschiedenen Darstellungsarten von Wahlergebnissen.

Merkwissen

Prozente (oder allgemein Anteile) lassen sich gut mithilfe von Streifen- und Kreisdiagrammen darstellen.

Beim **Streifendiagramm** entspricht die Länge des kompletten Streifens 100 %. Von der Länge des kompletten Streifens ausgehend sind die einzelnen Anteile einzuzeichnen. Die Breite des gesamten Streifens ist unbedeutend.

Streifendiagramm:
Streifen von 100 mm Länge
100 % ≙ 100 mm
1 % ≙ 1 mm
Zu Vielfachen von 1 % gehört das entsprechende Vielfache von 1 mm.

Beim **Kreisdiagramm** entspricht der komplette (360°-)Kreis 100 %. Ein Anteil von 1 % entspricht dann dem Winkelmaß 3,6°, ein Anteil von 2 % dem Winkelmaß 7,2° usw. Der Radius des Kreises ist unbedeutend.

Kreisdiagramm:
100 % ≙ 360°
1 % ≙ 3,6°
Zu Vielfachen von 1 % gehört das entsprechende Vielfache von 3,6°.

Beispiel:
Bei der Wahl zum König der Löwen war die Stimmenverteilung wie folgt:
Leo 25 %, Simba 20 %, Clarence 40 % und Krallo 15 %

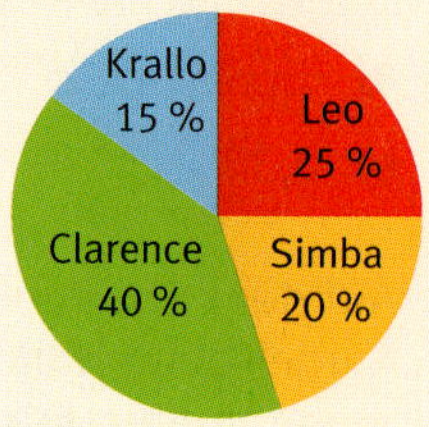

Beispiele

I Das Kreisdiagramm stellt die Anteile dar, wie die Schüler an ihre Schule kommen. Welche Winkelmaße gehören zu den Anteilen?

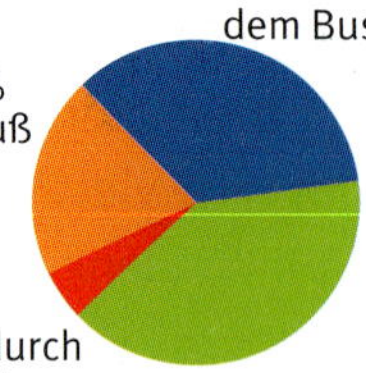

Lösung:

5 % ≙ 18° 20 % ≙ 72°
35 % ≙ 126° 40 % ≙ 144°

Verständnis

- Ist beim Kreisdiagramm die Zuordnung *prozentualer Anteil* → *Winkelmaß* direkt proportional? Begründe.
- Wie verhalten sich beim Streifendiagramm die Flächeninhalte, die den einzelnen Anteilen zugeordnet sind?

AUFGABEN

1 Bei einer Umfrage zur Einführung einer Schuluniform waren 75 % (12,5 %, 60 %) der Befragten dafür. Der Rest war dagegen. Stelle den Sachverhalt mithilfe eines Streifendiagramms dar.

2 Stelle die Anteile in einem Kreisdiagramm mit Radius r = 5 cm dar.

a) 25 %; 75 %
b) 12,5 %; 62,5 %; 25 %
c) 5 %; 40 %; 35 %; 20 %
d) $33\frac{1}{3}$ %; $11,\overline{1}$ %; $55,\overline{5}$ %

3 Der Landbesitz des Freiherrn von Luftikus ist rießig: Ein Drittel sind Wiesen und Felder, drei Achtel sind Wald, ein Sechstel entfällt auf bebaute Flächen und Wege – der Rest entfällt auf Flüsse und Seen. Zeichne das zugehörige Streifendiagramm.

Ein Streifendiagramm von 12 cm Länge ist besonders gut geeignet.

4 Die Schüler der 6. Jahrgangsstufe haben ihr Lieblingsfach angegeben. Welche Aussagen treffen zu? Begründe.

1 Ein Viertel hat Sport angegeben.
2 Mehr als ein Viertel hat Deutsch angegeben.
3 30 Schüler haben Englisch angegeben.
4 Insgesamt wurden 150 Schüler befragt.
5 Sport und Mathematik wurden gleich oft angegeben.

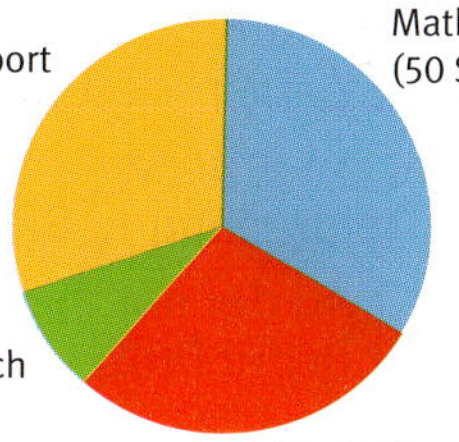

5 Nach wasserwirtschaftlichen Schätzungen einer Kleinstadt verteilt sich der Verbrauch von Leitungswasser pro Kopf und Tag wie in der Tabelle angegeben.

a) Ermittle die jeweiligen Anteile in Prozent.
b) Stelle die Anteile in einem Streifendiagramm dar.
c) Goswin behauptet: „Wenn jeder für die Toilettenspülung Regenwasser statt Leitungswasser verwenden würde, dann entsprächen die 45 Liter Leitungswasser für den Bereich Duschen einem Anteil von 50 %.“ Hat Goswin Recht? Begründe.

Bereich	Verbrauch
Trinken, Kochen	3 l
Geschirr spülen	9 l
Putzen	3 l
Körperpflege	15 l
Duschen	45 l
Wäsche waschen	30 l
Toilettenspülung	45 l

BASTELN

Prozentband

Material

- Lineal, wasserfester Stift
- Hosengummi (ca. 1,10 m lang und 2 cm breit)

Herstellung
Zeichne 5 cm von einem Ende aus die 0-%-Marke an. Trage 10 cm weiter die 10-%-Marke an, weitere 10 cm weiter die 20-%-Marke usw. (bis zur 100-%-Marke). Fertig ist das Prozentband!

- Ermittle mithilfe deines Prozentbandes, wie viel 20 % von der Körperlänge deines Banknachbars (70 % von der Höhe der Klassenzimmertür, ...) sind.
- Ist ein gewöhnliches Maßband aus dem Nähkästchen als Prozentband geeignet? Begründe.

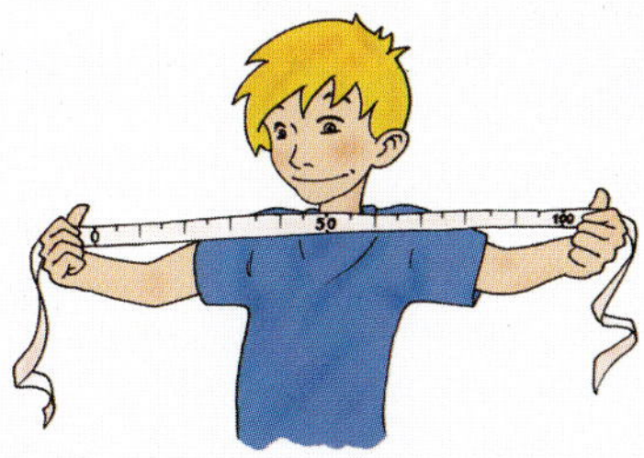

Das Balkendiagramm zeigt das Ergebnis einer Verkehrszählung.

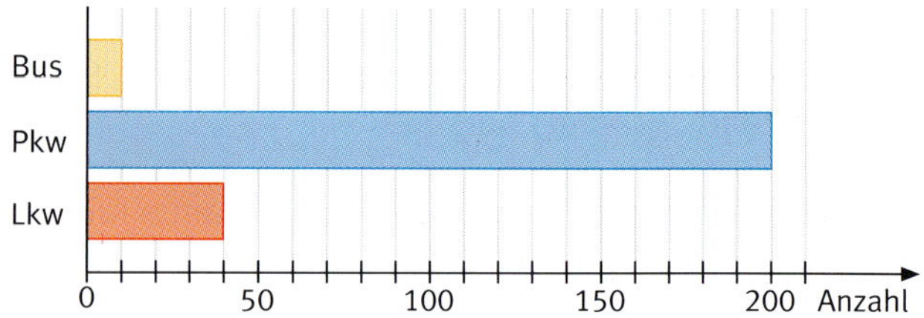

- Bestimme den prozentualen Anteil des Fahrzeugtyps Bus.
- Betrachte nur die Nicht-Pkw. Wie viel Prozent von ihnen sind Busse?
- Beschreibe, wie du bei den beiden vorangegangenen Aufgaben jeweils die Anteile gebildet hast: Was hast du als Ganzes im Nenner gewählt, was als Teil im Zähler?

Der Grundwert GW bezeichnet immer einen Anteil von 100 %.

Erinnere dich an das Erweitern und Kürzen von Brüchen.

$\frac{8}{25} = \frac{32}{100}$

Merkwissen

In der Prozentrechnung verwendet man folgende drei Fachbegriffe:

- Was bei Brüchen oft als „das Ganze" bezeichnet wird, nennt man in der Prozentrechnung **Grundwert GW**.
- Der Teil, der mit dem Ganzen (also mit dem Grundwert GW) verglichen wird, heißt in der Prozentrechnung **Prozentwert PW**.
- Die Anzahl der Hundertstel, die dem Prozentwert entsprechen, nennt man **Prozentsatz p**.

Beispiel:
8 von 25 Schülern haben beim Sportfest eine Urkunde erhalten.

8 Schüler von 25 Schülern sind 32 %.

Prozentwert PW (8) Grundwert GW (25) Prozentsatz p (32)

Beispiele

$\frac{165}{300} = \frac{55}{100}$

I In einem 300-g-Glas Kirschmarmelade sind 165 g Kirschen enthalten. Der Fruchtgehalt beträgt 55 %. Ordne den Angaben im Text die Begriffe Grundwert GW, Prozentwert PW und Prozentsatz p zu.

Lösung:
GW = 300 g PW = 165 g p = 55

II Erfinde einen kurzen Sachverhalt zur Fahrscheinkontrolle mit folgenden Angaben: Grundwert GW = 180; Prozentwert PW = 9; Prozentsatz p = 5

Lösungsmöglichkeit:
Bei einer Fahrscheinkontrolle wurden 180 Personen überprüft. 9 Personen konnten keinen gültigen Fahrschein vorweisen. Dies entspricht einem Anteil von 5 %.

Verständnis

- Was ist gemeint, wenn man sagt: „Ich bin mir 1000-prozentig sicher"? Beurteile die Aussage.
- Können zu gleichen Prozentsätzen unterschiedliche Prozentwerte gehören? Begründe.

Aufgaben

1 Ordne die Begriffe Grundwert GW, Prozentwert PW und Prozentsatz p den Angaben im Text zu. Stelle den Sachverhalt auch grafisch dar.
Beispiel: Christine spart auf ein neues Fahrrad, das 200 € kostet. 80 € hat sie schon gespart, das sind 40 % des Kaufpreises.

Grundwert GW = 200 €
Prozentwert PW = 80 €
Prozentsatz p = 40

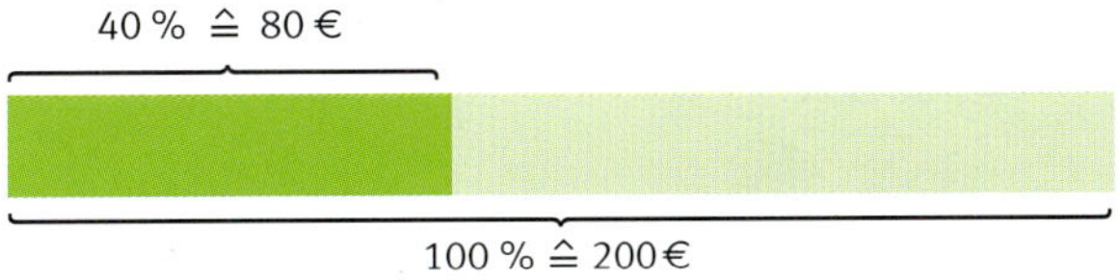

a) Die Klasse 6c besteht aus 30 Schülern. 12 von ihnen haben einen Hund als Haustier, das entspricht 40 % der Schüler.
b) Ein Pfahl steckt zu 30 % im Boden. Bei einer Länge von 1,20 m sind das 36 cm.
c) Ein Grundstück ist 600 m^2 groß. Familie Heiner plant 360 m^2 davon mit einem Haus zu bebauen, das sind 60 % des Grundstücks.
d) Schokomilch besteht zu 90 % aus Milch, der Rest ist Kakaosirup. In einem Glas mit 200 ml sind das 180 ml.
e) Ein Liter Orangennektar enthält 45 % Fruchtsaft. Das enspricht 450 ml.

2 Ordne jeweils zu.

A	Hans gibt 25 % seines gesparten Geldes von 500 € aus.
B	Susanne hebt von ihrem Sparbuch 125 € ab. Das sind 25 % ihres Guthabens.
C	Max hat 500 € gespart und gibt davon 125 € aus.

1	Gegeben: Grundwert GW = 500 € Prozentwert PW = 125 € Gesucht: Prozentsatz p
2	Gegeben: Grundwert GW = 500 € Prozentsatz p = 25 Gesucht: Prozentwert PW
3	Gegeben: Prozentwert PW = 125 € Prozentsatz p = 25 Gesucht: Grundwert GW

3 Erfinde einen kurzen Sachverhalt zu folgenden Angaben.
a) Preisnachlass; Grundwert GW = 25 €; Prozentwert PW = 5 €; Prozentsatz p = 20
b) Frauenanteil; Grundwert GW = 2800; Prozentwert PW = 1428; Prozentsatz p = 51
c) Fettgehalt; Grundwert GW = 500 g; Prozentwert PW = 15 g; Prozentsatz p = 3
d) Einschaltquote; Grundwert GW = 1000; Prozentwert PW = 90; Prozentsatz p = 9

4 Mia und Tim unterhalten sich im Pausenhof.

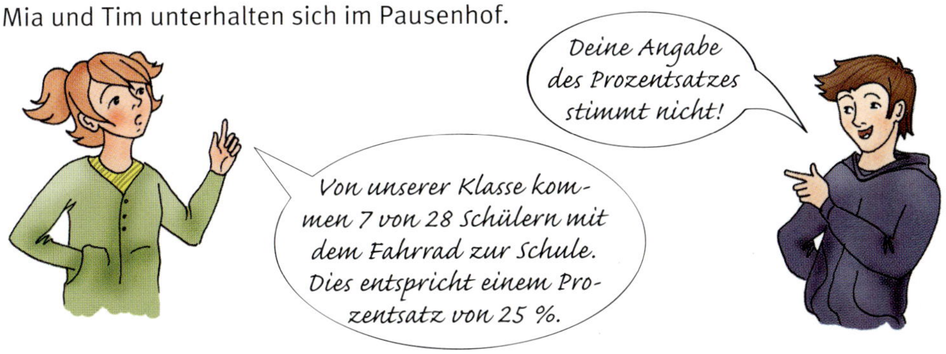

Wie müsste die Angabe richtig lauten? Erkläre.

Neal und Christoph machen eine Fahrradtour.

- Ordne die Begriffe der Prozentrechnung den Angaben zu.
- Untersuche die Situation, indem du die Tabelle in dein Heft überträgst und sie vervollständigst.

Anzahl der gefahrenen Kilometer	4	10	24	28	40
Anteil an der Gesamtstrecke in Prozent	☐	☐	☐	70	☐

- Erkläre dein Vorgehen zur Ermittlung der Anteile.
- Berechne für die einzelnen Zahlenpaare den Wert des Quotienten $\frac{\text{Anteil an der Gesamtstrecke in Prozent}}{\text{Anzahl der gefahrenen Kilometer}}$. Was fällt dir auf?

Merkwissen

Bei der Prozentrechnung können fehlende Angaben aufgrund der Quotientengleichheit der Zahlenpaare wie bei der direkten Proportionalität berechnet werden:

...	PW	GW
Angabe in %	p	100

Es gilt: $\frac{PW}{p} = \frac{GW}{100}$

Beispiele:

1 In einem Hotel mit 250 Zimmern sind 80 % der Zimmer belegt.

Anzahl der Zimmer	PW	250
Angabe in %	80	100

PW = 200

Es sind 200 Zimmer belegt.

Das gegebene Zahlenpaar ist immer Ausgangspunkt der Berechnung.

2 56 von 80 Kunden sind mit dem neuen Produkt zufrieden.

Anzahl der Kunden	56	80
Angabe in %	p	100

p = 70

Mit dem neuen Produkt sind 70 % der Kunden zufrieden.

3 Eine Anzahlung von 150 € entspricht 40 % des Reisepreises.

Betrag in €	150	GW
Angabe in %	40	100

GW = 375

Der Reisepreis beträgt 375 €.

Beispiele

I Ein Baumarkt wirbt mit dem Slogan „20 % auf alles". Wie viel Euro spart man bei einer Schubkarre, die eigentlich 27,90 € kostet?

Lösung:

100 % entsprechen 27,90 €.
: 10 ( ) : 10
10 % entsprechen 2,79 €.
· 2 ( ) · 2
20 % entsprechen 5,58 €.

Man spart bei der Schubkarre 5,58 €.

Aufgaben zur Prozentrechnung lassen sich wie Aufgaben zur direkten Proportionalität mit dem Dreisatz lösen.

Verständnis

- Wie hoch ist der zugehörige Prozentwert, wenn der Prozentsatz p = 0 ist?
- Wie ändert sich der Prozentsatz, wenn sich der Prozentwert verdoppelt (verdreifacht, halbiert) und der Grundwert gleich bleibt?

Aufgaben

1 Berechne den Prozentwert im Kopf.

a) 10 % von 100 €
20 % von 100 Kindern
80 % von 50 kg

b) 5 % von 200 Äpfeln
60 % von 400 m^2
75 % von 1000 g

c) 25 % von 400 Autos
15 % von 600 l
40 % von 5 m^2

2 Ein Navigationsgerät kostet normal 240 €. Ein Elektromarkt bietet es während einer Verkaufsaktion 19 % günstiger an. Wie viel € spart man beim Kauf?

3 Bei Überweisung einer Rechnung innerhalb von 10 Tagen werden 3 % Skonto eingeräumt. Die Rechnung beträgt 320 € (249 €; 1599 €). Wie hoch ist der Nachlass?

Skonto bezeichnet einen Preisnachlass.

4 Berechne den Prozentsatz im Kopf.

a) 78 von 100 Frauen **b)** 144 von 400 Rädern **c)** 160 € von 800 €
d) 76 von 200 Paprika **e)** 40 m von 160 m **f)** 232 kg von 400 kg

5 In der Tabelle findest du verschiedene Artikel, die in einem Warenhaus zu reduzierten Preisen angeboten werden. Runde auf ganze Prozentangaben.

Artikel	Hose	Jacke	Mütze	Schal	Stiefel	Tasche
alter Preis	110 €	59 €	16 €	19,90 €	179,95 €	75 €
neuer Preis	99 €	29,50 €	12 €	9,95 €	35,95 €	49,50 €

a) Wie viel Prozent des ursprünglichen Preises muss der Käufer noch bezahlen? Benenne Grundwert und Prozentwert bei der Rechnung.

b) Wie hoch ist der prozentuale Preisnachlass? Bestimme auf zwei Arten.

c) Stelle die Preisnachlässe grafisch dar.

Erinnere dich an die Darstellungsmöglichkeiten für Prozente.

6 Eine Regentonne fasst 1000 l Wasser. 780 l sind bereits in der Tonne. Wie viel Prozent fehlen noch, bis sie komplett gefüllt ist?

7 Rechne im Kopf. Wie groß ist der Grundwert?

a) 5 % sind 80 g. **b)** 2 % sind 23 ml. **c)** 20 % sind 14,2 kg.
d) 50 % sind 16,23 s. **e)** 75 % sind 81 Leute. **f)** 10 % sind 783,21 m.
g) 15 % sind 60 g. **h)** 13 % sind 13 l. **i)** 40 % sind 34,6 cm.

Lösungen zu 7:
1600; 86,5; 7832,1; 108; 100; 400; 32,46; 1150; 71
Die Einheiten sind nicht angegeben.

8 Wie hoch war der ursprüngliche Preis?

a)

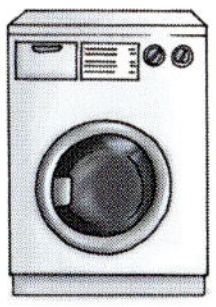

Sie sparen 52,50 €, das sind 15 %.

b)

Sie sparen 30 %, das sind 225 €.

c)

19 % Preisnachlass. Zahlen Sie 38 € weniger.

9 Marlene hat bereits 450 € gespart. Das sind 75 % von dem, was sie für den Kauf eines Laptops benötigt. Wie teuer ist das Laptop?

10 An einem Lesetag der Karl-Kellner-Schule wurde eine Umfrage dazu durchgeführt, was die Schüler am liebsten lesen. Das Streifendiagramm stellt das Ergebnis dar.

a) Bestimme den Anteil der Schüler für die einzelnen Bereiche.

b) Insgesamt wurden 680 Schüler befragt. Wie teilen sich die Schüler auf die verschiedenen Bereiche auf? Runde geeignet.

Runde die Winkelmaße für das Kreisdiagramm sinnvoll.

11 Eine Packung enthält Schokolinsen in vier Farben:

Farbe	Rot	Gelb	Grün	Weiß
Anzahl	54	42	24	☐
Anteil	☐	☐	16 %	☐

a) Übertrage die Tabelle in dein Heft und ergänze die fehlenden Angaben.

b) Stelle die Verteilung der Farben in einem Kreisdiagramm dar.

12 Sandra und Clara sparen für Konzertkarten. Eine Karte kostet 48 €.

Wer von beiden hat mehr gespart?

13 Eine Schule kauft sieben CD-Spieler zu je 299 €, einen Laptop zu 785 € und einen Netzwerkdrucker zu 895 €. Es werden 3169,32 € bezahlt.

a) Wie viel € Rabatt hat das Elektrogeschäft gewährt?

b) Wie viel Prozent beträgt der Rabatt vom ursprünglichen Verkaufspreis?

Rechnnug

Auspuff	104,90
Tank	198,00
Kettensatz	176,50
	479,40
+ MwSt.	

Runde sinnvoll.

14 Mike benötigt Ersatzteile für sein Motorrad.

a) Wie hoch ist die MwSt. (+ 19 %) für alle Ersatzteile?

b) Wie viel muss Mike insgesamt bezahlen?

15 Ein Hotelbetrieb berechnet pro Nacht und Person 51 €. Bei einer Übernachtung einer Gruppe ab 5 Personen gibt es 10 % Rabatt. Wie teuer ist eine Übernachtung für 8 Personen (6 Personen, 4 Personen), die für fünf Nächte in dem Hotel bleiben?

16 Petra und Henrike kaufen sich neue Tennisschläger. Henrike hat sich einen für 59 € ausgesucht. Petra sagt: „Guck mal, wenn ich diesen nehme, bekommen wir auf beide Schläger 20 % Preisnachlass. Wir sparen insgesamt 25,60 €."

a) Wie hoch ist der ursprüngliche Preis für beide Schläger zusammen?

b) Bestimme den alten Preis für jeden Schläger.

c) Wie viel muss jede tatsächlich bezahlen?

17 Franz erhält zu seinem Geburtstag 40 € geschenkt. Er sagt: „Dies entspricht genau 25 % dessen, was sich bereits in meinem Sparschwein befindet." Danach steckt Franz die 40 € hinein.

a) Wie viel Geld hat er jetzt im Sparschwein?

b) Franz entnimmt dem Sparschwein 108 €, weil er sich für seinen Computer einen neuen Bildschim kaufen möchte. Erfinde selbst mögliche Fragestellungen und lasse sie deinen Banknachbarn beantworten.

18 Sandy, Oliver und Anna sind in einer Modeboutique. Sandy möchte sich einen Pulli für 45 € kaufen, Anna eine Jeans für 75 €. Hat Oliver Recht? Begründe.

19 Ein Hersteller von Schokoriegeln hat auf der Verpackung Angaben zu den Inhaltsstoffen gemacht.

Ein Riegel (50 g) enthält:			
Kalorien	Zucker	Fett	Natrium
252 kcal	23,9 g	13,4 g	0,12 g
Anteil am Tagesbedarf			
13 %	27 %	19 %	5 %

mittlerer Tagesbedarf pro Erwachsenem	
2000 kcal	Kalorien
90 g	Zucker
70 g	Fett
6,0 g	Natrium

a) Berechne den prozentualen Anteil von Zucker, Fett und Natrium pro Riegel.

b) Berechne die Masse an Zucker, Fett und Natrium in einer 300-g-Packung.

c) Überprüfe, ob die prozentualen Angaben des Herstellers zu den Richtwerten für die Tageszufuhr an Kalorien, Zucker, Fett und Natrium stimmen.

Runde sinnvoll.

20 Ein Lkw transportiert 50 Stahlplatten zu je 130 kg und 40 Stahlplatten zu je 78 kg. Damit ist die zulässige Höchstlast zu 74 % ausgenutzt. Wie viele Stahlträger zu je 136 kg dürfen noch zugeladen werden?

21 a) Wie ändert sich der Prozentwert, wenn sich der Grundwert verdoppelt (verdreifacht, halbiert, drittelt) und der Prozentsatz gleich bleibt?

b) Wie ändert sich der Prozentwert, wenn sich der Prozentsatz verdoppelt (verdreifacht, halbiert, drittelt) und der Grundwert jeweils gleich bleibt?

Zahlenbeispiele können dir beim Überlegen helfen.

Medizin

Packesel

Aus gesundheitlichen Gründen sollte die Masse deiner Schultasche höchstens 10 % deiner eigenen Masse betragen.

	Mo	Di	Mi	Do	Fr
10 % deiner Masse					
Masse der Schultasche					
Überladen (ja/nein)					

- Übertrage die Tabelle in dein Heft und wiege eine Woche lang jeden Tag deine Schultasche. An wie viel Tagen bist du „überladen"?
- Erstelle ein Diagramm und präsentiere es deinen Mitschülern. Vergleicht die Ergebnisse.

5.7 Vermischte Aufgaben

1 Bei welchen der Zuordnungen liegt eine direkte Proportionalität vor? Begründe anhand von Beispielen.

a) *Arbeitszeit in Stunden* ⟼ *Lohn in Euro*

b) *Paketmasse in Kilogramm* ⟼ *Preis in Euro*

c) *Geldbetrag in Euro* ⟼ *Geldbetrag in Kanadischen Dollar*

d) *Anzahl der Musiker* ⟼ *Zeitdauer des Musikstücks*

2 Bei den Welt- und Europameisterschaften im Fußball werden Bildkarten von Spielern in Päckchen zu je fünf Bildern angeboten. Ein Päckchen kostet 0,70 €.

a) Lege eine Tabelle an, in der man den Preis für 1, 2, 3, ..., 12 Päckchen ablesen kann. Wie lautet die Zuordnung in dieser Tabelle?

b) Zeichne den zugehörigen Graphen zu dem Sachverhalt.

c) Ein Geschäft macht folgendes Angebot: Zahle 4, erhalte 1 Päckchen umsonst. Überprüfe jeweils, ob eine direkte Proportionalität vorliegt.

1 Es werden 1, 2, 3, ..., 12 Päckchen gekauft.

2 Es werden 5, 10, 15, ..., 60 Päckchen gekauft.

3 Martina möchte in einer Badewanne baden. Der Graph ist eine einfache Darstellung der Zuordnung *Zeit in min* ⟼ *Höhe des Wasserstandes in cm*.

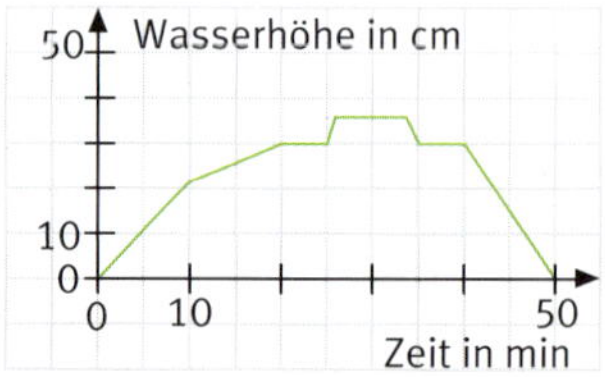

a) Erfinde eine Geschichte zu dem Graphen.

b) Ist das Wasser schneller in die Wanne hineingelaufen oder heraus? Begründe deine Antwort.

	A	B
1	Anzahl Kleidungsstücke	Lohn in €
2	0	0,00
3	1	0,40
4	2	0,80
5	3	1,20
6	4	1,60
7	5	2,00
8	6	2,40

4 Sophia bessert ihr Taschengeld auf, indem sie für ihre Mutter bügelt. Mithilfe eines Tabellenkalkulationsprogramms veranschaulicht sie ihren Verdienst.

a) Wie viele Kleidungsstücke muss sie bügeln, bis sie 18 € verdient hat?

b) Wie viel Geld bekommt Sophia von ihrer Mutter, wenn sie eine Woche lang täglich vier Kleidungsstücke bügelt?

c) Sophia braucht zum Bügeln eines Kleidungsstücks ca. 15 Minuten. Ergänze die Tabelle um eine Spalte „Arbeitszeit in min".

d) Stelle die Zuordnung *Anzahl Kleidungsstücke* ⟼ *Lohn in €* grafisch dar. Welche Bedeutung haben Zwischenwerte? Erkläre.

So erstellst du den Graphen einer Zuordnung mit einem Tabellenprogramm:

1 Markiere den Bereich in der Tabelle.

	A	B
1	Anzahl Kleidungsstücke	Lohn in €
2	0	0,00
3	1	0,40
4	2	0,80
5	3	1,20
6	4	1,60
7	5	2,00
8	6	2,40

2 Wähle im Diagrammassistenten den Diagrammtyp „Punkt (XY)" aus.

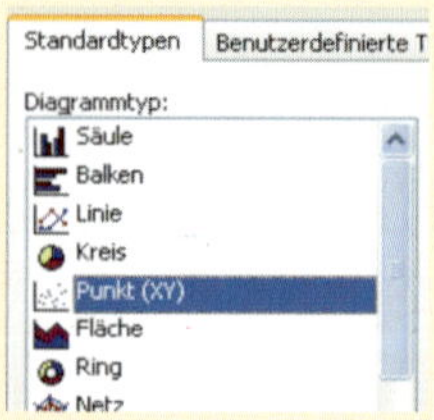

3 Nach Fertigstellen lässt sich mit einem Doppelklick auf einen Punkt aus dem Menü „Muster" eine Gerade einfügen.

5 <, > oder =? Vergleiche die Anteile miteinander.

a) 0,12 ▢ 1,2 %
$\frac{19}{100}$ ▢ 19 %
0,04 ▢ 14 %

b) 24 % ▢ $\frac{1}{4}$
100 % ▢ 0,1
$\frac{1}{5}$ ▢ 20 %

c) $\frac{7}{20}$ ▢ 24 %
0,30 ▢ 33 %
0,041 ▢ 41 %

d) 0 % ▢ $\frac{0}{100}$
45 % ▢ 45
2,5 % ▢ $\frac{25}{10}$

6

	Länge	Breite	Umfang	Flächeninhalt	gefärbter Anteil des Flächeninhalts
1	6 cm	▢	18 cm	▢	65 %
2	10 cm	▢	▢	30 cm²	40 %
3	3 cm	4,5 cm	▢	▢	10 %
4	▢	▢	16 cm	16 cm²	80 %

Lösungen zu 6:
3; 3; 4; 4; 13,5; 15; 18; 26
Die Einheiten sind nicht angegeben.

a) Übertrage die Tabelle ins Heft und ergänze die fehlenden Rechteckswerte.

b) Zeichne das Rechteck und färbe den angegebenen Anteil des Flächeninhalts.

7 Frau Hagermann hat 2200 € Ausgaben im Monat. Das Kreisdiagramm zeigt die Verteilung dieses Geldbetrags auf verschiedene Bereiche.

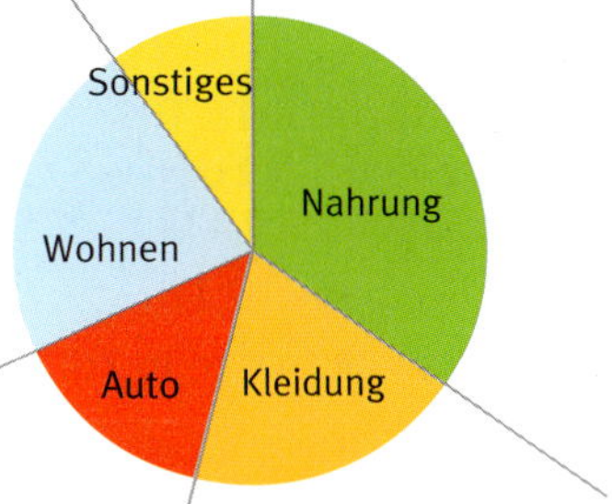

a) Miss die zugehörigen Winkelmaße so genau wie möglich und bestimme die zugehörigen prozentualen Anteile.

b) Wie viel € ihrer Ausgaben gibt Frau Hagermann etwa pro Monat für die einzelnen Bereiche aus?

8 Zahnvorsorge ist wichtig. Vergleiche die Ergebnisse einer Zahnuntersuchung an verschiedenen Schularten. Welche Schüler putzen am fleißigsten?

Schulart	Grundschule	Realschule	Gymnasium
Anzahl untersuchter Schüler	1150	525	950
Anzahl der Schüler mit Zahnmängeln	299	105	228

9 Anita und Marie arbeiten in der gleichen Firma. Anita verdient 1250 €, während Marie 2000 € bekommt. Die Gewerkschaft hat für die Angestellten eine einmalige Zahlung von jeweils 250 € ausgehandelt.

a) Vergleiche die Zahlung in Bezug auf das Gehalt der beiden miteinander.

b) Ist die Zahlung für beide fair? Begründe deine Antwort.

10 In einem Wohnhaus im Frankenwald mit fünf Wohneinheiten werden zwei Wohnungen für 270 €, zwei weitere für 340 € und eine größte für 490 € vermietet. Nach Renovierungs- und Modernisierungsarbeiten wird die Miete um 15 % erhöht.

a) Um welchen Betrag steigen die Mieten jeweils an? Wie hoch sind die zusätzlichen Einnahmen für den Vermieter insgesamt?

b) Wie hoch sind die neuen Mieten? Welche Gesamtmiete erhält der Vermieter?

Runde die Winkelmaße für das Kreisdiagramm sinnvoll.

11 Das Etikett zeigt die Mengenangaben in einer Dose „Erbsen und Möhren“.

a) Stelle die prozentualen Anteile der Zutaten in einem Kreisdiagramm dar.

b) Ermittle die jeweilige Masse der Zutaten, wenn der Doseninhalt 320 g wiegt.

c) Als Abtropfgewicht bezeichnet man die Masse der Zutaten ohne Wasser. Bestimme das Abtropfgewicht.

100 g enthalten:	
Erbsen:	25 g
Möhren:	44 g
Wasser:	21 g
Gewürze:	10 g

Reifen-ABC

Jeder Autoreifen wird durch eine Zeichenfolge beschrieben. Du findest die Angaben jeweils an der Außenseite. Sie lassen sich wie folgt entschlüsseln:

1. Reifenbreite in mm
2. Reifenhöhe angegeben als Prozentsatz der Reifenbreite
   Hier: 70 % von 175 mm Reifenbreite bedeutet 122,5 mm Reifenhöhe.
3. Bauart des Reifens (R: radial „kreisförmig“)
4. Durchmesser der Felge in Zoll (1 Zoll ≈ 2,5 cm)
5. Wert für die maximale Belastbarkeit des Reifens (Diese Angabe kann auch manchmal entfallen.)
6. Geschwindigkeit, die der Reifen maximal fahren darf (T: 190 km/h, H: 210 km/h, V: 240 km/h)

Die folgenden Reifentypen sind gängig:

A: 175/65 R 14 T B: 185/60 R 14 T
C: 195/65 R 15 T D: 205/55 R 16 H
E: 215/65 R 15 H F: 225/45 R 17 H

a) Bestimme jeweils die Reifenhöhe.

b) Bestimme den Durchmesser der Felge in Zoll und cm.

c) Warum ist in der Realität der Durchmesser eines Rades kleiner als die Summe aus Felgendurchmesser und doppelter Reifenhöhe?

d) Welche Reifenangaben findest du selbst?
   1. Überprüfe an mehreren Autos in deiner Umgebung die Autoreifen.
   2. Fasst eure Ergebnisse in der Klasse zusammen: Welche Reifengröße kommt am häufigsten vor?

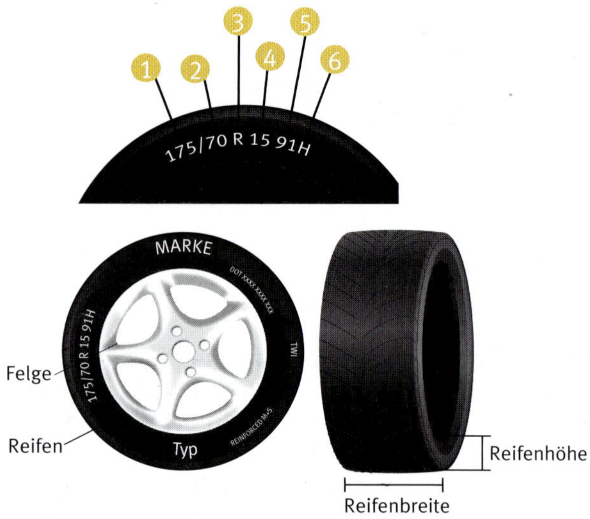

Augen auf im Straßenverkehr

Die Statistik zeigt die Anzahl von Schülerunfällen nach Verkehrsmitteln gegliedert auf dem Schulweg in Deutschland im Jahr 2010.

a) Bestimme für jedes Verkehrsmittel die prozentualen Anteile. Runde geeignet.

b) Erstelle ein übersichtliches Diagramm zu dem Sachverhalt, indem du Bereiche zusammenlegst. Begründe diese Zusammenlegung.

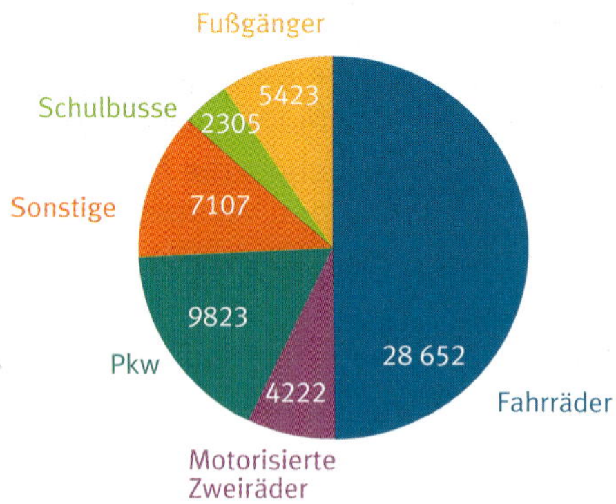

Auf und ab

Steile Anstiege werden auf Verkehrsschildern immer prozentual angegeben. Dargestellt ist dabei der Höhenunterschied zwischen zwei Orten, die horizontal („in der Ebene“ wie auf einer Landkarte) 100 m voneinander entfernt sind.

$8\,\% = \frac{8}{100} = \frac{\text{8 Höhenmeter}}{\text{auf 100 m „in der Ebene“}}$

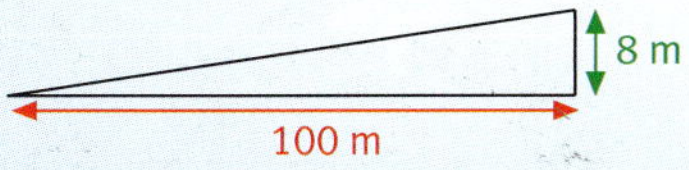

Allgemein gilt also: Möchte man eine bestimmte Strecke horizontal („in der Ebene“) laufen, dann gibt die Prozentangabe an, um welchen Anteil dieser Strecke man auch in die Höhe gehen muss.

a) Berechne die Höhenunterschiede für die angegebenen Steigungen, wenn man einer Landkarte eine (horizontale) Strecke von 200 m (1 km, 1800 m) entnimmt.

b) Wie lang ist eine Straße mit der Steigung p % mindestens?

1 Konstruiere das rechtwinklige Dreieck („Steigungsdreieck“) aus der Zeichnung oben im Verhältnis 1 : 1000 und bestimme so die ungefähre Streckenlänge zeichnerisch. Verfahre ebenso mit den Verkehrsschildern aus a).

2 Bestimme an den Dreiecken jeweils den „Steigungswinkel“ zwischen Straße und horizontaler Strecke. Übertrage dazu die Tabelle in dein Heft und vervollständige sie.

Steigung	8 %	12 %	18 %	20 %
Winkelmaß	☐	☐	☐	☐

3 Zeichne den Graphen zu der Zuordnung aus 2. Lies mindestens vier weitere Wertepaare ab.

Auf und ab – auf der Insel anders

In Großbritannien werden die Steigungen als Verhältnis angegeben: Wie verhalten sich die Höhenmeter zur horizontalen Strecke?

a) Beschreibe jeweils anschaulich, was das angegebene Verhältnis bedeutet.

b) Rechne die Verhältnisse auf den Schildern wie in Deutschland um.

c) Rechne die %-Angaben von den Schildern nebenan in Verhältnisse um.

Flach bergauf

Rampen für Rollstuhlfahrer dürfen nach der deutschen Bauverordnung nicht steiler als 6 % sein. Andernfalls müssen Warnschilder angebracht werden.

a) Bestimme zeichnerisch den Höhenunterschied einer 50 m (30 m) langen Rampe mit den gegebenen Steigungen.

b) Bestimme ungefähr die Steigung der Rampe auf dem Foto. Entnimm dem Foto die notwendigen Angaben.

Überprüfe deine Fähigkeiten und Kenntnisse. Bearbeite dazu die folgenden Aufgaben und bewerte anschließend deine Lösungen mit einem Smiley.

☺	😐	☹
Das kann ich!	Das kann ich fast!	Das kann ich noch nicht!

Hinweise zum Nacharbeiten findest du auf der folgenden Seite. Die Lösungen findest du unter www.ccbuchner.de (Eingabe 8436 ins Suchfeld).

Aufgaben zur Einzelarbeit

1 Ergänze die Tabelle so, dass eine direkte Proportionalität vorliegt. Gib den Proportionalitätsfaktor k an.

a)

x	3	12	36	108
y	☐	30	☐	☐

b)

x	0,3	1,5	☐	9
y	☐	0,3	1,2	☐

2 Im Supermarkt kostet ein einzelner Becher Sahnepudding 50 ct. Ein Viererpack kostet 1,50 €.

a) Stelle die Zuordnung *Anzahl der Becher Sahnepudding* ⟼ *Preis in €* grafisch dar.

b) Handelt es sich bei der Zuordnung um eine direkte Proportionalität? Begründe.

3 Grafisch dargestellt sind zwei Prepaid-Angebote:

1
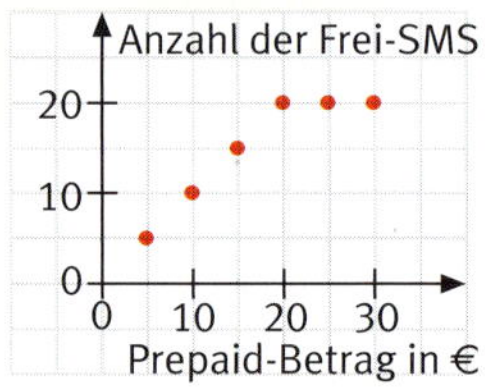

2
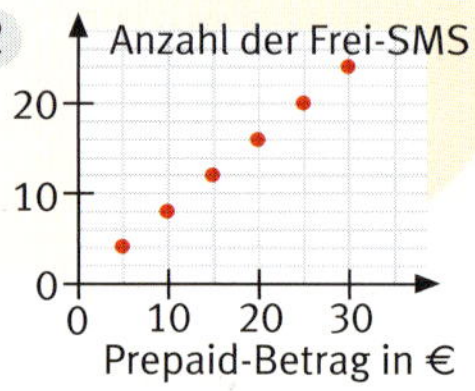

a) Welche Größen sind einander zugeordnet?

b) Lies die Zahlenpaare zu jeder der beiden Zuordnungen aus dem Diagramm ab.

c) Begründe anhand der Zahlenpaare, bei welchem der beiden Prepaid-Angebote eine direkte Proportionalität vorliegt.

4 An einer Tankstelle in Miami kostet eine Gallone (ungefähr 3,8 Liter) Benzin 3,42 US-Dollar. Frau Pitt füllt ihren Ersatzkanister und muss dafür genau 18 US-Dollar bezahlen. Wie viel Liter Benzin hat sie getankt?

5 Ordne die Anteile der Größe nach. Beginne mit dem kleinsten.
$\frac{1}{8}$; 10 %; 0,01; $\frac{1}{9}$; 9 %; 0,8 %; $\frac{3}{8}$; 0,8; $\frac{9}{9}$

6 Coco und Alex versuchen, verschiedene Erfrischungsgetränke nur am Geschmack zu erkennen.

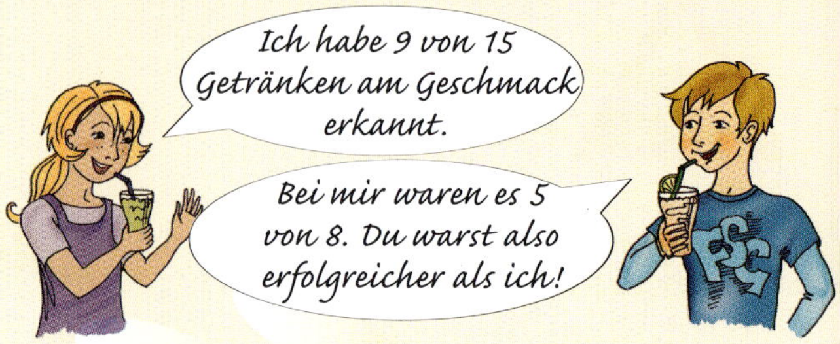

a) Erkläre, wie Alex zu seiner Einschätzung gekommen sein könnte.

b) Liegt Alex mit seiner Einschätzung richtig? Begründe deine Meinung.

7 Auf einem 250-g-Becher Naturjoghurt steht: 1,5 g Fett pro 100 g. Wie viel Prozent Fett enthält der Joghurt?

8 Herr Penibel, der Statistiker im Ruhestand ist, hat seine Tätigkeiten an einem gewöhnlichen 24-h-Tag untersucht. 5 % der Zeit verbringt er mit Essen und Trinken, 35 % mit Schlafen, 10 % mit Körperpflege und 15 % mit Fernsehen – die restliche Zeit entfällt auf Sonstiges.

a) Stelle die Anteile in einem Streifendiagramm dar.

b) Ermittle, wie viele Minuten Herr Penibel mit Essen und Trinken verbringt.

9 In Österreich und in der Schweiz wurde jeweils anhand einer Umfrage ermittelt, welchen von drei Burgern die Kunden einer Schnellimbisskette als „Burger des Jahres“ wählen würden.
Das Kreisdiagramm zeigt das Umfrageergebnis in Österreich.

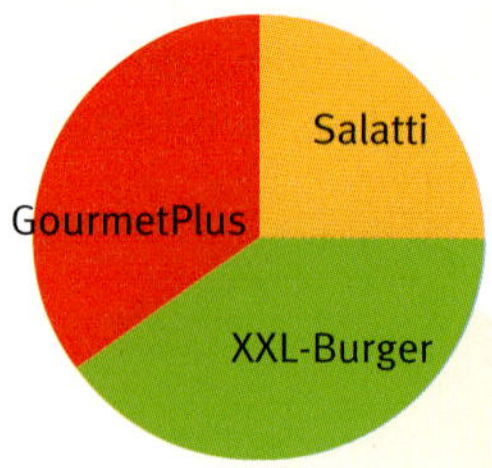

In der Schweiz ergab sich folgendes Ergebnis:
Salatti: 22 %
GourmetPlus: 48 %
XXL-Burger: 30 %
In welchem der beiden Länder entfällt auf Salatti (GourmetPlus, XXL-Burger) der größere Anteil?

10 Ordne die Begriffe Grundwert GW, Prozentwert PW und Prozentsatz p zu: Ronaldinho hat 36 von 45 Zweikämpfen gewonnen, also 80 %.

11 Berechne den zugehörigen Prozentsatz.

a) 14,4 kg von 120 kg **b)** 17 km von 68 km
c) 99 € von 225 € **d)** 7 h von 35 h

12 Berechne den zugehörigen Prozentwert.

a) 75 % von 88 m^2 **b)** 24 % von 15 ha
c) 57 % von 152 g **d)** 85 % von 1200 mm

13 Berechne den zugehörigen Grundwert.

a) 5 % sind 3 min. **b)** 18 % sind 540 ct.
c) 65 % sind 15,6 t. **d)** $33\frac{1}{3}$ % sind 90 ml.

14 Im Internet hat Cora einen Anbieter gefunden, der auf alle Handtaschen 40 % Rabatt gewährt und keine Gebühren (wie Versandkosten) verlangt.

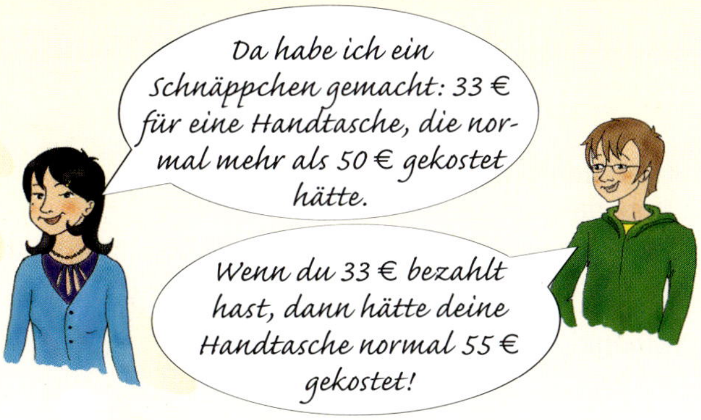

Erkläre, wie Lennard gerechnet haben könnte.

15 In einer 1,5-Liter-Packung Multivitaminsaft sind 48 % Orangensaft enthalten.

a) Berechne, wie viel Liter Orangensaft dies sind.

b) Claudia verdünnt die 1,5 l Multivitaminsaft mit 0,5 l Wasser. Bestimme den Orangensaftanteil.

Aufgaben für Lernpartner

Arbeitsschritte

1 Bearbeite die folgenden Aufgaben alleine.
2 Suche dir einen Partner und erkläre ihm deine Lösungen. Höre aufmerksam und gewissenhaft zu, wenn dein Partner dir seine Lösungen erklärt.
3 Korrigiere gegebenenfalls deine Antworten und benutze dazu eine andere Farbe.

Sind folgende Behauptungen **richtig** oder **falsch**? Begründe schriftlich.

16 Zuordnungen lassen sich nur grafisch darstellen.

17 Jede Zuordnung, bei der in der grafischen Darstellung alle Punkte auf einer Halbgeraden liegen, ist eine direkte Proportionalität.

18 Bei einer direkten Proportionalität sind alle Zahlenpaare quotientengleich.

19 Wenn bei einer direkten Proportionalität der Proportionalitätsfaktor 1 ist, dann könnte (1 | 1) ein mögliches Zahlenpaar sein.

20 Die Anzahl der Seiten eines Buches ist direkt proportional zur Dicke des Buches.

21 Prozente sind besondere Brüche mit dem Nenner 100.

22 Bei einem Kreisdiagramm entspricht das Winkelmaß 10° einem Anteil von 10 %.

23 Aufgaben zur Prozentrechnung lassen sich mithilfe der Beziehung $\frac{PW}{p} = \frac{GW}{100}$ lösen.

24 Der Grundwert ist ein besonderer Prozentwert, dem immer der Prozentsatz 100 zugeordnet ist.

25 Bei gleichem Grundwert gehört zum doppelten, dreifachen, vierfachen, ... Prozentsatz auch der doppelte, dreifache, vierfache, ... Prozentwert.

26 Ein Prozent von einem Prozent ist $\frac{1}{10\,000}$.

Aufgabe	Ich kann ...	Hilfe
2, 3, 16	Zuordnungen darstellen.	S. 138
2, 3, 17, 18, 20	erkennen, ob bei einer Zuordnung eine direkte Proportionalität vorliegt.	S. 140
1, 4, 19	bei einer direkten Proportionalität fehlende Größen bzw. Zahlen bestimmen.	S. 140
5, 6, 7, 21	Anteile in Prozent angeben.	S. 144
8, 9, 22	Prozente darstellen.	S. 146
10, 24	mit Fachbegriffen zur Prozentrechnung umgehen.	S. 148
11, 12, 13, 14, 15, 23, 25, 26	Grundwerte, Prozentwerte und Prozentsätze berechnen.	S. 150

S. 138

Zahl der Brezen	1	2	3	4
Preis in €	0,60	1,20	1,50	2,10

(1 | 0,60); (2 | 1,20); (3 | 1,50); (4 | 2,10)

Ausgangszahl → 3; zugeordnete Zahl → 1,50

Größen (oder Zahlen) können einander zugeordnet werden.

Die **Zuordnungen** lassen sich **tabellarisch** oder **grafisch** sowie mithilfe **geordneter Zahlenpaare** darstellen.

S. 140

Zahl der Eiskugeln	Preis in €
1	1,50
2	3,00
3	4,50
…	…

(·2, ·3 in beiden Spalten)

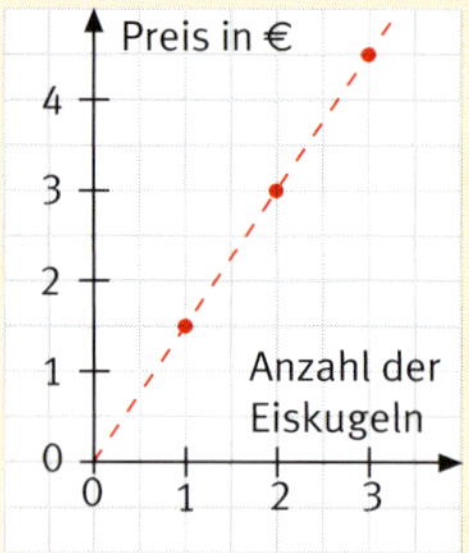

$\frac{1,5}{1} = \frac{3}{2} = \frac{4,5}{3} = \ldots = 1,5 = k$

Eine Zuordnung nennt man **direkte Proportionalität**, wenn für sie gilt: Zum Doppelten (zum Dreifachen, ..., zur Hälfte, ...) der Ausgangsgröße gehört das Doppelte (das Dreifache, ..., die Hälfte, ...) der zugeordneten Größe.

Die geordneten Zahlenpaare einer direkten Proportionalität sind **quotientengleich**.
Den gemeinsamen Quotientenwert bezeichnet man als **Proportionalitätsfaktor k**.

Die den Zahlenpaaren entsprechenden Punkte liegen auf einer **Halbgeraden**, die **im Ursprung beginnt**.

S. 144

Prozent → $17\,\% = \frac{17}{100} = 0,17$ ← Dezimalbruch

Prozent gibt immer den Anteil von Hundert an:
$1\,\% = \frac{1}{100}$

S. 146

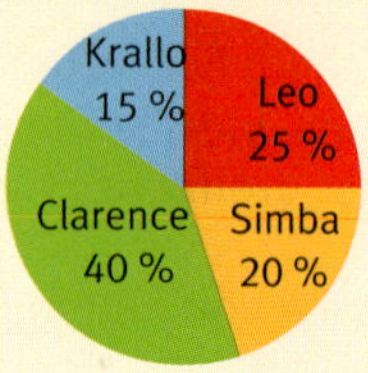

Streifendiagramm
Länge des kompletten Streifens ≙ 100 %
Von der Länge des kompletten Streifens ausgehend sind die einzelnen Anteile einzuzeichnen.

Kreisdiagramm
Kompletter (360°-)Kreis ≙ 100 %
Ein Anteil von 1 % entspricht dem Winkelmaß 3,6°.

S. 148
S. 150

1 In einem Hotel mit 250 Zimmern sind 80 % der Zimmer belegt.

Anzahl der Zimmer	PW	250
Angabe in %	80	100

PW = 200

Es sind 200 Zimmer belegt.

2 56 von 80 Kunden sind mit dem neuen Produkt zufrieden.

Anzahl der Kunden	56	80
Angabe in %	p	100

p = 70

70 % der Kunden sind zufrieden.

3 Eine Anzahlung von 150 € entspricht 40 % des Reisepreises.

Betrag in €	150	GW
Angabe in %	40	100

GW = 375

Der Reisepreis beträgt 375 €.

Bei der **Prozentrechnung** können fehlende Angaben aufgrund der Quotientengleichheit der Zahlenpaare wie bei der direkten Proportionalität berechnet werden:

…	PW	GW
Angabe in %	p	100

Was bei Brüchen oft als „das Ganze" bezeichnet wird, nennt man **Grundwert GW**.

Der Teil, der mit dem Ganzen (also dem Grundwert) verglichen wird, heißt **Prozentwert PW**.

Die Anzahl der Hundertstel vom Grundwert, die dem Prozentwert entsprechen, nennt man **Prozentsatz p**.

Diagramme

1 Die Schüler der 6. Jahrgangsstufe an der Edersee-Schule Herzhausen kommen aus verschiedenen Orten. Marco und Kevin haben die Wohnorte in einem Diagramm dargestellt.

Herzhausen	☺☺☺☺☺☺☺☺☺☺☺
Obernburg	☺☺☺☺
Vöhl	☺☺☺☺☺☺☺
Schmittlotheim	☺☺☺☺
sonstige Orte	☺

a) Insgesamt sind es 81 Kinder. Bestimme die Anzahl aus den einzelnen Orten.

b) Tatsächlich kommen aus Obernburg 13 Kinder.

1 Beschreibe, wie Marco und Kevin gerundet haben könnten.

2 Gib einen Bereich an, in dem die tatsächlichen Zahlen liegen können, damit die Darstellung stimmt.

2 China ist das bevölkerungsreichste Land der Erde. Das Diagramm zeigt eine Prognose über die Bevölkerungsverteilung in China im Jahr 2025. Lies für die folgenden Aufgaben die Werte so genau wie möglich ab.

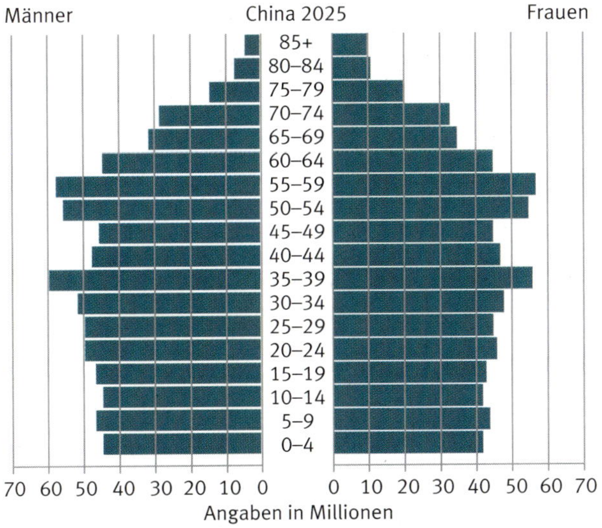

a) Erkläre den Aufbau des Diagramms.

b) Wie viele Männer (Frauen) wird es 2025 zwischen 10 und 14 Jahren geben?

c) Wie viele Menschen werden 2025 älter als 70 Jahre (jünger als 20 Jahre) sein?

d) Welche Altersgruppe wird 2025 am größten sein?

3 Die Liste gibt die Herkunftsländer einiger Autohersteller aus Europa an.

Land	Marke
Deutschland	VW, BMW, Opel, Mercedes
Frankreich	Renault, Peugeot, Citroën
Italien	Fiat, Ferrari
Großbritannien	Aston Martin, Jaguar, Rover

Zur Darstellung wurde das folgende Diagramm verwendet:

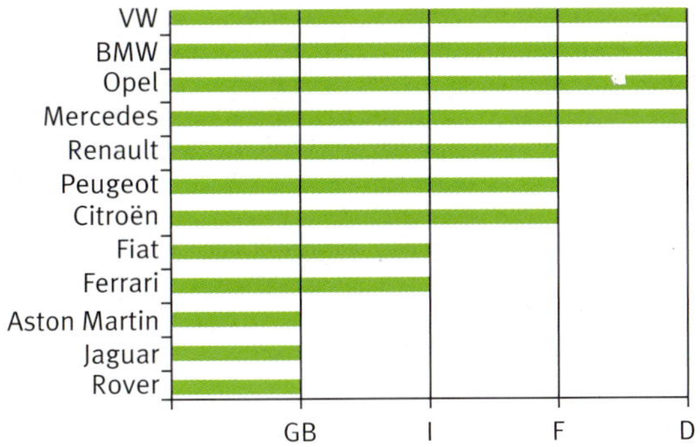

Rita behauptet, dass das Diagramm völlig ungeeignet ist und einen falschen Eindruck vermittelt. Finde Argumente, warum Rita Recht haben kann.

Schätzen

4 Schätze die Anzahl der Autos bzw. Fische auf den Fotos. Beschreibe dein Vorgehen.

1
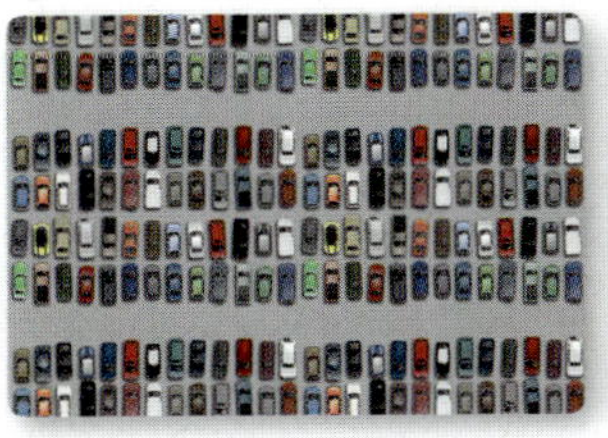

2

5 **a)** Überlege dir eine Möglichkeit, wie du abschätzen kannst, wie viele Rosinen in einem Kuchen enthalten sind.

b) Es ist sehr mühsam, die Linsen oder Erbsen in einer Verpackung zu zählen. Nimm eine Verpackung und schätze die Anzahl möglichst genau. Präsentiere dein Vorgehen und das Ergebnis in deiner Klasse.

6 Vor dem Gebäude einer Münchner Versicherung steht dieser sogenannte „walking man“. Schätze seine Höhe und beschreibe dein Vorgehen.

Terme

7 Übertrage die Pfeilbilder und ergänze sie.

a)

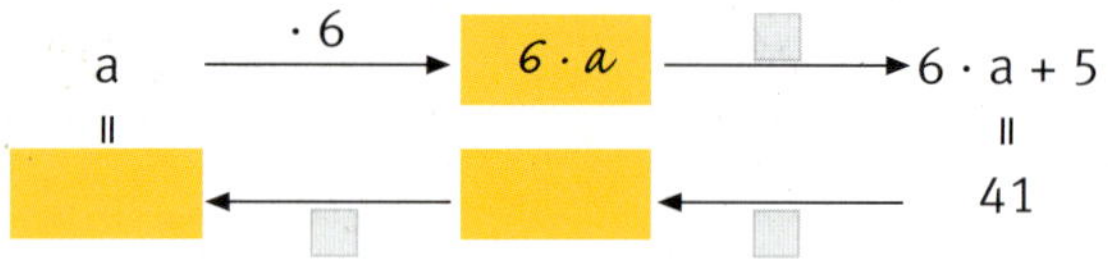

b)

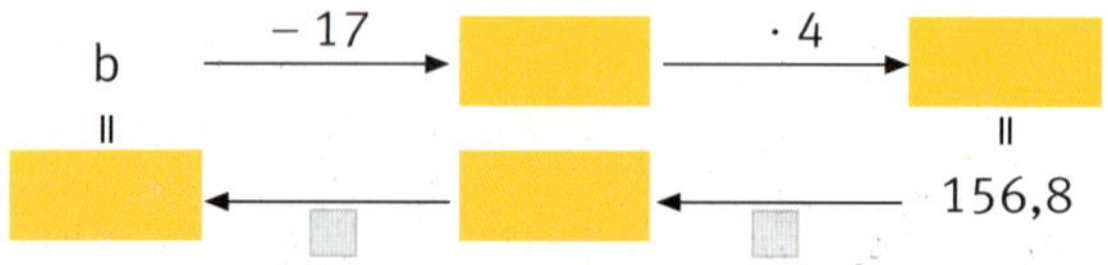

c)

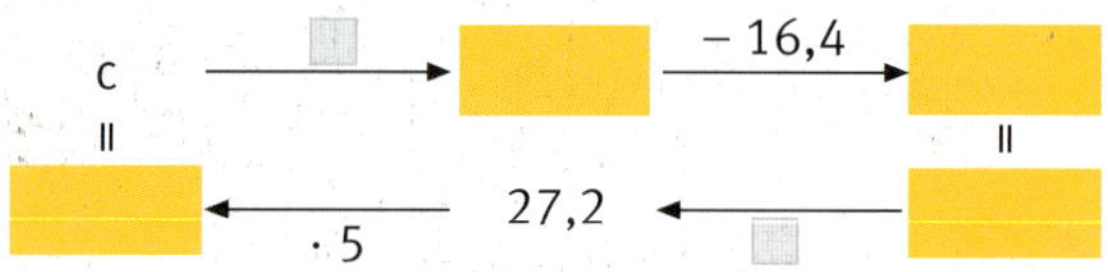

8 Stelle einen Term auf und berechne seinen Wert.

a) Die Summe der Zahlen 14,8 und 17,6 wird dividiert durch 1,6.

b) Zum Quotienten aus 16,8 und 2,4 addiert man das Produkt aus 1,25 und 3.

c) Die Summe aus 76,69 und 34,91 wird durch 6,2 dividiert. Anschließend wird 6,9 subtrahiert.

d) Zum Produkt von 17,5 und 14,3 wird das Quadrat von 3,2 addiert.

Anteile

9 Beschreibe den Aufbau der Fahnen anhand von Brüchen.

a) 
Belgien

b) 
Polen

c) 
Thailand

d) 
Uganda

e) 
Madagaskar

f) 
Arab. Emirate

10 Übertrage die Figuren in dein Heft und male den angegebenen Anteil auf mindestens zwei Arten farbig aus.

a) 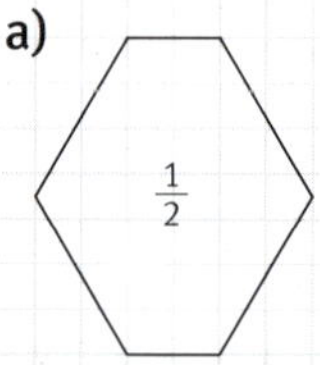

b) 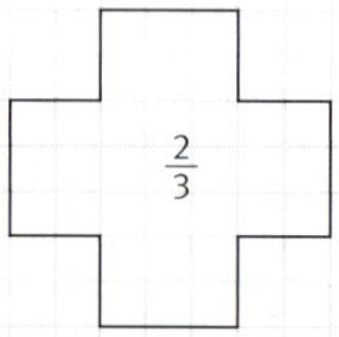

c) 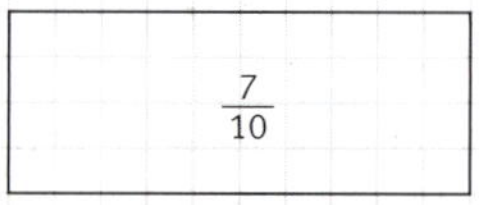

d) 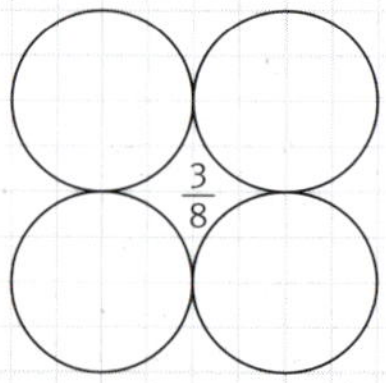

11 Gib jeweils an, mit welcher natürlichen Zahl gekürzt wurde.

a) 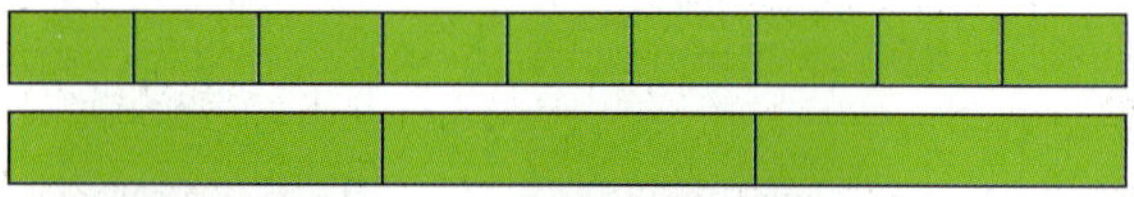

b) 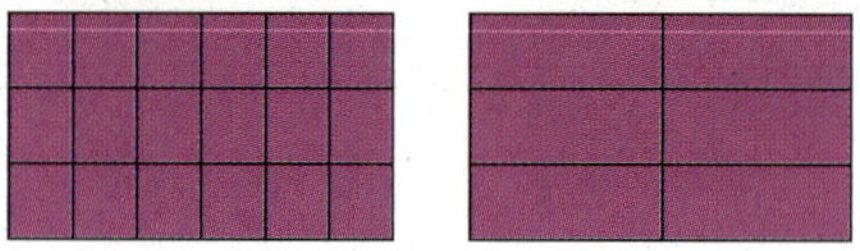

12 Berechne.

a) $\frac{1}{3}$ von 36 m

b) $\frac{5}{6}$ von 216

c) $\frac{11}{12}$ von 1 h

d) $\frac{5}{8}$ von 64 min

e) $\frac{2}{3}$ von ☐ sind 27 km.

f) $\frac{9}{11}$ von ☐ sind 72 t.

g) $\frac{2}{9}$ von ☐ sind 100 €.

h) $\frac{4}{13}$ von ☐ sind 8 dm.

6 Achsenspiegelung

Einstieg

- Wurde hier wirklich gespiegelt? Prüfe nach.
- Beschreibe die Lage der Spiegelachse.
- Untersuche in den Spiegelhälften jeweils die Länge von zugehörigen Strecken und die Größe von gespiegelten Winkeln. Was stellst du fest?

Ausblick

Am Ende dieses Kapitels hast du gelernt, ...

- welche Eigenschaften die Abbildung der Achsenspiegelung hat.
- wie man Spiegelbilder und die Spiegelachse konstruieren kann.
- was Mittelsenkrechte und Winkelhalbierende sind.
- welche achsensymmetrischen Dreiecke und Vierecke es gibt.

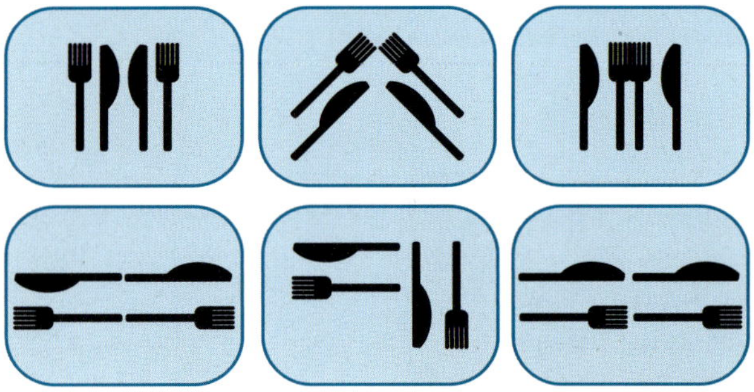

Betrachte die abgebildeten Karten.

- In welchen Karten kann man eine Spiegelachse finden? Beschreibe ihre Lage.
- Wie kann man die Spiegelachse finden? Wie liegen ein Punkt und sein gespiegelter Punkt zueinander? Beschreibe.
- Stelle selbst eine Spiegelkarte her, indem du ein Blatt Papier faltest und die Umrisse einer Figur mit der Zirkelspitze durchstichst.

Merkwissen

Spiegelt man eine Figur an einer Spiegelachse s, so wird jeder Urpunkt A, B, C, ... genau auf einen Bildpunkt A', B', C', ... abgebildet (und umgekehrt).

Es gilt folgende **Abbildungsvorschrift**:

1. Die Verbindungsstrecke zwischen Ur- und Bildpunkt steht senkrecht zur Spiegelachse s: $[AA'] \perp s$; $[BB'] \perp s$; ...
2. Die Spiegelachse halbiert die Verbindungsstrecke: $d\,(A; s) = d\,(A'; s)$; $d\,(B; s) = d\,(B'; s)$; ...

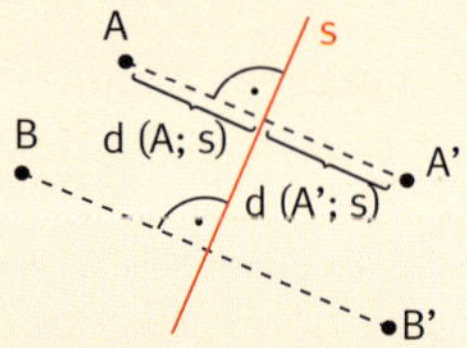

Man schreibt $A \xmapsto{s} A'$. Das bedeutet: „A wird an s auf A' gespiegelt."

Beispiele

I Spiegle die Punkte A, B und C an s. Beschreibe dein Vorgehen.

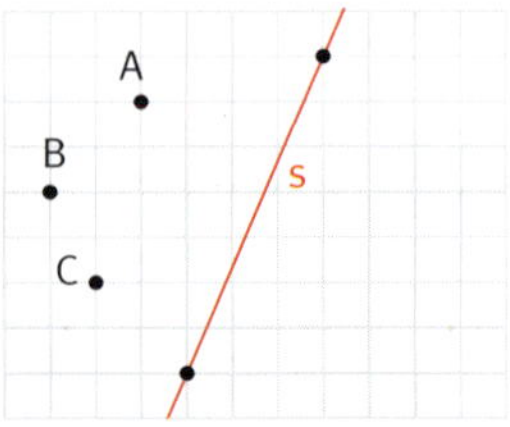

Lösung:

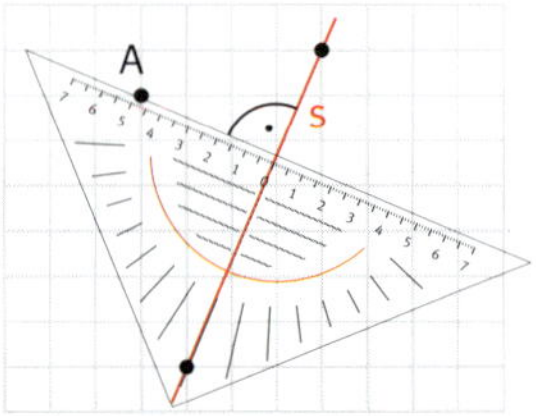

Lege das Geodreieck an A mit der Mittellinie auf die Spiegelachse und ...

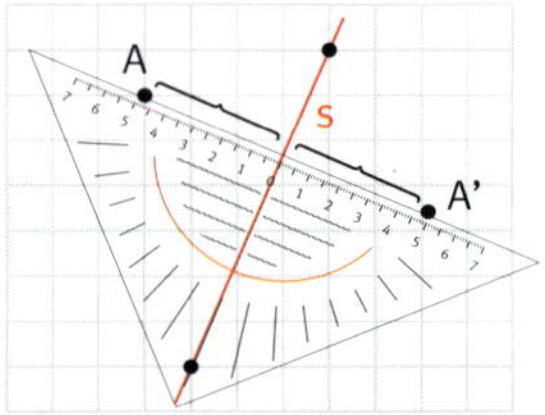

übertrage den Abstand d (A; s) auf die andere Seite. Zeichne A' ein.

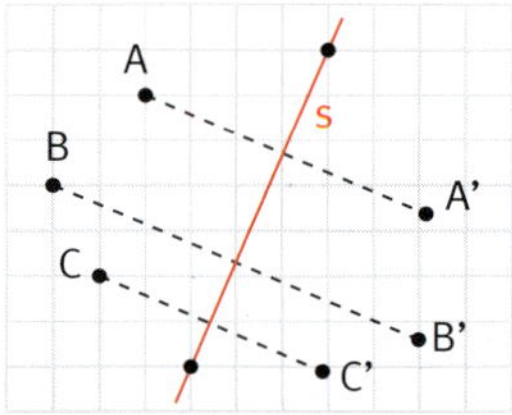

Verfahre ebenso mit den restlichen Punkten.

II Finde zu den Punkten C und C' eine Gerade s so, dass $C \xmapsto{s} C'$. Beschreibe.

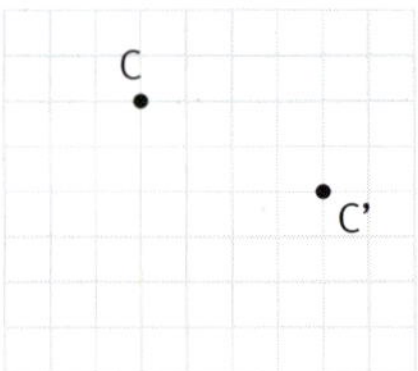

Lösung:

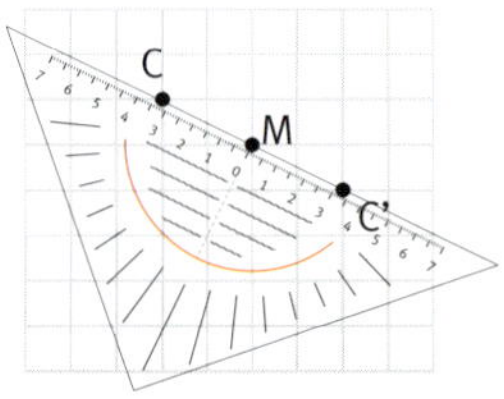

Zeichne [CC'] und bestimme deren Mittelpunkt M.

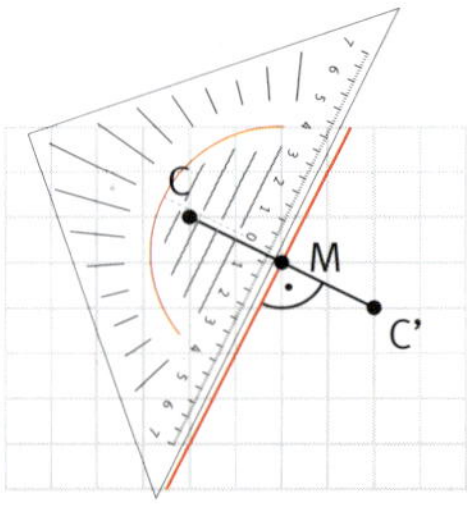

Zeichne durch M die Senkrechte zu [CC'].

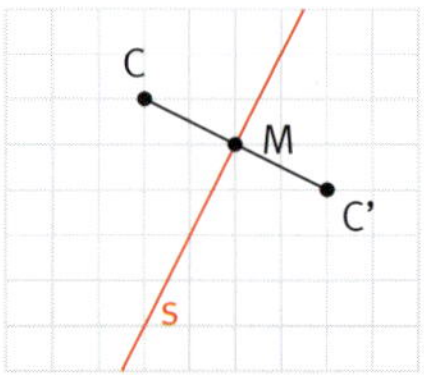

Beschrifte die Spiegelachse s.

VERSTÄNDNIS

- Welche Arten von Symmetrien kennst du? Gib jeweils Beispiele an.
- Gib Beispiele für Figuren an, die mehrere Symmetrien aufweisen.

AUFGABEN

1 a) Überprüfe, für welche Punkte a die Spiegelachse ist.
Beispiel: $D \xmapsto{a} F$

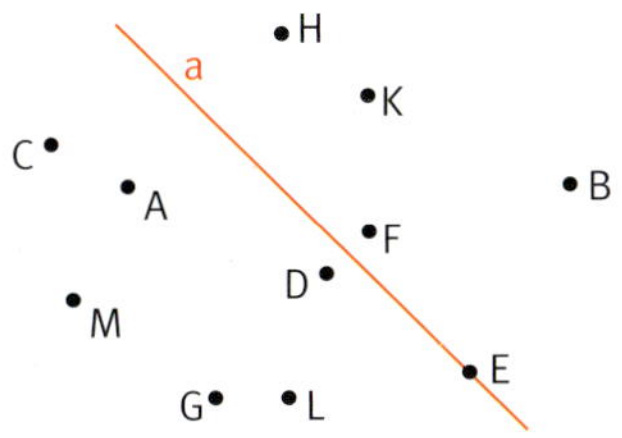

b) Welche Fehler wurden bei der Achsenspiegelung gemacht? Begründe.

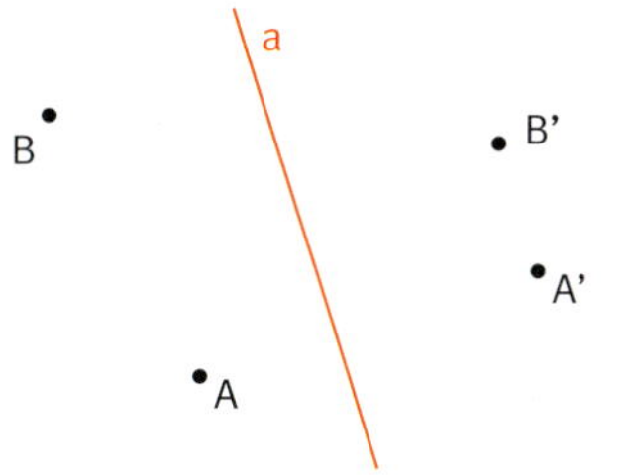

2 Übertrage A und A' in dein Heft und ermittle die fehlende Spiegelachse mit einem Geodreieck. Beschreibe dein Vorgehen.

3 Spanne die Figuren auf dem Geobrett nach. Ändere einen Eckpunkt so ab, dass die Figur achsensymmetrisch wird. Beschreibe die Lage der Symmetrieachsen.

a) 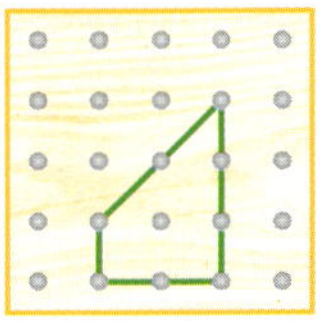
b) 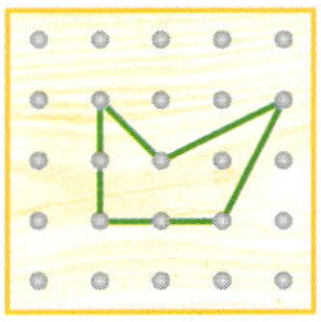
c) 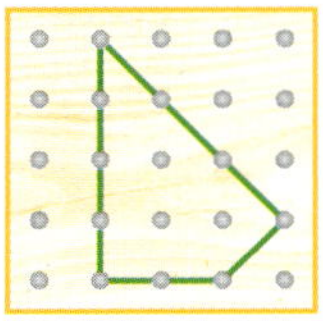
d) 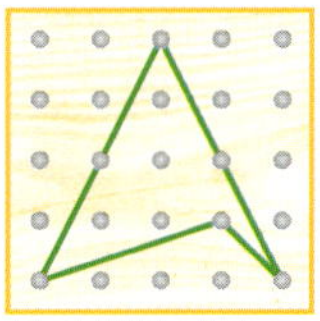

Findest du mehrere Möglichkeiten?

4 Gegeben sind der Punkt P (2|4) und die Gerade AB mit A (1|0) und B (6|5).

a) Zeichne den Punkt P' so, dass gilt: $P \xmapsto{AB} P'$

b) Ergänze die Zeichnung durch Q (4|1), R (3|3) und S (1|2). Spiegle Q, R und S ebenfalls an AB und gib die Koordinaten der Bildpunkte Q', R' und S' an.

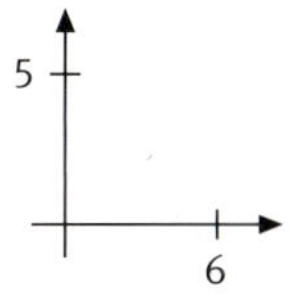

5 Gegeben ist eine Achsenspiegelung durch $P \xmapsto{ST} P'$ mit S (6|0) und T (0|6). Bestimme jeweils Ur- bzw. Bildpunkt mit dem Geodreieck und gib seine Koordinaten an.

a) A (5|6) b) B (3|0) c) C' (4|4) d) D' (1|4) e) E (3|3)

6 Zeichne die Punkte A (3|10), B (1|6), C (0|4), D (8|5), E (6,5|2), F (1,5|2) und B' (9|2) in ein Gitternetz ein. Zeichne die Spiegelachse s so ein, dass gilt: $B \xmapsto{s} B'$. Zeichne dann die restlichen Bildpunkte und gib ihre Koordinaten an.

ALLTAG

Symmetrie?

Mathematisch präzise Achsensymmetrie kommt in der Natur selten vor. Selbst Schmetterlinge, die man schnell für „absolut symmetrisch" hält, sind bei genauer Betrachtung nicht das Ergebnis einer Achsenspiegelung.

- Einer der beiden Schmetterlinge wurde am Computer verändert. Welcher? Begründe.
- Erstelle am Computer selbst achsensymmetrische Bilder. Nimm als Ausgangsbild beispielsweise eine Frontalaufnahme von dir selbst.
- Vergleiche das Ausgangsbild mit dem veränderten Bild. Welches findest du schöner? Finde Gründe dafür.

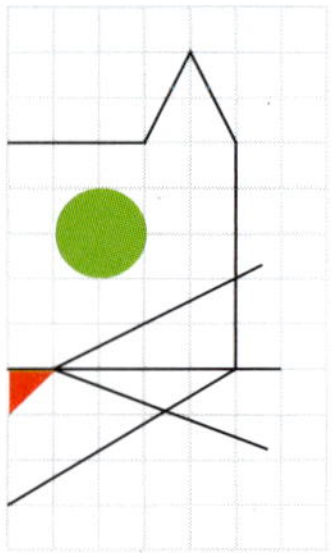

Max will für seine kleine Schwester eine Faschingsmaske basteln. Dazu hat er auf ein gefaltetes Blatt die Hälfte der Figur gezeichnet, die er nun mithilfe der Zirkelspitze durchstechen will. Dabei überlegt er: Ist es wirklich nötig, alle Punkte durchzustechen?

- Schätze: Wie viele Punkte musst du mindestens abbilden, damit du die Figur komplett zeichnen kannst? Übertrage auf ein Blatt Papier und überprüfe.
- Betrachte Punkte, Strecken, Winkel, Kreise, ... in der ursprünglichen Figur und der Bildfigur. Was fällt dir auf?

Der Umlaufsinn des Bilddreiecks A'B'C' ist entgegengesetzt dem des Urdreiecks ABC.

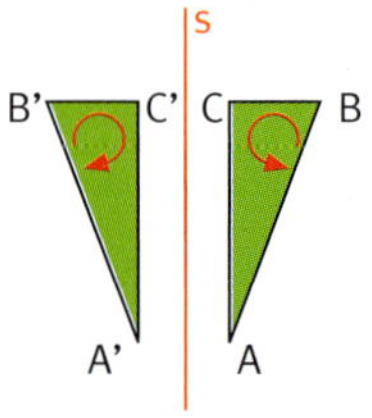

Merkwissen

Eine Achsenspiegelung hat folgende Eigenschaften:

- **längentreu**: Jede Strecke wird auf eine Strecke gleicher Länge abgebildet.
- **geradentreu**: Das Bild einer Geraden ist wieder eine Gerade.
- **kreistreu**: Das Bild eines Kreises ist wieder ein Kreis mit gleichem Radius.
- **winkeltreu**: Jeder Winkel wird auf einen Winkel mit gleichem Maß abgebildet.
- **deckungsgleich** (**kongruent**): Ur- und Bildfigur sind deckungsgleich (**kongruent**).
  Aber: Die **Drehrichtung** eines Winkels bzw. der **Umlaufsinn** einer Figur **ändern** sich.

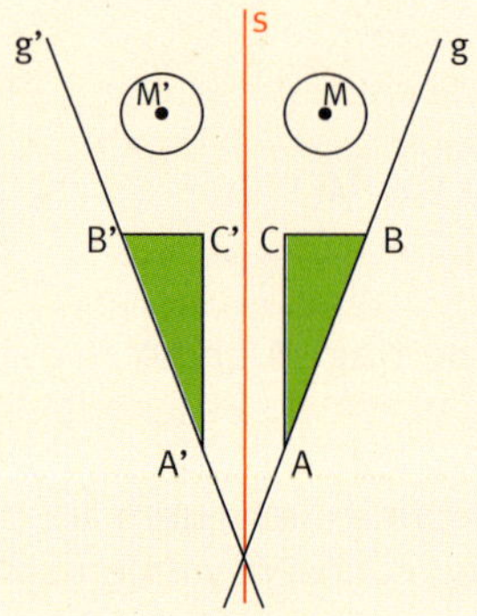

Beispiele

I Überprüfe die Drehrichtung eines Winkels. Zeichne dazu einen beliebigen Winkel und bilde ihn durch eine Achsenspiegelung ab.

Winkel werden gegen den Uhrzeigersinn bezeichnet:

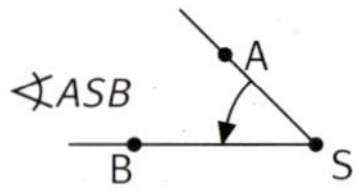

Lösung:

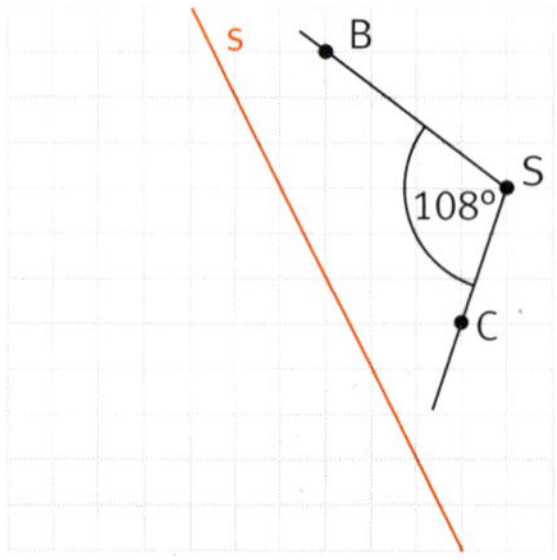

Wähle drei Punkte, die den Winkel ∢BSC bilden.

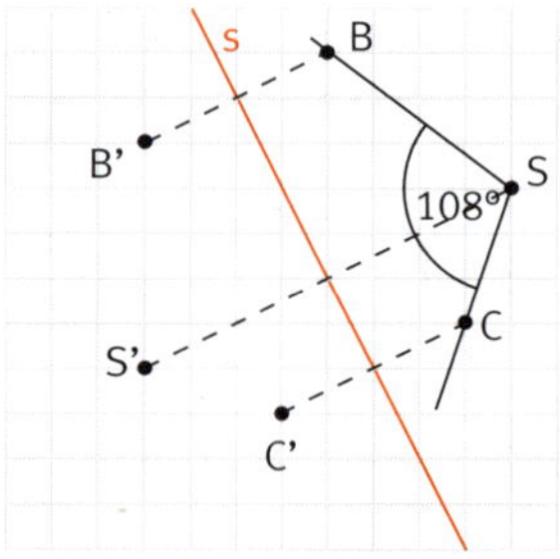

Spiegle die Punkte an der Spiegelachse s.

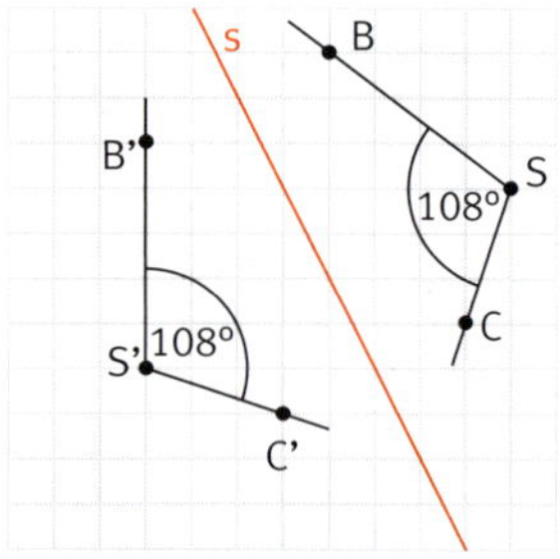

Der Bildwinkel des Urwinkels ∢BSC hat das gleiche Maß und heißt ∢C'S'B'.

Verständnis

- Kathrin behauptet, dass man zwei Punkte braucht, um einen Kreis zu spiegeln. Welche Punkte kann sie meinen?
- Kennst du Spiegelungen, bei denen die abgebildeten Figuren nicht kongruent sind?

Aufgaben

1 Gegeben sind die Punkte A (2|2), B (3|3), C (4|0), D (5|4), E (2|5), F (4|3) und M (2,5|2,5). Führe folgende Abbildungen durch und gib jeweils die Koordinaten der Bildpunkte an. Begründe dein Vorgehen mithilfe der Eigenschaften.

a) $[AB] \xrightarrow{CD} [A'B']$ **b)** $[AB] \xrightarrow{DE} [A''B'']$ **c)** $\Delta CDE \xrightarrow{AF} \Delta C'D'E'$

d) $k\,(M;\ r = \overline{MF}) \xrightarrow{CD} k'\,(M';\ r')$ **e)** $k\,(D;\ r = \overline{AE}) \xrightarrow{CF} k'\,(D';\ r')$

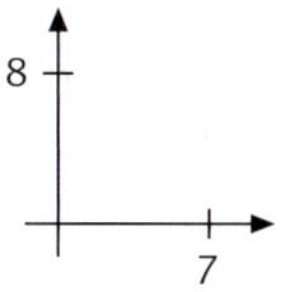

k (M; r) heißt Kreis um Mittelpunkt M mit Radius r.

2 Es sei g = AB mit A (1|5), B (8|8) sowie s = PQ mit P (0|8) und Q (7|1).

a) Führe in einem Gitternetz folgende Abbildung durch: $g \xrightarrow{s} g'$.

b) Zeichne eine Gerade p mit p ∥ g und D (7|6) ∈ p in das Gitternetz aus a) ein. Führe die Abbildung mit p durch. Was stellst du fest?

c) Wie viele Punkte musst du bei der Spiegelung einer Geraden mindestens abbilden? Begründe.

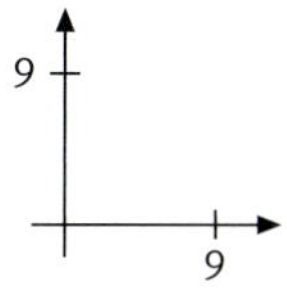

3 Führe eine Achsenspiegelung durch. Miss alle Winkel und Streckenlängen und überprüfe die Eigenschaften der Achsenspiegelung. Achte auf richtige Schreibweisen.

a) $ABCDEFG \xrightarrow{RS} A'B'C'D'E'F'G'$ **b)** $ABCD \xrightarrow{PQ} A'B'C'D'$

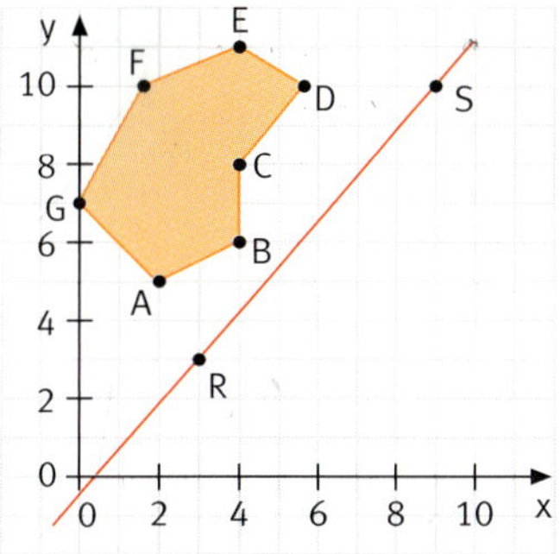

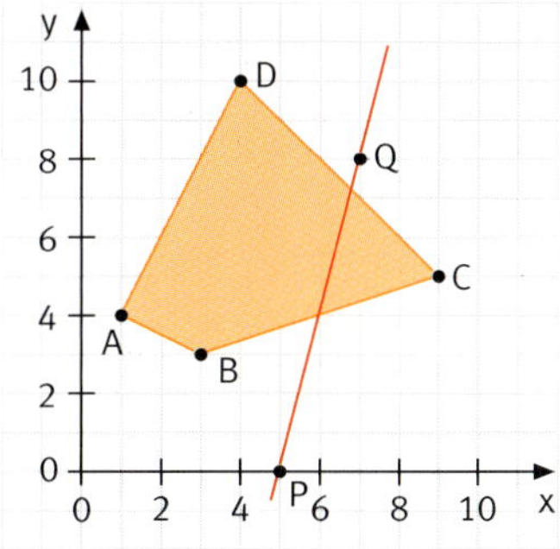

4 Folgende Figuren wurden durch Achsenspiegelung abgebildet. Ermittle jeweils die Spiegelachse und die fehlenden Koordinaten in einem Gitternetz.

a) Viereck $ABCD \xrightarrow{s} A'B'C'D'$ mit A (2|2), B (5|3), C (4|6), D (2|5), A' (8|0)

b) Dreieck $ABC \xrightarrow{s} A'B'C'$ mit A (1|1), B (6|3), C (4|8), C' (0|4)

c) Quadrat $ABCD \xrightarrow{s} A'B'C'D'$ mit A (2|1), D (0|2), D' (6|0)

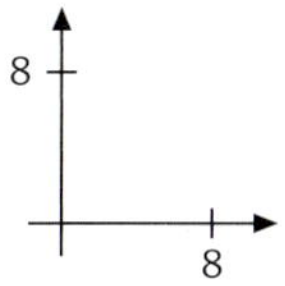

5 Die Punkte A (2|8) und S (4|5) bilden einen Schenkel des Winkels ∢ASB.

a) Zeichne den Winkel ∢ ASB mit dem Maß 45° in ein Gitternetz ein.

b) Spiegle den Winkel an g = PQ mit P (3|0) und Q (6|7).

c) Wie viele Punkte musst du bei der Spiegelung eines Winkels mindestens abbilden? Begründe.

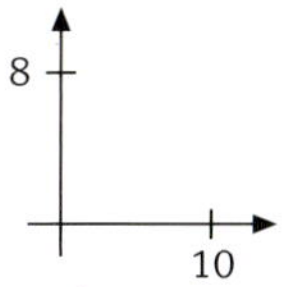

Computer

Symmetrisches leicht gemacht

Mit einem Geometrieprogramm kannst du symmetrische Figuren erzeugen. Zeichne eine beliebige Figur und eine Symmetrieachse mit . Im Register „Abbilden" kannst du mit eine Achsenspiegelung durchführen, indem du zunächst deine Figur und anschließend die Symmetrieachse anklickst.

a) Konstruiere ein Gesicht, indem du viele Symmetrien ausnutzt.

b) Erfinde eigene kunstvolle Figuren.

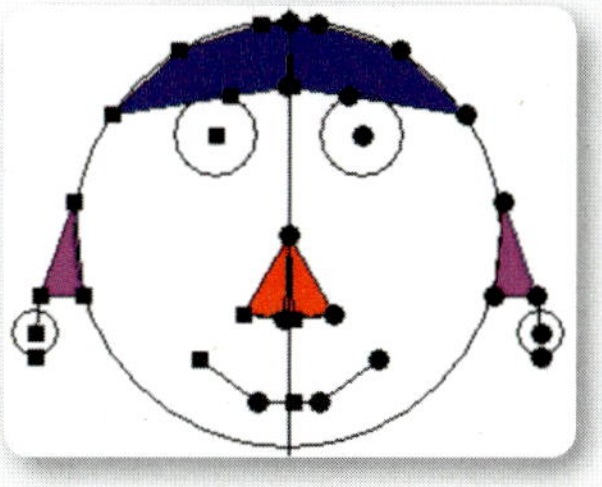

6 a) Auf Polizeiautos, Rettungswagen usw. steht die Schrift manchmal spiegelverkehrt. Kannst du dir vorstellen, warum?

b) Erstelle ein spiegelverkehrtes Wort und bitte einen Nachbarn, es zu entziffern.

7 Untersuche Elemente, die sich bei der Achsenspiegelung nicht ändern.

Bei einer Achsenspiegelung werden geometrische Grundelemente, die eine spezielle Lage haben, auf sich selbst abgebildet. Man nennt sie Fixelemente.

Jeder Punkt auf der Spiegelachse wird auf sich selbst abgebildet, er heißt **Fixpunkt**:
P = P'

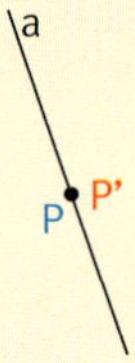

Die Spiegelachse ist daher eine Gerade aus lauter Fixpunkten, man nennt sie auch **Fixpunktgerade**.

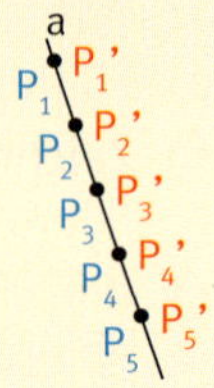

Jede Gerade, die senkrecht auf der Spiegelachse steht, ist eine **Fixgerade**:
g = g'

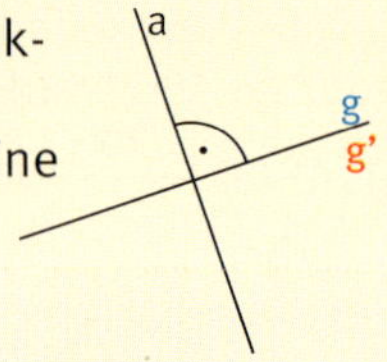

Jeder Kreis, der seinen Mittelpunkt auf der Spiegelachse hat, ist ein **Fixkreis**: k = k'

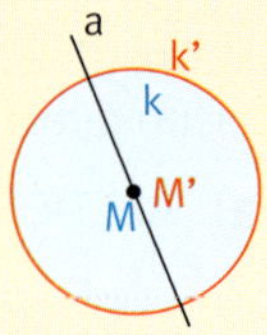

a) Was ist der Unterschied zwischen einer Fixgerade und einer Fixpunktgerade?

b) Gibt es auch Fixstrecken? Wenn ja, welche Bedingungen müssen sie erfüllen?

c) Warum ändert sich die Lage der geometrischen Grundelemente in den dargestellten Fällen nicht? Begründe mit der Abbildungsvorschrift und den Eigenschaften der Achsenspiegelung.

d) Stimmt das? Begründe oder widerlege durch ein Gegenbeispiel.

1 Es gibt unendlich viele Fixgeraden, aber nur eine Fixpunktgerade.

2 Auf jeder Fixgeraden liegt ein Fixpunkt.

3 Ein Kreis kann einen, zwei oder unendlich viele Fixpunkte haben.

4 Jede Gerade, die die Spiegelachse schneidet, hat einen Fixpunkt.

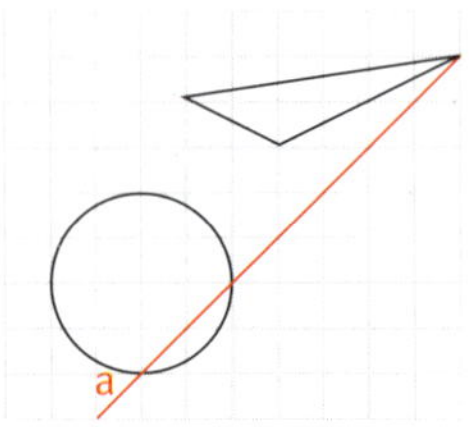

8 Wie viele Punkte musst du in der Abbildung links mindestens abbilden, um alle Figuren an der Gerade a zu spiegeln? Übertrage in dein Heft und probiere aus.

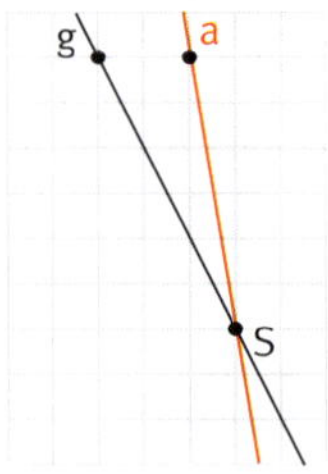

9 Übertrage die zwei sich schneidenden Geraden a und g aus der Abbildung in dein Heft und führe die Abbildung $g \xmapsto{a} g'$ durch. Untersuche auf Fixpunkte.

10 Gegeben sind die Geraden AB mit A (6,5 | 1), B (3 | 8) und RS mit R (8 | 2) und S (2 | 6).
Es gilt: $AB \xmapsto{RS} A'B'$.

a) Übertrage AB und RS in ein Gitternetz und markiere die Lage des Fixpunktes F. Gib seine Koordinaten an.

b) Zeichne die Bildgerade A'B'. Warum genügt es, nur einen der beiden Punkte A oder B abzubilden?

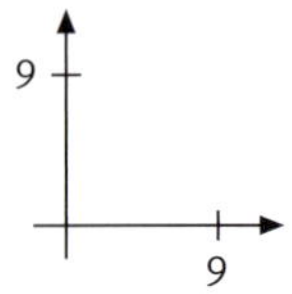

11 Gegeben sind die Punkte M (6 | 6), P (3 | 6), Q (6 | 3) und folgende Abbildung:
$k\,(M; r) \xmapsto{a} k'\,(M'; r')$ mit $k \cap k' = \{P; Q\}$
Zeichne die Punkte in ein Gitternetz ein und ermittle den Radius r, die Spiegelachse a und den Bildkreis k'. Gib die Koordinaten von M' an.

12 Gegeben sind die Punkte A (5|0) und M (7,5|6,5) sowie die Gerade a mit $A \in a$ und $a \perp$ x-Achse. Nacheinander werden folgende Abbildungen durchgeführt:

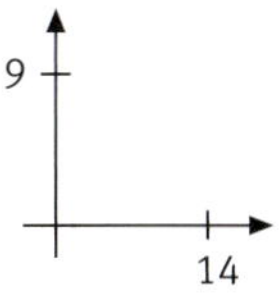

k_1 (M; r = 2,5 cm) $\xmapsto{a}$ k_1' (M'; r') $\xmapsto{AM}$ k_1''(M''; r'')

a) Führe die Abbildungen in einem Gitternetz durch. Wie viele Fixpunkte findest du jeweils? Gib ihre Koordinaten sowie die Koordinaten der Punkte M' und M'' an.

b) Finde eine Spiegelachse s, für die gilt: k_1 (M; r) $\xmapsto{s}$ k_1''(M''; r'')

c) Führe die Abbildungen jeweils in einem neuen Gitternetz durch mit k_2 (M; r = 2 cm) und k_3 (M; r = 3 cm). Welche Unterschiede ergeben sich in der Anzahl der Fixpunkte gegenüber a)?

13 Löse zunächst im Kopf und überprüfe anschließend anhand einer Zeichnung.

a) Gegeben ist eine Spiegelachse a sowie fünf Geraden $g_1, ..., g_5$, die jeweils auf sich selbst abgebildet werden, und von denen jede genau einen Fixpunkt besitzt. Beschreibe die Lage von $g_1, ..., g_5$.

b) Gegeben ist ein Kreis k und ein Punkt A auf der Kreislinie. Wie verläuft eine Spiegelachse g, die den Kreis auf sich selbst abbildet und den Punkt A enthält?

14 Das Trapez ABCD soll an der Gerade PQ gespiegelt werden.

a) Übertrage die Zeichnung in dein Heft und führe die Abbildung durch.

b) Welche Punkte sind Fixpunkte der Abbildung?

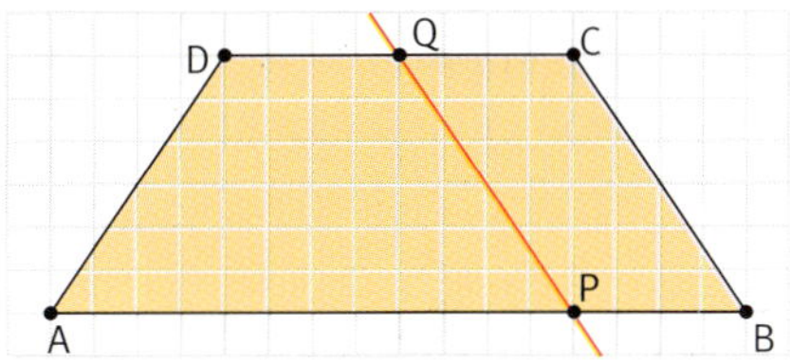

15 Das Dreieck EFG soll gespiegelt werden. Die Spiegelachse ist verloren gegangen. Übrig geblieben sind nur die beiden Fixpunkte S und T.

a) Beschreibe die Lage der Spiegelachse.

b) Übertrage die Zeichnungen in dein Heft und führe die Achsenspiegelung aus.

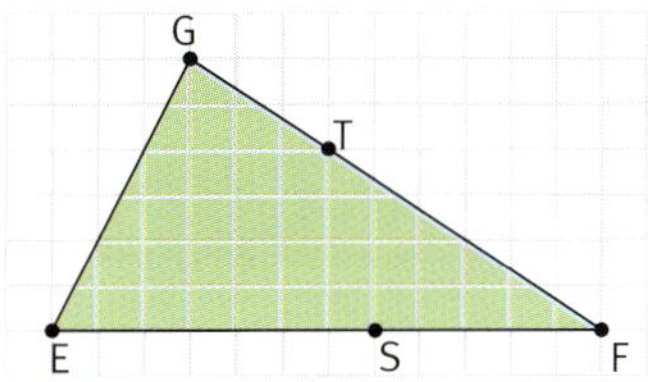

Nutze die Fixpunkte der Abbildung.

16 Martin behauptet: „Um den Viertelkreis an der Gerade a zu spiegeln, muss ich nur einen Punkt mit dem Geodreieck spiegeln.“ Hat er Recht? Skizziere dazu einen Viertelkreis in dein Heft (Radius 2 cm) und führe die Abbildung durch.

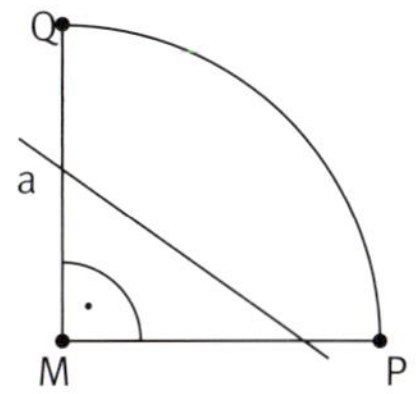

17 Bei einem Billiardtisch prallt eine Kugel von der Tischkante („Bande“) unter dem gleichen Winkel zurück, unter dem sie auch den Tisch getroffen hat.

a) Übertrage die Zeichnung des Billiardtisches in dein Heft. Markiere an jeder Bande die Stelle, auf die man mit der weißen Kugel A zielen muss, damit man anschließend die schwarze Kugel B trifft. Beschreibe dein Vorgehen.

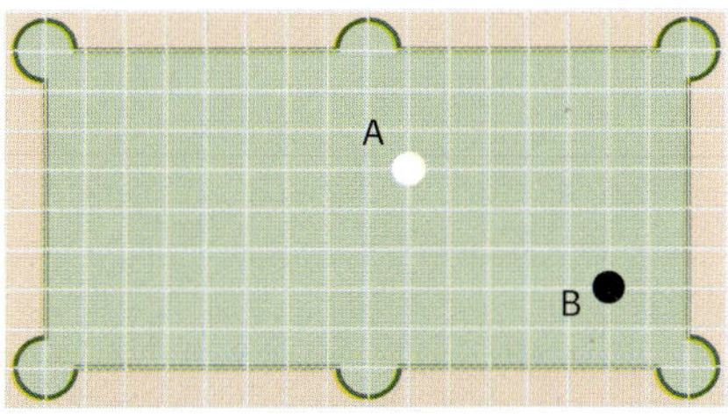

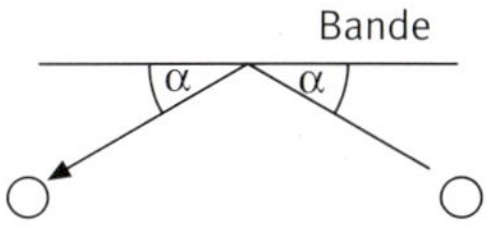

b) Erstelle andere Anordnungen der Kugeln und lass einen Partner jeweils die Stelle an den Banden finden.

c) Wenn man den Vorgang aus a) umdrehen möchte, also mit der schwarzen Kugel über Bande die weiße treffen möchte, muss man dann an dieselben Stellen zielen? Probiere aus. Findest du eine Begründung?

Manche Figuren lassen sich ganz leicht halbieren. Geht das mit Strecken, Halbgeraden, Geraden und Winkeln auch?

- Probiere aus, indem du die Grundelemente aufzeichnest und faltest.
- Beschreibe jeweils die Lage der Symmetrieachsen.

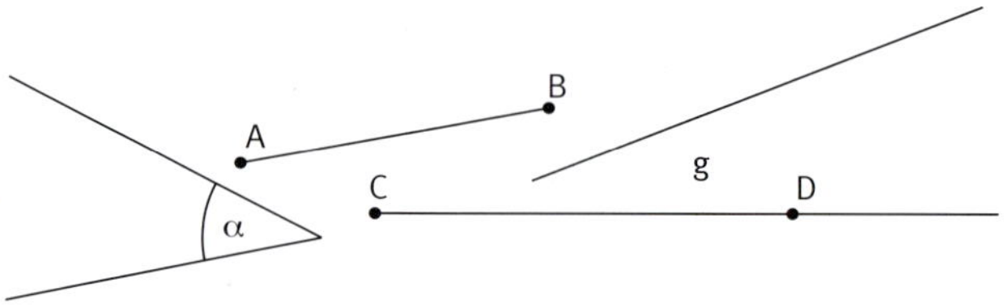

Merkwissen

Die **Mittelsenkrechte** einer Strecke [AB] ist die Gerade, die im Mittelpunkt M der Strecke senkrecht steht. Sie halbiert die Strecke [AB] und ist ihre Symmetrieachse.
Kurzschreibweise: $m_{[AB]}$

Alle Punkte P, Q, R, M, S, ... auf der Mittelsenkrechten sind von den Endpunkten A und B der Strecke [AB] gleich weit entfernt.

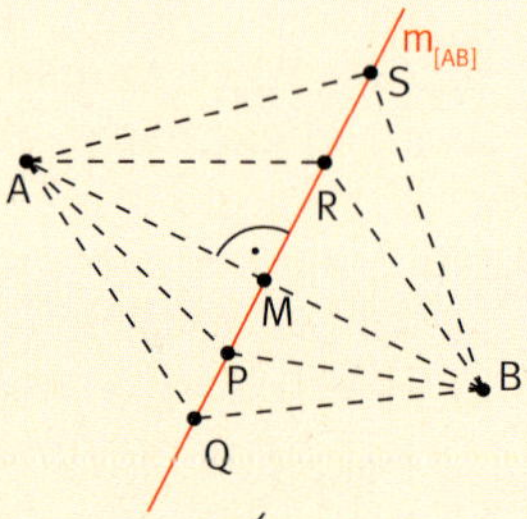

Eine Gerade, die einen Winkel α in zwei gleich große Teilwinkel zerlegt, nennt man **Winkelhalbierende** w_α. Sie ist die Symmetrieachse des Winkels. Jeder Punkt P auf w_α hat zu [SA und [SB denselben Abstand.

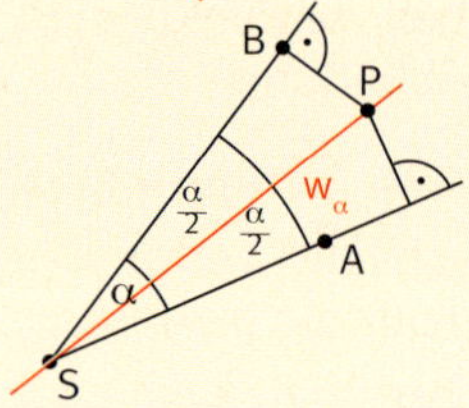

Beispiele

„Konstruieren" bedeutet: Du darfst nur Zirkel und Lineal verwenden, also nicht die senkrechten und parallelen Hilfslinien des Geodreiecks.

I Zeichne eine beliebige Strecke [AB] und konstruiere deren Mittelsenkrechte. Beschreibe und begründe dein Vorgehen.

Lösung:

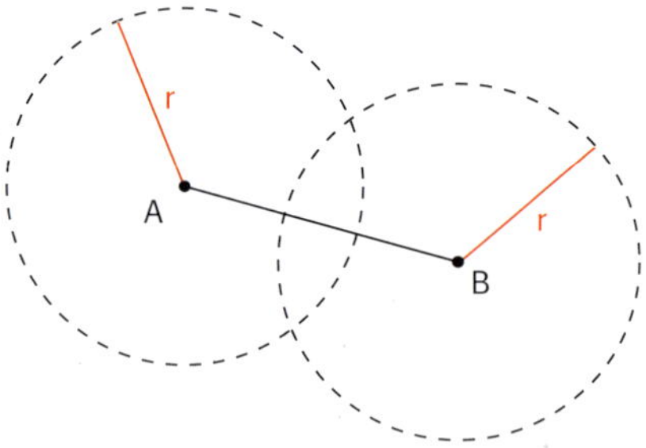

1 Zeichne zwei (genügend große) Kreise um A und B mit gleichem Radius.

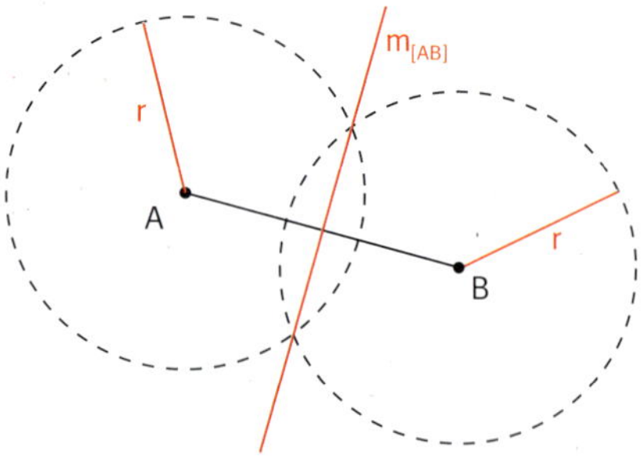

2 Die Gerade durch die Kreisschnittpunkte ist die Mittelsenkrechte $m_{[AB]}$.

Begründung: Da die Schnittpunkte beider Kreise sowohl von A als auch von B gleich weit entfernt liegen, sind es Fixpunkte der Abbildung $k\ (A;\ r) \xmapsto{m_{[AB]}} k\ (B;\ r)$.
Somit liegen sie auf $m_{[AB]}$.

II Zeichne einen beliebig großen Winkel und konstruiere die Winkelhalbierende. Beschreibe und begründe dein Vorgehen.

Lösung:

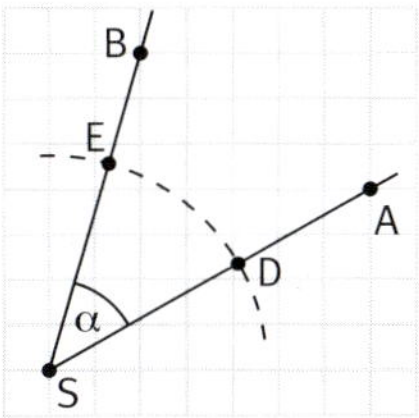

1 Zeichne einen Kreis um S, der die Schenkel in D und E schneidet.

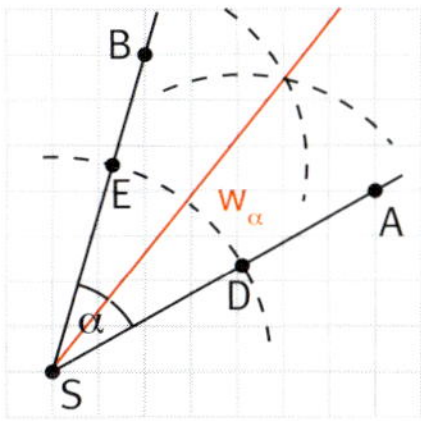

2 Konstruiere die Mittelsenkrechte $m_{[DE]}$.

Man braucht nur „die eine Hälfte" der Mittelsenkrechte zu konstruieren, denn die Winkelhalbierende geht immer durch den Scheitelpunkt des Winkels.

Begründung: Der Scheitel S hat die gleiche Entfernung zu D und E. Somit ist die Mittelsenkrechte zu D und E die Symmetrieachse des Winkels und somit die gesuchte Winkelhalbierende w_α.

Verständnis

- Beschreibe den Zusammenhang zwischen Mittelsenkrechte, Winkelhalbierende und Symmetrieachse mit eigenen Worten.
- Wie lassen sich Mittelsenkrechte und Winkelhalbierende mit einem Geodreieck finden? Beschreibe.

Aufgaben

1 Zeichne auf ein weißes Blatt Papier folgende Strecken und konstruiere die Mittelsenkrechten mit Zirkel und Lineal. Bezeichne die Mittelsenkrechte jeweils.

a) [AB] mit $\overline{AB} = 5{,}5$ cm **b)** [CD] mit $\overline{CD} = 36$ mm **c)** [EF] mit $\overline{EF} = 0{,}75$ dm
d) [GH] mit $\overline{GH} = 47$ mm **e)** [PQ] mit $\overline{PQ} = 4{,}9$ cm **f)** [RS] mit $\overline{RS} = 1{,}4$ dm

2 Gegeben ist die Strecke [AB] mit A (9|0) und B (0|4,5). Teile die Strecke mit Zirkel und Lineal in zwei (vier, acht) gleich lange Teilstrecken.

3 Peter wohnt in Ahausen, Margit in Qberg. Sie verabreden sich zu einem Radausflug. Dazu soll jeder zur Verbindungsstraße v gleich weit fahren müssen. Übertrage in dein Heft und ermittle den Treffpunkt T durch Konstruktion.

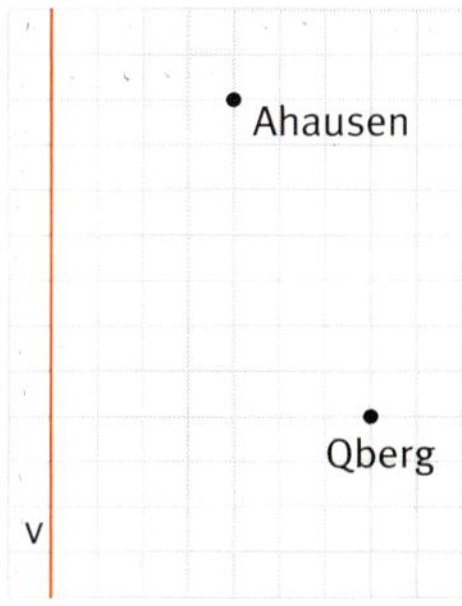

4 Zeichne folgende Winkel mithilfe des Geodreiecks und konstruiere anschließend mit Zirkel und Lineal die Winkelhalbierende.

a) $\alpha = 75°$ **b)** $\beta = 132°$ **c)** $\gamma = 227°$ **d)** $\delta = 330°$

5 **a)** Zeichne einen Winkel mit dem Maß 140°. Teile den Winkel nur mit Zirkel und Lineal in zwei, vier und acht gleich große Teilwinkel.

b) Kennzeichne in a) die Winkel mit folgenden Maßen:

1 35° 2 105° 3 17,5° 4 52,5° 5 87,5° 6 122,5°

6 **a)** Zeichne zwei sich schneidende Geraden. Halbiere die dabei entstandenen Winkel mit Zirkel und Lineal. Miss den Winkel zwischen den Winkelhalbierenden. Was stellst du fest? Wiederhole das Vorgehen mindestens dreimal.

b) Versuche den Sachverhalt aus a) zu begründen. Verwende eine Skizze.

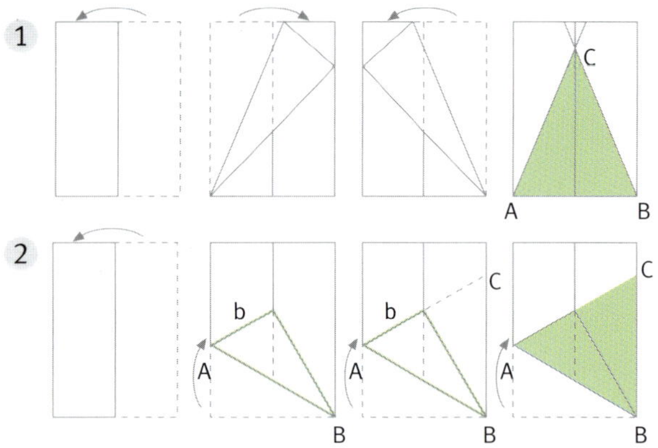

Origami eignet sich für Geometrie:

- Nimm zwei Blatt DIN-A4-Papier und falte sie jeweils längs auf die Hälfte. Öffne die Blätter wieder.
- Falte für Dreieck 1 die linke obere Ecke des Blattes auf dessen rechte Seitenkante. Die linke untere Ecke bleibt dabei fest. Wiederhole den Schritt analog mit der rechten oberen Ecke.
- Falte für Dreieck 2 die linke untere Ecke des Blattes auf die Faltgerade (Mittellinie) des Papiers. Die rechte untere Ecke bleibt dabei fest. Verlängere b bis zur Blattkante.
- Betrachte die gefalteten Dreiecke. Finde Gemeinsamkeiten und Unterschiede.

Bei Dreiecken beschriftet man die einer Ecke gegenüberliegende Seite mit dem entsprechenden Kleinbuchstaben.

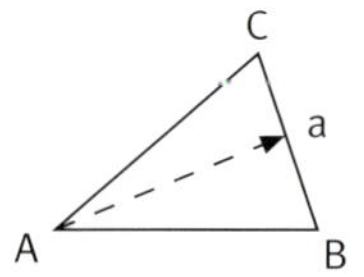

Merkwissen

Dreiecke lassen sich anhand der darin vorkommenden Winkel unterscheiden:

spitzwinkliges Dreieck **rechtwinkliges Dreieck** **stumpfwinkliges Dreieck**

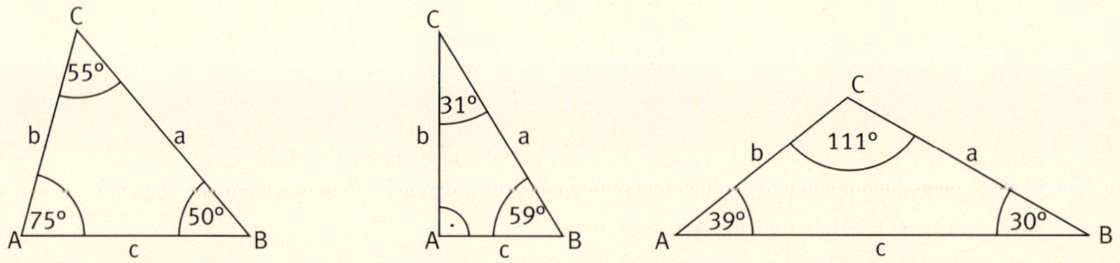

alle Winkel < 90° — ein rechter Winkel — ein Winkel > 90°

Ebenso kann man Dreiecke anhand gleicher Seitenlängen beschreiben:

gleichschenkliges Dreieck

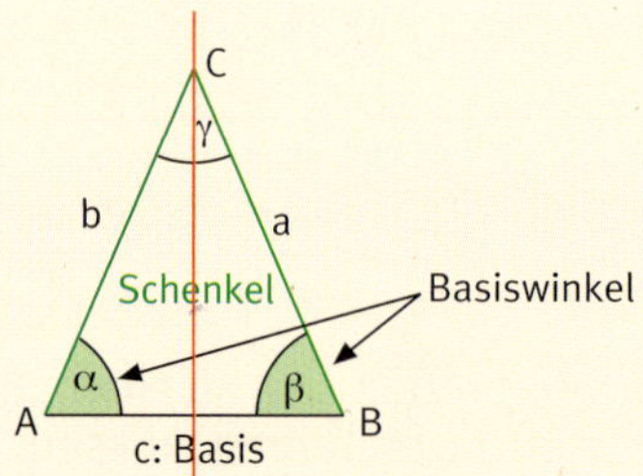

Zwei Seiten sind gleich lang.
$a = b$ (Schenkel); $\alpha = \beta$
1 Symmetrieachse

gleichseitiges Dreieck

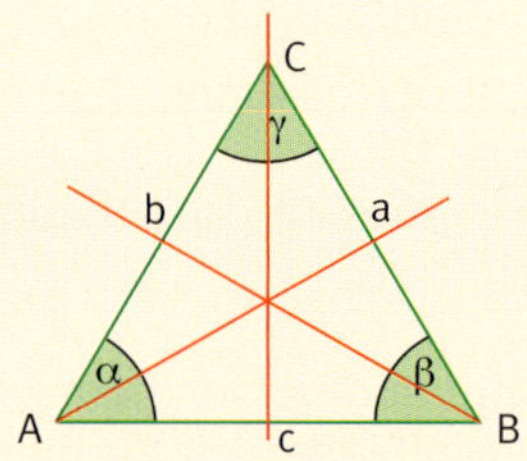

Alle Seiten sind gleich lang.
$a = b = c$; $\alpha = \beta = \gamma = 60°$
3 Symmetrieachsen

Beispiele

I Zeichne ein gleichseitiges Dreieck mit 3 cm Seitenlänge.

Einen der beiden Kreisbögen kann man auch durch die Mittelsenkrechte $m_{[AB]}$ ersetzen.

Lösungsmöglichkeit:

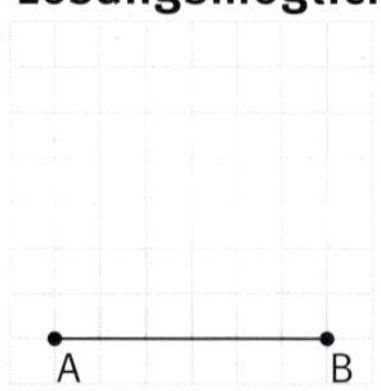

Zeichne [AB] mit $\overline{AB} = 3$ cm.

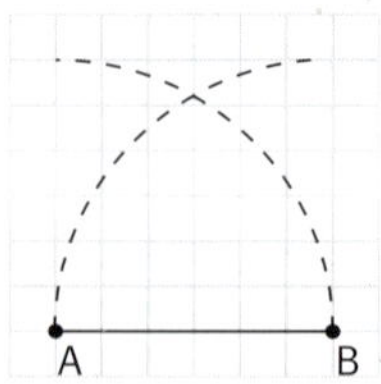

Zeichne Kreise um A und B mit r = 3 cm.

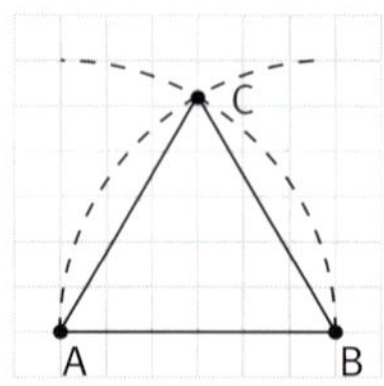

Der Schnittpunkt beider Kreisbögen ist C.

Verständnis

- Paul behauptet: „Wenn jedes gleichseitige Dreieck auch gleichschenklig ist, dann ist auch jedes gleichschenklige Dreieck gleichseitig.“ Was meinst du?
- Max behauptet, dass es auch rechtwinklig-gleichschenklige und stumpfwinklig-gleichschenklige Dreiecke gibt. Was denkst du darüber?

Aufgaben

1 Entscheide, ob spitzwinklige, stumpfwinklige oder rechtwinklige Dreiecke vorliegen. Überprüfe auch, ob sie gleichseitig oder gleichschenklig sind.

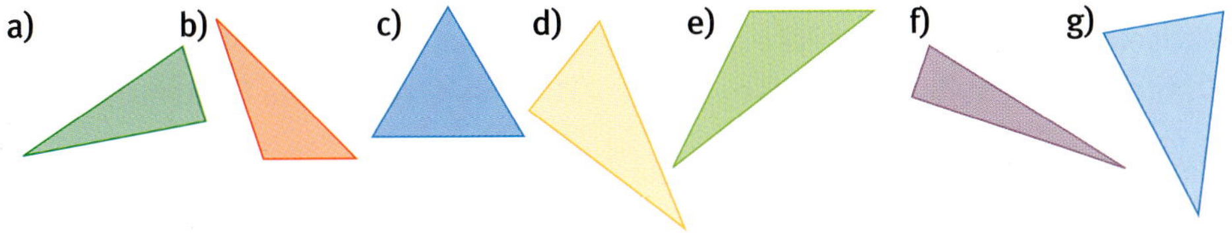

2 Untersuche die Dreiecksarten des Merkwissens auf Achsensymmetrie. Gib die Abbildungsvorschrift für die Symmetrie an.

3 a) Zeichne die Figur in dein Heft. Markiere möglichst viele verschiedene Dreiecksarten in der Figur und färbe diese unterschiedlich ein.

b) Erfinde selbst ein solches Muster mit verschiedenen Dreiecksarten. Dein Tischnachbar soll deine Aufgabe ebenfalls lösen und seine Ergebnisse am Ende mit dir vergleichen.

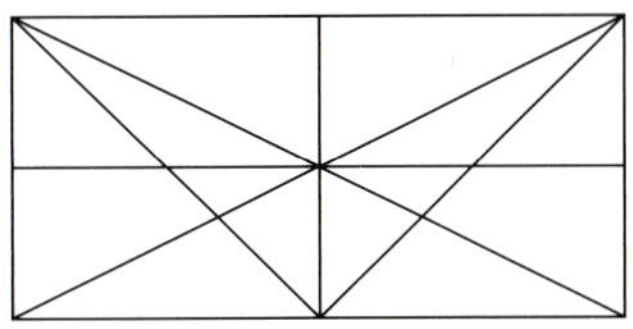

4 a) Zeichne ein gleichseitiges Dreieck ABC mit der Seitenlänge 9 cm.

1 Berechne den Umfang des Dreiecks.

2 Bestimme die Maße der Innenwinkel.

b) Zeichne ein rechtwinklig-gleichschenkliges Dreieck mit Schenkellänge 5 cm.

c) Zeichne ein gleichschenkliges Dreieck ABC mit Basislänge $\overline{AB} = 12$ cm und Schenkellänge 10 cm. Bestimme die Größe der Basiswinkel.

d) Zeichne ein gleichseitiges Dreieck DEF mit dem Umfang 19,5 cm und konstruiere seine Symmetrieachsen.

5 a) Zeichne das rechtwinklige Dreieck ABC mit A (1 | 1), B (5 | 3), $\sphericalangle CBA = 90°$ und $\overline{BC} = 2{,}6$ cm. Bestimme die Koordinaten von C.

b) Führe die Achsenspiegelung durch und benenne das angegebene Dreieck.

1 $\Delta ABC \xmapsto{BC} \Delta A'B'C'$. Welche Dreiecksart liegt bei Dreieck AA'C' vor?

2 $\Delta ABC \xmapsto{AB} \Delta A''B''C''$. Welche Dreiecksart liegt bei Dreieck AC''C vor?

6 Die Strecke [AB] mit $\overline{AB} = 5{,}5$ cm ist die Basis verschiedener gleichschenkliger Dreiecke ABC_n.

a) Wo liegen alle Punkte C_n? Zeichne fünf verschiedene Punkte C_1, ..., C_5 und die dazugehörigen Dreiecke ABC_1, ..., ABC_5 ein.

b) Zeichne das Dreieck ABC_6 so, dass gilt: $\overline{AC_6} = 3$ cm. Markiere die Schenkel grün.

c) Zeichne das Dreieck ABC_7 so, dass gilt: $\sphericalangle C_7BA = 35°$. Färbe die Schenkel blau.

6.5 Vierecke ordnen

- Zeichne verschiedene gleichschenklige und rechtwinklige Dreiecke in dein Heft. Spiegle die Dreiecke an jeder Seite. Welche Vierecke entstehen jeweils?
- Kennst du noch weitere Vierecke? Welche davon sind achsensymmetrisch?
- Erstelle für die Vierecke einen Steckbrief.

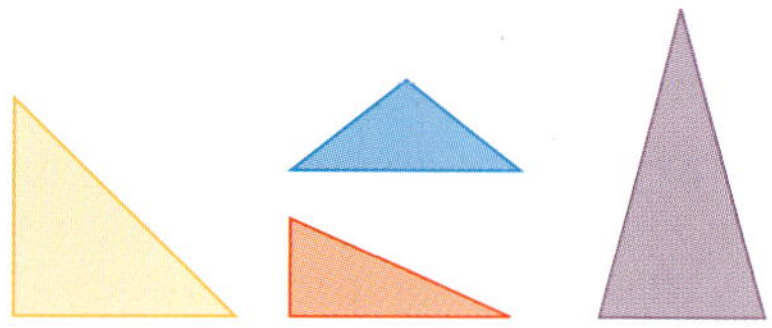

Merkwissen

Achsensymmetrische Vierecke ordnet man nach der Lage ihrer Symmetrieachsen:

Diagonale als Symmetrieachse

Ein Viereck, bei dem eine Diagonale die Symmetrieachse ist, heißt **Drachenviereck**. Weiterhin gilt:

- Die Diagonalen stehen senkrecht aufeinander.
- Es gibt zwei Paare gleich langer Seiten.
- Die Winkel zwischen verschieden langen Seiten sind gleich groß, die anderen Winkel werden durch die Symmetrieachse halbiert.

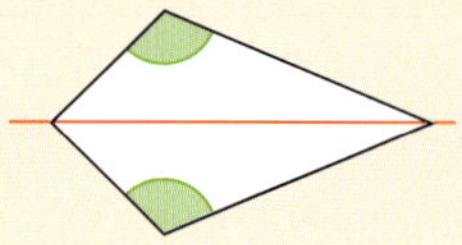

Statt „Drachenviereck" sagt man auch kurz „Drachen".

Statt „achsensymmetrisches Trapez" kann man auch „gleichschenkliges Trapez" sagen.

Eine **Raute** ist ein Viereck, bei dem alle Seiten gleich lang sind. **Beide Diagonalen** sind Symmetrieachsen.

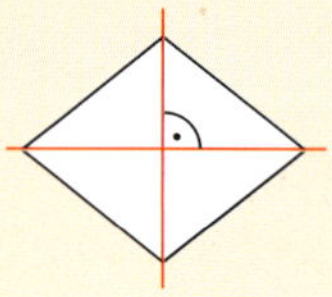

Mittelsenkrechte als Symmetrieachse

Ein Viereck, bei dem eine Mittelsenkrechte die Symmetrieachse ist, heißt **achsensymmetrisches Trapez**. Weiterhin gilt:

- Benachbarte Winkel an einer der parallelen Seiten sind gleich groß.
- Zwei Seiten sind gleich lang.

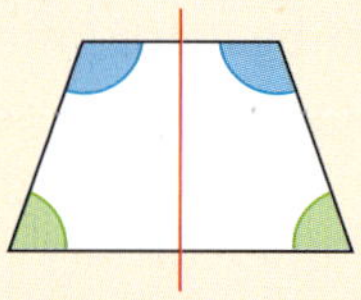

Ein **Rechteck** ist ein Viereck, bei dem gegenüberliegende Seiten gleich lang sind. Beide Mittelsenkrechten sind Symmetrieachsen.

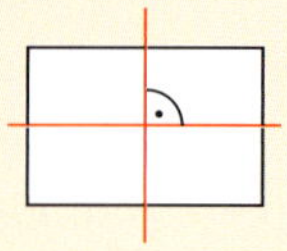

Ein **Quadrat** ist ein Viereck mit vier Symmetrieachsen.

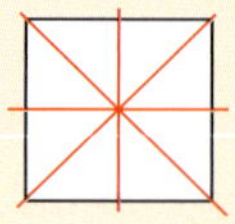

Beispiele

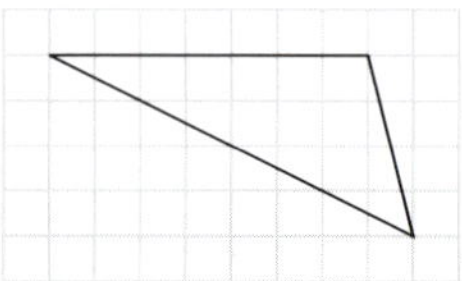

I Zeichne das Dreieck und ergänze es auf zwei Arten zu einem Drachen.

Lösungsmöglichkeiten:

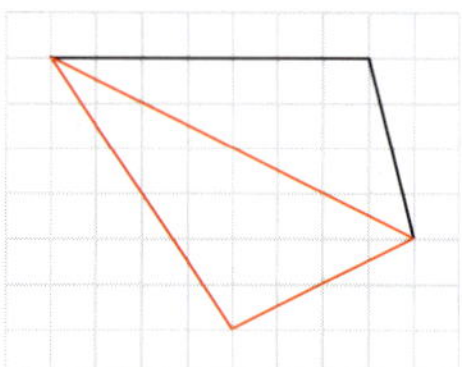

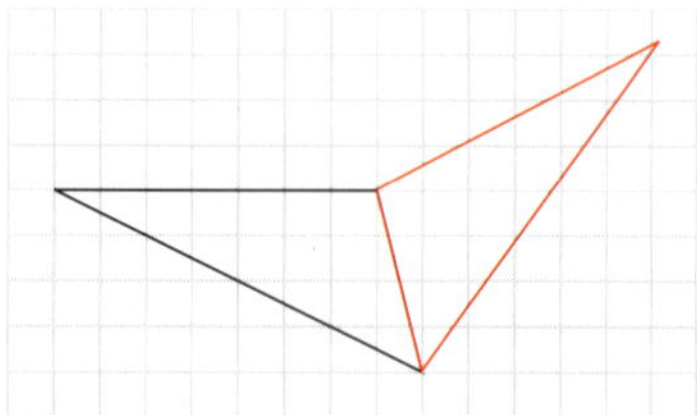

Verständnis

- Eine Raute ist ein besonderes Drachenviereck. Was meinst du dazu?
- Ein Rechteck ist eine besondere Raute. Stimmt das? Begründe.

Aufgaben

1 Falte ein Blatt Papier ein- bzw. zweimal. Welche Figuren entstehen, wenn man die farbigen Figuren ausschneidet? Überlege zunächst und probiere dann aus.

a) 
b) 
c) 
d) 

2 Zeichne die achsensymmetrischen Vierecke. Wo gibt es mehrere Lösungen?

a) Quadrat STAB mit der Diagonale 4,5 cm
b) Rechteck NEMO mit $\overline{NM}$ = 6 cm und $\overline{EM}$ = 4 cm
c) Drachenviereck LOGI mit $\overline{LG}$ = 7 cm und $\overline{OG}$ = 5 cm
d) Gleichschenkliges Trapez LENI mit $\overline{LE}$ = 8 cm und $\overline{NI}$ = 5 cm
e) Raute LIMO mit der Seitenlänge 5 cm

3 Das Viereck HAUS ist ein gleichschenkliges Trapez mit den Schenkeln [HA] und [US]. Was kannst du über folgende Strecken und Winkel sagen?

a) $\overline{HA}$ und $\overline{US}$ b) [AU] und [HS]   c) Winkel bei H und S

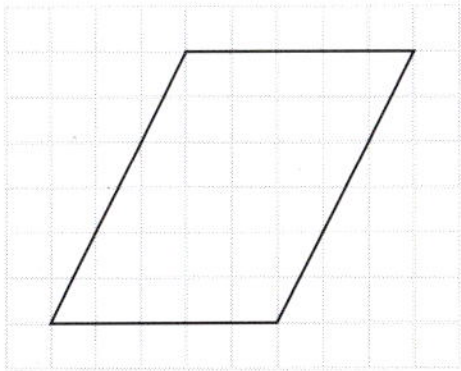

4 Christian behauptet: „Im Parallelogramm sind die Diagonalen Symmetrieachsen." Nico meint dagegen: „Die Symmetrieachsen erhält man, wenn man die Mittelpunkte der gegenüberliegenden Seiten verbindet." Wer hat Recht? Untersuche beide Behauptungen. Zeichne dazu ein Parallelogramm auf und spiegle es an einer Diagonalen (an der Verbindungslinie der Seitenmittelpunkte).

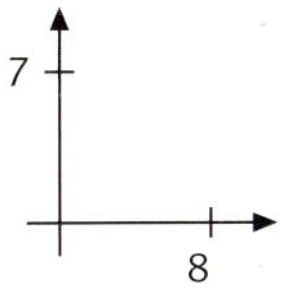

5 Zeichne die angegebenen Punkte und ergänze den vierten Eckpunkt so, dass sich ein achsensymmetrisches Viereck ergibt. Benenne die Vierecke mit ihren Fachbegriffen. Findest du verschiedene Möglichkeiten?

a) A (3 | 1); B (6 | 1); C (8 | 6)   b) A (4 | 7); B (1 | 4); C (5 | 0)
c) A (1 | 6); B (0 | 3); D (4 | 7)   d) A (5 | 2); B (7 | 2); D (5 | 4)

6 Für welche achsensymmetrischen Vierecke treffen folgende Eigenschaften zu?

Eigenschaft	Drachen	Raute	Symm. Trapez	Rechteck	Quadrat
Die Diagonalen sind gleich lang.	☐	☐	☐	☐	☐
Die Diagonalen halbieren sich.	☐	☐	☐	☐	☐
Es gibt zwei verschieden große Winkel.	☐	☐	☐	☐	☐
Es gibt mindestens einen rechten Winkel.	☐	☐	☐	☐	☐

a) Übertrage die Tabelle in dein Heft und kreuze an.
b) Setze die Tabelle fort, indem du weitere Eigenschaften verwendest (z. B. mindestens zwei gleich große Winkel, ...).

Bewerte jeweils einen Drachen, der keine Raute ist, eine Raute, die kein Quadrat ist, usw.

1 Überprüfe, welche Punkte symmetrisch zur Spiegelachse s liegen. Schreibe die Abbildungsvorschrift für diese Punkte auf.

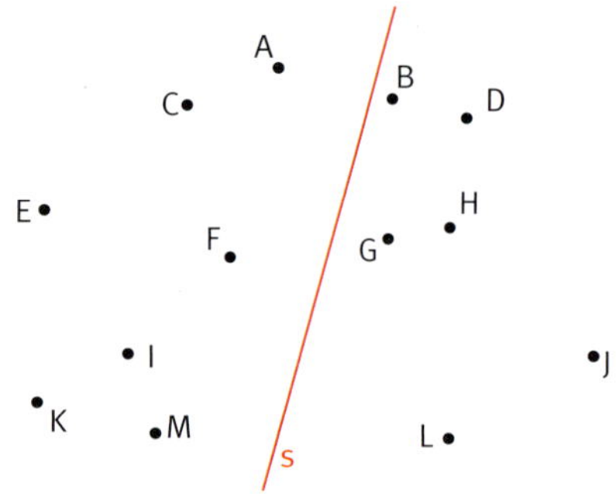

2 Die angegebenen Punkte werden durch Spiegelung an ST mit S (6|0) und T (0|6) aufeinander abgebildet. Bestimme die fehlenden Koordinaten. Gibt es mehrere Möglichkeiten?

a) A (5|□); A' (□|1)

b) B (4|□); B' (0|□)

c) C (□|5); C' (□|0)

3 Zeichne ein beliebiges Dreieck ABC mit $\alpha = 60°$, $\beta = 40°$ und führe folgende Abbildungen durch: $B \xmapsto{b} B'$ und $C \xmapsto{c} C'$, wobei b und c die Geraden darstellen, die durch Verlängerung der entsprechenden Strecken entstehen. Untersuche die Strecke [B'C']. Was stellst du fest? Begründe deine Feststellung.

4 Übertrage das Gitternetz in dein Heft und führe die Achsenspiegelung aus.

a) Bestimme die Koordinaten der Bildfiguren.

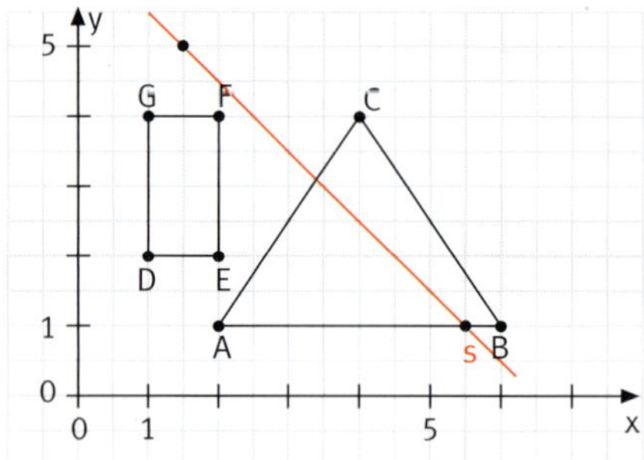

b) Bestimme die Koordinaten des Drachens ABCD, wenn $C \xmapsto{s} C'$.

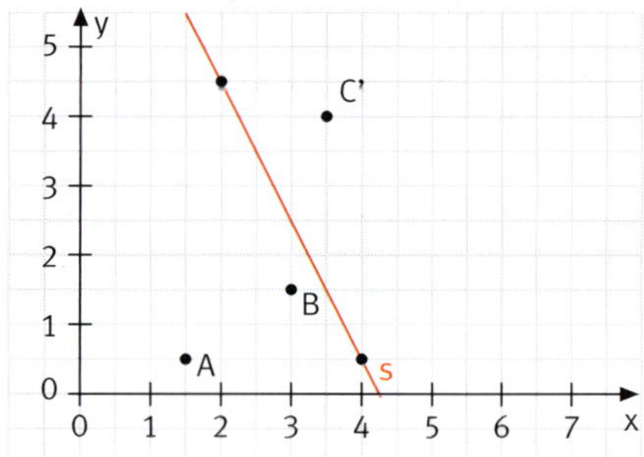

5 Die drei Kreise wurden durch Achsenspiegelung aufeinander abgebildet. Übertrage die Zeichnung in dein Heft und ermittle die Spiegelachsen.

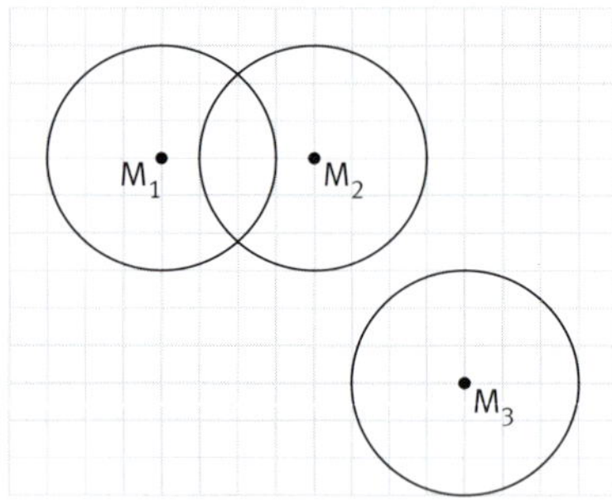

6 Gegeben sind die Punkte O (0|0) und P (5|5).

a) Wähle beliebige Punkte und spiegele sie an OP. Welcher Zusammenhang besteht zwischen den Koordinaten von Urpunkt und Bildpunkt?

b) Bestimme die fehlenden Koordinaten im Kopf.

1 A (2|□) $\xmapsto{OP}$ A' (0|□) 2 B (□|3) $\xmapsto{OP}$ B' (□|0)

3 C (4|□) $\xmapsto{OP}$ C' (4|□) 4 D (□|7) $\xmapsto{OP}$ D' (□|3)

Markiere drei beliebige Punkte auf dem Kreis.

7 Marcel zeichnet einen Kreis an die Tafel. Als er den Zirkel wegnimmt, bemerkt er, dass er den Mittelpunkt nicht markiert hat. Wie kann er ihn wiederfinden? Zeichne einen beliebigen Kreis in dein Heft und ermittle den Mittelpunkt …

a) mithilfe des Geodreiecks. **b)** nur mit Zirkel und Lineal.

Beschreibe jeweils dein Vorgehen. Verwende die bekannten Fachbegriffe.

8 Beim Minigolfspiel kann man den Ball oftmals nicht direkt ins Loch schlagen, sondern muss ihn wie beim Billard über die Banden spielen. Übertrage jeweils die Situationen ins Heft und konstruiere den Weg des Balls ins Loch.

Spiegele die Bälle an den Banden.

a)
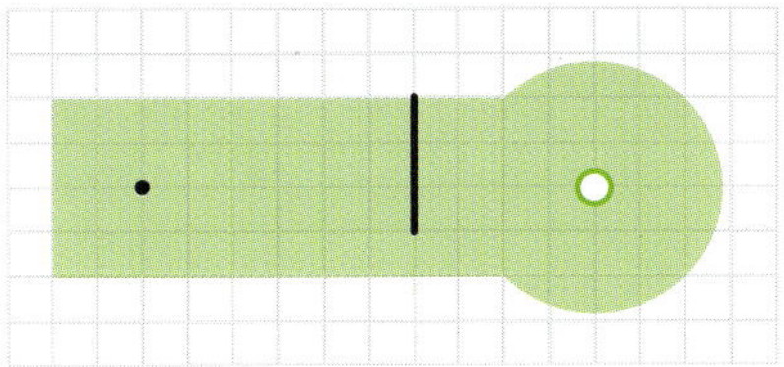

b)
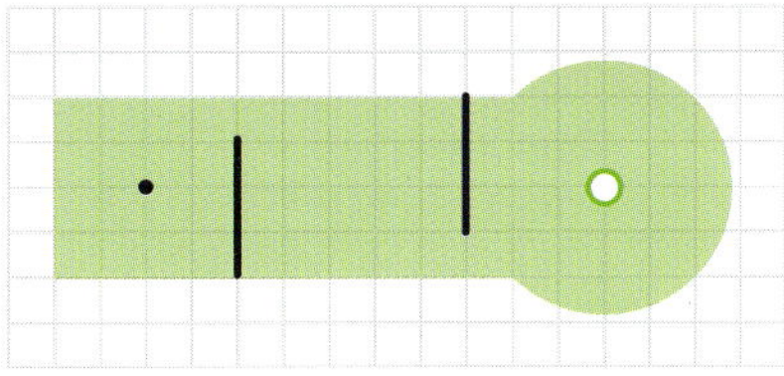

9 **a)** Zeichne einen Winkel von 86° (135°, 254°) in dein Heft und teile ihn durch Konstruktion mit Zirkel und Lineal in vier gleich große Teile.

b) Zeichne einen Winkel von 32° (68°, 125°) in dein Heft und verdopple ihn durch Konstruktion mit Zirkel und Lineal.

10 Übertrage jeweils die Figur in doppelter Größe in dein Heft und konstruiere mit Zirkel und Lineal zu jeder Seite die Mittelsenkrechte. Welche Mittelsenkrechten schneiden sich?

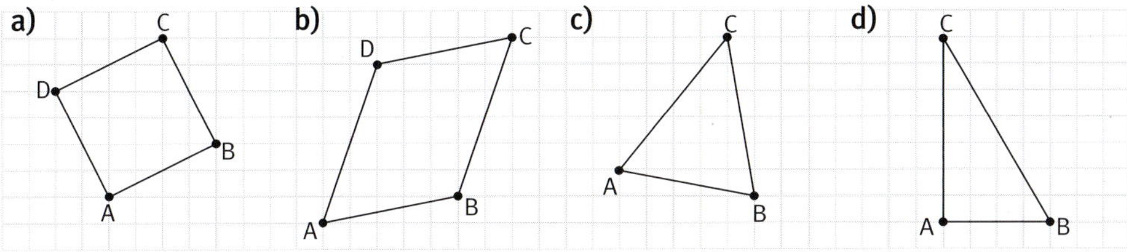

11 Zeichne ein Viereck mit genau einer (genau zwei) Symmetrieachse(n).

12 Die Vierecke werden durch ihre Diagonalen in Dreiecke zerlegt. Zeichne ein Viereck in dein Heft und bezeichne die Dreiecke, die durch die Zerlegung entstehen.

a) Rechteck **b)** Drachenviereck **c)** Raute **d)** Quadrat

13 Der Umfang des Drachenvierecks in der Randspalte beträgt 16 cm. Zeichne es.

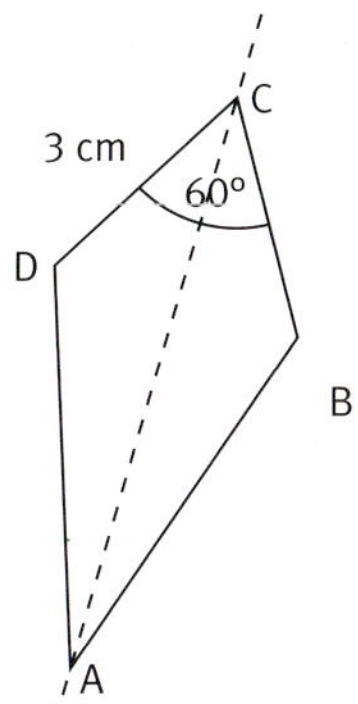

14 Trage die Punkte A (3|2), B (9|5) und C (5|8) in ein Gitternetz ein. Konstruiere die Mittelsenkrechten der Strecken [AB], [BC] und [AC]. Was fällt dir auf?

15 Die Gemeinden Unterhausen (U) und Oberhausen (O) sollen einen gemeinsamen Anschluss an die Fernleitung FL für die Gasversorgung bekommen.

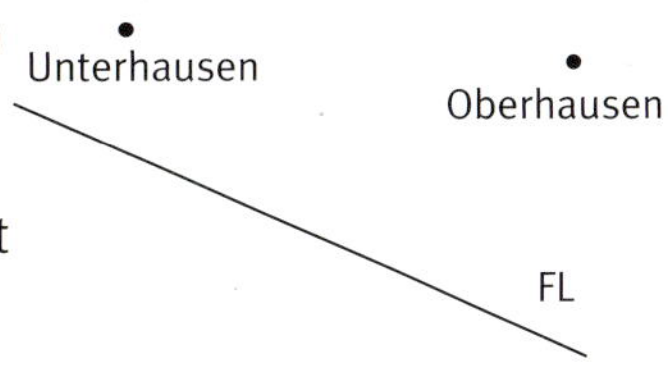

a) Der Anschluss A_1 soll von beiden Orten gleich weit entfernt sein. Ermittle seine Koordinaten durch Konstruktion, wenn gilt: U (3|4), O (8|5), F (0|4) und L (9|1). (1 cm ≙ 1 km)
Miss die Länge der zu bauenden Strecke von U über A_1 nach O.

b) Eine Baufirma behauptet, dass es eine kürzere Verbindung von U über FL nach O gibt, als in a) bestimmt. Finde durch Probieren einen solchen Punkt A_2.

c) Man erhält eine weitere Anschlussmöglichkeit A_3, wenn man U an FL spiegelt und U' dann mit O verbindet. Vergleiche diese Anschlussmöglichkeit mit den beiden vorherigen. Was stellst du fest? Kommst du zum selben Ergebnis, wenn du O an FL spiegelst und dann O' mit U verbindest? Begründe.

Überprüfe deine Fähigkeiten und Kenntnisse. Bearbeite dazu die folgenden Aufgaben und bewerte anschließend deine Lösungen mit einem Smiley.

☺	😐	☹
Das kann ich!	Das kann ich fast!	Das kann ich noch nicht!

Hinweise zum Nacharbeiten findest du auf der folgenden Seite. Die Lösungen findest du unter www.ccbuchner.de (Eingabe 8436 ins Suchfeld).

Aufgaben zur Einzelarbeit

1 Gegeben ist die Gerade AB mit A (0|0) und B (5|5). Bilde folgende Punkte durch Spiegelung an AB ab und gib die Koordinaten der Bildpunkte an: C (1|3), D (4|2), E (6|3), F (2|5) und G (1|1)

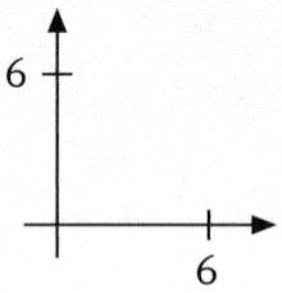

2 Zeichne die Punkte A (8|5), B (5|0), C (8|10), D (2|0), E (2|10), F (0|8) und G (8|0) in ein Gitternetz.
Die Gerade a verläuft durch den Punkt A und ist parallel zur x-Achse, die Gerade b verläuft durch den Punkt B und ist senkrecht zur x-Achse. Welche der obigen Punkte wurden durch Achsenspiegelung an a oder b aufeinander abgebildet? Gib dies jeweils in Kurzschreibweise an.

3 Gegeben sind die Punkte A (4|7), B (0|3,5), C (0|7), D (6|6,5) und E (2|3).

a) Zeichne die Punktmengen AB, [BC, [AC] und bilde sie anschließend durch Spiegelung an DE ab.

b) Welche Eigenschaften der Achsenspiegelung kannst du erkennen?

4 Gegeben sind die Punkte A (5|0), B (4|2), C (6|4), D (8|12) und E (2|6) sowie die Geraden a = AC, b = AB und g = DE.

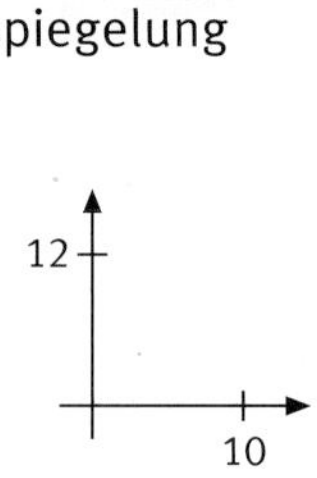

a) Trage die Punkte in ein Gitternetz ein und führe folgende Abbildungen durch:

$g \xmapsto{a} h$ $\qquad$ $g \xmapsto{b} k$

b) Bestimme die Koordinaten von $h \cap k = \{S\}$.

c) Bestimme die Größe der Schnittwinkel zwischen h und k.

5 $P \xmapsto{a} P'$, wobei P (1|4). Trage P und P' in ein Gitternetz ein und konstruiere jeweils die Spiegelachse mit Zirkel und Lineal.

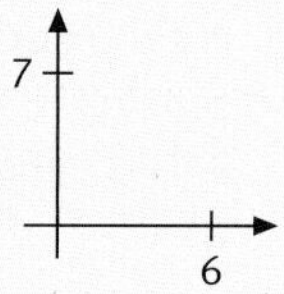

a) P' (6|4) **b)** P' (2,5|0,5) **c)** P' (5|1)

6 Gegeben sind die Punkte A (10|4), B (13|7), C (8|9), D (8|5), E (11|8) und F (3|10).

a) Zeichne die Punkte in ein Gitternetz und bilde die Punkte A, B und C jeweils wie folgt ab:
$P \xmapsto{DE} P' \xmapsto{DF} P''$.
Bestimme die Koordinaten aller Bildpunkte.

b) Konstruiere eine Spiegelachse s so, dass gilt:
$A \xmapsto{s} A''$. Überprüfe, ob auch die restlichen Punkte B und C mithilfe dieser Spiegelachse ebenfalls aufeinander abgebildet werden.

7 Gegeben ist ΔABC mit A (4|7), B (1|8), C (0|2) und ΔDEF mit D (6|5), E (1|1), F (7|2). Zeichne beide Dreiecke in ein Gitternetz ein. Begründe anhand der Eigenschaften, ob beide durch Achsenspiegelung aufeinander abgebildet werden können. Bestimme in dem Fall die Spiegelachse.

8 $\Delta ABC \xmapsto{a} \Delta A'B'C'$ mit A (6|7), C (8|1), B' (2|9) und C' (11|7).
Konstruiere die Spiegelachse a und ermittle die fehlenden Eckpunkte.

9 Gegeben ist das Dreieck ABC mit A (10|0), B (1|6,5), C (1|0) sowie die Gerade ST mit S (7|3) und T (3|7). Übertrage in ein Gitternetz und führe folgende Abbildung durch:

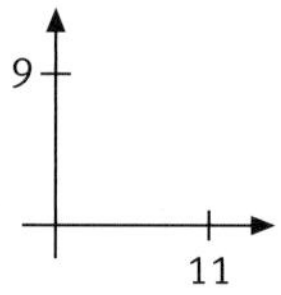

$\Delta ABC \xmapsto{ST} \Delta A'B'C'$
Wie viele Punkte musst du abbilden? Begründe.

10 Gegeben ist die Abbildung $g \xmapsto{a} g'$, wobei gilt: $g \perp a$.

a) Gibt es Fixpunkte auf g'?

b) Beschreibe den Verlauf der Bildgeraden g' und benenne g' mit einem Fachbegriff.

11 $k\ (M; r) \xmapsto{a} k'\ (M'; r')$ mit M (2,5|6,5). k und k' berühren sich im Punkt B (5|6,5). Zeichne die Spiegelachse a sowie k und k' ein. Bestimme die Koordinaten von M'.

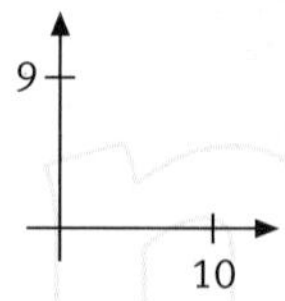

12 Zeichne jeweils den Winkel und konstruiere die Winkelhalbierende.

a) $\alpha = 36°$ **b)** $\beta = 214°$ **c)** $\gamma = 316°$

13 Gegeben ist ein gleichschenkliges Dreieck ABC mit Basislänge $\overline{AB} = 8$ cm und Basiswinkel $\sphericalangle BAC = 70°$.

a) Zeichne das Dreieck und bestimme durch Messung die Größe des Winkels in der Spitze sowie die Länge der Schenkel.

b) Spiegle das Dreieck an AB. Was stellt die Gesamtfigur dar? Welche Eigenschaften hat sie?

14 Zeichne ein gleichschenkliges Dreieck ABC mit der Basis [AB].

a) $\overline{AB} = 5$ cm; $\beta = 70°$ **b)** $\overline{BC} = 7$cm; $\alpha = 40°$

c) $\overline{AB} = 6$ cm; $\gamma = 100°$ **d)** $\overline{BC} = \overline{AB} = 4{,}5$ cm

15 Zeichne ein gleichseitiges Dreieck mit …

a) Seitenlänge 5 cm. **b)** Umfang u = 22,5 cm.

16 Zeichne das Dreieck ABC mit A (0|0), B (5,5|0) und C (6,5|6,5) und führe die angegebene Abbildung durch. Welche Figur ergibt sich aus der Überlappung von Urbild und Bild?

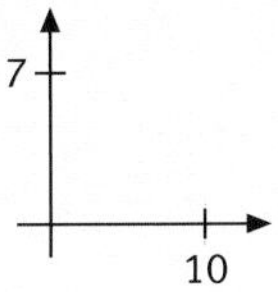

a) Konstruiere w_α und spiegle das Dreieck an der Winkelhalbierenden.

b) Konstruiere $m_{[BC]}$ und spiegle das Dreieck an der Mittelsenkrechten.

17 Ein Rechteck (ein Quadrat) soll an seiner Diagonalen gespiegelt werden.

a) Begründe ohne zu zeichnen.

1 Wie viele Punkte musst du abbilden?

2 Ist die Figur symmetrisch zu ihren Diagonalen?

b) Zeichne die Abbildung und überprüfe die Vermutungen aus a).

Aufgaben für Lernpartner

Arbeitsschritte

1 Bearbeite die folgenden Aufgaben alleine.

2 Suche dir einen Partner und erkläre ihm deine Lösungen. Höre aufmerksam und gewissenhaft zu, wenn dein Partner dir seine Lösungen erklärt.

3 Korrigiere gegebenenfalls deine Antworten und benutze dazu eine andere Farbe.

Sind folgende Behauptungen **richtig** oder **falsch**? Begründe schriftlich.

18 Wenn ich einen Punkt an einer Achse spiegle und den Bildpunkt wieder zurückspiegle, lande ich beim ursprünglichen Punkt.

19 Ist die Spiegelachse die Winkelhalbierende des Gitternetzes, sind die Koordinaten von Ur- und Bildpunkten jeweils gleich.

20 Zwei Punkte (Strecken) können immer durch eine Achsenspiegelung aufeinander abgebildet werden.

21 Zwei Kreise mit gleichem Radius können immer durch eine Achsenspiegelung aufeinander abgebildet werden.

22 Vier Kreise mit gleichem Radius können so gezeichnet werden, dass die Gesamtfigur genau eine (genau zwei, genau vier, gar keine) Symmetrieachse(n) hat.

23 Will man eine Gerade spiegeln, hängt es von der Lage der Geraden ab, wie viele Punkte man unbedingt spiegeln muss: Es kann sein, dass man gar keinen, einen oder zwei Punkte spiegeln muss.

24 Jeder Punkt auf der Spiegelachse ist gleichzeitig sein Bildpunkt.

25 Jedes gleichschenklige Dreieck ist auch ein gleichseitiges Dreieck.

26 Wenn bei einem Viereck die beiden Diagonalen Symmetrieachsen sind, dann handelt es sich um eine Raute.

27 Es gibt Vierecke mit 1 (2, 3, 4) Symmetrieachsen.

Aufgabe	Ich kann …	Hilfe
1, 2, 6, 8, 9, 18, 19	Punkte durch Achsenspiegelung abbilden.	S. 164
5, 6, 8	eine fehlende Spiegelachse ermitteln.	S. 164
3, 4, 7, 20, 21, 22, 23	Eigenschaften der Achsenspiegelung nutzen und erkennen.	S. 166
9, 10, 11, 24	Fixelemente erkennen und deren Eigenschaften ausnutzen.	S. 168
12, 16	Mittelsenkrechte und Winkelhalbierende konstruieren.	S. 170
13, 14, 15, 25	achsensymmetrische Dreiecke zeichnen und beschreiben.	S. 172
17, 26, 27	achsensymmetrische Vierecke anhand ihrer Eigenschaften erkennen und zeichnen.	S. 174

S. 164

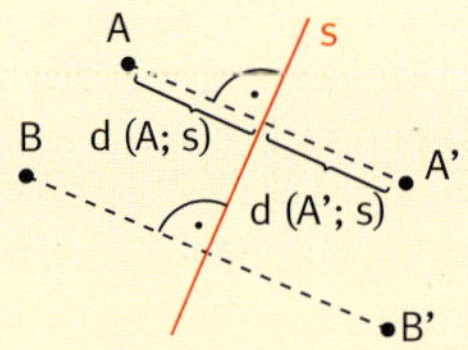

Bei **Spiegelung** an einer **Spiegelachse** s wird jeder Urpunkt A, B, C, ... genau auf einen **Bildpunkt** A', B', C', ... abgebildet und umgekehrt.

Kurzschreibweise: $A \overset{s}{\longmapsto} A'$
Dabei gilt: $[AA'] \perp s$ und $d(A; s) = d(A'; s)$

S. 166

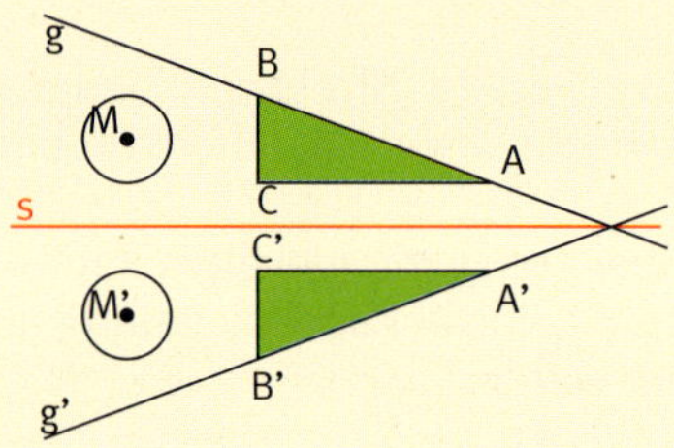

Eigenschaften der Achsenspiegelung:
Die Achsenspiegelung ist **längentreu**, **geradentreu**, **kreistreu** und **winkeltreu**. Ur- und Bildfigur sind **deckungsgleich** (**kongruent**).
Der **Drehsinn** des Winkels bzw. der Umlaufsinn der Figur **ändert sich**.

S. 168

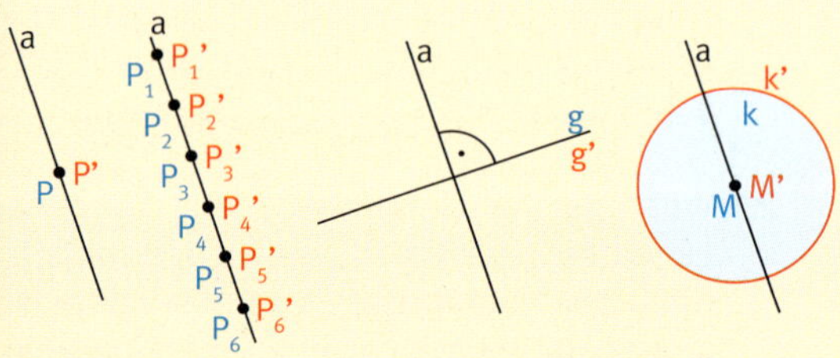

Fixelemente der Achsenspiegelung:

- Jeder Punkt auf der Spiegelachse wird auf sich selbst abgebildet, er ist ein **Fixpunkt**: P = P'.
- Die Spiegelachse ist daher eine **Fixpunktgerade**.
- Jede Gerade, die senkrecht auf der Spiegelachse steht, ist eine **Fixgerade**: g = g'
- Jeder Kreis mit Mittelpunkt auf der Spiegelachse ist ein **Fixkreis**: k = k'

S. 170

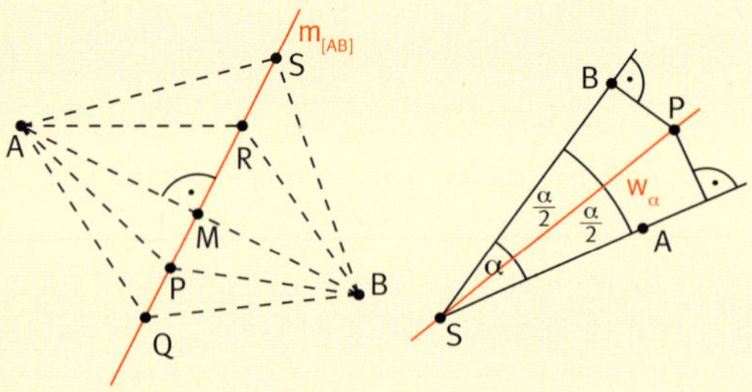

Die **Mittelsenkrechte** $m_{[AB]}$ einer Strecke [AB] ist die Gerade, die im Mittelpunkt M der Strecke [AB] senkrecht steht. Alle Punkte auf der Mittelsenkrechten $m_{[AB]}$ sind von den Endpunkten der Strecke [AB] gleich weit entfernt.

Eine Gerade, die einen Winkel α in zwei gleich große Teilwinkel zerlegt, nennt man **Winkelhalbierende** w_α.

S. 172

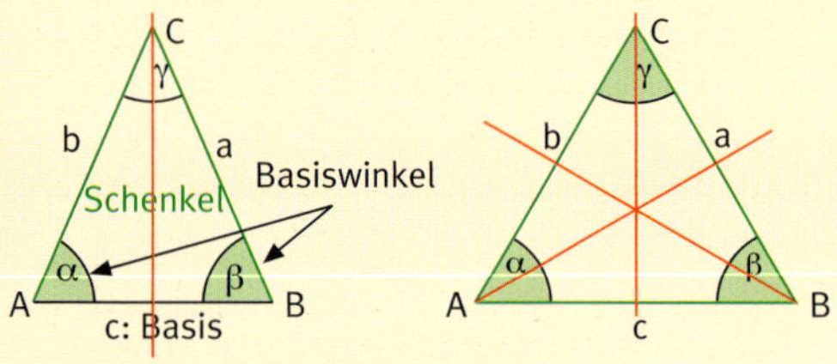

Achsensymmetrische Dreiecke:

Das **gleichschenklige Dreieck** hat zwei gleich große Winkel (Basiswinkel) und zwei gleich lange Seiten (Schenkel).
Das **gleichseitige Dreieck** hat drei gleich lange Seiten und drei gleich große Winkel.

S. 174

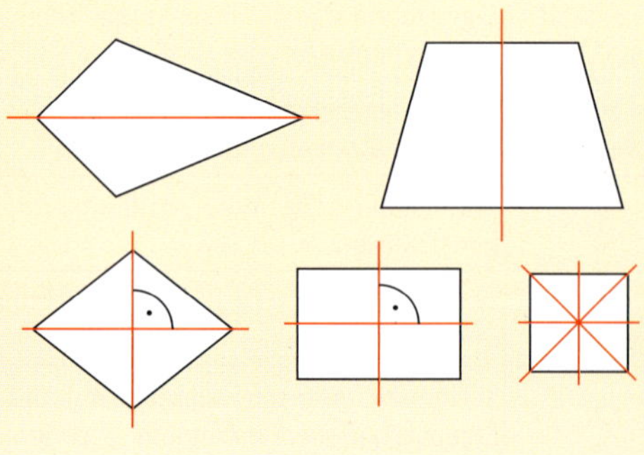

Achsensymmetrische Vierecke lassen sich nach der Art ihrer Symmetrieachsen unterscheiden:

- Diagonale: **Drachenviereck** (eine Diagonale), **Raute** (beide Diagonalen)
- Mittelsenkrechte: **achsensymmetrisches Trapez** (eine Mittelsenkrechte), **Rechteck** (beide Mittelsenkrechten)

Das **Quadrat** hat somit sowohl die Diagonalen als auch die Mittelsenkrechten als Symmetrieachsen.

Flächeninhalt

1 Übertrage die Tabelle in dein Heft und bestimme die fehlenden Größen.

Figur	Rechteck	Quadrat	Rechteck
Länge	1,2 m	13,4 dm	☐
Beite	27 dm	☐	4,5 m
Flächeninhalt	☐	☐	765 dm²

2

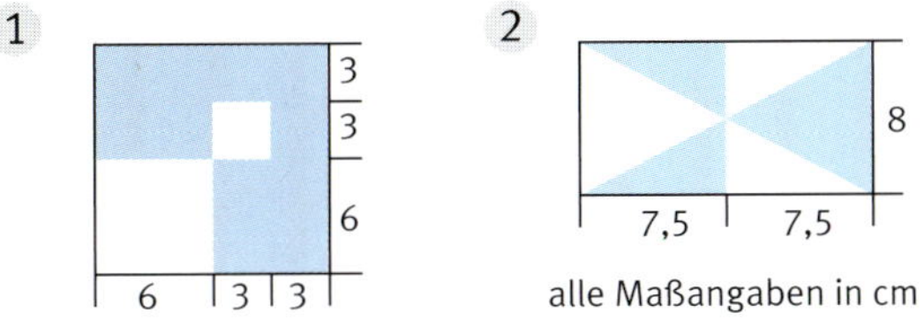

alle Maßangaben in cm

a) Bestimme die Größe der weißen Fläche.

b) Welche Symmetrien erkennst du in den Figuren?

3 Ordne die Flächeninhalte richtig zu.

4

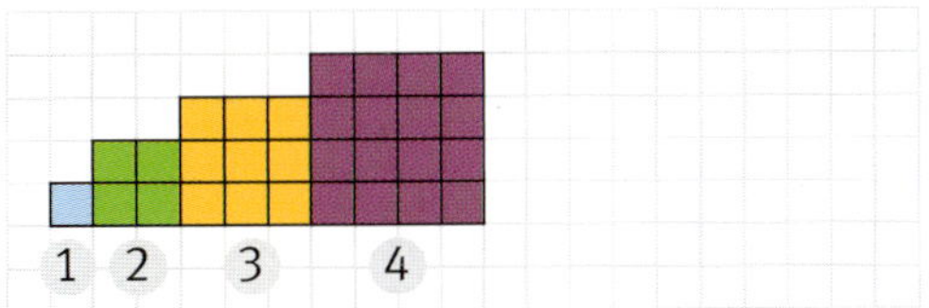

a) Übertrage das Muster in dein Heft und setze es um zwei Figuren weiter fort.

b) Welchen Flächeninhalt (Umfang) in Kästcheneinheiten hat die 6. (8., 10.) Figur?

c) Beschreibe eine Regel, mit der man den Flächeninhalt (Umfang) einer beliebigen Figur bestimmen kann.

d) Welchen Flächeninhalt haben die ersten 4 (6, 8) Figuren zusammen?

Maßstab

5 Die Karte im Maßstab 1 : 750 000 zeigt die Orte Amberg und Neumarkt in der Oberpfalz.

a) Wie weit sind die beiden Orte voneinander entfernt (Luftlinie)?

b) Wie weit muss man in etwa mit dem Auto fahren, um von einem Ort zum anderen zu kommen? Wähle verschiedene Routen.

6 Das Hinweisschild gibt der Feuerwehr die Lage eines Hydranten an. Informiere dich im Internet, was die Angaben bedeuten.

a) Zeichne im Maßstab 1 : 100 die Lage der Hydranten in dein Heft.

b) Suche auf deinem Schulweg nach Hinweisschildern für Hydranten, Wasserrohre oder Gasleitungen und stelle sie deiner Klasse vor.

7 Gib zu den Messstrecken den Maßstab an.

a) 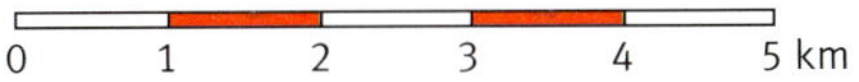

b) 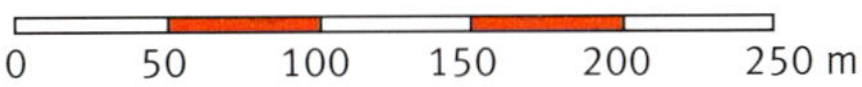

8 Übertrage ins Heft und vervollständige.

Maßstab	Streckenlänge auf der Karte	Streckenlänge in Wirklichkeit
1 : 100 000	17 mm	☐
1 : 125 000	☐	30 km
☐	16 cm	3200 km
1 : 7500	2,5 cm	☐
☐	4,6 cm	115 m

Potenzen

9 Berechne.

a) 3^4; 2^5; 5^2; 10^3
b) 4^3; 6^2; 7^4; 8^2
c) 12^1; 13^2; 14^3; 20^4
d) 6^4; 36^2; 7^6; 49^3

10 Schreibe als Potenz mit möglichst kleiner Basis.

a) 16; 25; 27; 125; 10 000
b) 81; 289; 1024; 1600; 10 000 000

11 a) Berechne 5^1, 5^2, 5^3, ... und vergleiche die Einerziffern. Was stellst du fest?

b) Verfahre wie in a) mit der Reihe 3^1, 3^2, ..., 3^6. Wie ändern sich die Einerziffern? Erkennst du eine Regel? Überprüfe an einem weiteren Beispiel.

12 Eine Grünalge kann bei idealem Wachstum die von ihr bedeckte Fläche jede Woche verdoppeln. Beginne mit einer Fläche von 1 cm². Wie groß ist die Fläche nach 6 (8, 12) Wochen?

13 Eine Schneiderin sagt zu einer Kundin: „Ich nähe Ihnen Ihr Kleid umsonst, sie müssen lediglich die 15 Knöpfe zahlen. Für den ersten nehme ich 2 ct, für den zweiten 4 ct, für den dritten 8 ct, usw." Die Kundin ist einverstanden. Wie teuer wird das Kleid? Ist es ein gutes Geschäft? Begründe.

Sachrechnen

14 Familie Prill möchte einen Computer für 900 € kaufen. Der Händler macht folgende Angebote:

1 Barzahlung mit 10 % Nachlass
2 Keine Anzahlung, 24 Monatsraten zu je 35 €
3 Anzahlung: $\frac{1}{4}$ des Preises, den Rest in 12 Monatsraten zu jeweils 50 €

Vergleiche die Angebote miteinander.

15 Bauer Meyer erntet 2400 kg Kartoffeln. Ein Fünftel davon lagert er ein, den Rest verpackt er in Säcke zu jeweils 12 kg. Wie viele Säcke benötigt er?

16 Das Diagramm zeigt die Einnahmen und Ausgaben eines Autozulieferers im Laufe eines Jahres.

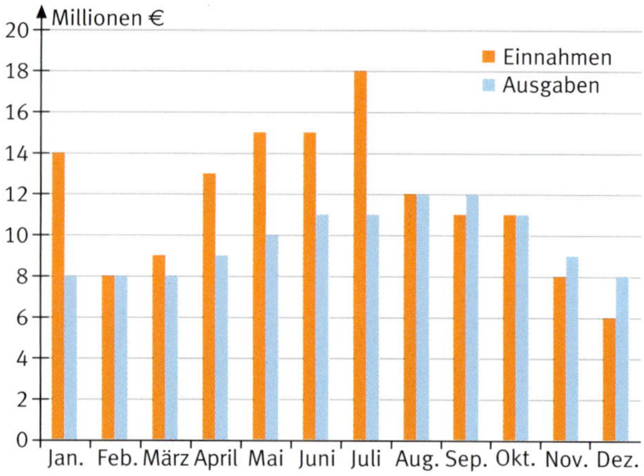

a) In welchem Monat hatte die Firma die höchsten (niedrigsten) Einnahmen bzw. Ausgaben?

b) In welchen Monaten hat das Unternehmen mit Sicherheit „Gewinn" gemacht? Erkläre deine Ausführungen.

c) Lies die Werte aus dem Diagramm möglichst genau ab. Wie hoch waren die Einnahmen (Ausgaben) insgesamt in dem Jahr? Welchen Gewinn bzw. Verlust machte die Firma insgesamt?

17 a) Stelle aus der Speisekarte ein Menü deiner Wahl zusammen und bestimme den Gesamtpreis. Gib verschiedene Möglichkeiten an, wie du den Preis passend mit Scheinen und Münzen bezahlen kannst.

Pizza

Pizza Margarita	5,50 €
Pizza D'Oro	6,50 €
Pizza Siciliana	7,50 €
Pizza Prosciutto	8,00 €

Nudelgerichte

Spaghetti Aglio Olio	7,00 €
Maccheroni Bolognese	6,50 €

Salate

Portion Gurkensalat	2,50 €
Insalata Mista	3,50 €

Getränke

Pfirsichnektar	2,20 €
Mineralwasser	2,00 €

b) Stelle ein Menü für vier Personen zusammen, dessen Gesamtpreis unter 45 € liegt.

c) Wie viel Restgeld bekommst du zurück, wenn du auf die Rechnung aus b) noch 10 % Trinkgeld gibst und mit einem 50-€-Schein bezahlst?

7 Daten und Zufall

Einstieg

- Nimm eine Packung Schokolinsen und schätze ab, wie viele Schokolinsen sie enthält.
- Leere den Packungsinhalt auf einen Tisch aus und zähle nach.
- Wie viele Schokolinsen liegen so, dass der aufgedruckte Buchstabe sichtbar ist?
- Sind von jeder Farbe stets gleich viele Schokolinsen in einer Packung vorhanden? Prüfe nach.

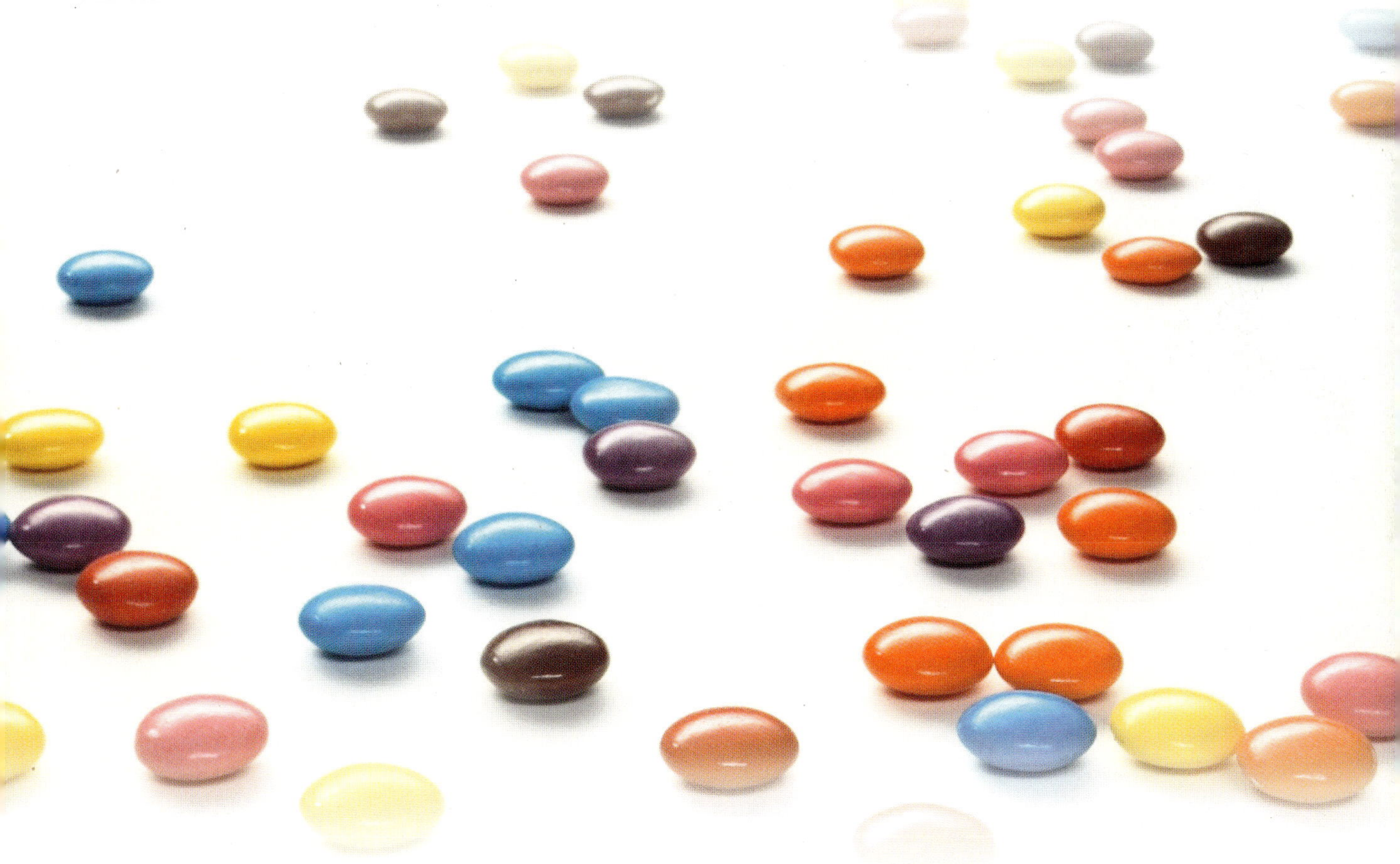

Ausblick

Am Ende dieses Kapitels hast du gelernt, ...

- wie man Zufallsexperimente durchführt und auswertet.
- wie erhobene Daten miteinander verglichen werden können.
- wie man Daten mithilfe von statistischen Kenngrößen auswertet und interpretiert.

Lege eine gelbe, eine blaue und eine rote Schokoerdnuss in einen Pappbecher.

- Entnimm dem Becher ohne hinzusehen der Reihe nach zwei Schokoerdnüsse und lege sie vor dich auf den Tisch.
  1. Welche Farbreihenfolge hast du erhalten?
  2. Zeichne ein Baumdiagramm, aus dem alle möglichen Farbreihenfolgen hervorgehen. Wie viele sind es insgesamt?
- Lege alle Schokoerdnüsse wieder in den Pappbecher zurück und entnimm ohne hinzusehen gleichzeitig zwei Schokoerdnüsse.
  1. Welche Farbkombination hast du erhalten?
  2. Zeichne ein Baumdiagramm, aus dem alle möglichen Farbkombinationen hervorgehen. Wie viele sind es insgesamt? Vergleiche mit der Anzahl der möglichen Farbreihenfolgen zuvor.

Ein Experiment, bei dem das Ergebnis vom Zufall abhängt und sich nicht mit Sicherheit vorhersagen lässt, heißt ***Zufallsexperiment*** *(z. B. Werfen eines Gummischweinchens).*

Ein ***mehrstufiges*** *Zufallsexperiment setzt sich aus mehreren nacheinander ausgeführten Teilexperimenten zusammen (z. B. mehrmaliges Werfen eines Gummischweinchens).*

Welches der drei Ergebnisse ist bei den nicht unterscheidbaren Schweinchen am ehesten zu erwarten?

Merkwissen

Bei Zufallsexperimenten kann die Menge der Ergebnisse in Form eines **Baumdiagramms** übersichtlich dargestellt werden. Baumdiagramme beschreiben sowohl Vorgänge, die **nacheinander** stattfinden, als auch Vorgänge, die **gleichzeitig** ablaufen.

Beispiel:

Ein Gummischweinchen wird zweimal **nacheinander** geworfen. Es bleibt bei jedem Wurf entweder liegen (l) oder auf den Füßen stehen (s).

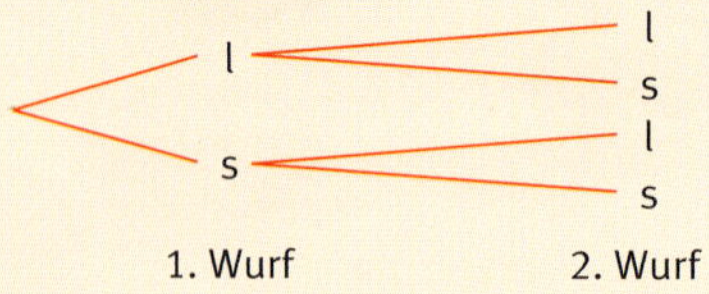

Es lassen sich insgesamt vier Ergebnisse unterscheiden:
Das Schweinchen bleibt …

- bei beiden Würfen liegen.
- beim ersten Wurf liegen, beim zweiten stehen.
- beim ersten Wurf stehen, beim zweiten liegen.
- bei beiden Würfen stehen.

Zwei Gummischweinchen werden **gleichzeitig** geworfen. Jedes der beiden Schweinchen bleibt entweder liegen (l) oder auf den Füßen stehen (s).

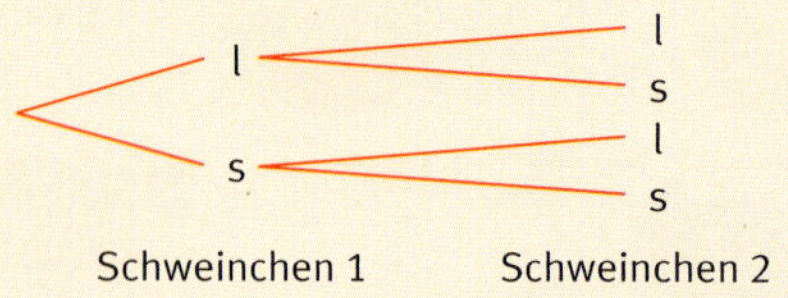

Sind die Schweinchen **unterscheidbar**, so lassen sich insgesamt wiederum **vier Ergebnisse** unterscheiden:

- Beide Schweinchen bleiben liegen.
- Schweinchen 1 bleibt liegen, Schweinchen 2 bleibt stehen.
- Schweinchen 1 bleibt stehen, Schweinchen 2 bleibt liegen.
- Beide Schweinchen bleiben stehen.

Sind die beiden Schweinchen **nicht unterscheidbar**, so lassen sich insgesamt nur **drei Ergebnisse** unterscheiden:

- Beide Schweinchen bleiben liegen.
- Ein Schweinchen bleibt liegen, das andere stehen.
- Beide Schweinchen bleiben stehen.

Beispiele

I Giovanni hat mithilfe der beiden abgebildeten Münzen zwei Zufallsexperimente durchgeführt. Die zugehörigen Baumdiagramme sehen wie folgt aus:

Beschreibe die Zufallsexperimente, die Giovanni durchgeführt haben kann.

Lösung:

1 Giovanni hat die österreichische 1-€-Münze zweimal (hintereinander) geworfen.

2 Giovanni hat entweder beide 1-€-Münzen gleichzeitig geworfen oder zuerst die deutsche und dann die österreichische 1-€-Münze.

Aus dem Baumdiagramm allein ist nicht in jedem Fall erkennbar, ob Vorgänge gleichzeitig stattfinden oder nacheinander ablaufen.

II Zu Beginn des Spiels „Mensch-ärgere-dich-nicht“ benötigt Rudolfa unbedingt eine Sechs. Sie hat dazu drei Versuche. Stelle die möglichen Würfelergebnisse in einem Baumdiagramm dar.

Lösungsmöglichkeiten:

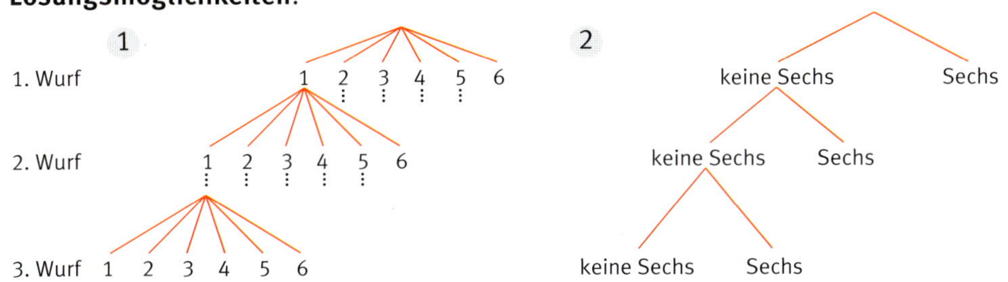

Baumdiagramm 1 wird sehr unübersichtlich. Da nur interessiert, ob Rudolfa eine Sechs oder keine Sechs hat, bietet sich eine vereinfachte Darstellung wie in 2 an.

Baumdiagramme können auch „hängend“ statt „liegend“ gezeichnet werden.

Lass dich bei der vereinfachten Darstellung nicht täuschen: Es sieht nur so aus als ob das Ergebnis Sechs jetzt eher auftritt.

Verständnis

- Welche verschiedenen Arten von Baumdiagrammen lassen sich unterscheiden? Gib jeweils Beispiele an.
- Zeige anhand eines Beispiels, dass eine vereinfachte Darstellung eines Baumdiagramms auch Nachteile haben kann.

Aufgaben

1 Handelt es sich um ein Zufallsexperiment? Begründe deine Entscheidung.

a) Eine Schüssel voll Wasser wird in das Gefrierfach gestellt.

b) Aus einer Urne mit verschiedenfarbigen Kugeln wird eine verdeckt gezogen.

c) Über eine brennende Kerze wird ein Trinkglas gestülpt.

d) Vor Anpfiff eines Fußballspiels wird bei der Seitenwahl eine Münze geworfen.

2 Luca hat beim Fußballtraining die Schienbeinschützer in der Umkleide vergessen. Der Trainer gibt ihm seinen Schlüsselbund, an dem drei gleich aussehende Schlüssel hängen. Um den richtigen herauszufinden, muss Luca die Schlüssel nacheinander durchprobieren. Stelle diesen Vorgang mithilfe eines Baumdiagramms dar.

3 Silvia, Flo und Melli unterhalten sich:

a) Überprüfe, ob Mellis Behauptung stimmt.

b) Gib weitere Beispiele für Zufallsexperimente an, bei denen die zugehörigen Baumdiagramme identisch sind.

c) Welche Bedingungen müssen zwei Zufallsexperimente erfüllen, damit die zugehörigen Baumdiagramme übereinstimmen?

4 Beim abgebildeten Holzroulette legt man die grüne Kugel zu Beginn jeder Spielrunde in die Mitte des Spielfelds. Anschließend stellt man den Kreisel neben die grüne Kugel auf das Spielfeld, versetzt ihn in Drehung und lässt ihn los.

a) Was passiert dann? Beschreibe den weiteren Ablauf.

b) Die Baumdiagramme 1 und 2 stellen zwei unterschiedliche Spielvarianten dar. Formuliere für jede der beiden Varianten eine kurze Spielanleitung.

1

2

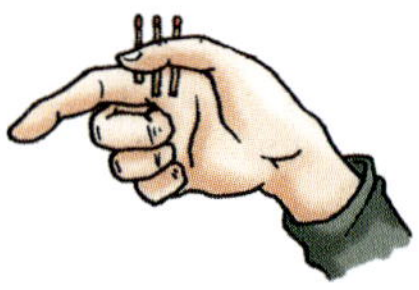

5 Tim, Maya und Ali wollen „Verstecken“ spielen. Sie streiten darüber, wer als Erstes zählen muss. Ali hat eine Idee. Er zieht drei Streichhölzer aus seiner Hosentasche und schlägt vor: „Wer das kürzere Streichholz hat, muss als Erstes zählen. Ich halte die Hölzer und ihr zieht jeweils eines. Das übrig Bleibende ist dann meines.“ Stelle das Ziehen der Streichhölzer mithilfe eines Baumdiagramms dar.

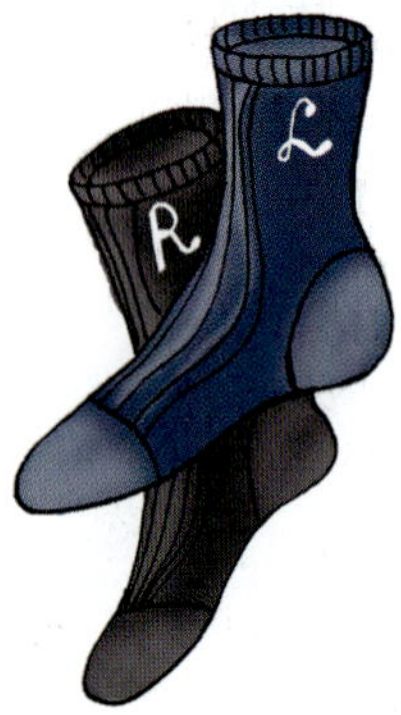

6 Herr Falke trägt gerne ergonomisch geformte „Rechts-Links-Socken“. Heute Morgen ist er wieder einmal spät dran und holt ohne hinzusehen nacheinander zwei einzelne Socken aus seiner Sockenschublade. In ihr befinden sich nur noch ein Paar dunkelblaue und ein Paar schwarze Socken.

a) Zeichne das zugehörige Baumdiagramm.

b) Wie viele Möglichkeiten hat Herr Falke, zwei nicht zueinander passende Socken zu ziehen?

c) Wie viele Socken muss Herr Falke mindestens ziehen, damit er mit Sicherheit zwei zueinander passende hat?

7 Bei einem „Einarmigen Banditen“ aus dem Spielwarengeschäft werden als Gewinn Kaugummikugeln ausgeworfen.

a) Erkläre das Spielprinzip. Recherchiere dazu im Internet, falls nötig.

b) Kreiere selbst Symbole, die auf den drei Rädchen aufgedruckt sein könnten, und zeichne ein Baumdiagramm, aus dem alle möglichen Kombinationen hervorgehen, die mit deinen Symbolen angezeigt werden können.

8 Amelie, Belinda, Cécile und Donna haben aus Papier Tetraeder-Würfel gebastelt.

Als gewürfelt gilt jeweils die unten liegende, nicht sichtbare Augenzahl.

a) Amelie hat ihrem Würfel die Augenzahlen 1, 2, 3 und 4 aufgemalt, Belinda ihrem Würfel die Augenzahlen 1, 3, 4 und 5. Beide haben ihren Würfel dann jeweils 40-mal geworfen. Die Tabelle zeigt, wie oft die einzelnen Augenzahlen aufgetreten sind.

Augenzahl	1	2	3	4	5
Anzahl bei ▢	9	0	13	10	8
Anzahl bei ▢	8	11	12	9	0

Begründe, welches Ergebnis zum Würfel von Amelie bzw. Belinda gehört.

b) Cécile hat ihrem Würfel die Augenzahlen 2, 3, 4 und 5 aufgemalt. Bei drei aufeinander folgenden Würfen hat sie jedes Mal eine gerade Augenzahl erhalten. Nun würfelt sie ein viertes Mal. Welche Augenzahl wird Cécile erhalten? Finde die richtige Antwort und begründe.

1 Sie wird mit Sicherheit eine gerade Augenzahl erhalten.

2 Sie wird eher eine gerade als eine ungerade Augenzahl erhalten.

3 Sie wird mit Sicherheit eine ungerade Augenzahl erhalten.

4 Sie wird eher eine ungerade als eine gerade Augenzahl erhalten.

5 Man kann nicht vorhersagen, welche Augenzahl Cécile erhalten wird.

c) Auch Donna hat ihrem Würfel Augenzahlen aufgemalt. Sie hat zudem die möglichen Ergebnisse beim zweimaligen Werfen ihres Würfels in einem Baumdiagramm dargestellt. Leider ist nur noch folgender Ausschnitt ihres Baumdiagramms vorhanden:

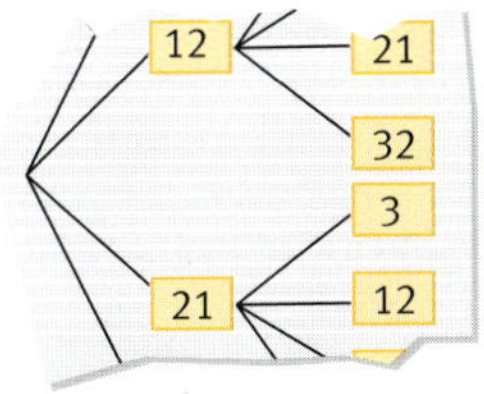

Welche Augenzahlen hat Donnas Würfel?

Basteln

Tetraeder-Würfel

Nimm ein Blatt Papier der Größe DIN-A5.

- Falte das Blatt der Länge nach so, dass vier gleich breite parallele Streifen entstehen.
- Klappe die beiden äußeren Streifen nach innen; du erhältst einen „Schrank mit geschlossenen Türen“.
- Falte die Ecke links unten so nach oben, dass sie auf der Mittellinie liegt. Die Ecke rechts unten muss dabei unverändert bleiben.
- Falte nun die Ecke rechts unten so, dass sie auf der linken Außenkante liegt; das umgeklappte Stück hat die Form eines gleichseitigen Dreiecks.
- Falte noch dreimal wie abgebildet weiter; die umgeklappten Stücke haben dabei stets die Form von gleichseitigen Dreiecken.
- Falte die umgeklappten Stücke wieder auf: Du solltest vier gleichseitige Dreiecke sowie eine kleine dreieckige Einstecklasche erhalten.
- Stecke die Ecke rechts unten in die Einstecklasche – fertig ist das Tetraeder!

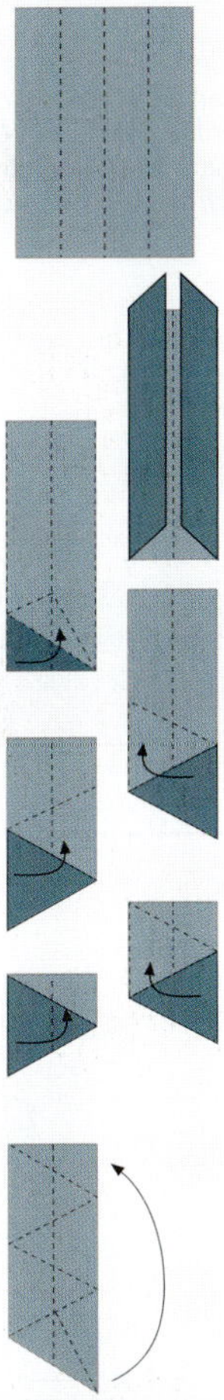

Jetzt fehlen nur noch die Augenzahlen.

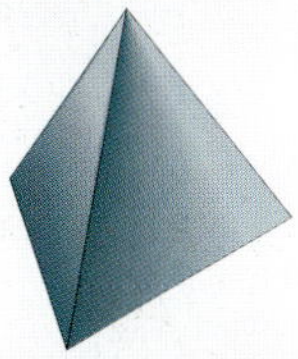

7.2 Relative Häufigkeit

Strichliste:

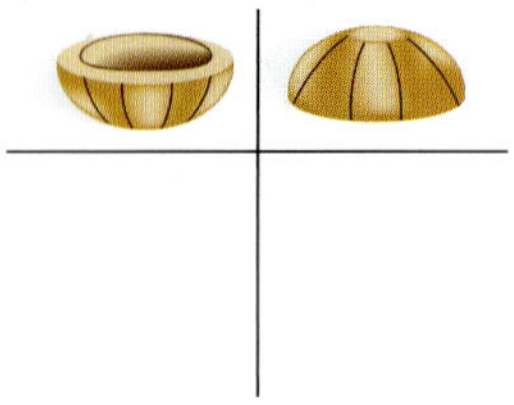

Für den folgenden Versuch benötigst du einen Pappbecher und ein (annähernd halbkugelförmiges) Karamellbonbon. Das Bonbon ist dein „Würfel", der Pappbecher dein „Würfelbecher".

- Du hast fünf Minuten Zeit. Würfle so oft wie möglich und halte dabei in einer Strichliste fest, wie oft das Bonbon mit der Schokofüllung nach oben bzw. auf der Schokofüllung zum Liegen kommt.
- Wie oft hast du in den fünf Minuten gewürfelt?
- Gib mithilfe deiner Strichliste die absolute Häufigkeit für beide Positionen an.
- Vergleiche dein Versuchsergebnis mit dem von Klassenkameraden.
- Wieso ist der Vergleich schwierig?

Bei der Auswertung von Daten wird die tatsächliche Anzahl, wie oft ein Ergebnis vorkommt, als ***absolute Häufigkeit H*** *bezeichnet.*

Die relative Häufigkeit h kann auch als Dezimalzahl oder in Prozent angegeben werden:

$\frac{3}{10} = 0{,}3 = 30\,\%$

Merkwissen

Hat man bei einem Zufallsexperiment, das n-mal durchgeführt wurde, die absolute Häufigkeit H eines Ergebnisses bestimmt, so kann man die **relative Häufigkeit h** (den Anteil), mit der das Ergebnis vorkam, berechnen: $h = \frac{H}{n}$.

Beispiel:
Mit einem Farbwürfel wurde 10-mal gewürfelt. Die Ergebnisse waren:
Rot, Gelb, Grün, Grün, Blau, Weiß, Gelb, Rot, Schwarz, Rot
absolute Häufigkeit des Ergebnisses Rot: H (Rot) = 3
relative Häufigkeit des Ergebnisses Rot: h (Rot) = $\frac{3}{10}$

Beispiele

I Lilly wirft 50-mal einen Buchstabenwürfel mit den Buchstaben A, D, I, R, T und W:
DIDRAWRTRDRRDWDAIIARADAWDIRDADIIWIRWTADDTWTRIWDWTT
Gib die absoluten sowie die zugehörigen relativen Häufigkeiten an, mit denen die einzelnen Buchstaben vorgekommen sind.

Lösung:
H (A) = 7
H (D) = 12
H (I) = 8
H (R) = 9
H (T) = 6
H (W) = 8

	als Bruch	als Dezimalbruch	in Prozent
h (A)	$\frac{7}{50} = \frac{14}{100}$	0,14	14 %
h (D)	$\frac{12}{50} = \frac{6}{25} = \frac{24}{100}$	0,24	24 %
h (I)	$\frac{8}{50} = \frac{4}{25} = \frac{16}{100}$	0,16	16 %
h (R)	$\frac{9}{50} = \frac{18}{100}$	0,18	18 %
h (T)	$\frac{6}{50} = \frac{3}{25} = \frac{12}{100}$	0,12	12 %
h (W)	$\frac{8}{50} = \frac{4}{25} = \frac{16}{100}$	0,16	16 %

Verständnis

- Welchen größten (kleinsten) Wert kann die relative Häufigkeit haben? Begründe.
- Gehören zu gleichen relativen Häufigkeiten auch immer die gleichen absoluten Häufigkeiten? Erkläre anhand eines Beispiels.

Aufgaben

1 Ein Spielwürfel wurde viermal geworfen. Folgende Augenzahlen traten auf: 1, 3, 2, 2. Gib H (1), h (1), H (2), h (2), H (3), h (3) sowie H (4) und h (4) an.

2 Nimm eine 1-ct-Münze.

a) Schätze, wie oft „Zahl“ oben liegen wird, wenn du die Münze 10-mal wirfst.

b) Führe das Zufallsexperiment „10-maliges Werfen der Münze“ durch. Wie oft liegt „Zahl“ oben? Übertrage die Tabelle in dein Heft und vervollständige sie.

10-maliger Münzwurf	H (Zahl)	h (Zahl) als		
		Bruch	Dezimalzahl	Prozentzahl
1. Durchführung	▢	▢	▢	▢

c) Führe das Zufallsexperiment „10-maliges Werfen der Münze“ noch weitere 9-mal durch. Ergänze die Tabelle in deinem Heft.

1 Insgesamt hast du die Münze nun 100-mal geworfen. Ermittle die absolute und die relative Häufigkeit, mit der „Zahl“ bei deinen 100 Würfen oben lag. Schreibe die relative Häufigkeit als Prozentzahl.

2 Vergleiche die relative Häufigkeit beim 100-maligen Werfen mit den relativen Häufigkeiten beim 10-maligen Werfen. Was vermutest du?

3 Wird ein Reißnagel auf einen harten Untergrund geworfen, so bleibt er in einer der beiden abgebildeten Positionen liegen.

Position 1

Position 2

a) Luca hat seinen Reißnagel 50-mal geworfen. Es ergibt sich: h (Position 1) = 34 %. Wie groß war die zugehörige absolute Häufigkeit?

b) Ines hat auch einen Reißnagel geworfen. Ihr Reißnagel ist 30-mal in Position 2 liegen geblieben. Die zugehörige relative Häufigkeit lautet: h (Position 2) = 0,75. Wie oft hat Ines ihren Reißnagel geworfen?

c) Hannah und Kevin unterhalten sich. Was meinst du zu Kevins Vermutung?

4 Frau Otto spielt regelmäßig beim Samstagslotto „6 aus 49“ mit. Sie hat im Internet die absoluten Häufigkeiten gefunden, mit denen die Zahlen ihres Geburtsdatums in den letzten 500 Ausspielungen als Zusatzzahl gezogen wurden.

9 × 7 × 13 ×

a) Gib die zugehörigen relativen Häufigkeiten in Prozent an.

b) Wie lautet Frau Ottos Geburtsdatum?

5 Mehmet hat einen Schraubverschluss mehrmals geworfen. Das Diagramm zeigt die absoluten Häufigkeiten, mit denen der Schraubverschluss in den einzelnen Positionen liegen geblieben ist. Zeichne ein Kreisdiagramm, das die betreffenden relativen Häufigkeiten zeigt.

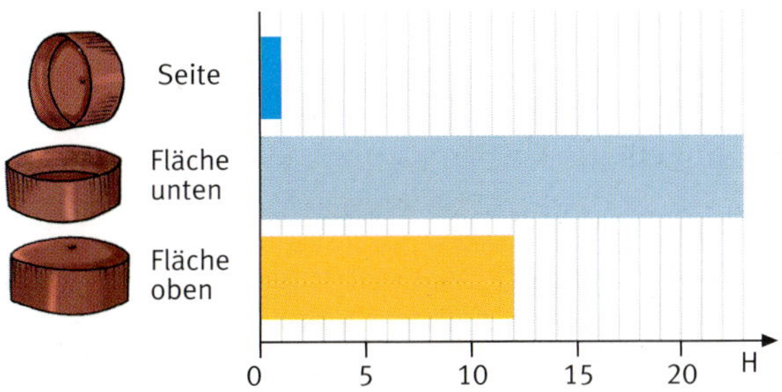

Erinnere dich an die Darstellung von Prozenten.

Gebt eine Folie für den Tageslichtprojektor in der Klasse herum – jeder notiert darauf sein Alter und seinen Wohnort. Wertet die erfassten Daten aus:

- Addiert das Alter aller Schüler. Dividiert dann das Ergebnis durch die Anzahl der Schüler. Interpretiert das Ergebnis.
- Aus welchem Ort kommen die meisten Schüler?

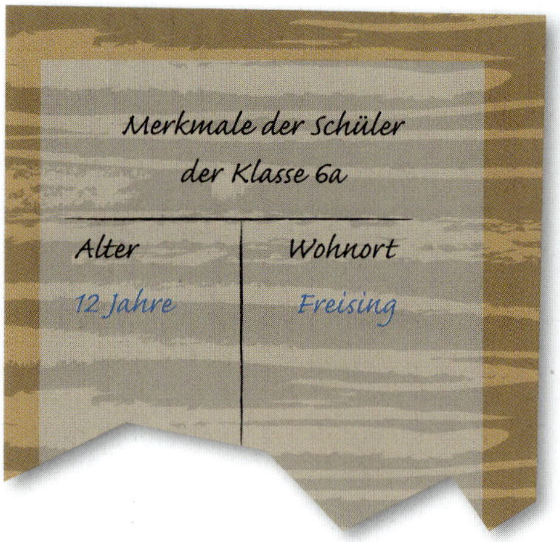

Stellt euch entlang der Tafel in einer Reihe auf, beginnend mit der kleinsten Körpergröße.

- Gebt die Körpergröße des Schülers an, der in der Mitte der Reihe steht. Was wäre eine sinnvolle Größe, falls kein Schüler in der Mitte steht?

Merkwissen

Daten lassen sich mithilfe von Kenngrößen auswerten und interpretieren. Der **Modalwert**, der **Zentralwert** und das **arithmetische Mittel** sagen etwas über die Lage von Daten aus. Sie werden daher als **Lagemaße** bezeichnet.

- Mit **Modalwert m** wird der Wert mit der größten absoluten Häufigkeit bezeichnet.
- Ordnet man Daten der Größe nach, so nennt man den Wert, der in der Mitte der sortierten Liste steht, **Zentralwert z**.
- Man berechnet das **arithmetische Mittel $\bar{x}$**, indem man alle Einzelwerte addiert und das Ergebnis durch die Anzahl der Einzelwerte teilt.

$$\bar{x} = \frac{\text{Summe aller Einzelwerte}}{\text{Anzahl der Einzelwerte}}$$

*Statt Modalwert sagt man auch **Modus**.*

*Statt Zentralwert sagt man auch **Median**.*

*Im Alltag sagt man statt arithmetisches Mittel oft auch nur **Mittel** oder **(Durch-)Schnitt**. Die Summe aller Einzelwerte wird dabei **gleichmäßig** auf die Anzahl der Werte verteilt.*

Beispiel:
Stefan wiegt 53 kg, Pedro 56 kg, Paul 53 kg, Robert 52 kg, Ulf 55 kg, Mustafa 53 kg, Torben 54 kg, Bruno 64 kg und Lenny 55 kg.

Modalwert: m = 53 kg

Zentralwert: 52 kg 53 kg 53 kg 53 kg **54 kg** 55 kg 55 kg 56 kg 64 kg
z = 54 kg

arithm. Mittel: $\bar{x} = \frac{53\text{ kg} + 56\text{ kg} + 53\text{ kg} + 52\text{ kg} + 55\text{ kg} + 53\text{ kg} + 54\text{ kg} + 64\text{ kg} + 55\text{ kg}}{9}$

$\bar{x} = 55\text{ kg}$

Beispiele

I Die Spieler der Startelf einer Jugendfußballmannschaft haben ihr Traumauto genannt: BMW, Mercedes, Ferrari, Rolls Royce, Bugatti, Audi, BMW, Porsche, Lamborghini, Audi, Aston Martin. Welche statistische Kenngröße lässt sich angeben?

Der Modalwert ist nicht immer eine Zahl und auch nicht in jedem Fall eindeutig festgelegt. Kommen mehrere Werte gleich häufig vor, gibt es auch mehrere Modalwerte.

Lösung:
Der Modalwert lässt sich angeben. BMW und Audi wurden jeweils zweimal genannt, die anderen Automarken nur jeweils einmal.
Also ist der Modalwert BMW und Audi.

II Der Sohn von Dagobert Duck zieht aufs Land nach Quakdorf. Dort gibt es außer ihm neun weitere Kinder: seine Cousins Kick, Klick und Klack, die Tochter des Dorfpolizisten Dick, den Sohn des Bäckers Dack sowie die vier zum Clan McDock gehörenden Kinder. Monatlich erhalten die Kinder folgendes Taschengeld: Dagoberts Sohn 5005 Taler (T); Kick, Klick und Klack jeweils 13 T; die Tochter von Dick 15 T; der Sohn von Dack 11 T; jedes der vier Clan-Kinder 10 T.

a) Berechne das arithmetische Mittel für das Taschengeld.

b) Bestimme den Zentralwert sowie den Modalwert.

c) Vergleiche nun die Werte für die drei Kenngrößen und interpretiere diese.

Lösung:

a) arithmetisches Mittel: $\bar{x} = \frac{5005\,T + 3 \cdot 13\,T + 15\,T + 11\,T + 4 \cdot 10\,T}{10}$

$\bar{x} = 511\,T$

b) Zentralwert:

10 T 10 T 10 T 10 T 11 T | 13 T 13 T 13 T 15 T 5005 T

$z = \frac{11\,T + 13\,T}{2}$

$z = 12\,T$

Modalwert: $m = 10\,T$

Bei einer geraden Anzahl von Daten ist der Zentralwert das arithmetische Mittel des Zahlenpaars, das sich in der Mitte der geordneten Datenreihe befindet.

c) Aufgrund des großzügigen Taschengelds von Dagobert Ducks Sohn ist das arithmetische Mittel wenig aussagekräftig. Sowohl der Modalwert als auch der Zentralwert entsprechen ungefähr dem bisherigen monatlichen Taschengeld eines Kindes aus Quakdorf und beschreiben daher die Situation im Dorf angemessener.

Werte, die sich von den anderen Werten stark unterscheiden, werden als „Ausreißer" bezeichnet.

VERSTÄNDNIS

- Überlege dir anhand von Beispielen, bei welchen Daten es sinnvoll ist, das arithmetische Mittel (den Modalwert, den Zentralwert) zu bestimmen.
- Wahr oder falsch? Das arithmetische Mittel von natürlichen Zahlen ist ebenfalls eine natürliche Zahl. Begründe deine Antwort.

AUFGABEN

1 Gib den Modalwert an.

a) Affe, Pferd, Kamel, Pferd, Esel, Hund, Kamel, Katze, Affe, Hund, Kamel, Katze

b) 2; 5; 3; 7; 8; 3; 8; 2; 5; 9; 1; 7; 3; 5; 3; 2; 1; 9

c) 5 ct; 2 ct; 10 ct; 50 ct; 2 ct; 2 ct; 1 ct; 10 ct; 5 ct; 10 ct

2 Vervollständige.

a)
1 2; 4; 6; 8; 10 $z = ☐$; $\bar{x} = ☐$
2 1; 3; 5; 7; 9; 11 $z = ☐$; $\bar{x} = ☐$
3 7; 10; 90; 40; 3 $z = ☐$; $\bar{x} = ☐$
4 5; 5; 5; 5; 5; 5; 5 $z = ☐$; $\bar{x} = ☐$
5 1; 6; ☐; 19; 4 $\bar{x} = 7$; $z = ☐$
6 ☐; 13,0; 14,1; 17,8; 9,2 $\bar{x} = 15,6$; $z = ☐$

b)

	Daten							$\bar{x}$	z
1	2 €	3 €	5 €	1 €	6 €	350 ct	7,50 €	☐	☐
2	100 m	250 m	75 m	0,3 km	125 m	50 m	500 m	☐	☐
3	14 kg	26 kg	83 kg	42 kg	9 kg	55 kg	0,044 t	☐	☐
4	50 m^2	420 m^2	☐	170 m^2	60 m^2	350 m^2	200 m^2	200 m^2	☐
5	4 l	6 l	9 l	2 dm^3	☐	5 l	☐	5 l	☐

Achte auf gleiche Einheiten.

3 Beim örtlichen Sportfest ist im Endlauf der Frauen über 100 m dank eines Sponsors die amtierende Weltmeisterin angetreten. Sie erzielte die fabelhafte Zeit von 10,5 s. Die Zeiten der anderen Teilnehmerinnen waren:
13,2 s; 13,5 s; 13,6 s; 13,4 s; 13,5 s; 13,7 s und 14,2 s
Gib den Zentralwert der Laufzeiten an.

4 Die Schülerinnen des Wahlfachs „Unsere Region" haben ermittelt, wie weit entfernt sie von der Schule wohnen. Sabine wohnt 2 km von der Schule entfernt, Petra 5 km, Paula 3 km, Selvican 1 km, Evelyn 2 km, Zoe 6 km, Steffi 5 km und Penelope, die Austauschschülerin aus Madrid, 1500 km. Ist das arithmetische Mittel der Entfernungen aussagekräftig? Begründe.

5 Peter plant eine Radtour. An den einzelnen Tagen will er 75 km, 69 km, 86 km, 64 km, 72 km und 54 km fahren.

a) Wie weit würde er täglich im Mittel fahren?

b) Gib den Zentralwert für die sechs Tagesstreckenlängen an.

c) Peter hat alle bisherigen Etappen wie geplant hinter sich gebracht. Allerdings ist er nach der vierten Etappe so erledigt, dass er seine Radtour abbricht. Ermittle den prozentualen Anteil, den er von seiner geplanten Strecke geschafft hat.

6 Im Internet können Spitzenköche mit ein bis fünf Sternen bewertet werden. Paul de la Cuisine hat 21-mal einen Stern, 44-mal zwei Sterne, 13-mal drei Sterne, 26-mal vier und 54-mal fünf Sterne erhalten. Ermittle den Zentralwert der Bewertungen.

7 Bei den diesjährigen Filmfestspielen sind in der Kategorie „Bester Kinderfilm" drei Produktionen nominiert: *Sonnentage* mit der Startnummer 1, *Honigkuchenpferd* mit der Startnummer 2 und *Affenzahn* mit der Startnummer 3. Jedes der 200 Jurymitglieder hat genau eine Stimme.
Welche statistische Kenngröße erscheint dir am geeignetsten, um den Sieger in der Kategorie „Bester Kinderfilm" zu ermitteln – Modalwert, Zentralwert oder arithmetisches Mittel? Begründe deine Entscheidung.

8 Vor dem elften Meisterschaftsspiel hat der Basketballprofi Jeff Duncan einen Schnitt von 23,2 Punkten pro Spiel. Nach dem elften Meisterschaftsspiel beträgt sein Schnitt 24,0 Punkte pro Spiel. Wie viele Punkte hat Jeff Duncan im elften Meisterschaftsspiel erzielt?

9 Beim Turmspringen wird der Sprung von einer Jury aus sieben Wettkampfrichtern beurteilt. Jeder Richter vergibt pro Sprung 0 bis 10 Punkte. Die zwei höchsten und die zwei niedrigsten Wertungen werden gestrichen, die drei restlichen addiert. Eine Springerin erhielt folgende Wertung:

a) Bestimme das arithmetische Mittel vor und nach der Streichung der Werte.

b) Kannst du dir vorstellen, warum – im Vergleich zu manch anderen Sportarten – beim Turmspringen die zwei höchsten und die zwei niedrigsten Wertungen gestrichen werden? Überlege dir mögliche Gründe.

Zeichne ein Thermometer und markiere die gemessenen Werte.

10 In einem Bergdorf in den Schweizer Alpen wurden im Verlauf einer Woche folgende Tageshöchsttemperaturen gemessen: 2 °C, –4 °C, 1 °C, –1 °C, –2 °C, 0 °C und 4 °C. Wie groß ist das arithmetische Mittel?

11 Bei einer Blutspendeaktion wurden die 120 Mitarbeiter eines Unternehmens hinsichtlich ihrer Blutgruppe untersucht.

Blutgruppe	0	A	B	AB
Anzahl der Personen	5	40	40	35

a) Gib den Modalwert an.

b) Stelle das Ergebnis der Untersuchung in einem Kreisdiagramm dar.

12 Bei 25 Kindern wurde gemessen, wie schwer ihre Schultaschen jeweils sind. Das arithmetische Mittel der Messungen betrug 4,0 kg.

a) Wie schwer könnten die einzelnen Schultaschen gewesen sein?

b) Manuel hatte leider verschlafen. Seine Schultasche wurde deshalb nachträglich gewogen. Sie ist 6,6 kg schwer. Wie groß ist das arithmetische Mittel der Messergebnisse für alle Schultaschen nun?

13 8,0 6,0 3,2 3,2 3,2 3,6 4,0 5,2 5,6 5,6 6,0 2,8

a) Ermittle für die gegebene Datenreihe den Median und das arithmetische Mittel.

b) Verändere genau einen Wert der Datenreihe so, dass das arithmetische Mittel kleiner als der Median ist, und gib sodann für die neue Datenreihe die beiden statistischen Kenngrößen an.

c) Verändere genau einen Wert der Datenreihe so, dass der Median und das arithmetische Mittel gleich groß sind.

14 Der Diagrammausschnitt zeigt das arithmetische Mittel der Körpergrößen der Schüler in den 6. Klassen. Welche Aussage kann man anhand dieser Angaben machen?

1 In der Klasse 6a ist der größte Schüler aller 6. Klassen.

2 In der 6c ist mindestens ein Schüler 1,45 m groß.

3 In der Klasse 6b sind die Schüler im Mittel am kleinsten.

4 In der Klasse 6a sind die Schüler im Durchschnitt größer als in der Klasse 6b.

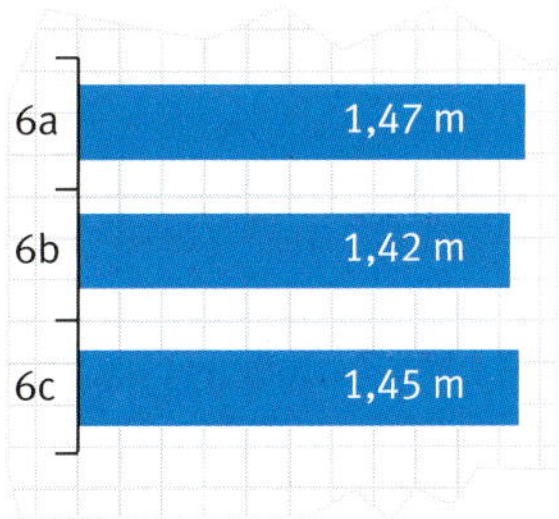

15 Die Schüler der Klasse 6d durften ein neues Erfrischungsgetränk bewerten. Jeder Schüler hat dabei angegeben, ob er die „BanaMilk" sehr gut (s), gut (g), trinkbar (t) oder ungenießbar (u) findet.

a) Wie viele Schüler hat die Klasse 6d?

b) Gib den Modalwert und den Zentralwert an.

c) Zeichne ein Kreisdiagramm, das die betreffenden relativen Häufigkeiten zeigt.

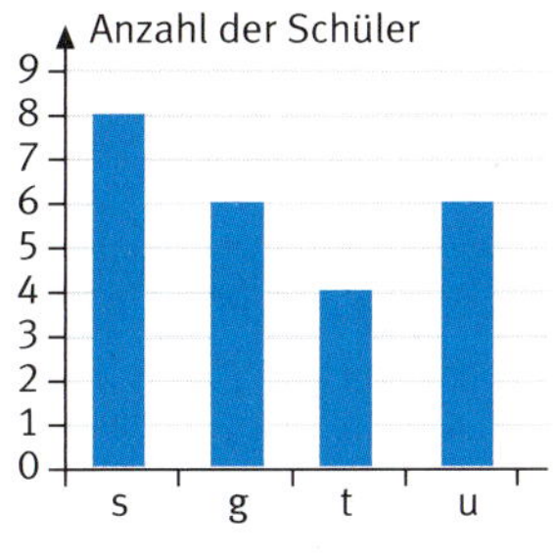

16 Isabella und Leo unterhalten sich.

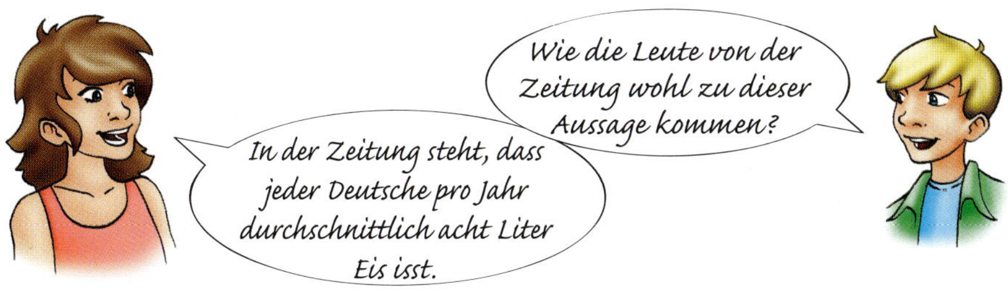

Hast du eine Idee? Erläutere sie.

Rücken-nummer	Anzahl der Strafminuten
1	0
2	17
3	0
4	0
5	2
6	0
7	0
8	10
9	0
10	0
11	0
12	0
13	5
14	0
15	0
16	0
17	0

Rücken-nummer	Anzahl der Strafminuten
1	0
2	2
3	6
4	2
5	4
6	2
7	2
8	0
9	2
10	4
11	0
12	2
13	2
14	2
15	2
16	2
17	0

Beim Endspiel der Schülermeisterschaft im Eishockey spielten die Cool Tigers gegen die Ice Chicks. Beide Teams hatten am Ende der regulären Spielzeit jeweils 34 Strafminuten.

- Wie viele Strafminuten hatte ein Spieler der Cool Tigers (Ice Chicks) im Schnitt?
- Wie viele Strafminuten hatte der fairste (unfairste) Spieler jeder Mannschaft?
- Um wie viele Strafminuten unterscheiden sich jeweils der fairste und der unfairste Spieler jeder Mannschaft?
- Welches Team hatte in deinen Augen die faireren Spieler? Begründe.

„R“ kommt von range (engl.): Weite.

Merkwissen

Minimum, **Maximum** und **Spannweite** sagen etwas über die Verteilung von Daten aus. Sie werden als **Streumaße** bezeichnet.

Das **Minimum** ist der kleinste Wert einer Datenreihe, das **Maximum** der größte.

Die **Spannweite R** errechnet sich als Differenz dieser beiden Werte.
Spannweite = Maximum – Minimum

Beispiele

I Effi hat die sechs Eier einer Schachtel einzeln gewogen. Bestimme die Streumaße.
63 g; 65 g; 65 g; 62 g; 63 g; 61 g

Lösung:
Das Minimum der Massen ist 61 g, das Maximum 65 g.
R = 65 g – 61 g = 4 g. Die Spannweite beträgt 4 g.

Verständnis

- Bei welcher Art von Daten kann man weder Minimum und Maximum noch die Spannweite angeben?
- Was lässt sich über Minimum und Maximum einer Datenmenge aussagen, wenn die Spannweite null ist?

Aufgaben

1 Vervollständige im Heft.

	Daten							Min.	Max.	R
a)	4,1 m	3,7 m	3,9 m	5,3 m	5,2 m	5,1 m	4,8 m	□	□	□
b)	200,2	198,0	177,6	213,8	186,3	207,4	200,2	□	□	□
c)	34 s	□	51 s	48 s	59 s	16 s	22 s	15 s	□	□
d)	27 ct	33 ct	□	75 ct	□	61 ct	69 ct	□	81 ct	67 ct
e)	87 g	105 g	74 g	□	103 g	112 g	□	67 g	□	46 g
f)	$\frac{1}{2}$ l	$\frac{1}{8}$ l	$\frac{3}{4}$ l	$\frac{1}{3}$ l	$\frac{7}{8}$ l	$1\frac{1}{2}$ l	$\frac{1}{4}$ l	□	□	□

2 In einer Kleinstadt wurde in vier Sportgeschäften der Preis für das gleiche Paar Inlineskates ermittelt. Bestimme die Spannweite der Preise.

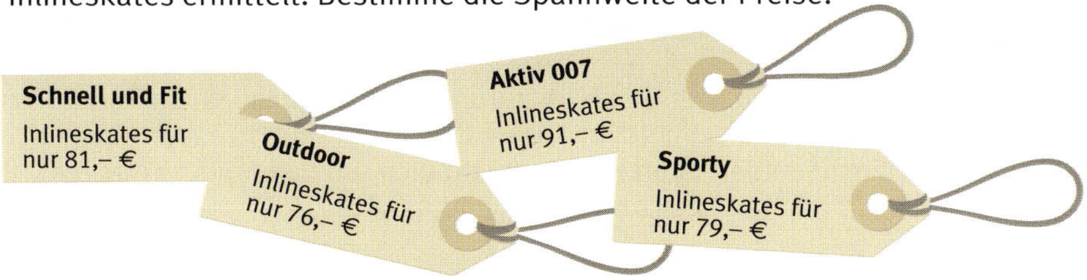

3 Herr Winter hat auf dem morgendlichen Weg zur Arbeit an jeder roten Ampel auf die Außentemperaturanzeige seines Autos geschaut. Angezeigt wurden folgende Temperaturen: –4,0 °C; –5,0 °C; –5,5 °C; –4,5 °C; –3,0 °C; –2,5 °C.
Gib das Minimum und das Maximum der angezeigten Temperaturen an.

4 Bei einer Stegreifaufgabe ergab sich folgende Punkteverteilung:

Punktezahl	12	11	10	9	8	7	6	5	4	3	2	1	0
Anzahl der Schüler	0	5	3	4	2	9	0	1	3	1	2	0	0

Gib die Lage- und die Streumaße für die einzelnen Punktzahlen an.

5 Die Tabellen zeigen die Monatsgehälter der Mitarbeiter zweier Kleinunternehmen.

a) Stelle für jede der beiden Firmen in einem Säulendiagramm dar, welches Monatsgehalt jeweils wie viele Mitarbeiter bekommen.

b) Berechne die Spannweite der Gehälter in beiden Firmen sowie das jeweilige durchschnittliche Monatsgehalt.

c) Senta und Pit unterhalten sich:

Firma A	
Personal-nummer	Monats-gehalt
1	2500 €
2	750 €
3	12 500 €
4	5000 €
5	750 €
6	2500 €
7	4000 €

Firma B	
Personal-nummer	Monats-gehalt
1	1500 €
2	1000 €
3	750 €
4	1500 €
5	2000 €
6	2000 €
7	13 250 €
8	750 €
9	4250 €

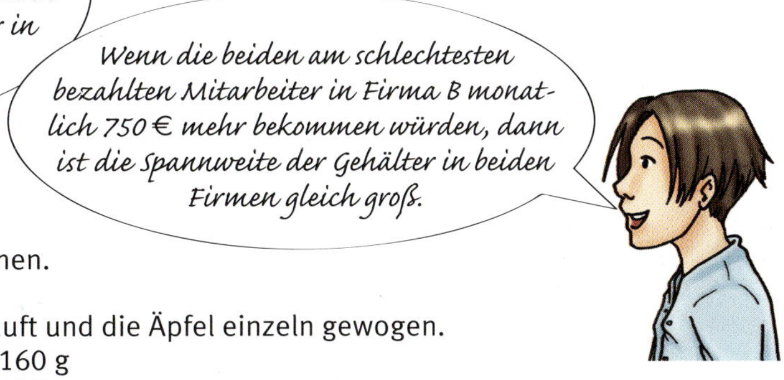

Überprüfe, ob die beiden Behauptungen stimmen.

6 Annika hat zwei Sechserpackungen Äpfel gekauft und die Äpfel einzeln gewogen.
Packung 1: 165 g; 165 g; 175 g; 170 g; 165 g; 160 g
Packung 2: 185 g; 150 g; 155 g; 175 g; 155 g; 180 g

a) Wie groß ist das arithmetische Mittel für beide Packungen?

b) Vergleiche die beiden Packungen mithilfe von Streumaßen.

c) Welche der beiden Packungen würdest du bevorzugen? Begründe.

1 Eine deutsche 2-€-Münze, eine österreichische 1-€-Münze und eine italienische 50-ct-Münze werden in dieser Reihenfolge nacheinander geworfen. Stelle die möglichen Ausgänge des Zufallsexperiments in einem Baumdiagramm dar.

2 Vera und Willi streiten sich, wer den Müll heruntertragen muss. Willi nimmt drei identische Spielwürfel und schlägt vor: „Du würfelst mit den drei Würfeln gleichzeitig. Ist keine Sechs dabei, dann kümmerst du dich um den Müll.“ Vera geht darauf ein. Ist das Spiel fair? Zeichne ein Baumdiagramm.

3 Mareike hat ein Zufallsexperiment durchgeführt. Das zugehörige Baumdiagramm sieht wie abgebildet aus: Beschreibe, welches Zufallsexperiment Mareike durchgeführt haben könnte.

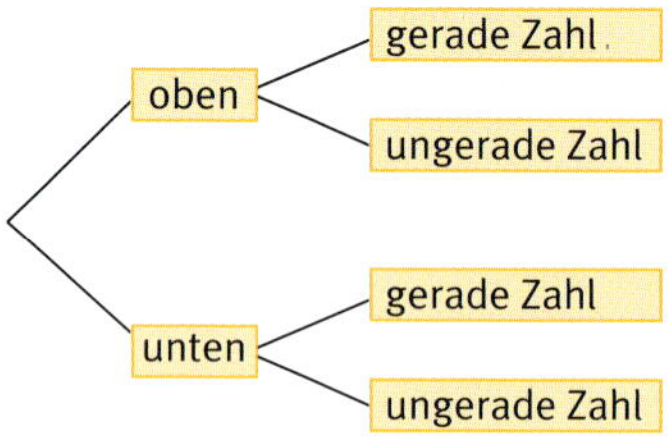

4 Auf dem Tisch liegen, gut durchgemischt, drei gleich aussehende Kärtchen, auf deren Rückseite jeweils einer der Buchstaben R, T oder O steht. Jenny dreht nacheinander alle Kärtchen um und notiert die betreffenden Buchstaben in der Reihenfolge ihrer Ziehung.

a) Wie viele verschiedene Buchstabenkombinationen sind möglich? Löse mithilfe eines Baumdiagramms.

b) Welche sinnvollen Wörter können sich ergeben?

5 Nenne Vor- und Nachteile der Angabe von relativen Häufigkeiten gegenüber der Angabe von absoluten Häufigkeiten.

6 Drei Stifte (Rot, Grün, Blau) liegen im „Schlampermäppchen“. Ohne hinzusehen wird ein Stift gezogen und seine Farbe notiert. Der gezogene Stift wird zurückgelegt. Dann wird gut durchgemischt und „blind“ nochmals ein Stift gezogen.

a) Ermittle mithilfe eines Baumdiagramms, welche Farbkombinationen für die beiden Stifte möglich sind.

b) Führe das Zufallsexperiment „Ziehen von zwei Stiften“ 50-mal durch. Notiere dabei jeweils die auftretenden Farbkombinationen.

c) Gib die relativen Häufigkeiten der Kombinationen Rot–Rot, Grün–Grün und Blau–Blau als Dezimalzahl und in Prozent an.

7 Laut Statistik fahren in den Bussen des städtischen Verkehrsbetriebes 5,5 % aller Fahrgäste ohne Fahrschein. Erläutere diese Angabe.

8 Bei zwei verschieden großen Packungen Gummibärchen ergaben sich folgende Farbverteilungen:

	Weiß	Gelb	Orange	Rot	Grün
Anzahl in Packung 1	2	1	2	3	2
Anzahl in Packung 2	63	77	69	73	78

Erstelle für jede der beiden Packungen ein Kreisdiagramm, das die relativen Häufigkeiten der einzelnen Gummibärchen-Farben zeigt.

9 In einer Zeitung findet sich nebenstehende Schlagzeile. Erkläre, wie diese Aussage zustande kommen könnte.

In Deutschland hat jeder Haushalt 1,46 Handys und 0,689 Computer.

10 Eine Mathematiklehrerin hat eine Schachtel, in der sich Lose mit der Aufschrift „Hausaufgabenjoker“ und „Niete“ befinden. Nach alphabetischer Reihenfolge darf ein Schüler zu Beginn jeder Unterrichtsstunde ein Los ziehen.

a) Die Tabelle zeigt die Ergebnisse der Ziehungen des letzten Schulhalbjahres.

Hausaufgabenjoker	Niete
𝍸 𝍸 𝍸 𝍸 ||||	𝍸 𝍸 𝍸 𝍸 𝍸 𝍸 𝍸 |

Gib die relative Häufigkeit des Hausaufgabenjokers an.

b) In der Parallelklasse beträgt die relative Häufigkeit des Hausaufgabenjokers nach 15 Unterrichtsstunden 20 %. Ermittle die zugehörige absolute Häufigkeit des Hausaufgabenjokers.

11 In einem Beutel liegen drei Kugeln. Marvin fasst ohne hinzusehen hinein und zieht eine gelbe Kugel, die er anschließend wieder zurücklegt. Dann mischt er und zieht erneut. Die Kugel ist wieder gelb! Er legt sie abermals zurück, zieht ein letztes Mal, diesmal ist die Kugel blau. Begründe, welche Farben die drei Kugeln im Beutel haben könnten.

12 In einer Schublade befinden sich eine 5-ct-Münze, zwei 10-ct-Münzen und eine 20-ct-Münze. Zwei Münzen werden zufällig herausgenommen. Wie groß kann der gezogene Geldbetrag sein?

13 Bei einer Verkehrszählung wurden in der ersten halben Stunde 550 Fahrzeuge gezählt. Die Anzahl der jeweiligen Fahrzeugtypen (Zweirad, Pkw, Lkw, Bus) ist im abgebildeten Diagramm teilweise dargestellt.

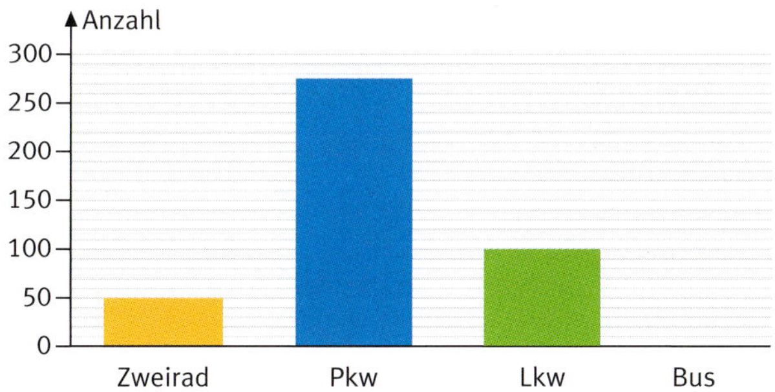

a) Übertrage das Diagramm in dein Heft und zeichne die fehlende Säule für den Fahrzeugtyp Bus ein.

b) Gib die relative Häufigkeit für den Fahrzeugtyp Pkw als Prozentzahl an.

14 Feyyaz notiert eine Woche lang, wie viele SMS er erhält und versendet.

Wochentag	Mo	Di	Mi	Do	Fr	Sa	So
Anzahl erhaltene SMS	4	7	1	5	9	5	11
Anzahl versandte SMS	1	9	3	5	12	3	8

Werte die Tabelle aus, indem du mindestens vier Fragen stellst und beantwortest.

15 Die zehn Musiker einer Band wurden nach ihrem momentanen Lieblingssong gefragt. Angegeben wurden: Rock DJ, She Said, Geboren um zu leben, Yesterday, Universum, Alejandro, Tonight, The Ketchup Song, Rock DJ, Universum.
Welche statistische Kenngröße lässt sich angeben? Begründe deine Antwort.

16 Bei einer Umfrage in der Klasse 6e durfte jeder Schüler sein Lieblingsfach angeben. Der Modalwert war Mathematik und Sport. Englisch wurde sechsmal genannt. Wie viele Schüler wurden mindestens befragt?

17 Auf der Hülle von Toms Lieblings-CD ist die Laufzeit für jeden der zwölf Tracks aufgelistet: 3:03 min, 2:55 min, 3:22 min, 3:12 min, 2:57 min, 2:30 min, 4:02 min, 3:03 min, 2:45 min, 3:43 min, 3:07 min und 10:11 min.
Gib den Zentralwert der Track-Laufzeiten an.

18 Beim Wettkampf im Weitsprung hatte der Sieger folgende Sprungweiten erzielt:
7,92 m; 8,04 m; 7,75 m; 7,88 m; 7,95 m; 8,01 m; 7,93 m; 8,04 m
Gib für die erzielten Sprungweiten das Maximum und das Minimum an.

19 In einer Tierarztpraxis wurden 70 Katzen gewogen. Die leichteste Katze wog 1,1 kg, die schwerste 3,9 kg. 50 % der Katzen waren leichter als 3,0 kg und 50 % der Katzen waren schwerer als 3,0 kg.

a) Ermittle die Spannweite der Messergebnisse.

b) Wie groß könnte der Zentralwert gewesen sein?

c) Gib die Anzahl der Katzen an, die leichter als 3,0 kg waren.

20 Bei einer Tournee durch die Schweiz hatte der weltbekannte Magier Abraham Kadabra bei seinen Auftritten folgende Besucherzahlen:
2100; 4350; 2080; 3450; 2725; 3500; 3500; 4530; 2090; 3150; 4000
Gib für die Datenreihe die Kenngrößen Modalwert, Zentralwert, arithmetisches Mittel, Minimum, Maximum und Spannweite an.

21 Die beiden Tabellen enthalten Angaben über die Altersverteilung der Spielerinnen zweier Volleyballteams. Welcher Verein hat deiner Meinung nach das jüngere Team? Finde geeignete Kriterien und versuche, deine Meinung durch mathematische Berechnungen zu unterstützen.

VOLLEYCATS	
Alter in Jahren	Anzahl der Spielerinnen
17	0
18	0
19	1
20	1
21	1
22	0
23	1
24	2
25	1
26	2
27	0
28	2
29	0
30	0

VOLLEYGIRLS	
Alter in Jahren	Anzahl der Spielerinnen
17	1
18	0
19	1
20	0
21	0
22	1
23	2
24	1
25	2
26	0
27	1
28	0
29	1
30	1

22 Das arithmetische Mittel mehrerer Messungen ist 332 ml.

a) Überlege dir selbst ein sinnvolles Experiment, das zu diesem Ergebnis führen könnte. Gib mögliche Messdaten in Form einer Häufigkeitstabelle an. Überprüfe das arithmetische Mittel deiner Daten.

b) Gib weitere Datenreihen an, die einen unterschiedlichen Zentralwert bei gleichem arithmetischen Mittel haben.

23 Die drei Tenöre Klanga, Tono und Basseti gaben in einem Interview an, dass die Spannweite ihrer Körpergrößen ungefähr dem halben Umfang eines DIN-A4-Blattes Papier entspricht. Klanga und Tono sind gleich groß. Von Basseti ist bekannt, dass er exakt zwei Meter misst.

Vertiefung

Arten von Merkmalen

Personen oder Gegenstände lassen sich oftmals anhand eines Merkmals erkennen, das eine bestimmte Ausprägung hat. Martin erkennt man an seiner lilafarbenen Baseballcap.

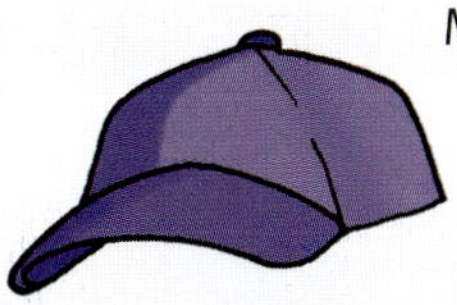

Merkmalsträger | Farbe: | Lila
↑ Merkmal | ↑ (Merkmals-)Ausprägung

Ausgehend von den Ausprägungen lassen sich drei verschiedene Arten von Merkmalen unterscheiden. Es gibt Merkmale, bei denen ...

- eine Unterscheidung der Ausprägungen nur dem **Namen** nach möglich ist.
- die Ausprägungen in eine **Rangordnung** gebracht werden können.
- sich Unterschiede zwischen den Ausprägungen **rechnerisch** angeben lassen und gleich große Unterschiede inhaltlich dasselbe bedeuten.

Beispiel

In einem Urlaubskatalog sind bei jedem Hotel folgende Merkmale angegeben: Ort, Kategorie und Entfernung zum Meer.

Beim Ort können die Ausprägungen nur dem Namen nach unterschieden werden, bei der Kategorie lassen sich die Ausprägungen in eine Rangordnung bringen und bei der Entfernung zum Meer können Unterschiede zwischen den Ausprägungen rechnerisch angegeben werden, wobei gleich große Unterschiede inhaltlich dasselbe bedeuten.

Hotel Solstar
Ort: Playa del Sol
Kategorie: gehoben
Entfernung zum Meer: 250 m

Hotel Gala
Ort: Playa del Luz
Kategorie: luxuriös
Entfernung zum Meer: 100 m

Aufgaben

- Welche Ausprägung könnte der Merkmalsträger beim angegebenen Merkmal aufweisen? Gib verschiedene Möglichkeiten an.
- Entscheide dich für eine der Sammelkarten. Welche Merkmale sind angegeben? Um welche Art von Merkmal handelt es sich jeweils?
- Bei welcher Art von Merkmal lässt sich als statistische Kenngröße nur der Modalwert angeben?

Kleidergröße

Tonart

Güteklasse

Terry Lobster

Dauer: 115 min
Altersfreigabe: ab 6 Jahre
Sprache: englisch

Pedro

Rückennummer: 10
Körpergröße: 175 cm
Position: Mittelfeld

M 33 V8

Hubraum: 4500 cm^3
Leistung: 210 kW
Hersteller: Speedy

Tankstellen in Not?
In der Tabelle ist die Anzahl an Tankstellen von 1991 bis 2010 in Deutschland dargestellt. Du kannst für die folgenden Aufgaben eine Tabellenkalkulation nutzen.

Jahr	1991	1992	1993	1994	1995
Anzahl	19 015	18 632	18 521	18 139	17 972

Jahr	1996	1997	1998	1999	2000
Anzahl	17 935	17 339	16 745	16 284	16 051

Jahr	2001	2002	2003	2004	2005
Anzahl	15 980	15 724	15 621	15 409	15 065

Jahr	2006	2007	2008	2009	2010
Anzahl	14 812	14 662	14 527	14 449	14 415

a) Bestimme das Minimum, das Maximum und die Spannweite der Anzahl in diesem Zeitraum.

b) Wie viel Prozent der Tankstellen gibt es 2010 gegenüber 1991 noch? Runde geeignet.

c) Zeichne anhand der Daten ein Diagramm zu folgendem Thema:

① Versorgungsnotstand droht: Anzahl der Tankstellen dramatisch gesunken.

② Rückgang der Tankstellen weitgehend gestoppt.

Wir zahlen immer mehr
Die Grafik beschreibt die Entwicklung der Mehrwertsteuer in Deutschland seit über 40 Jahren.

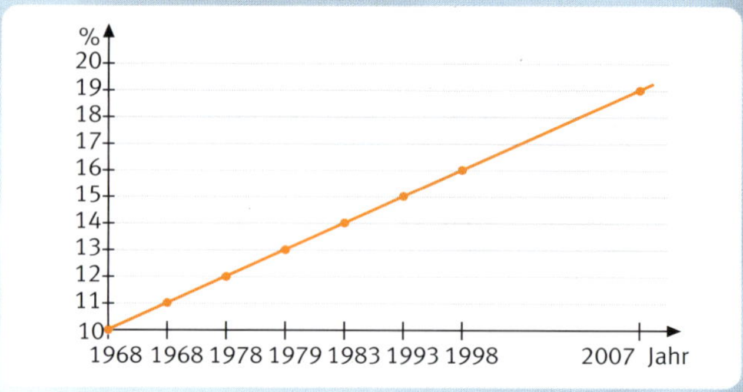

a) Beschreibe, welcher Eindruck durch diesen Graphen vermittelt wird und wie dieser Eindruck zustande kommt.

b) Stelle den Sachverhalt geeigneter dar.

Lustige Statistik
Auf den Bildern wird mit statistischen Werten gespielt. Erkläre die Situationen mit eigenen Worten.

Wundersamer Vergleich

a) Die Grafik zeigt die Mitgliederzahlen einiger Fußballvereine. Beschreibe, welche Wirkung mit dem Diagramm erzeugt wird.

b) Bestimme die Mitgliederzahlen und zeichne ein Diagramm, das deiner Meinung nach den Sachverhalt angemessen darstellt.

c) Ist auch dein Fußballverein dabei? Ergänze das Diagramm.

Wer einmal lügt ...
Überprüfe Darstellungen, Diagramme, Abbildungen, ... in Zeitungen, Zeitschriften und im Internet. Wird hier manipuliert? Stelle in deiner Klasse solche vor, die einen Sachverhalt verzerrt darstellen. Vielleicht könnt ihr ja eine „Hitliste" der größten Manipulationen erstellen.

Überprüfe deine Fähigkeiten und Kenntnisse. Bearbeite dazu die folgenden Aufgaben und bewerte anschließend deine Lösungen mit einem Smiley.

☺	😐	☹
Das kann ich!	Das kann ich fast!	Das kann ich noch nicht!

Hinweise zum Nacharbeiten findest du auf der folgenden Seite. Die Lösungen findest du unter www.ccbuchner.de (Eingabe 8436 ins Suchfeld).

Aufgaben zur Einzelarbeit

1 Zeichne zu den Zufallsexperimenten die Baumdiagramme.

a) Ein Tetraeder-Würfel mit den Augenzahlen 1, 2, 3 und 4 wird zweimal nacheinander geworfen.

b) Eine 1-ct-Münze und ein Spielwürfel mit den Augenzahlen 1 bis 6 werden gleichzeitig geworfen.

c) Aus einem Pappbecher, in dem sich ein rotes, ein gelbes und ein oranges Gummibärchen befinden, werden ohne hinzusehen zwei Gummibärchen auf einmal gezogen.

2 Beschreibe ein passendes Zufallsexperiment.

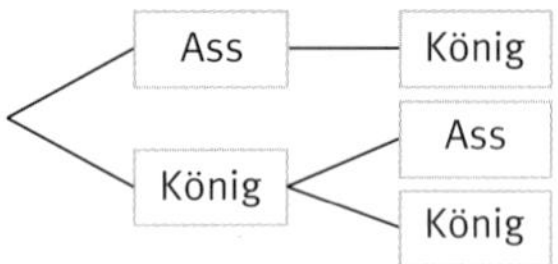

3 Auf Evas neuer Musik-CD sind 15 Tracks. Der dritte ist ihr Lieblingssong. Sie drückt an ihrem CD-Player auf die Taste „zufällige Wiedergabe eines Tracks“ und notiert, ob ihr Lieblingssong gespielt wird. Wie könnte ein Baumdiagramm zu diesem Zufallsexperiment aussehen? Nenne mögliche Varianten und begründe deine Wahl.

4 Uli hat einen Spielwürfel 20-mal geworfen und die Ergebnisse notiert. Vervollständige im Heft.

	als Bruch	als Dezimalzahl	als Prozentzahl
h (1)	$\frac{4}{20} = \frac{1}{5}$		
h (2)		0,1	
h (3)			30 %
h (4)		0,2	
h (5)			5 %
h (6)			15 %

5 Eine quaderförmige Streichholzschachtel wurde als Würfel benutzt. Dazu wurden die Augenzahlen 1 bis 6 auf die Begrenzungsflächen geschrieben. Folgende relative Häufigkeiten ergaben sich beim 10 000-maligen Werfen:

Augenzahl	1	2	3	4	5	6
relative Häufigkeit	8 %	39 %	4 %	5 %	37 %	7 %

Zeichne ein Netz der Streichholzschachtel und trage auf jeder Begrenzungsfläche ein, welche Augenzahl wohl darauf geschrieben wurde.

6 An einem Regionalflughafen wurden 48 willkürlich ausgewählte Passagiere nach ihrer Muttersprache befragt. Die Codierung lautete wie folgt:

1: deutsch 2: englisch
3: französisch 4: spanisch
5: italienisch 6: sonstige

2	2	3	5	5	5	5	5	1	1
1	3	3	6	6	6	6	6	6	4
4	2	2	3	4	5	5	1	1	1
3	3	4	3	1	6	6	6	5	4
2	1	1	2	2	2	4	4		

a) Gib den Modalwert an.

b) Ermittle die relative Häufigkeit für die Muttersprache deutsch.

7 Das arithmetische Mittel der Schuhgrößen der fünf Freunde Peter, Quirin, Rudi, Sepp und Theo beträgt 39. Führe drei verschiedene Möglichkeiten für die Schuhgrößen der fünf Freunde auf.

8 Ergänze zu den Daten je eine Zahl so, dass ...

a) das arithmetische Mittel unverändert bleibt.
0 1 3 4

b) das arithmetische Mittel der Zahlen 30 wird.
10 40 30 10

c) der Modalwert 0 ist.
0 1 2 3 4

d) der Zentralwert 2 ist.
3 13 1 1 7

e) die Spannweite 11 ist.
5 2 5 9

f) der Zentralwert unverändert bleibt.
4 17 8 12 7

g) die Spannweite unverändert bleibt.
4 9 2 6 11 1

9 Sebnems Großmutter wird 69. Bei der Familienfeier stellt Sebnem stolz in einem Säulendiagramm dar, wie viele Gäste ein bestimmtes Alter haben. Sie weiß, dass kein Gast älter ist als die Großmutter.

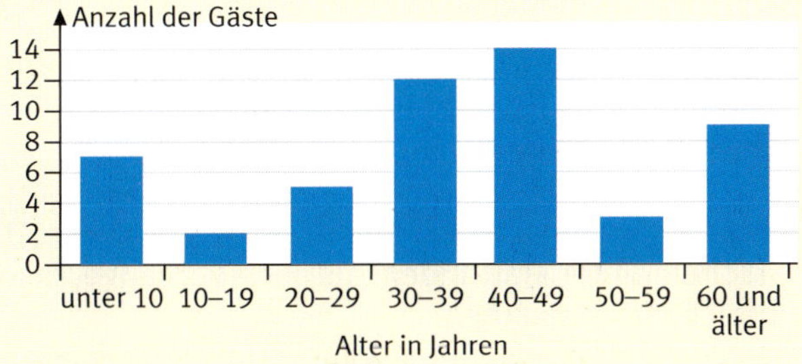

a) Gib den Modalwert an.

b) Berechne das ungefähre Durchschnittsalter der Gäste. Beschreibe dein Vorgehen.

10 Gib den Zentralwert der Datenmenge an.

a) 31 kg; 26 kg; 74 kg; 34 kg; 29 kg

b) 240 m^2; 280 m^2; 60 m^2; 250 m^2; 230 m^2; 210 m^2

11 Bei einer Ausstellung wurden von Montag bis Samstag die täglichen Besucherzahlen notiert:
41; 73; 28; 39; 33; ☐
Der Zentralwert ist 36, die Spannweite 62. Wie lautet die fehlende Angabe?

12 Anja und Claudia trainieren für den Schwimmwettkampf. Sie erreichen beim 50-m-Brust-Training folgende Zeiten:
Anja: 40,4 s; 40,6 s; 40,4 s; 39,2 s; 40,4 s
Claudia: 40,0 s; 39,7 s; 39,9 s; 39,9 s; 39,5 s
Wer ist deiner Meinung nach die bessere Schwimmerin? Begründe deine Antwort.

13 Das arithmetische Mittel der Zahlen 6, 15, 15 und 20 soll berechnet werden. Erkläre, wie die einzelnen Schüler zu ihrer Lösung kommen. Beschreibe gegebenenfalls, wo der Fehler liegt.

1 *Leon:* $6 + 15 + 15 + 20 : 4$
$= 6 + 15 + 15 + 5$
$= 41$

2 *Jona:* $(6 + 15 + 15 + 20) : 4$
$= 56 : 4$
$= 14$

3 *Maja:* *Man kann das arithmetische Mittel ablesen: 15.*

Aufgaben für Lernpartner

Arbeitsschritte

1 Bearbeite die folgenden Aufgaben alleine.
2 Suche dir einen Partner und erkläre ihm deine Lösungen. Höre aufmerksam und gewissenhaft zu, wenn dein Partner dir seine Lösungen erklärt.
3 Korrigiere gegebenenfalls deine Antworten und benutze dazu eine andere Farbe.

Sind folgende Behauptungen **richtig** oder **falsch**? Begründe schriftlich.

14 Zu unterschiedlichen Zufallsexperimenten kann das gleiche Baumdiagramm gehören.

15 Aus einem Baumdiagramm geht immer hervor, ob die betreffenden Vorgänge gleichzeitig ablaufen oder nacheinander stattfinden.

16 Aus einer Strichliste kann man die relativen Häufigkeiten sofort ablesen.

17 Ist die absolute Häufigkeit gleich 0, dann gilt dies auch für die relative Häufigkeit.

18 Die relative Häufigkeit kann nie größer als 1 sein.

19 Aus $H = 100$ folgt $h = 100\,\%$.

20 Der Zentralwert, der Modalwert und das arithmetische Mittel können gleich sein.

21 Wenn man einen Wert einer Datenmenge ändert, so ändert sich immer auch die Spannweite.

22 Das arithmetische Mittel mehrerer Zahlen ist immer eine der Zahlen, die zur Berechnung des Mittels verwendet wurden.

23 Bei einer ungeraden Anzahl an Daten kann der Zentralwert ohne Berechnung abgelesen werden.

Aufgabe	Ich kann …	Hilfe
1, 2, 3, 14, 15	mit Baumdiagrammen auch mehrstufige Zufallsexperimente darstellen.	S. 184
4, 5, 16, 17, 18, 19	relative Häufigkeiten ermitteln und darstellen.	S. 188
6, 7, 8, 9, 10, 13, 20, 22, 23	das arithmetische Mittel, den Modalwert und den Zentralwert bestimmen.	S. 190
11, 12, 21	das Minimum und Maximum sowie die Spannweite ermitteln.	S. 194

S. 184

Eine Münze wird zweimal nacheinander geworfen:

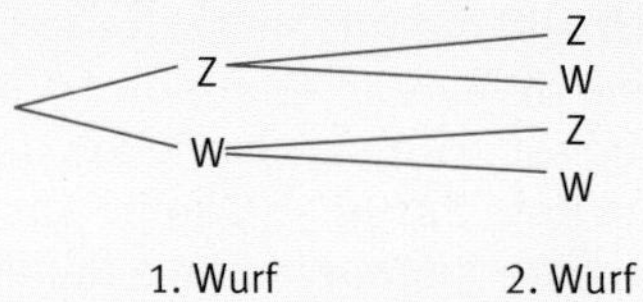

Zwei Münzen werden gleichzeitig geworfen:

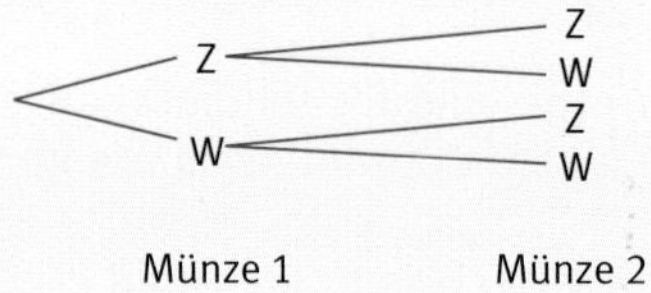

Ein Experiment, bei dem das Ergebnis vom Zufall abhängt und sich nicht mit Sicherheit vorhersagen lässt, heißt **Zufallsexperiment**. Ein **mehrstufiges** Zufallsexperiment setzt sich aus mehreren nacheinander ausgeführten Teilexperimenten zusammen.

Bei Zufallsexperimenten kann die Menge der Ergebnisse in Form eines **Baumdiagramms** übersichtlich dargestellt werden.

Baumdiagramme beschreiben sowohl Vorgänge, die **nacheinander** stattfinden, als auch Vorgänge, die **gleichzeitig** ablaufen.

S. 188

Mit einem Farbwürfel wurde 10-mal gewürfelt. Die Ergebnisse waren:
Rot, Gelb, Grün, Grün, Blau, Weiß, Gelb, Rot, Schwarz, Rot

H (Rot) = 3

$$h\ (\text{Rot}) = \frac{\text{absolute Häufigkeit von Rot}}{\text{Gesamtanzahl der Würfe}}$$

$$h\ (\text{Rot}) = \frac{3}{10}$$

$$\frac{3}{10} = 0{,}3 = 30\ \%$$

Bei der Auswertung von Daten wird die tatsächliche Anzahl, wie oft ein Ergebnis vorkommt, als **absolute Häufigkeit H** bezeichnet.

Den Anteil, mit dem ein Ergebnis in Bezug auf die Gesamtanzahl aller Daten vorkommt, nennt man **relative Häufigkeit h**.

S. 190

Stefan wiegt 53 kg, Pedro 56 kg, Paul 53 kg, Robert 52 kg, Ulf 55 kg, Mustafa 53 kg, Torben 54 kg, Bruno 64 kg und Lenny 55 kg.

$$\bar{x} = \frac{53 + 56 + 53 + 52 + 55 + 53 + 54 + 64 + 55}{9}\ \text{kg}$$

$\bar{x} = 55$ kg

52 kg 53 kg 53 kg 53 kg 54 kg
55 kg 55 kg 56 kg 64 kg

z = 54 kg

m = 53 kg

Statistische Kenngrößen – Lagemaße

- **arithmetisches Mittel $\bar{x}$:**
  $$\bar{x} = \frac{\text{Summe aller Einzelwerte}}{\text{Anzahl der Einzelwerte}}$$
- Ordnet man Daten der Größe nach, so nennt man den Wert, der in der Mitte der sortierten Liste steht, **Zentralwert z**.
  Bei einer geraden Anzahl von Daten ist der Zentralwert das arithmetische Mittel des Zahlenpaars, das sich in der Mitte der geordneten Datenreihe befindet.
- Der **Modalwert m** ist der Wert mit der größten absoluten Häufigkeit.

S. 194

Effi hat sechs Eier gewogen:
63 g; 65 g; 65 g; 62 g; 63 g ; 61 g
Das Minimum ist 61 g, das Maximum 65 g.
R = 65 g – 61 g
R = 4 g

Statistische Kenngrößen – Streumaße

Die **Spannweite R** errechnet sich als Differenz zwischen dem größten Wert einer Datenmenge (**Maximum**) und dem kleinsten Wert (**Minimum**).

Proportionalität

1 In Großbritannien gilt das britische Pfund (£) als Währung.
Übertrage die Umrechnungstabelle ins Heft und ergänze die fehlenden Werte. Runde geeignet.

a)

€	£
0,10	
0,50	
1,00	
5,00	
10,00	
20,00	
50,00	
100,00	85,42
250,00	
500,00	

b)

£	€
0,10	
0,50	
1,00	
5,00	
10,00	
20,00	
50,00	58,54
100,00	
250,00	
500,00	

2

a) Nenne die zugeordneten Größen und erläutere den Sachverhalt.

b) Gib für beide Fahrer ihre Startzeit und die Durchschnittsgeschwindigkeit an.

c) Erstelle eine Wertetabelle, die zu jeder vollen Stunde den zurückgelegten Weg zeigt.

d) Wie lange waren die Fahrer bis zum Einholen unterwegs?

3 Untersuche, ob die Zuordnungen proportional sind.

a)

x	y
4	23
7,5	$43\frac{1}{8}$
10	57,5

b)

x	y
8	3,4
3	2,1
1,5	9,5

c)

x	y
0,7	2,1
1,5	4,5
0,3	0,9

Knobeln

4 Ein Wurm kriecht einen Stab hinauf. Am Tag schafft er jeweils 1 m. Nachts, wenn er schläft, rutscht er wieder 0,4 m hinunter. Wann erreicht er die Spitze des 6 m langen Stabes? Fertige eine Skizze an.

5 Sandra und Martha sind zusammen 34 Jahre alt. Sandra ist acht Jahre älter als Martha. Wie alt sind beide?

6 Hans hat ein Vorhängeschloss (1) mit vier Zahlrädern, auf denen jeweils die Ziffern von 1 bis 7 enthalten sind.

1

2

a) Wie viele verschiedene Zahlenkombinationen kann das Zahlenschloss (1) besitzen? Zeichne ein Baumdigramm.

b) Wie viele Kombinationen gibt es, wenn Hans noch weiß, dass keine Ziffer doppelt in seiner Nummer vorgekommen ist?

c) Anna-Sophia hat ein Zahlenschloss (2) mit drei Rädern. Diese sind aber mit den Ziffern von 1 bis 9 besetzt. Welches Zahlenschloss ist leichter zu „knacken"?

7 Wie viele Quadrate bzw. Rechtecke findest du?

a)

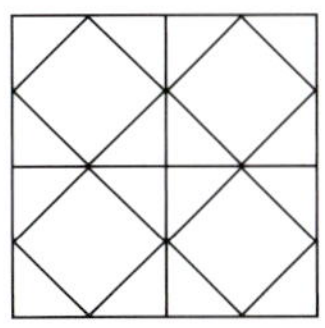

b)

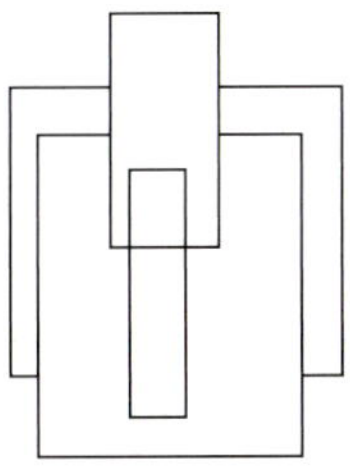

Vierecke

8 Um welche Vierecke kann es sich handeln?

a) Beide Diagonalen sind gleich lang.

b) Alle Seiten sind gleich lang.

c) Beide Diagonalen sind Symmetrieachsen.

d) Gegenüberliegende Seiten sind gleich lang.

9 Ein Parallelogramm hat die angegebenen Eckpunkte. Welche Koordinaten hat der fehlende Eckpunkt?

a) A (1 | 2); B (8 | 2); C (11 | 7)

b) A (2 | 1); B (11 | 2); D (3 | 8)

c) B (7 | 3); C (8 | 10); D (5 | 8)

10 Setze jeweils zwei Flächen zu einem Rechteck bzw. Quadrat zusammen. Es gibt zum Teil mehrere Kombinationsmöglichkeiten.

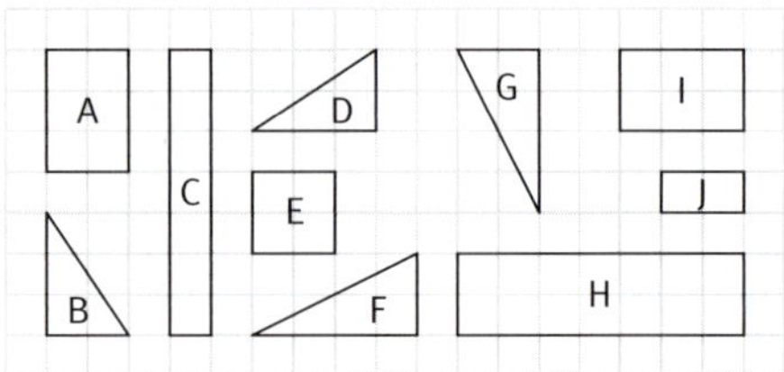

11 Spanne das Rechteck auf dem Geobrett. Ändere eine Seite so ab, dass ein Quadrat entsteht. Finde jeweils zwei Möglichkeiten.

a)

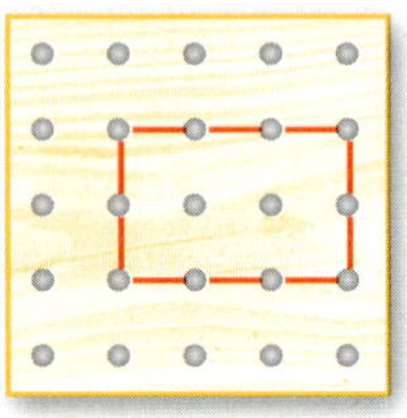

b)

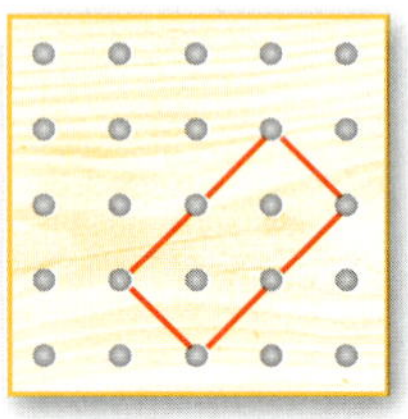

12 Übertrage die Figur in dein Heft und ergänze zu einem Parallelogramm.

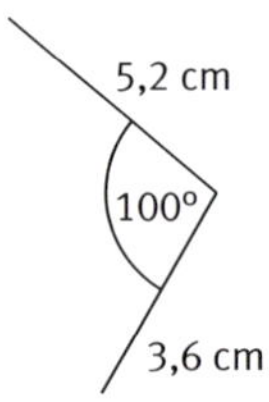

13 **a)** Zeichne ein Quadrat mit 10 cm langen Diagonalen.

b) Zeichne ein Rechteck mit 10 cm langen Diagonalen.

c) Findest du verschiedene Lösungen zu a) und b)? Probiere aus.

Bruchrechnung

14 Welcher Anteil ist farbig dargestellt? Kürze so weit wie möglich.

a)

b)

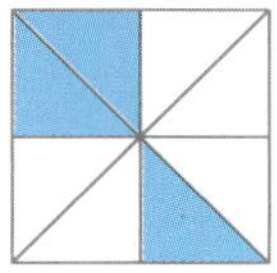

c)

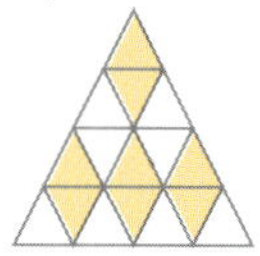

d)

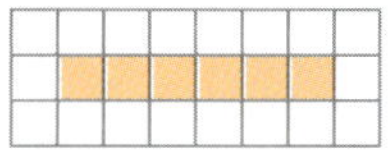

e)

f)

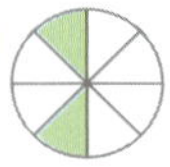

15 Übertrage und berechne.

a) +

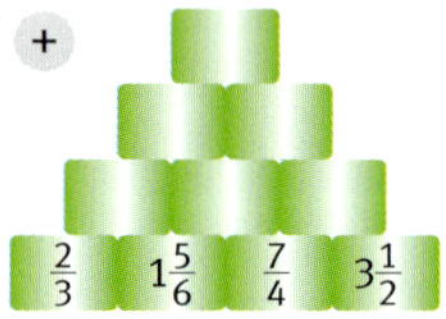

b) ·

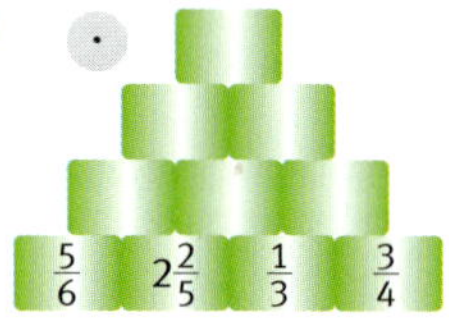

16 Bestimme die fehlenden Werte so, dass alle Rechnungen das Ergebnis in der Mitte haben.

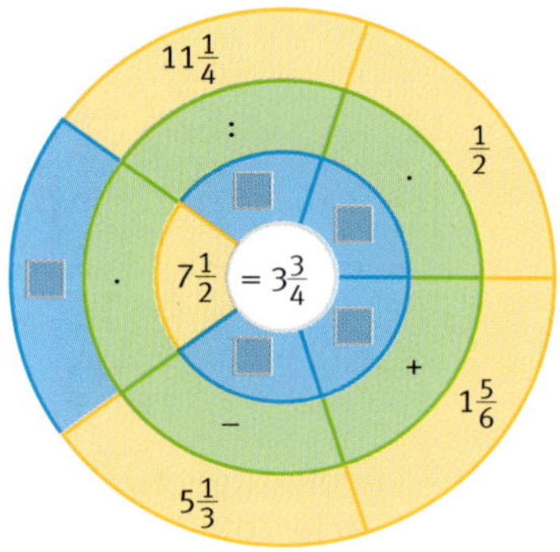

17 Übertrage den Rechenbaum in dein Heft und bestimme die fehlenden Werte.

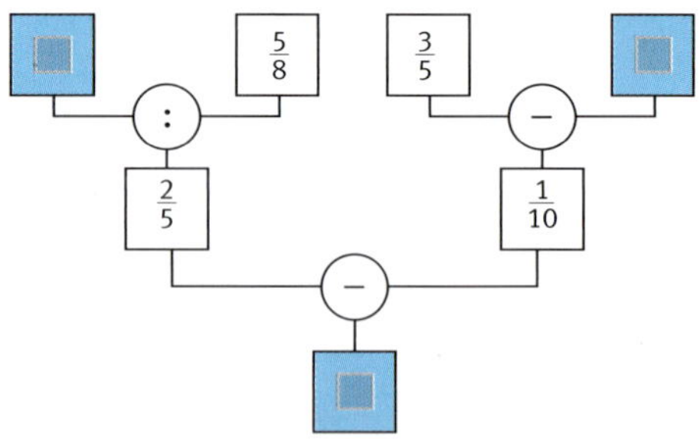

18 Ordne die Brüche der Größe nach. Beginne mit dem kleinsten.

a) $\frac{3}{4}$; $\frac{6}{9}$; $\frac{30}{40}$; $\frac{2}{4}$; $\frac{10}{15}$; $\frac{80}{140}$

b) $\frac{5}{4}$; $\frac{2}{5}$; $\frac{12}{8}$; $\frac{34}{76}$; $\frac{19}{9}$; $\frac{6}{5}$; $1\frac{5}{6}$

8 Ganze Zahlen

Einstieg

- Schätze die Temperaturen in der Umgebung des Eisbären. Begründe deine Schätzung.
- Was ist die kälteste Temperatur, die du schon einmal erlebt hast?
- Finde weitere Fragen zur Temperatur und stelle sie deinem Banknachbarn.

Ausblick

Am Ende dieses Kapitels hast du gelernt, ...
- wie man mit ganzen Zahlen im Alltag umgehen kann.
- wie man ganze Zahlen ordnet.
- wie man ganze Zahlen addiert und subtrahiert.

Sina informiert sich über die Wettervorhersage.

	Fr	Sa	So	Mo	Di	Mi
Tiefstwert (4 Uhr)	−3 °C	0 °C	−1 °C	−1 °C	−2 °C	1 °C
Höchstwert (14 Uhr)	2 °C	0 °C	0 °C	3 °C	4 °C	9 °C
Wetter						

- Was bedeuten die verschiedenen Zahlen und Zeichen in der Vorhersage?
- Zeichne einen Graphen, der entsprechend der Vorhersage den Temperaturverlauf für die kommenden Tage angeben kann.
- Schreibe einen Radiobeitrag der Wettervorhersage.

Bei positiven Zahlen, z. B. +2, darf das Vorzeichen weggelassen werden. Man schreibt stattdessen 2.

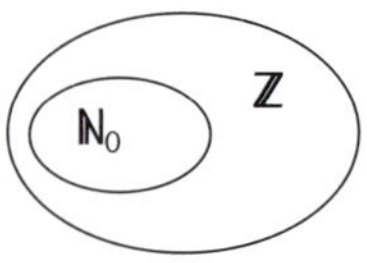

$\mathbb{N}_0 \subseteq \mathbb{Z}$

„ist Teilmenge von"

Positive Zahlen sind stets größer als negative Zahlen.

Merkwissen

Die Zahlen −1, −2, −3, −4, −5, … heißen **negative ganze Zahlen**. Sie haben ein **negatives Vorzeichen**.
Alle bisherigen natürlichen Zahlen haben ein **positives Vorzeichen**. Sie werden auch als **positive ganze Zahlen** bezeichnet.
Die Zahl **Null** ist weder positiv noch negativ, sie hat **kein Vorzeichen**.

Die positiven und die negativen ganzen Zahlen sowie die Null bilden zusammen die **Menge der ganzen Zahlen**: $\mathbb{Z} = \{…; -3; -2; -1; 0; +1; +2; +3; …\}$

Die bisherige Zahlenhalbgerade lässt sich zur **Zahlengerade** erweitern.
Die natürlichen Zahlen werden quasi an der Null gespiegelt:

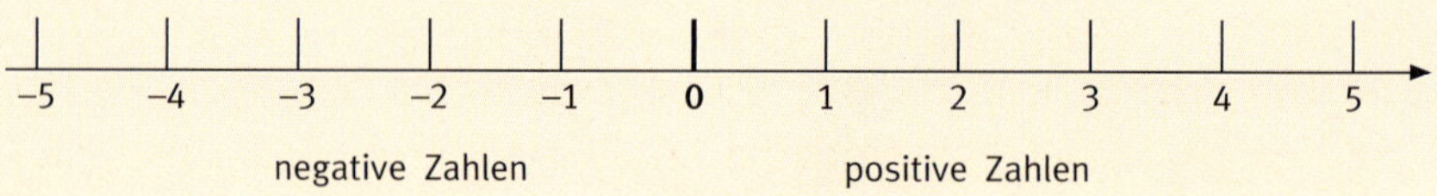

Auch negative ganze Zahlen kann man der Größe nach ordnen. Dabei gilt:
Von zwei negativen Zahlen ist immer diejenige **kleiner**, die auf der **Zahlengerade weiter links** liegt.

Beispiel: $-5 < -2$, da die Zahl −5 auf der Zahlengeraden weiter links liegt als −2.

Beispiele

I a) Zeichne eine Zahlengerade und markiere folgende Zahlen: −16; 2; −5; 0; −11.
b) Welche Zahlen sind hier markiert?

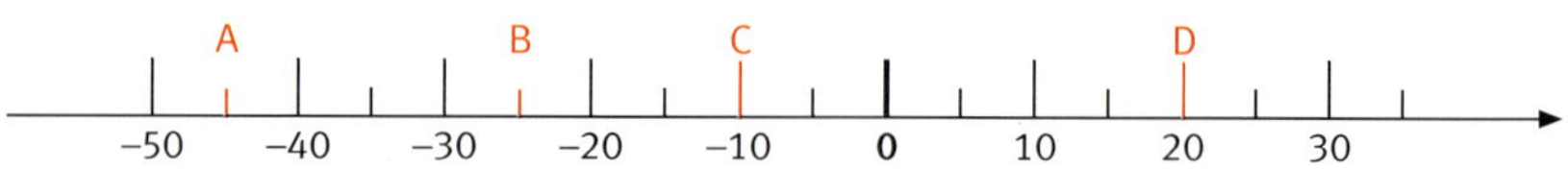

Lösung:

a)

b) A: −45 B: −25 C: −10 D: +20 = 20

Die Abkürzung „u. NN" bedeutet „unter Normalnull". Umgangssprachlich sagt man auch „unter dem Meeresspiegel".

II Welche der folgenden Städte liegt am höchsten?
1 Rotterdam (4 m u. NN) 2 Jericho (259 m u. NN) 3 New Orleans (2 m u. NN)

Lösung:
$-259 < -4 < -2$ New Orleans liegt somit am höchsten.

Verständnis

- Gibt es natürliche Zahlen, die keine ganzen Zahlen sind? Gibt es ganze Zahlen, die keine natürlichen Zahlen sind? Begründe deine Antwort.
- Gibt es eine größte (kleinste) negative ganze Zahl? Begründe.

Aufgaben

1 Finde zu jeder Situation eine passende ganze Zahl. Achte auf das Vorzeichen.

a) Die Temperatur fiel in der Nacht auf 18 °C unter dem Gefrierpunkt.

b) Das Haus meiner Großeltern befindet sich auf einer Höhe von 183 m ü. NN.

c) Vom Konto meiner Eltern wurden 100 € abgebucht.

d) Die Tiefgarage befindet sich im zweiten Untergeschoss.

2 Gib an, welche Zahlen markiert wurden.

a)

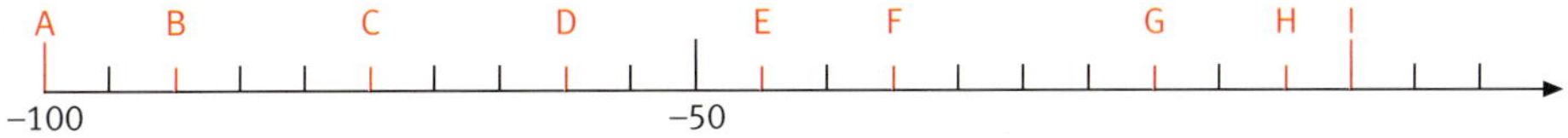

b)

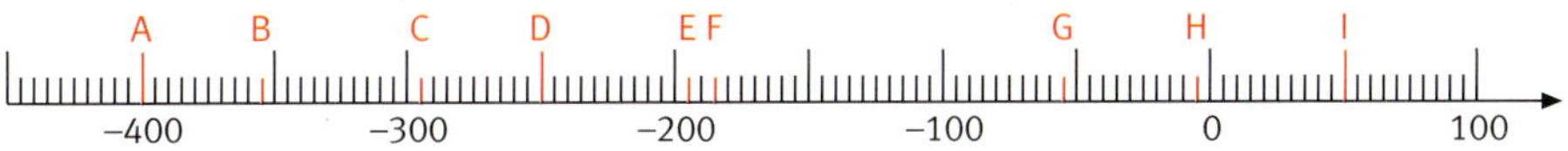

c)

3 Vervollständige die Sätze. Es gibt mehrere Möglichkeiten.
Beispiel: Bei –15 °C … –8 °C: Bei –15 °C ist es kälter als bei –8 °C.

a) Ein Riff 5 m unter der Wasseroberfläche … 7 m unter der Wasseroberfläche.

b) 32 € minus … 23 € minus auf dem Kontoauszug.

4 Stelle die Zahlen jeweils an einer Zahlengeraden dar. Ordne sie anschließend der Größe nach. Beginne mit der kleinsten Zahl.

a) –3; 5; 2; –1; 8; –4; –9; –7 **b)** –400; 800; –350; 200; 650; –50; 400

c) –12; –5; –24; 6; 11; –20; 0; 9 **d)** –2500; 1500; 0; 800; –1200; –500; 2200

Tipp für das Zeichnen einer Zahlengerade: Prüfe, welche der Zahlen am weitesten links und rechts auf der Zahlengerade liegen. Überlege dann, wie viele Zahlen dazwischen liegen. Teile dann die Breite deines Hefts so ein, dass du möglichst den ganzen Platz ausnutzt.

5 Setze für ☐ das richtige Vorzeichen (+ oder –) ein.

a) ☐1 < ☐4 **b)** ☐29 > ☐30 **c)** ☐32 > ☐12 **d)** ☐60 < 0 **e)** ☐1 > ☐11

6 Gib alle ganzen Zahlen an, die zwischen den angegebenen Zahlen liegen.

a) –2 und 4 **b)** –8 und –10 **c)** –13 und 0 **d)** –1 und 11 **e)** –101 und –95

7 <, > oder =?

a) +3 ☐ +5   –30 ☐ +56   –23 ☐ –32   0 ☐ –1

b) –13 ☐ 5   2 ☐ –6   –7 ☐ –10   +9 ☐ 3^2

8 Gewinne und Verluste von vier Parteien bei der Landtagswahl:
Partei A: Gewinn von 4500 Stimmen   Partei B: Verlust von 3200 Stimmen
Partei C: Verlust von 1700 Stimmen   Partei D: Gewinn von 1100 Stimmen

a) Stelle die Gewinne und Verluste der Parteien in einem Diagramm dar.

b) Was könnte der Grund sein, dass sich Gewinne und Verluste nicht ausgleichen?

8.2 Gegenzahl und Betrag

Rangars Vater, der in einem Hotel für die Sicherheit der Gäste verantwortlich ist, hat ein Computerprogramm entwickelt. Auf dem Bildschirm wird dargestellt, welchen Fahrtbefehl jeder der beiden Personenaufzüge gerade ausführt.

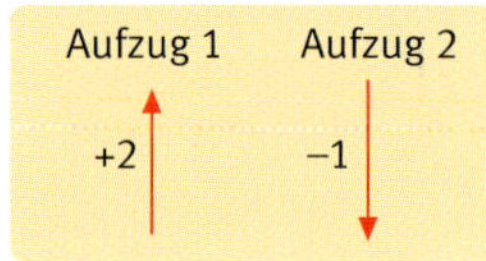

- Erkläre die Bildschirmanzeige.
- Beide Aufzüge führen gerade keinen Fahrtbefehl aus. Wie könnte die Bildschirmanzeige aussehen?
- Zeichne selbst eine mögliche Bildschirmanzeige und beschreibe, welchen Fahrtbefehl jeder der beiden Aufzüge gerade ausführt.

Merkwissen

Jede Zahl kann mit einem **Zahlenpfeil** dargestellt werden.

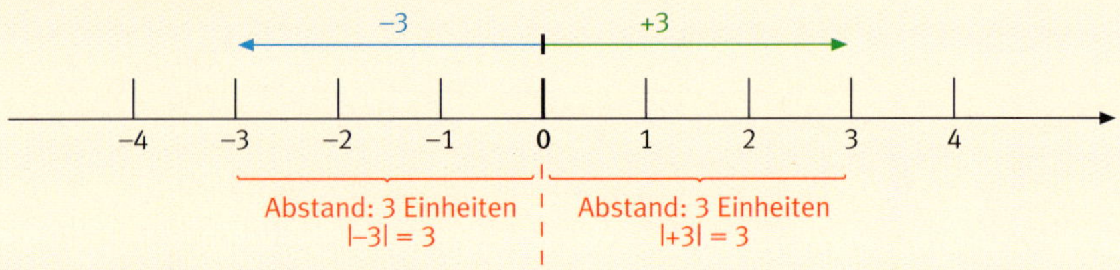

Zwei Zahlenpfeile, die gleich lang sind, aber in die entgegengesetzte Richtung zeigen, heißen **Pfeil** und **Gegenpfeil**.

Der Betrag einer Zahl kann niemals negativ sein.

Die beiden senkrechten Striche bezeichnet man als „Betragsstriche“.

Die Maßzahl der Länge eines Zahlenpfeils wird als **Betrag** bezeichnet.
Der Zahlenpfeil zur Zahl −3 hat als Maßzahl die Länge 3.
Kurzschreibweise: $|-3| = 3$ Sprechweise: „Der Betrag von −3 ist 3.“
Der Zahlenpfeil zur Zahl +3 hat als Maßzahl der Länge ebenfalls 3.
Kurzschreibweise: $|+3| = 3$ Sprechweise: „Der Betrag von +3 ist 3.“

Zwei Zahlen mit gleichem Betrag, aber entgegengesetztem Vorzeichen heißen **Zahl** und **Gegenzahl**.

Beispiele

I Welche Zahl könnte sich Coco gedacht haben?

Lösung:
Coco könnte sich die Zahl +5 oder die Zahl −5 gedacht haben.

II Gib jeweils die Gegenzahl an.

a) +99 b) −17 c) fünftausendeinhundert

Lösung:

a) −99 b) +17 c) −5100

Verständnis

- Gibt es zu jeder positiven Zahl genau eine weitere Zahl, die denselben Abstand zur Null hat? Begründe.
- Welches ist der kleinste Betrag, den eine Zahl haben kann?

1 Welche Zahlen sind dargestellt? Ein Zahlenpfeil ist jeweils gegeben.

a)

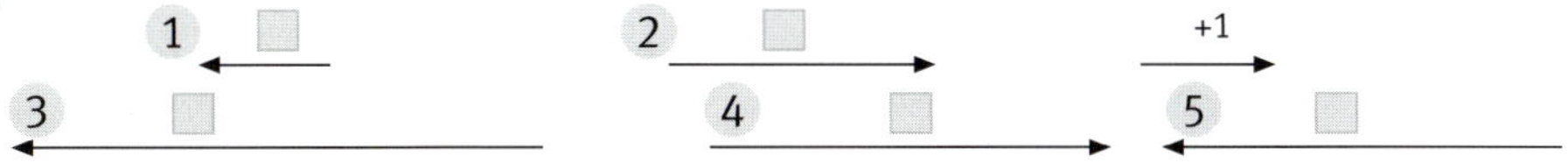

Miss die Pfeillängen und vergleiche.

b)

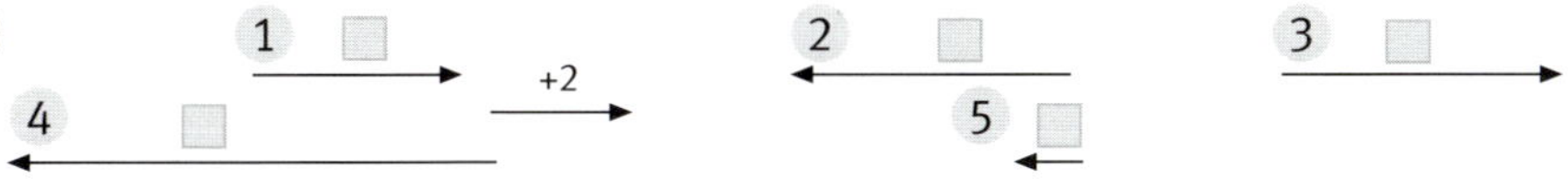

2 Zeichne die Pfeile zu folgenden Zahlen. Wähle dazu eine geeignete Einheit.

a) +1; +4; −2; −4 **b)** +10; −25; +75; −50 **c)** −100; +800; +250; −400

3 Setze für ☐ passend ein. Gibt es mehrere Möglichkeiten? Nenne sie.

a) |+8| = ☐ |−45| = ☐ **b)** |−12| = ☐ |+7| = ☐ **c)** |−32| = ☐ |+1| = ☐ **d)** |−943| = ☐ |☐| = 133 **e)** |☐| = 57 |☐| = 0

4 Gib jeweils die Gegenzahl (GZ) und den Betrag der Zahl an.

a) +71; −86; −101 **b)** −22; +215; +29 **c)** +1740; −381; +62
d) −93; −711; +34 **e)** +402; −90; −546 **f)** −20; 0; 830

5 Zeichne für jede Teilaufgabe eine Zahlengerade. Kennzeichne jeweils die gesuchten ganzen Zahlen, die ...

Gib die Zahlbereiche auch in Intervallschreibweise an.

a) größer sind als −2 und deren Beträge kleiner sind als 7.
b) ein negatives Vorzeichen besitzen und deren Abstand zur Null kleiner als 4 ist.
c) kleiner sind als die Gegenzahl zu +5 und deren Beträge kleiner sind als 11.

6 Setze für ☐ das richtige Zeichen (<, > oder =) ein.

a) |241| ☐ −242; 0 ☐ |−671|; 23 ☐ |23|
b) |−177| ☐ −177; 905 ☐ |160|; |−804| ☐ 102
c) |0| ☐ 24; |1| ☐ 1; −3 ☐ 3
d) |57| ☐ 75; |893| ☐ |−893|; 100 ☐ |100|

7 **a)** Welche ganzen Zahlen können es sein?

Manchmal gibt es mehrere Möglichkeiten.

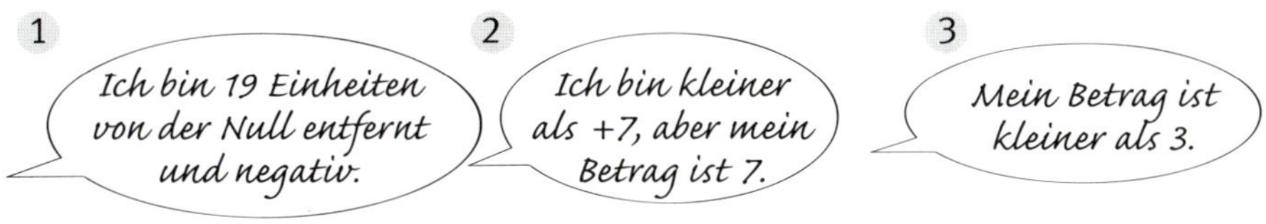

b) Formuliere zu den folgenden Zahlen jeweils ein Zahlenrätsel.

1 −13 2 +201 3 −984

8 Ines und Julian unterhalten sich.

a) Ergänze Julians Behauptung.
b) Formuliere eine wahre Aussage zu Zahlenpfeilen.

Quirin Quak, der bekannte Wetterfrosch aus Funk und Fernsehen, hatte gestern Abend einen rabenschwarzen Tag erwischt. Am nächsten Tag waren die Tageshöchsttemperaturen im Großraum München um 4 °C niedriger als vorhergesagt. Die Abbildung zeigt seine Prognose.

- Wie groß waren die tatsächlichen Tageshöchsttemperaturen in folgenden Landkreisen: Freising, Erding, Ebersberg, Miesbach, Weilheim, Schongau?
- Einen Tag später waren die Tageshöchsttemperaturen in den sechs zuvor genannten Landkreisen sogar nochmals um 4 °C niedriger. Wie kalt war es jeweils?

(+2) – (+4)

Rechenzeichen — Vorzeichen

Treffen Vorzeichen und Rechenzeichen aufeinander, so wird eine Klammer gesetzt.

*Bei der **Addition** werden die Zahlenpfeile **Fuß an Spitze** gekoppelt.*

*Bei der **Subtraktion** werden die Zahlenpfeile **Spitze an Spitze** gekoppelt.*

Merkwissen

Zahlenpfeile helfen bei der **Addition** bzw. **Subtraktion** ganzer Zahlen.

Addition negativer Zahlen

1 (+2) + (–3) = –1

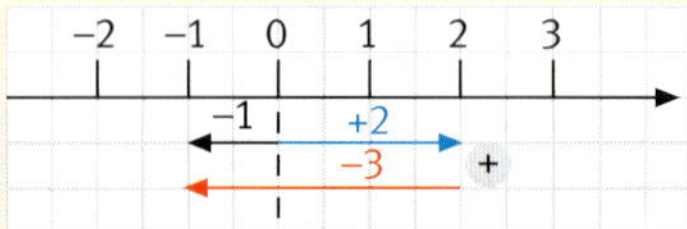

Es wird der kleinere vom größeren Betrag der beiden Zahlen subtrahiert und das Vorzeichen der Zahl mit dem größeren Betrag gesetzt.

2 (–2) + (–3) = –5

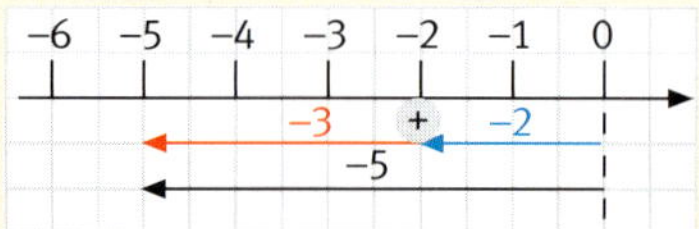

Es werden die Beträge der beiden Zahlen addiert. Anschließend wird das gemeinsame Vorzeichen gesetzt.

Subtraktion negativer Zahlen

1 (+2) – (–3) = (+2) + (+3) = +5

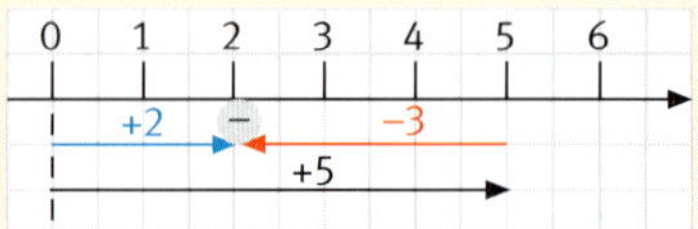

2 (–2) – (–3) = (–2) + (+3) = +1

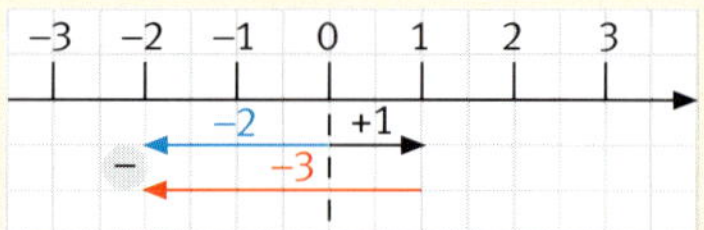

Bei der Subtraktion wird stets die Gegenzahl addiert.

Beispiel

I Welche Rechnung ist dargestellt? Gib das Ergebnis an.

a)

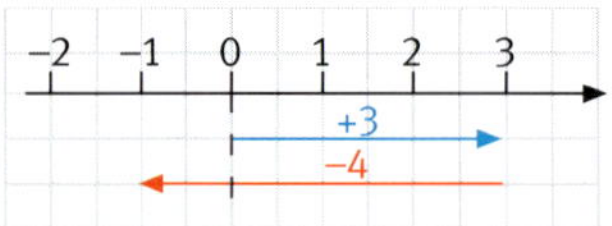

b)

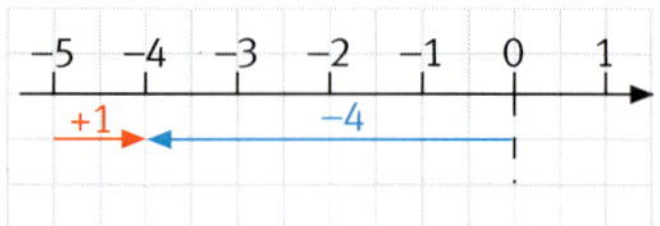

Lösung:

a) (+3) + (–4) = –1

b) (–4) – (+1) = –5

Verständnis

- Was gilt für die Summe zweier Zahlen, deren Zahlenpfeile gleich lang sind?
- Wahr oder falsch? Der Zahlenpfeil, der den Wert der Differenz zweier ganzer Zahlen darstellt, ist immer kürzer als der zum Minuend gehörende Zahlenpfeil.

Aufgaben

1 Stelle an einer Zahlengeraden dar. Bestimme das Ergebnis.

a) (+5) + (–8)
(+12) + (–20)

b) (–4) – (+11)
(–19) + (–1)

c) (–13) + (+12)
(–9) – (–15)

d) (–3) + (+8)
(–8) – (–16)

Lösungen zu 1:
+8; –15; –3; +5; –20; +6; –1; –8

2 Maya hat den Term (+11) – (–8) mit Zahlenpfeilen dargestellt. Tim behauptet: „Ich glaube nicht, dass deine Lösung richtig ist.“
Stimmt Tims Behauptung? Begründe.

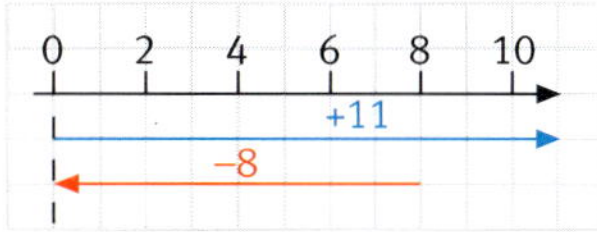

3 Berechne.

a) (+7) + (–10) = ☐
b) (–5) + (–1) = ☐
c) (–2) + (+6) = ☐
d) (+9) – (–2) = ☐
e) (–3) – (+4) = ☐
f) (–19) – (–15) = ☐
g) (–12) + (+19) = ☐
h) (–50) + (–150) = ☐
i) (+5) – (–9) = ☐
j) (–4) – (–17) = ☐
k) (+903) – (–208) = ☐
l) (–741) + (–396) = ☐

Lösungen zu 3:
–7; +11; +4; –3; +13; +14; –6; –200; –4; +7; –1137; +1111

4 Richtig oder falsch? Begründe.

a) München liegt 518 m ü. NN und die Stadt Jericho im Westjordanland liegt 768 m tiefer, also auf 768 m u. NN.

b) Rom liegt 17 m ü. NN und damit 19 m höher als Georgetown, die Hauptstadt von Guyana, die sich auf einer Höhe von 2 m u. NN befindet.

c) Die Temperatur fällt von –2 °C auf –6 °C. Es ist somit 4 °C kälter.

5 Übertrage die Zahlenmauern in dein Heft und berechne.

a)

b)

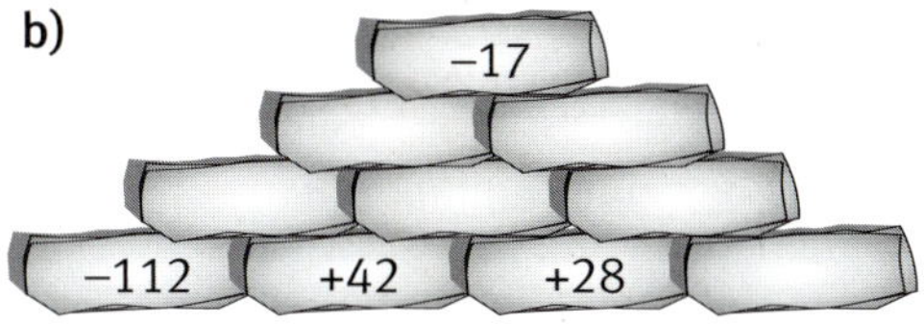

Der Wert eines Steins ergibt sich aus der Summe der beiden darunter liegenden Steine.

6 In der Wirtschaft werden oft „Quartalszahlen“ angegeben, das heißt, die Ergebnisse von jeweils drei Monaten werden zusammengefasst.
Die Firma Schön-und-Gut hat Gewinne und Verluste im letzten Jahr in einem Diagramm dargestellt.

a) In welchen Quartalen machte die Firma Gewinn bzw. Verlust?

b) Welchen Gewinn bzw. Verlust erzielte die Firma im gesamten Jahr?

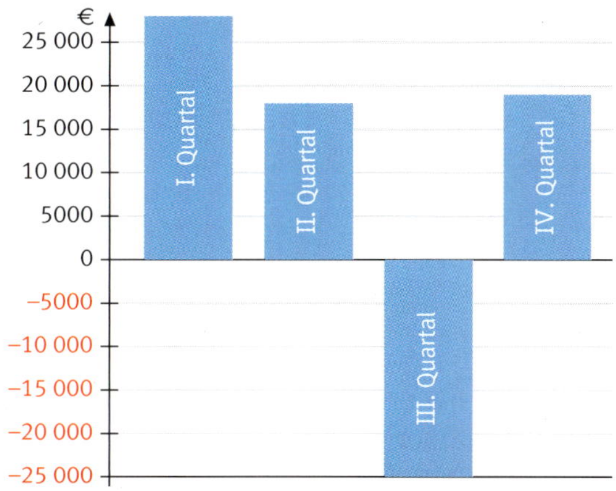

7 Bestimme bei den folgenden Kontobewegungen jeweils den alten Kontostand.

[Logo]

	Datum	Art der Transaktion	Betrag	neuer Kontostand
a)	18.05.	Auszahlung am Geldautomat	– 150 €	256 €
b)	02.06.	Arbeitslohn Mai	+ 1860 €	2093 €
c)	16.06.	Bezahlung: City Bike	– 999 €	–506 €

Spielvariante I

Der rote und der grüne Würfel werden gleichzeitig geworfen.

Der Spieler, der gewürfelt hat, notiert sich als 1. Summanden die „rote Zahl" und als 2. Summanden die „grüne Zahl".

Der andere Spieler nimmt als 1. Summanden die „grüne Zahl" und als 2. Summanden die „rote Zahl".

Beide Spieler berechnen den jeweiligen Summenwert dann selbstständig auf einem Blatt Papier.

Spielvariante II

Der rote, der grüne und der blaue Würfel werden gleichzeitig geworfen.

1. Summand: Zahl auf dem roten Würfel
2. Summand: Zahl auf dem grünen Würfel
3. Summand: Zahl auf dem blauen Würfel

Der Spieler, der gewürfelt hat, addiert zunächst den 1. und 2. Summanden und addiert anschließend zum Ergebnis den 3. Summanden.
Der andere Spieler addiert zunächst den 2. und 3. Summanden und addiert anschließend zum Ergebnis den 1. Summanden.

- Bastle mit einem Partner einen grünen Würfel mit den Zahlen −1, −2, −3, −4, −5 und −6 sowie einen roten Würfel mit den entsprechenden Gegenzahlen.
- Führt Spiel I viermal durch. Vergleicht anschließend eure Summenwerte.
- Bastelt nun einen dritten blauen Würfel mit den Zahlen 0, +9, +11, −7, −8 und −12.
- Führt Spiel II viermal durch. Vergleicht anschließend eure Summenwerte.

kurz:
+(+ → +
−(− → +
+(− → −
−(+ → −

Merkwissen

Beim **Addieren** (**Subtrahieren**) ganzer Zahlen können **Klammern aufgelöst** werden:

(−5) + (+9) = −5 + 9
(−5) + (−9) = −5 − 9

Steht vor der Klammer das Rechenzeichen „+", so wird das Vorzeichen beibehalten.

(−5) − (+9) = −5 − 9
(−5) − (−9) = −5 + 9

Steht vor der Klammer das Rechenzeichen „−", so wird das Vorzeichen umgekehrt.

Bei der Addition ganzer Zahlen gilt das **Kommutativgesetz**:
r + s = s + r mit $s, r \in \mathbb{Z}$
Beispiel:
(−3) + (+2) = −1 und (+2) + (−3) = −1

Bei der Addition ganzer Zahlen gilt auch das **Assoziativgesetz**:
(r + s) + t = r + (s + t) mit $r, s, t \in \mathbb{Z}$
Beispiel:
[(−8) + (+13)] + (−3) = +2 und (−8) + [(+13) + (−3)] = +2

Beispiel

I Daphne hat in einem Blumengeschäft eingekauft. Die Verkäuferin hat auf einem Schmierblatt mitgeschrieben. Addiere möglichst vorteilhaft.

	Euro
Blumenstrauß	15
Orchidee	9
Umtausch Kakteenerde	−3
Blumenerde	5
Zeitschrift	1
Umtausch Steingut	−7

Lösung:
Rechnung: 15 + 5 + 9 + 1 − 3 − 7
= 20 + 10 − 10
= 20

Antwort: Daphne muss noch 20 € bezahlen.

Verständnis

- Wahr oder falsch? Subtrahiert man von einer negativen Zahl ihre Gegenzahl, so erhält man immer den Wert Null.
- Kann man bei dem Term –2 – 4 angeben, welches Rechenzeichen bzw. welches Vorzeichen in der ausführlichen Schreibweise vorlag? Begründe.

Aufgaben

1 Schreibe ohne Klammern und berechne.

a) (–1) + (+21) b) (–3) + (–15) c) (+6) + (–8) d) (–5) – (+24)
e) (+36) – (–79) f) (–81) – (–53) g) (+67) + (–98) h) (–137) – (–91)
i) (+459) – (–711) j) (–627) – (+188) k) (–519) – (–43) l) (+740) – (+1052)
m) (+640) – (–103) n) (–973) + (–670) o) (+3582) – (–54) p) (–2897) + (–1652)

Lösungen zu 1: –815; 743; –1643; 20; –4549; 1170; –28; –312; 3636; –18; –2; 115; –476; –46; –31; –29

2 Setze die Rechenzeichen + und – so, dass das Ergebnis möglichst groß (klein) ist.

a) –23 ☐ 196 ☐ (–174) b) 479 ☐ (–5836) ☐ (–744) c) –348 ☐ (–620) ☐ 53
d) 1085 ☐ 67 ☐ (–908) e) –174 ☐ (–29) ☐ (–61) f) –87 ☐ 5 ☐ 34

3 Vertausche und fasse geschickt zusammen.

a) –28 +14 – 8 – 7 + 33 – 17 + 37 b) 94 – 49 + 11 + 301 – 3 – 72 + 3
c) 154 – 25 – 709 + 758 – 471 + 9 d) 76 + 42 – 98 + 30 – 1 – 273 – 1

4 Sind die Aussagen wahr oder falsch? Überprüfe.

a) $[-541 - (-873) - 142] \in \mathbb{Z}^-$ b) $[63 - 77 + 21 - 39] \in \mathbb{N}$
c) $[26 - |-84| + 75 - 243] \in \mathbb{Z}^-$ d) $[753 - 591 + |-372| - 584] \in \mathbb{Q}^+$

$\mathbb{Z}^-$ ist die Menge derjenigen ganzen Zahlen, die kleiner null sind.

5 Schreibe als Term und berechne anschließend.

a) Die Zahlen –314, 760 und –798 werden addiert.
b) Zur Differenz aus 29 und –12 wird die Summe aus der Zahl –77 und deren Vorgänger addiert.
c) Von der Gegenzahl zur Zahl 902 wird 234 subtrahiert.

6 Frau Kücük hat vor einem Jahr in Aktien investiert. Das Diagramm zeigt die Entwicklung der einzelnen Kurse.

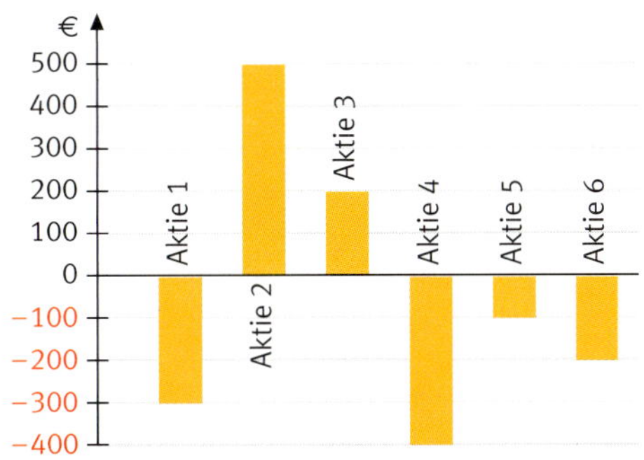

a) Übertrage die Informationen aus dem Diagramm in eine Tabelle.
b) Frau Kücük behauptet, dass sie insgesamt Verlust gemacht hat.
 1 Wie kommt sie zu dieser Annahme? Bestimme den Verlust.
 2 Herr Kücük widerspricht und meint, dass man den Gesamtgewinn oder -verlust so nicht ablesen kann. Hat er Recht? Begründe.

7 Das Konto von Maras Mutter hat ein Guthaben von 258,65 €. Im Briefkasten findet sie Rechnungen über folgende Beträge: 44,50 €, 156,20 €, 77,99 € und 63,39 €. Welche Rechnungen kann Maras Mutter bezahlen, ohne ihr Konto zu überziehen? Gib verschiedene Möglichkeiten an. Bei welcher Kombination ist ihr Restguthaben am kleinsten?

1 Lies an den Thermometern die Temperaturen ab.

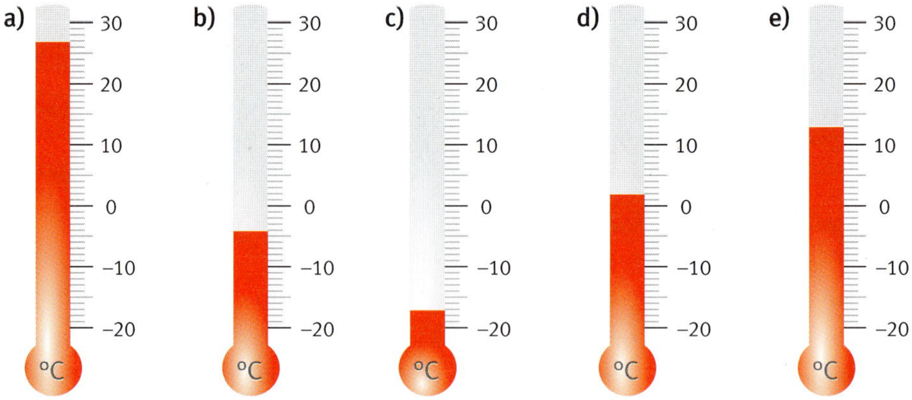

2 Zeichne ein Thermometer in dein Heft und trage die Temperaturen ein.
a) 8 °C **b)** −12 °C **c)** −1 °C **d)** 0 °C **e)** 3 °C

3 **a)** Stelle an einer Zahlengerade dar und ordne der Größe nach:
1; |−3|; −4; 0; −5; −1
b) Bestimme den Betrag der Zahlen −9, 256 und 0.

4 Welche Zahlen sind auf der Zahlengeraden markiert?

a)
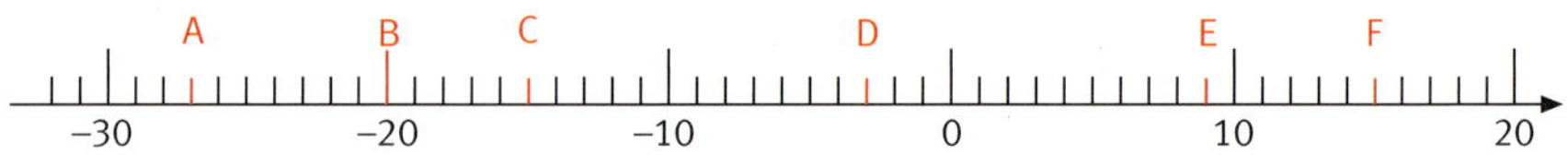

b)
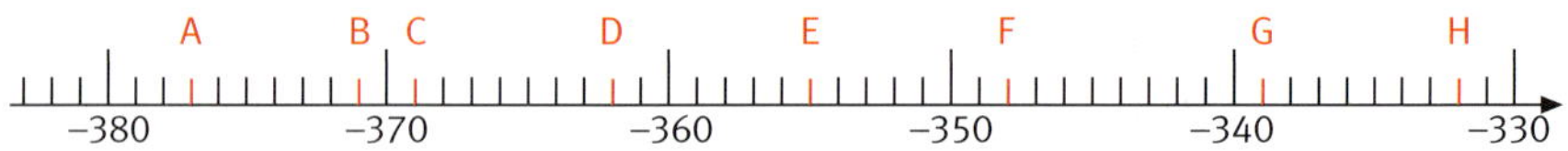

Die richtige Ordnung ergibt ein Lösungswort.

5 Ordne die Angaben der Größe nach. Beginne mit der kleinsten.
a) 18 °C (R) −3 °C (L) −12 °C (R) 1 °C (T) −9 °C (O) 0 °C (L) 7 °C (O)
b) 1000 (Ü) −999 (U) −1001 (A) 909 (T) |1111| (R) −909 (T) |−900| (O)

6 ① 3 und −7 ② −4 und 6 ③ −9 und −8
a) Gib alle ganzen Zahlen an, die zwischen den angegebenen Zahlen liegen.
b) Gib den ganzzahligen Vorgänger und Nachfolger zu jeder der beiden Zahlen an.

„7 5 3 – Rom schlüpft aus dem Ei." Die Stadt Rom wurde im Jahr 753 v. Chr. gegründet.

Wir verwenden heute den sogenannten Gregorianischen Kalender.

7 Der römische Kalender beginnt nicht wie unsere heutige Zeitrechnung mit der Geburt Christi, sondern mit der Gründung Roms.
a) Welchem Jahr im römischen Kalender entspricht das Jahr Null unserer Zeit?
b) In welchem Jahr des römischen Kalenders leben wir heute?
c) Der griechische Mathematiker Euklid hat von 365 v. Chr. bis 300 v. Chr. gelebt, Archimedes von 287 v. Chr. bis 212 v. Chr. Rechne die Lebensdaten in den römischen Kalender um.

Probiere aus.

8 Marco hat die Lösungen der folgenden Gleichungen gefunden. Bei den Vorzeichen ist er sich nicht ganz sicher. Hilf ihm und setze die richtigen Vorzeichen ein.
a) a + 3 = 12 a = □9 **b)** b − 28 = −50 b = □22
c) c − 100 = −76 c = □24 **d)** d + 2011 = −1000 d = □3011

9 Stelle die Terme mithilfe von Zahlenpfeilen dar.

a) 1 3 + 5   2 3 – 5   3 –3 + 5   4 –3 – 5

b) 1 (15 – 5) – 25   2 (–15 + 5) + 25   3 (15 + 5) – 25   4 (–15 – 5) + 25

10 Vergleiche den Zahlenpfeil zur Zahl 4 mit dem Zahlenpfeil zur Differenz 3 – 7. Was haben die beiden Zahlenpfeile gemeinsam? Worin unterscheiden sie sich?

11 Rechne möglichst geschickt.

a) –3 + 8 – 7 + 12   b) 35 – 17 + 65 – 33   c) –41 + 14 + 9 – 19 – 10 + 11

d) –114 + 267 – 55 –31   e) 331 – 405 + 119 – 75   f) –78 + |–57| – 117 – |23| – 4

g) 253 – 57 – 82 + 62 + |–76| – 13 + 554 – |167| + 1 – 712 – 8 – 33 + 46

12 Berechne.

a) –23 + (–84 + 51) – |–44| b) 122 – (29 – 95 + 38) – 2

c) 901 – (–73) – 289   d) 1 – (227 + 91 – 406) + 83

e) |94 –176 + 62| – (1322 + 88)   f) –85 – 92 – 11 + 47

g) |7201| – [933 – (770 + 42 – 352 + 63) + 221 – 607] – (–59) + 205 – 81

13 Frau Lever hat die aktuelle Punkteübersicht ihrer Bonuskarte abgerufen. Ihr alter Punktestand war 412. Folgende Punktebewegungen für neu gesammelte bzw. eingelöste Punkte tauchen auf: +48, –200, +13, –250, +14, +200 und +13. „Toll, dann kann ich genau 750 Punkte für eine neue Kaffeemaschine einlösen“, freut sie sich. Überprüfe Frau Levers Rechnung. Welchen Fehler könnte sie gemacht haben?

14 Die Tabelle zeigt die Schmelz- und Siedetemperatur verschiedener Stoffe an.

a) Informiere dich, was Schmelz- und Siedetemperatur bedeuten.

b) Welcher Stoff hat die höchste (niedrigste) Schmelz- bzw. Siedetemperatur?

c) Bei welchem Stoff liegen Schmelz- und Siedetemperatur am engsten beieinander (weitesten auseinander)?

d) Welche Stoffe sind bei Raumtemperatur flüssig (gasförmig)?

Stoff	Schmelzt.	Siedet.
Ether	–116 °C	+35 °C
Alkohol	–114 °C	+78 °C
Glycerin	+18 °C	+290 °C
Helium	–272 °C	–269 °C
Quecksilber	–39 °C	+357 °C
Sauerstoff	–219 °C	–183 °C
Stickstoff	–210 °C	–196 °C
Wasser	0 °C	+100 °C

15 Setze die Zahlenreihen um weitere vier Zahlen fort. Beschreibe die Regel, nach der du vorgehst.

a) –4; –1; +2; +5; ...   b) +15; +3; –9; –21; ...   c) +4; –4; +8; –8; ...

16 Pit blättert gerne im Atlas. Er hat den abgebildeten Kartenausschnitt gefunden und fragt sich nun: In welche Richtung fließt der Fluss Jordan? Wie groß ist der Höhenunterschied zwischen dem See Genezareth und dem Toten Meer? Gib die richtigen Antworten an.

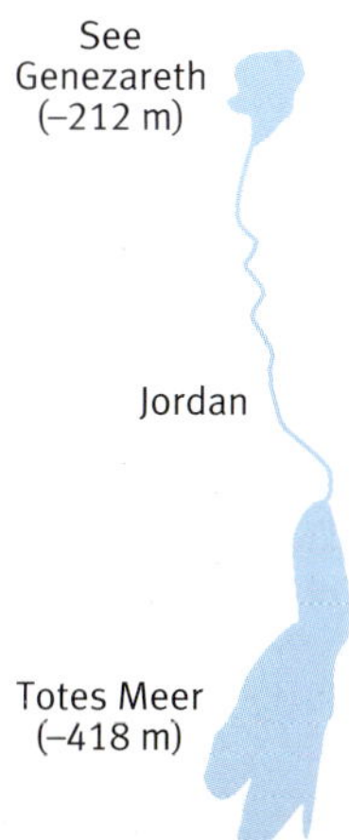

17 Wer bin ich? Schreibe zu den Zahlenrätseln eine Gleichung auf und löse sie.

a) Wenn du mich um 8 verkleinerst, erhältst du die Zahl –5.

b) Wenn du mich um 7 vergrößerst, kommt –4 heraus.

Überprüfe deine Fähigkeiten und Kenntnisse. Bearbeite dazu die folgenden Aufgaben und bewerte anschließend deine Lösungen mit einem Smiley.

☺	😐	☹
Das kann ich!	Das kann ich fast!	Das kann ich noch nicht!

Hinweise zum Nacharbeiten findest du auf der folgenden Seite. Die Lösungen findest du unter www.ccbuchner.de (Eingabe 8436 ins Suchfeld).

Aufgaben zur Einzelarbeit

1 Beschreibe die folgenden Situationen mit einer passenden Zahl. Achte auf das Vorzeichen.

a) Die Tiefgarage liegt im dritten Untergeschoss.

b) Der tiefste Punkt des pazifischen Ozeans ist der Mariannengraben. Er liegt 11 034 m unter dem Meeresspiegel.

2 Übertrage und vervollständige die Tabelle.

a)

13 Uhr	Temperaturänderung	22 Uhr
−6 °C	Erwärmung um 1 °C	□
□	Abkühlung um 3 °C	−2 °C
−5 °C	□	−11 °C

b)

Start	Etagenänderung mit dem Aufzug	Ziel
3. OG	□	2. UG
□	13 Stockwerke nach unten	4. UG
8. OG	6 Stockwerke nach unten	□

3 Zeichne eine Zahlengerade und markiere die angegebenen Zahlen.

a) −1; −3; −9; 2; −4; 0

b) −95; 15; −38; 0; −60; 10

c) −2500; 1000; −4000; −500; 2000; −3000

4 Setze <, > oder = richtig ein.

a) −3 □ −4 **b)** −8 □ −2

c) −3819 □ −3820 **d)** 12 □ −4

e) −6 □ |−6| **f)** −13 □ |−15|

g) |−8| □ |+7| **h)** −504 □ 0

5 Gib die ganzzahligen Vorgänger (Nachfolger) der angegebenen Zahlen an.

a) −27; −3; −1099; 14; −12; 83; −1 Million; 0

b) −100; 39; −6; −20 782; −1; 960 122; −826

6 Bestimme jeweils den Platzhalter.

a) |−8| = □ |+95| = □ **b)** |+22| = □ |□| = 0 **c)** |□| = 7 |□| = 58

7 Gib die Gegenzahl und den Betrag der Zahl an.
−18; 27; −7; −33; 91; −89; 421; 53; −566

8 Ordne die Zahlen aufsteigend der Größe nach.

a) |−1|; −3; 2; 0; |−4|; −5; 7

b) 5; |−7|; 0; +3; |−5|; −7; −3

9 Stelle an der Zahlengeraden mithilfe von Zahlenpfeilen dar. Bestimme das Ergebnis.

a) 5 − 2 **b)** −2 + 6 **c)** −3 − 7 **d)** −2 − 3

10 Die Abbildung zeigt ein Klimadiagramm der Stadt Stroemfjord in Grönland. Es wird gleichzeitig die mittlere Temperatur und die Niederschlagsmenge angegeben.

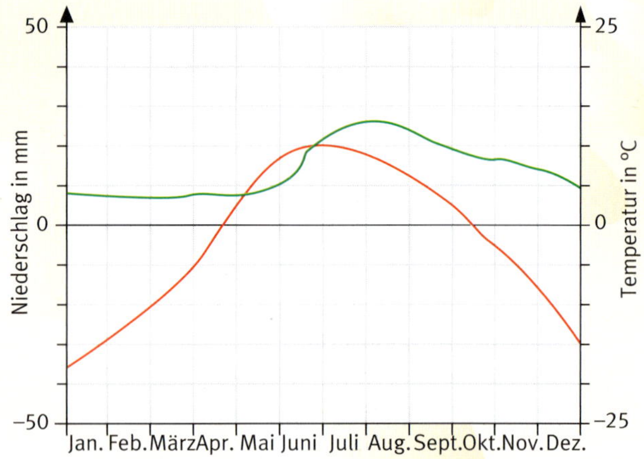

a) Begründe, welche Kurve den Temperaturverlauf darstellt.

b) Lies die höchste und die niedrigste Temperatur (Niederschlagsmenge) ab.

11 Rechne zuerst in Einzelschritten. Fasse dann zu einem Rechenschritt zusammen.

a) +8 → − 6 → □ → − 6 → □

b) −5 → + 3 → □ → + 12 → □

c) −4 → + 14 → □ → − 6 → □

d) −9 → − 7 → □ → + 8 → □

e) +10 → − 8 → □ → − 6 → □

f) −4 → + 20 → □ → − 7 → □

g) −7 → + 13 → □ → − 9 → □

12

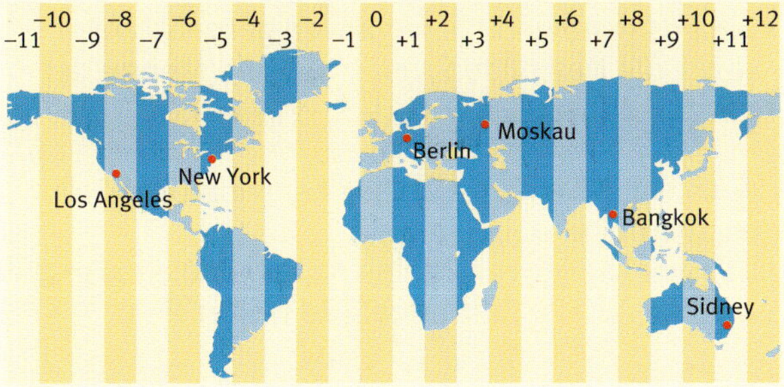

Die Weltkarte zeigt eine vereinfachte Darstellung der Zeitzonen der Erde. Innerhalb einer Zeitzone haben alle Orte dieselbe Uhrzeit.

a) Erkläre die Karte.

b) Ist es in Japan (Alaska, Südafrika, Finnland) früher oder später als bei uns? Bestimme die Zeitunterschiede.

c) Bei uns ist es 06.20 Uhr (23.15 Uhr). Wie spät ist es in folgenden Städten?

1 Moskau 2 Los Angeles 3 Bangkok

d) In welche Richtung musst du mit dem Flugzeug fliegen, damit ein Tag möglichst kurz (lang) wird? Begründe.

13 Bestimme den neuen Kontostand.

a) Von einem Guthaben von 12 € werden 34 € abgezogen.

b) Auf dem Konto sind 231 € Schulden. Die Bank zieht 16 € Kontoführungsgebühr ab.

c) Herr Müller hat in einer kleinen Lotterie 78 € gewonnen. Diese zahlt er auf sein Konto ein, das er um 92 € überzogen hat.

14 Wie ist Georgs finanzielle Lage?

15 Finde einen Sachverhalt, der zu der angegebenen Gleichung passt. Löse anschließend.

a) $a + 3 = 18$ **b)** $b - 5 = -11$

c) $c + 10 = -10$ **d)** $d + 4 = -3$

Aufgaben für Lernpartner

Arbeitsschritte

1 Bearbeite die folgenden Aufgaben alleine.
2 Suche dir einen Partner und erkläre ihm deine Lösungen. Höre aufmerksam und gewissenhaft zu, wenn dein Partner dir seine Lösungen erklärt.
3 Korrigiere gegebenenfalls deine Antworten und benutze dazu eine andere Farbe.

Sind folgende Behauptungen **richtig** oder **falsch**? Begründe schriftlich.

16 Jede ganze Zahl ist eine negative Zahl.

17 Es gibt keine negative Zahl, die auch eine natürliche Zahl ist.

18 Zu jeder negativen Zahl gibt es eine positive Zahl, die genauso weit von der Null entfernt ist.

19 Zwischen zwei negativen Zahlen liegt immer mindestens eine ganze Zahl.

20 Von zwei Zahlen ist immer diejenige größer, die weiter von der Null entfernt ist.

21 Zieht man von einer beliebigen Zahl eine positive Zahl ab, so ist das Ergebnis stets kleiner als die ursprüngliche Zahl.

22 Eine Zahl und ihre Gegenzahl haben stets denselben Betrag.

23 Negative Zahlen kann man nicht in Diagrammen darstellen.

24 $-100 > 40$, denn $100 > 40$.

25 Die Zahl Null ist eine positive Zahl.

Aufgabe	Ich kann …	Hilfe
1, 2, 10, 15, 16, 17, 25	ganze Zahlen interpretieren und mit ihnen in Sachsituationen arbeiten.	S. 208
3, 9, 23	ganze Zahlen in Diagrammen und an der Zahlengerade darstellen.	S. 208
4, 5, 8, 19, 20, 24	ganze Zahlen ordnen.	S. 208
6, 7, 18, 22	Gegenzahl und Betrag einer Zahl bestimmen.	S. 210
11, 12, 13, 14, 21	ganze Zahlen addieren und subtrahieren sowie Vorzeichenregeln und Rechengesetze anwenden.	S. 212, 214

S. 208

Erweiterung der Zahlenhalbgerade zur Zahlengerade:

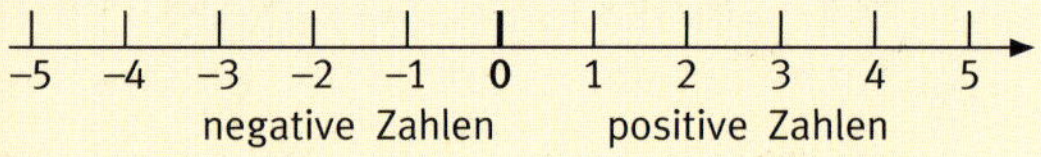

$-5 < -2$, da die Zahl -5 auf der Zahlengerade weiter links liegt als -2.

Die positiven und die negativen ganzen Zahlen sowie die Null bilden zusammen die **Menge der ganzen Zahlen**: $\mathbb{Z} = \{...; -3; -2; -1; 0; +1; +2; +3; ...\}$

Auch negative ganze Zahlen kann man der Größe nach ordnen. Dabei gilt:
Von zwei negativen Zahlen ist immer diejenige **kleiner**, die auf der **Zahlengerade weiter links** liegt.

S. 210

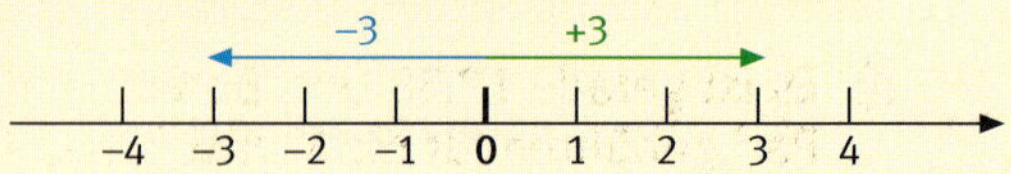

$|-3| = 3$ und $|+3| = 3$

Die Maßzahl der Länge eines Zahlenpfeils wird als **Betrag** bezeichnet.

Zwei Zahlen mit gleichem Betrag, aber entgegengesetztem Vorzeichen heißen **Zahl** und **Gegenzahl**.

S. 212

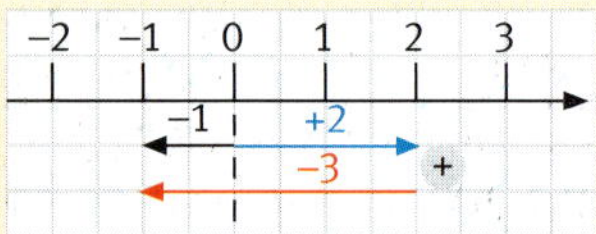

$(+2) + (-3) = -1$

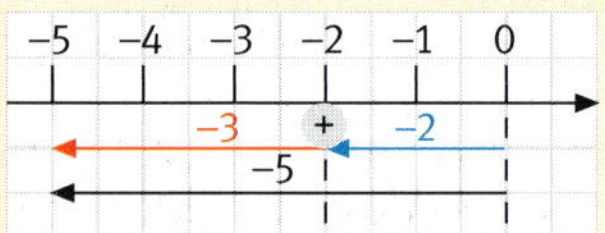

$(-2) + (-3) = -5$

Addition ganzer Zahlen
Es wird der kleinere vom größeren Betrag der beiden Zahlen subtrahiert und das Vorzeichen der Zahl mit dem größeren Betrag gesetzt.

Es werden die Beträge der beiden Zahlen addiert. Anschließend wird das gemeinsame Vorzeichen gesetzt.

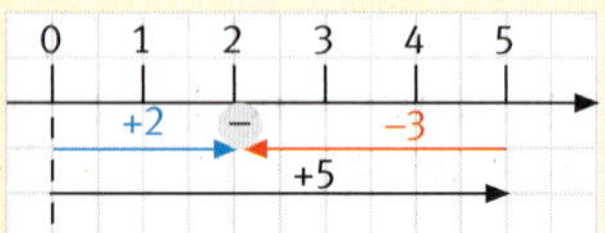

$(+2) - (-3) =$
$(+2) + (+3) = +5$

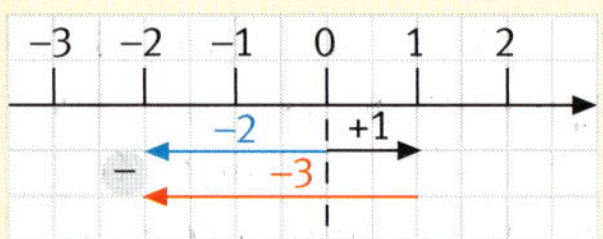

$(-2) - (-3) =$
$(-2) + (+3) = +1$

Subtraktion ganzer Zahlen
Es wird stets die Gegenzahl addiert.

S. 214

$(-5) + (+9) = -5 + 9$
$(-5) + (-9) = -5 - 9$

Steht vor der Klammer das Rechenzeichen „+“, so wird das Vorzeichen beibehalten.

$(-5) - (+9) = -5 - 9$
$(-5) - (-9) = -5 + 9$

Steht vor der Klammer das Rechenzeichen „–“, so wird das Vorzeichen umgekehrt.

$r + s = s + r$ mit $s, r \in \mathbb{Z}$

Bei der Addition ganzer Zahlen gilt das **Kommutativgesetz**.

$(r + s) + t = r + (s + t)$ mit $r, s, t \in \mathbb{Z}$

Bei der Addition ganzer Zahlen gilt auch das **Assoziativgesetz**.

Daten

1 Bestimme jeweils die relative Häufigkeit und gib das Ergebnis als Bruch und in Prozent an.

a) Im April hat es an 24 Tagen geregnet.

b) Bei einer Umfrage gaben 18 von 24 Kindern an, dass sie zu Hause einen Computer haben.

c) 81 von 90 Kindern der 6. Jahrgangsstufe geben an, dass sie schwimmen können.

d) Eine Studie ergab, dass 4 von 5 Kindern gerne Brettspiele machen.

2 Würfle mit zwei Würfeln insgesamt 100-mal und notiere jeweils die Summe der beiden Augenzahlen.

Augensumme: $6 + 3 = 9$

a) Bestimme die relativen und absoluten Häufigkeiten der einzelnen Augensummen.

b) Stelle die relativen Häufigkeiten der Augensummen in einem Säulendiagramm dar.

c) Warum kommt die Augensumme „7“ häufiger vor als die „2“? Finde Erklärungen.

3 Der Große Arber ist der höchste Berg im Bayerischen Wald. Er ist berüchtigt für seine Stürme und extremen Wetterlagen. Die Tabelle zeigt die maximalen und minimalen Windgeschwindigkeiten in km/h im Februar 2010 an.

Tag	21.	22.	23.	24.	25.	26.	27.	28.
Max.	61	101	97	54	72	86	79	137
Min.	18	54	7	29	54	40	47	43

a) Bestimme die durchschnittlichen Windgeschwindigkeiten an den Tagen. An welchen Tagen war es besonders windig?

b) Stelle den Sachverhalt in einem geeigneten Diagramm dar.

c) Am 23. und am 28. Februar waren die Unterschiede der Windgeschwindigkeiten besonders groß. Wie kannst du das in einem Diagramm besonders verdeutlichen?

Sachrechnen

4 Das Schild zeigt die Parkgebühren für ein Parkhaus an.

Parkgebühren

1. Stunde	0,40 €
2. Stunde	0,60 €
3. Stunde	0,60 €
jede weitere angefangene Stunde	1,00 €
Verlust der Parkkarte	10,00 €

a) Es ist gerade 17.38 Uhr. Berechne die fälligen Parkgebühren für die Parkscheine.

Parkhaus „Vorderer Graben“ Einfahrt: 16.54 Uhr

Parkhaus „Vorderer Graben“ Einfahrt: 16.27 Uhr

Parkhaus „Vorderer Graben“ Einfahrt: 15.58 Uhr

Parkhaus „Vorderer Graben“ Einfahrt: 14.33 Uhr

Parkhaus „Vorderer Graben“ Einfahrt: 12.17 Uhr

Parkhaus „Vorderer Graben“ Einfahrt: 10.42 Uhr

b) Erstelle einen Graphen, an dem man die Parkgebühr je nach Parkdauer ablesen kann.

c) Wie lange kann man höchstens und mindestens für 4,60 € (2,50 €) parken?

5 In einem Stadtpark werden entlang eines Weges rechts und links in gleichem Abstand Blumen gepflanzt.

a) Wie viele Blumen benötigt man für einen 70 m langen Weg, wenn der Abstand zwischen zwei Blumen etwa 1,25 m betragen soll?

b) Die Blumen werden in Paletten zu je 12 Pflanzen geliefert. Für 90 m Weg stehen noch 16 Paletten zur Verfügung. Welchen Abstand sollten die Blumen etwa voneinander haben?

6 Die Augsburger Allgemeine (Zeitung) ist im sogenannten Rheinischen Format gedruckt. Jede Seite ist dabei 350 mm breit und 520 mm hoch.

a) Welche Fläche kann man mit einer Seite (mit einer Doppelseite) bedecken?

b) Die Zeitung hat 48 Seiten. Wie lang muss ein Schaukasten sein, in dem alle Seiten nebeneinander aufgehängt werden?

Gleichungen

7 Ordne den Textaufgaben die richtige Gleichung zu. Wie lautet das Lösungswort?

1. Addiert man zum Doppelten einer Zahl 8, so erhält man 14.
2. Das Doppelte einer Zahl multipliziert mit 8 ergibt 14.
3. Subtrahiert man vom Doppelten von 8 eine Zahl, so erhält man 14.
4. Die Summe aus 2 und einer Zahl vermindert um 8 ergibt 14.
5. Das Produkt aus 2 und einer Zahl vermindert um 8 ergibt 14.

E	$2 \cdot x - 8 = 14$	W	$2 \cdot x + 8 = 14$
I	$2 \cdot x \cdot 8 = 14$	L	$2 - x + 8 = 14$
S	$2 + x - 8 = 14$	E	$2 \cdot 8 - x = 14$

8 Stelle eine Gleichung auf und löse in $\mathbb{N}_0$.

a) Wenn ich eine Zahl mit 24 multipliziere und dann 58 addiere, erhalte ich 274.

b) Wenn ich die Summe aus einer Zahl und 1796 durch 69 dividiere, erhalte ich 84.

c) Die Summe dreier Zahlen ist 10 000. Der erste Summand ist 555. Der zweite ist viermal so groß wie der erste.

9 Löse mithilfe von Umkehraufgaben in $\mathbb{Q}_0^+$.

a) $4 \cdot x + 9 = 57$ b) $22 + 2y = 26$

c) $7 \cdot (z - 5) = 63$ d) $(u + 8) \cdot 3 = 39$

e) $(v - 8) : 6 = 7{,}5$ f) $\frac{1}{2} w - 6{,}6 = 13{,}4$

10 Wie lautet die Summe aller Variablen?

Prozentrechnung

11 Berechne die fehlenden Angaben.

	Grundwert	Prozentsatz	Prozentwert
a)	2380 €	16	☐
b)	☐	25	3,5 m²
c)	205 kg	☐	71,75 kg
d)	4500 l	56	☐
e)	☐	3	111,09 €
f)	250 m	☐	50 dm

12 a) Bei einer Grillfeier wurden für 290 € Steaks und für 196 € Würstchen verkauft. Wie groß war der Gewinn, wenn beim Einkauf der Grillsachen 360 € ausgegeben wurden? Gib auch in Prozent der Ausgaben an.

b) Ein Möbelhaus hat einen Schrank für 1820 € eingekauft. Es möchte ihn 32 % teurer weiterverkaufen. Wie hoch ist der Verkaufspreis?

c) Nach einem Unfall ist der Wert eines Neuwagens um 40 % gesunken. Wie viel ist das Auto jetzt noch wert, wenn es 14 500 € gekostet hat?

13 Eine Umfrage an einer Schule hat ergeben, dass 225 Schüler mit dem Bus zur Schule fahren.

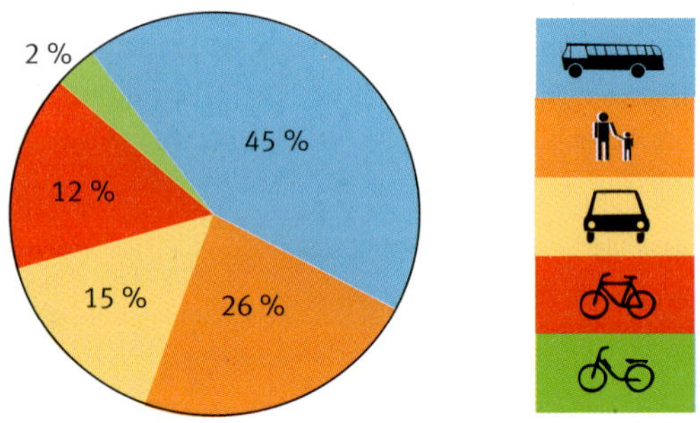

a) Wie viele Schüler wurden insgesamt befragt?

b) Bestimme die Anzahl der Schüler für die anderen Verkehrsmittel.

14 Berechne die fehlenden Werte.

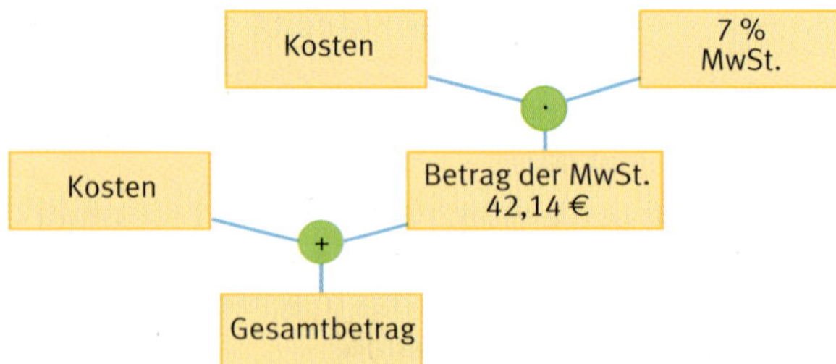

Bildagentur fotos-von-düsseldorf.de / Jürgen Brzeski, Düsseldorf – S. 168; Eisele Photos / Reinhard Eisele, Walchensee – S. 64; Fotolia / Klaus-Peter Adler – S. 4, 115; - / Rachid Amrous – S. 21; - / arkpo – S. 15, 18; - / Galina Barskaya – S. 185; - / chestra – S. 161; - / contrastwerkstatt – S. 89; - / Corrie – S. 17; - / cpauschert – S. 161; - / Digishooter – S. 165; - / Elena Elisseeva – S. 44; - / Stephen Ford Elliot – S. 106; - / flashpics – S. 4, 85; - / Fotowahn – S. 4, 137, 200; - / Friedberg – S. 123; - / frufoto – S. 126; - / Barbara Helgason – S. 139; - / Christian Jung – S. 18 / K-xperience – S. 102; - / Sebastian Kaulitzki – S. 50; - / Witold Krasowski – S. 100; - / l-pics – S. 44; - / mdfiles – S. 215; - / Martina Misar; – S. 36; - / MP2 – S. 195; - / Przemyslaw Moranski – S. 209; - / Ulrich Müller – S. 97; - / Matthias Ott – S. 196; - / outdoorsman – S. 5, 207; - / Edyta Pawlowska – S. 90; - / Nataliya Peregudova –S. 199; - / Stas Perov – S. 210; - / photo4emotion – S. 217; - / PinkShot – S. 91; - / pixel66 – S. 36; - / Peter Pyka – S. 119, 141, 197; - / q-snap – S. 86, 192; - / Quidji – S. 16; - / Alexander Raths – S. 192; - / Stefan Redel – S. 33, 50; - / Birgit Reitz-Hofmann – S. 98; – / Rynio Productions – S. 22; - / schaltwerk – S. 126; - / Carola Schubbel – S. 198; - / SemA – S. 45; - / Anastasiya Shanhina – S. 109; - / shock – S. 198; - / sil007 – S. 142; - / Slava296 – S. 199; - / SonneFleckl – S. 3, 13; - / Thaut Images – S. 114; - / Karsten Thiele – S. 217; - / Tinka – S. 27; - / Dark Vectorangel – S. 149; - / Michael Urmann – S. 221; - / Yong Hian Lim – S. 24, 74 (3); - / Duan Zidar – S. 99; http://www.heideregion-uelzen.de - S. 108; http://wikimedia.org/EmhaManuelHeinrich - S. 123; http://www.dynageo.de – S. 78 (3), 79 (3); http://www.geobra.net – S. 78; http://www.nasa.org – S. 40; http://www.nie.com – S. 83; http://www.press.nokia.com – S. 122; http://www.stapper.monheim.de – S. 182; http://www.wikimedia.org – S. 127 (3); iStockphoto / cscredon – S. 129; iStockphoto / graferto – S. 124; iStockphoto / leersnow – S. 154; Peter Kamin, Goslar – S. 56; Matthias Ludwig, Würzburg – S. 67, 75; Mauritius / Phototake RF, Mauritius – S. 157; Karl-Heinz Oster, Mettmann – S. 14; Steve Alexander Photographie / Temporary Temple Press, Hampshire – S. 3, 57, 77; Stockfood / HaiLight Fotographie, München –S. 5, 140, 183; Vario images / Rainer Unkel, Bonn – S. 162; Verlagsarchiv – S. 20, 33, 51, 61, 71, 73 (2), 83 (4), 101, 107 (2), 113 (3), 126 (2), 145, 151, 152, 153, 167, 181 (4), 186; Georg Vollmer, Bamberg – S. 15 (1), 94; Westend61 / Werner Dieterich – S. 5, 163; Wildner + Designer GmbH, Fürth – S. 97.

Trotz entsprechender Bemühungen ist es uns nicht in allen Fällen gelungen, den Rechtsinhaber ausfindig zu machen.
Gegen Nachweis der Rechte zahlt der Verlag für die Abdruckerlaubnis die gesetzlich geschuldete Vergütung.